普通高等教育"十二五"规划教材
普通高等院校数学精品教材

# 高等数学及应用

主　编　王志勇　柴春红
副主编　吴春梅　杜春彦
编　委　张维维　蔡　威　王中艳　金成铭
　　　　刘希军　刘彩霞　吴　平　刘纪轩
　　　　刘家学　陈兰花　刘　昕　曹志刚
　　　　胡超斌　何　剑　胡　欣
主　审　方承胜

U0363883

华中科技大学出版社
中国·武汉

## 内容提要

　　本书根据士官任职教育的发展,结合目前任职教育的现状和特点编写而成.内容设计简明,叙述通俗易懂,定位于应用和能力培养,具有强调直观、体现"军味",注重基础知识、面向专业拓展,合理渗透数学实验和建模思想,融入数学历史和文化,模块化结构设计等特点.章节内容可视不同需求选用.

　　本书内容包括初等数学、函数与极限、一元函数的微分及应用、积分及应用、多元函数的微积分及应用、积分变换、无穷级数、矩阵、概率及数学实验.本书是面向军事院校士官大专的数学教材,也可供工程技术、机电专业等高职高专院校的学生参考使用.

**图书在版编目(CIP)数据**

高等数学及应用/王志勇,柴春红主编.—武汉:华中科技大学出版社,2012.9
ISBN 978-7-5609-8200-7

Ⅰ.①高…　Ⅱ.①王…　②柴…　Ⅲ.①高等数学-高等学校-教材　Ⅳ.①O13

中国版本图书馆 CIP 数据核字(2012)第 164338 号

**高等数学及应用**　　　　　　　　　　　　　　王志勇　柴春红　主编

策划编辑:王汉江
责任编辑:王汉江
封面设计:刘　卉
责任校对:朱　玢
责任监印:周治超
出版发行:华中科技大学出版社(中国・武汉)
　　　　　武昌喻家山　　邮编:430074　　电话:(027)81321915
录　　排:武汉市洪山区佳年华文印部
印　　刷:武汉华工鑫宏印务有限公司
开　　本:710mm×1000mm　1/16
印　　张:17.5
字　　数:383 千字
版　　次:2017 年 8 月第 1 版第 5 次印刷
定　　价:34.00 元

# 前　言

　　士官任职教育的发展需要针对士官岗位任职的特点,把培训的重心从普通学历教育转移到职业技能的培养上.士官数学作为士官教育的基础课程,其意义不仅是思维智慧的启迪、必需的素质教育课,更是学习专业知识、培养职业技能的工具.这就要求彻底转变观念,抛弃理论体系的完整性、严谨性,扭转"数学味"浓厚、知识不能应用于实际的问题,改变不合理的知识架构,减少理论推导,弱化计算技巧,改革士官数学的教学内容和方式方法.

　　结合多年的士官教学实践和教学经验,编者在分析士官各岗位专业对数学需求的广度、深度后,重新构建士官数学课程的内容,编写了本书.

　　本书有以下特点.

**1. 定位明确,针对性强**

　　以士官专业为导向,以"强化应用、培养技能"为重点、以"必需、够用"为准则,模块化设计数学知识结构,可供士官各专业选择性地教学.结合士官学员的知识结构和认知能力,在内容处理上力求通俗易懂、深浅适度,合理引出概念和定理,舍弃大量技巧性知识的讲解,提高士官数学的针对性.

**2. 强调直观,体现"军味"**

　　淡化定理、公式的严密性和逻辑性,采用数据、图像直观启发学员,阐述概念、定理、公式.同时改善数学知识的理论体系,在引例、例题和应用中大量采用军事领域的简化问题,突出军事特色,增强学习兴趣和岗位应用意识.

**3. 注重基础应用,面向专业拓展**

　　既注重数学基础知识及应用的通识教育,重构微积分的知识框架,又兼顾各专业需求的工程数学知识,如线性代数和概率论,旨在适应各专业对数学知识的需要.同时面向雷达技术、指挥自动化、电子对抗等工学类专业领域,书中的引例、案例和应用覆盖各专业,能满足后续课程的学习需要,有利于加强数学的实用性.

**4. 穿插数学实验,融入建模思想**

　　在一些概念、结论和例题中穿插简单的数学实验,用实际的数据验证定理、结论的准确性,既淡化了理论推导,也便于直观理解.同时,注重适当地、有尺度地介绍数学建模的概念和思想,突出强调数学知识与实际问题的联系.注重以实例引入数学概念,并最终回到应用的层面,增强学员对数学应用能力的培养.本书最后给出每章的数学实验内容,培养学员应用数学的现代计算工具解决实际问题的技能.

**5. 历史名言引导,加强数学修养**

作为提高数学文化的一种途径,每章引用名人名言,体现数学思想与数学观念. 同时,每章有选择性地介绍有突出贡献的数学家,使学员了解数学发展的历史,引导学习数学家的探索精神,激发学习兴趣,促进意志、品格、毅力和情感等非智力因素的形成,增强数学修养.

本书由王志勇、柴春红任主编,吴春梅、杜春彦任副主编,确定整体框架和各章内容编写要求,负责统稿和修订,方承胜担任主审工作.编写分工如下:张维维、蔡威编写第一章,王中艳、金成铭编写第二章,吴春梅、刘希军编写第三章,王志勇、刘彩霞编写第四章,吴平、刘纪轩编写第五章,刘家学、杜春彦编写第六章,陈兰花、刘昕编写第七章,柴春红、吴平编写第八章,陈兰花、曹志刚编写第九章,胡超斌编写了数学实验,何剑、胡欣参与了全书表格、图形的绘制工作.

在本书的编写过程中,参考了国内外众多教材和书籍,借鉴和吸收了相关成果,在此表示衷心感谢.同时对积极支持本教材编写的领导、专家及同仁表示感谢.书中标有"＊"号的内容供不同专业选用.

由于编者水平所限,加之时间仓促,书中难免有不妥之处,敬请读者指正.

编　者

2012 年 4 月

# 目　　录

# 第一章　初等数学

高等数学是在初等数学的基础上发展起来的,它的主体是微积分,它的内容和方法在自然科学、工程技术、社会科学等许多领域都有着广泛的应用.本章介绍不等式、三角函数、复数和向量等初等数学知识,以便更好地学习高等数学,也为进一步学习专业知识奠定一定的基础.

## 第一节　方程与不等式

### 一、代数式

代数式是用运算符号把数或表示数的字母连接而成的式子,如 $a+b,40x$,$\sqrt{x+1}$ 等.代数式中的每个字母都表示数,因此,数的一些运算规律也适用于代数式.用代数式表示数学规律比用普通词汇表达更简洁、更明确、更具一般性.

**例1** 某雷达团有 A 型雷达 6 部,每部能同时跟踪 $x$ 个目标;有 B 型雷达 9 部,每部能同时跟踪 $y$ 个目标.问 (1) 该雷达团能同时跟踪多少个目标?(2) 若 $x=50$,$y=60$,则能同时锁定的总目标是多少?

**解** (1) 该雷达团能同时跟踪 $6x+9y$ 个目标.

(2) 若 $x=50,y=60$,则该雷达团能同时锁定的总目标为
$$6x+9y=6\times50+9\times60=840.$$

### 二、一元二次方程

含有未知数的等式称为方程.方程研究事物间的等量关系,并为人们提供由已知

量推求未知量的重要方法,在实际中有着广泛的应用.我国古代数学经典《九章算术》中就有一章对方程进行了专门的研究.下面介绍常见的一元二次方程及其求解方法.

只含有一个未知数,并且未知数的最高次数是 2,形如 $ax^2+bx+c=0(a\neq0)$ 的方程称为一元二次方程.

**例 2**　某型炮弹按一定角度发射后的射程需要求解方程 $x^2+x-6=0$,这里 $x$ 表示射程,单位为千米,试求该型炮弹的射程.

**分析**　求射程即是解一元二次方程.将因式 $ax^2+bx+c$ 分解为两个因式的乘积,如果乘积等于零,那么这两个因式至少要有一个等于零,从而得出方程的两个根.

**解**　将方程左端因式分解(其示意图见图 1.1.1),得

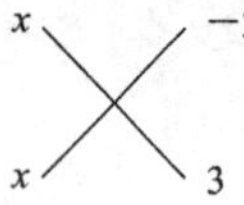

$$(x-2)(x+3)=0, \quad 即 \quad x-2=0 \quad 或 \quad x+3=0,$$

原方程的两个根为 $x_1=2,x_2=-3$(舍去).因此,所求射程为 2 千米.

这种解一元二次方程的方法称为因式分解法.一元二次方程 $ax^2+bx+c=0(a\neq0)$ 也可以通过配方法变形为

**图 1.1.1**

$$\left(x+\frac{b}{2a}\right)^2=\frac{b^2-4ac}{4a^2}.$$

然后再直接开平方,得到它的求根公式为

$$x=\frac{-b\pm\sqrt{b^2-4ac}}{2a}.$$

这里 $b^2-4ac$ 为根的判别式,记 $\Delta=b^2-4ac$.当 $\Delta>0$ 时,方程有两个不等实根;当 $\Delta=0$ 时,方程有两个相等实根;当 $\Delta<0$ 时,方程没有实根.

如上述例 2,套用公式可知 $a=1,b=1,c=-6$,且

$$b^2-4ac=1^2-4\times1\times(-6)=25>0,$$

故方程有两个不等的实根,即

$$x=\frac{-1\pm\sqrt{25}}{2\times1}=\frac{-1\pm5}{2},$$

所以 $x_1=2,x_2=-3$.

## 三、不等式

实际应用中经常需要比较大小、轻重、长短等,这就是数学中不等式的原型.用不等号">"、"≥"、"<"或"≤"连接两个代数式所形成的式子,叫做不等式.下面介绍有关绝对值不等式及一元二次不等式的有关知识.

**1. 绝对值不等式**

**引例**　某型枪支弹药量标准为 50 克,要求其实际质量与标准质量的误差不超过 1 克,求该型枪支弹药量的合格范围是多少?

设实际弹药量为 $x$ 克,那么,由绝对值的意义知,弹药量的合格范围可表示为

$$|x-50|\leqslant1.$$

这是一个含有未知数的绝对值不等式,叫做含绝对值的不等式.

一般地,不等式 $|x|\leqslant a(a>0)$ 的解是 $-a\leqslant x\leqslant a$,不等式 $|x|\geqslant a(a>0)$ 的解是 $x\leqslant -a$ 或 $x\geqslant a$.

本引例可以归结为解不等式 $|x-50|\leqslant 1$,由不等式可得

$$-1\leqslant x-50\leqslant 1.$$

不等式的解为

$$49\leqslant x\leqslant 51$$

则该型枪支弹药量的合格范围为 49 克到 51 克.

**2. 一元二次不等式**

只含有一个未知数且未知数的最高次数为 2 的不等式,称为一元二次不等式.它的一般形式是 $ax^2+bx+c>0$,其中 $a\neq 0$.不等式中的"$>$"可以换成"$\leqslant$"、"$\geqslant$"或"$<$".

**例 3**　解不等式 $x^2-2x-15>0$.

**分析**　对式子 $x^2-2x-15$ 进行因式分解,当且仅当两个因式同号(同为正或同为负)时,它们的积才大于零;同样,当且仅当两个因式异号时,它们的积才小于零.

**解**　原不等式通过因式分解可化为 $(x+3)(x-5)>0$,即

$$（Ⅰ）\begin{cases}x+3>0,\\x-5>0;\end{cases}\quad 或\quad （Ⅱ）\begin{cases}x+3<0,\\x-5<0.\end{cases}$$

易求得方程组(Ⅰ)的解为 $x>5$,方程组(Ⅱ)的解为 $x<-3$,所以不等式的解为 $x>5$ 或 $x<-3$.

## 四、二元一次方程组

由于二元一次方程组在实际问题中有很广泛的应用,本节只研究这种方程常用的解法.

**1. 二元一次方程组的定义**

在我国古代数学名著《孙子算经》中,有一个著名的"雉(鸡)兔同笼"问题."今有鸡兔同笼,上有三十五头,下有九十四足,问鸡兔各几何".

如果列方程,可设鸡 $x$ 只,兔 $y$ 只,由题意可列出两个方程,把两个方程合在一起,并写成

$$\begin{cases}x+y=35,\\2x+4y=94.\end{cases}\qquad\begin{matrix}①\\②\end{matrix}$$

上面列出的两个方程中每个方程都有两个未知数,并且未知数的次数都是 1,像这样的方程,我们把它称为二元一次方程.把这两个二元一次方程合在一起,就组成了一个二元一次方程组(又称二元线性方程组).

该问题在《孙子算经》中给出了简捷而且巧妙的解法:"上置头,下置足,以头除(此处除意为减)足,以足除头,即得."

即先设金鸡独立,玉兔双腿(即"半其足"),这时共有 $94\div 2=47$ 条脚.

在这 47 条腿中,每数一条腿应该有一只鸡,而每数两条腿才有一只兔,也就是说,鸡的头数与足数相等,而每只兔的头数却比足数少 1,所以兔数为 $47-35=12$,鸡数为 $35-12=23$,即 $x=23,y=12$.

这里 $x=23$ 与 $y=12$ 既满足方程①,又满足方程②,我们就说 $x=23$ 与 $y=12$ 是上述二元一次方程组的解,并记作

$$\begin{cases} x=23, \\ y=12. \end{cases}$$

一般地,使二元一次方程组的两个方程左右两边的值都相等的两个未知数的值,称为二元一次方程组的解.

**2. 二元一次方程组的解法**

上述问题的巧妙解法有其局限性,求解二元一次方程组时,一般要将二元一次方程组的两个方程,转化为只含一个未知数的一个一元方程,求出这个未知数的值,然后再设法求出另一个未知数的值.一般采用消元法求解.

消元法的步骤如下:

(1) 方程组里一个方程的两边都乘以一个适当的数,或者分别在两个方程的两边都乘以一个适当的数,使其中某一个未知数的系数的绝对值相等;

(2) 把方程两边分别相加或相减,消去这个未知数,把解二元一次方程组转化为解一元一次方程.

**例 4**　解方程组

$$\begin{cases} 3x+4y=16, & ① \\ 5x-6y=33. & ② \end{cases}$$

**分析**　在方程①的两边乘以 3,在方程②的两边乘以 2,就可使未知数 $y$ 的系数的绝对值相等,然后把两个方程的两边相加而消去 $y$.

**解**　由式①×3 得　　　　$9x+12y=48$.　　　　　③

由式②×2 得　　　　$10x-12y=66$.　　　　　④

由式③+式④得　　　$19x=114$,　即　$x=6$.

把 $x=6$ 代入式①得　　　$y=-\dfrac{1}{2}$.

所以　　　　$$\begin{cases} x=6, \\ y=-\dfrac{1}{2}. \end{cases}$$

# 第二节　指数、对数与三角函数

## 一、指数

**1. 整数指数幂**

在实际应用中,常常会碰到多个相同的数的乘积问题.例如,雷达微带参放的正

方形印刷电路板的边长为 10 厘米,那么它的面积 $S=10\times10$ 平方厘米;又如,具有三级放大量相同的放大电路,如果每级的放大量为 $K_0$,那么总的放大量

$$K=K_0\times K_0\times K_0.$$

为了简化这种相同数的连乘表示,可以用一个简单的记法来表示,如

$$S=10\times10=10^2,\quad K=K_0\times K_0\times K_0=K_0^3.$$

很自然地,$n$ 个相同数 $a$ 相乘为 $a^n$,读作 $a$ 的 $n$ 次幂(或叫 $a$ 的 $n$ 次方),$a$ 称为幂的底数,$n$ 称为幂的指数.若 $n$ 为负整数,则 $a^n$ 表示 $\frac{1}{a^{-n}}$,如 $a^{-3}=\frac{1}{a^3}$.规定 $a^0=1$.

常用的单位换算就是采用指数幂的表示形式.例如:

1 秒=1000000 微秒=$10^6$ 微秒=$10^9$ 毫微秒,

1 千克=1000 克=$10^3$ 克=$10^6$ 毫克,

1 微安=$10^{-3}$ 毫安=$10^{-6}$ 安培,

1 千米=$10^3$ 米=$10^4$ 分米=$10^5$ 厘米=$10^6$ 毫米=$10^9$ 微米=$10^{12}$ 纳米,

1 赫兹=$10^{-6}$ 兆赫兹=$10^{-9}$吉赫兹.

**2. 实数指数幂**

规定正数的正分数指数幂为 $a^{\frac{m}{n}}=\sqrt[n]{a^m}$,其中 $a>0$,$m$、$n$ 为正整数,且 $n>1$.类似地,可规定负分数指数幂.例如:

$$27^{\frac{2}{3}}=\sqrt[3]{27^2}=9,\quad 8^{-\frac{2}{3}}=\frac{1}{\sqrt[3]{8^2}}=\frac{1}{4}.$$

一般地,当 $a>0$ 时,任意给定一个实数 $b$,都有 $a^b$ 是唯一确定的实数.整数指数幂的运算性质,对于实数指数幂同样适用,即对于任意实数 $r,s$ 且 $a>0,b>0$,则有下述运算法则:

(1) $a^r a^s=a^{r+s}$;　(2) $(a^r)^s=a^{rs}$;　(3) $(ab)^r=a^r b^r$.

**例 1**　计算下列各式.

(1) $125^{\frac{2}{3}}$;　(2) $16^{-\frac{3}{4}}$.

**解**　(1) $125^{\frac{2}{3}}=(5^3)^{\frac{2}{3}}=5^2=25$;

(2) $16^{-\frac{3}{4}}=(2^4)^{-\frac{3}{4}}=2^{-3}=\frac{1}{8}$.

**例 2**　传说古印度国王舍罕王要重赏发明国际象棋的宰相达依尔,问他有什么要求,宰相指着象棋盘上的 8 行 8 列格子说,只想要一些麦子,在棋盘第一个格子里放一粒麦子,第 2 个格子增加一倍,第 3 个比第 2 个再增加一倍,直到所有的格子填满.国王不以为然,同意了他的请求.你知道要给宰相达依尔多少粒麦子吗?

**解**　由于每个格子里的麦粒数都是前一个格子里的麦粒数的 2 倍,且有 64 个格子,各个格子里的麦粒数依次是 $1,2,2^2,2^3,\cdots,2^{63}$.

于是,达依尔要得到的麦粒总数就是

$$1+2+2^2+2^3+\cdots+2^{63}=2^{64}-1=18446744073709551615.$$

1845 亿亿粒麦子有多重? 就一般的麦子而言,这么多的麦子加起来将达到 750 亿吨,远远超过国王的粮仓里所储存的麦子.事实上,以目前世界小麦生产水平,也要 150 年才能生产这么多.

## 二、对数

对数是苏格兰数学家纳皮尔于 1614 年创立的.随后,开普勒引入了对数符号.由于对数能节省计算时间,当时被世人誉为"使科学家延长寿命的重大数学成就".

2 的多少次幂等于 128? 这是已知底数和幂求指数的问题,这就涉及到对数.

**1. 对数的概念**

如果 $a^b = N(a>0,$ 且 $a \neq 1)$,即 $a$ 的 $b$ 次幂等于 $N$,则数 $b$ 称为以 $a$ 为底 $N$ 的对数,记作 $b = \log_a N$,其中 $a$ 称为对数的底数(简称底),$N$ 称为对数的真数.

通常,将 10 为底的对数 $\log_{10} N$ 称为常用对数,记作 $\lg N$.例如,$\log_{10} 5$ 简记作 $\lg 5$.在科学技术中常常使用无理数 $e = 2.71828182\cdots$ 为底的对数,$e$ 为底的对数 $\log_e N$ 称为自然对数,简记作 $\ln N$.

对数在微波天线等领域都有着广泛的应用.例如,天线中的方向系数 $D$,增益 $G$,若以分贝(dB)为单位,就可以用对数来表示和分析,如 $D_{dB} = 10 \lg D$,$G_{dB} = 10 \lg G$.

**2. 对数的运算法则**

根据对数的定义,把幂的运算法则写成对数式,可得对数的运算法则.

如果 $a>0$,且 $a \neq 1$,$N_1 > 0$,$N_2 > 0$,那么

(1) $\log_a(N_1 N_2) = \log_a N_1 + \log_a N_2$;

(即两个正数乘积的对数等于同一底数的两个正数的对数的和.)

(2) $\log_a \dfrac{N_1}{N_2} = \log_a N_1 - \log_a N_2$;

(即两个正数的商的对数等于同一底数的被除数的对数减去除数的对数.)

(3) $\log_a(N_1)^n = n \log_a N_1$.

(即正数幂的对数等于幂的指数乘以幂的底数的对数.)

可以看出,对数的这些性质把乘法转化为加法,把除法转化为减法,乘方转化为乘法,能大大简化计算.

**例 3**　求下列各式的值.

(1) $\log_2(8 \times 32)$;　(2) $\lg 5 + \lg 20$.

**解**　(1) $\log_2(8 \times 32) = \log_2 2^3 + \log_2 2^5 = 3 \log_2 2 + 5 \log_2 2 = 3 + 5 = 8$;

(2) $\lg 5 + \lg 20 = \lg(5 \times 20) = \lg 100 = 2$.

**例 4**　已知某种细胞初始时有 10 个,1 个细胞分裂成 2 个,2 个分裂成 4 个,4 个分裂成 8 个……现观察这种细胞有 1280 个,问是连续分裂多少次后的结果?

**解**　细胞个数 $N$ 与分裂次数 $b$ 之间的关系为 $N = 10 \cdot 2^b$,这里 $N = 1280$.

由题意知,

$$b = \log_2 \frac{N}{10} = \log_2 \frac{1280}{10} = \log_2 128 = \log_2 2^7 = 7,$$

故这样的细胞分裂 7 次后可得到 1280 个细胞.

## 三、角

希腊数学家欧几里得在《几何原本》中提出,平面角是在同一个平面内但不在一条直线上的两条相交线的相互倾斜度.

### 1. 角的概念

角也可以看成是一条射线绕着它的端点在平面内旋转而形成的.如图 1.2.1 所示,一条射线由位置 $OA$,绕着它的端点 $O$,按逆时针方向旋转到另一位置 $OB$,就形成了角 $\alpha$,射线旋转开始时的位置 $OA$ 称为 $\alpha$ 的始边,旋转终止时的位置 $OB$ 称为 $\alpha$ 的终边,射线的端点 $O$ 称为 $\alpha$ 的顶点.

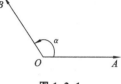

图 1.2.1

为区别不同方向旋转形成的角,我们规定,按逆时针方向旋转形成的角称为正角,多旋转一周,其角度多增加 360°.按顺时针方向旋转形成的角称为负角,多旋转一周,其角度多增加 −360°.如果一条射线没有作任何旋转,我们称它形成了一个零角.经过这样的推广,角的概念就包含零角及任意大小的正角和负角.

### 2. 弧度制

角的大小可以用度(°)来表示,1° 的角为圆周角的 $\frac{1}{360}$,旋转一周的角的大小为 360°.这种度量角的单位制称为角度制.下面介绍另一种度量角的单位制——弧度制.

把等于半径长的圆弧所对的圆心角称为 1 弧度的角,单位符号是 rad,读作弧度.

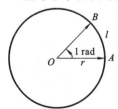

设圆的半径为 $r$,圆弧长为 $l$,该弧所对的圆心角为 $\alpha$,则 $|\alpha| = \frac{l}{r}$.如图 1.2.2 所示,弧 $\overset{\frown}{AB}$ 的长等于半径 $r$,$\overset{\frown}{AB}$ 所对的圆心角 $\angle AOB$ 就是 1 rad 的角.

一个圆周角是 $\frac{2\pi r}{r} = 2\pi$(rad),同时,一个圆周角又是

图 1.2.2

360°.因此 360° $= 2\pi$ rad.角度(°)与弧度(rad)的单位换算关系有

(1) $1° = \frac{\pi}{180°}$ rad $\approx 0.01745$ rad.

(2) $1$ rad $= \frac{180°}{\pi} \approx 57.3° = 57°18'$.

## 四、三角函数

客观世界中许多现象呈现周期性变化的规律,如音乐、潮汐、钟表的自由摆动、简

谐振动、简谐交流电等,研究这些现象的重要工具就是三角函数.三角函数在科学技术和实际问题中的应用也是非常广泛的.

**1. 三角函数的定义**

如图 1.2.3 所示,设 $\alpha$ 是一个任意大小的角,角 $\alpha$ 的始边为 $x$ 轴的正半轴,角 $\alpha$ 的终边上任意一点 $P$ 的坐标为 $(x,y)$,则

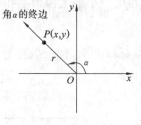

图 1.2.3

$$|OP| = r = \sqrt{x^2 + y^2} > 0 \quad (r > 0).$$

比值 $\dfrac{y}{r}$、$\dfrac{x}{r}$ 均与点 $P$ 在角 $\alpha$ 的终边上的位置无关,而仅由角 $\alpha$ 确定.它们反映了角 $\alpha$ 的特性.

比值 $\dfrac{y}{r}$、$\dfrac{x}{r}$ 分别称为角 $\alpha$ 的正弦、余弦,分别记为 $\sin\alpha$,$\cos\alpha$,即

$$\sin\alpha = \frac{y}{r}, \quad \cos\alpha = \frac{x}{r}.$$

同样,比值 $\dfrac{y}{x}$ 称为角 $\alpha$ 的正切,记为 $\tan\alpha$;比值 $\dfrac{x}{y}$ 称为角 $\alpha$ 的余切,记为 $\cot\alpha$;比值 $\dfrac{r}{x}$ 称为角 $\alpha$ 的正割,记为 $\sec\alpha$;比值 $\dfrac{r}{y}$ 称为角 $\alpha$ 的余割,记为 $\csc\alpha$.

一些常用角的度数、弧度数、正余弦值如表 1.2.1 所示.

表 1.2.1

| 度 | 0° | 30° | 45° | 60° | 90° | 120° | 135° | 150° | 180° | 270° | 360° |
|---|---|---|---|---|---|---|---|---|---|---|---|
| 弧度 | 0 | $\dfrac{\pi}{6}$ | $\dfrac{\pi}{4}$ | $\dfrac{\pi}{3}$ | $\dfrac{\pi}{2}$ | $\dfrac{2\pi}{3}$ | $\dfrac{3\pi}{4}$ | $\dfrac{5\pi}{6}$ | $\pi$ | $\dfrac{3\pi}{2}$ | $2\pi$ |
| 正弦值 | 0 | $\dfrac{1}{2}$ | $\dfrac{\sqrt{2}}{2}$ | $\dfrac{\sqrt{3}}{2}$ | 1 | $\dfrac{\sqrt{3}}{2}$ | $\dfrac{\sqrt{2}}{2}$ | $\dfrac{1}{2}$ | 0 | $-1$ | 0 |
| 余弦值 | 1 | $\dfrac{\sqrt{3}}{2}$ | $\dfrac{\sqrt{2}}{2}$ | $\dfrac{1}{2}$ | 0 | $-\dfrac{1}{2}$ | $-\dfrac{\sqrt{2}}{2}$ | $-\dfrac{\sqrt{3}}{2}$ | $-1$ | 0 | 1 |

**2. 基本性质**

任意角 $\alpha$ 的三角函数具有如下一些基本性质.

(1) $\sin^2\alpha + \cos^2\alpha = 1$, $\quad \tan\alpha = \dfrac{\sin\alpha}{\cos\alpha}$.

(2) $\sin(-\alpha) = -\sin\alpha$, $\qquad \cos(-\alpha) = \cos\alpha$, $\qquad \sin(\pi+\alpha) = -\sin\alpha$,

$\sin(\pi-\alpha) = \sin\alpha$, $\qquad \cos(\pi-\alpha) = -\cos\alpha$, $\qquad \cos(\pi+\alpha) = -\cos\alpha$,

$\sin\left(\dfrac{\pi}{2}\pm\alpha\right) = \cos\alpha$, $\quad \cos\left(\dfrac{\pi}{2}\pm\alpha\right) = \mp\sin\alpha$, $\quad \tan\left(\dfrac{\pi}{2}\pm\alpha\right) = \pm\cot\alpha$,

$\sin(2k\pi+\alpha) = \sin\alpha$, $\quad \cos(2k\pi+\alpha) = \cos\alpha \quad (k\in\mathbf{Z})$.

(3) 两角和与差的正弦、余弦:

$$\sin(\alpha-\beta)=\sin\alpha\cos\beta-\cos\alpha\sin\beta, \quad \sin(\alpha+\beta)=\sin\alpha\cos\beta+\cos\alpha\sin\beta,$$

$$\cos(\alpha-\beta)=\cos\alpha\cos\beta+\sin\alpha\sin\beta, \quad \cos(\alpha+\beta)=\cos\alpha\cos\beta-\sin\alpha\sin\beta.$$

（4）二倍角公式的正弦、余弦：

$$\sin2\alpha=2\sin\alpha\cos\alpha,$$

$$\cos2\alpha=\cos^2\alpha-\sin^2\alpha=1-2\sin^2\alpha=2\cos^2\alpha-1.$$

下面只证明基本性质(1).

**证明** 由三角函数的定义知 $\sin\alpha=\dfrac{y}{r}$，$\cos\alpha=\dfrac{x}{r}$，$x^2+y^2=r^2$，于是

$$\sin^2\alpha+\cos^2\alpha=\left(\frac{y}{r}\right)^2+\left(\frac{x}{r}\right)^2=\frac{y^2+x^2}{r^2}=\frac{r^2}{r^2}=1.$$

当 $\alpha\neq k\pi+\dfrac{\pi}{2}(k\in\mathbf{Z})$ 时，有 $\dfrac{\sin\alpha}{\cos\alpha}=\dfrac{y}{r}\cdot\dfrac{r}{x}=\dfrac{y}{x}=\tan\alpha.$

上述性质在涉及三角函数的运算时经常用到，读者要有所了解，需要时可以查阅资料和工具书.

**例5** 已知 $\cos\alpha$ 是方程 $2x^2-x-3=0$ 的实根，且 $\alpha\in\left(\dfrac{\pi}{2},\pi\right)$，求 $\alpha$ 及 $\tan\alpha$ 的值.

**解** 先求方程 $2x^2-x-3=0$ 的根，因式分解后，得

$$(2x+1)(x-3)=0,$$

即

$$x=-\frac{1}{2} \quad \text{或} \quad x=3.$$

由 $\cos\alpha$ 是方程的实根知，

$$\cos\alpha=-\frac{1}{2}, \quad \cos\alpha=3（舍去），$$

而 $\alpha\in\left(\dfrac{\pi}{2},\pi\right)$，则 $\alpha=\dfrac{2\pi}{3}$，所以

$$\tan\alpha=\tan\frac{2\pi}{3}=-\sqrt{3}.$$

**例6** 据气象台预报，在距某军事重地 $S$ 岛正东 300 千米的 $A$ 处有一个台风中心形成，并以每小时 40 千米的速度向正西北方向移动，在距台风中心 250 千米以内的地区将受其影响. 如果做应急准备，该军事基地需要 1.5 小时才完成防护工作. 问：该基地有充足时间应对吗？台风持续影响 $S$ 岛多长时间？

**分析** 如图 1.2.4 所示建立平面直角坐标系，以 $S$ 岛为原点，$A$ 处的坐标为(300,0)，记圆的方程为 $x^2+y^2=250^2$. 易知当台风中心经过圆的内部时，台风将影响 $S$ 岛，于是问题转化为"当时间 $t$ 在何范围内，台风中心在圆 $S$ 的内部".

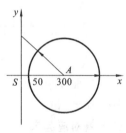

**图 1.2.4**

**解** 台风中心以每小时 40 千米的速度向西北方向移动，形成的轨迹是直线，且与横轴正向的夹角为 135°，水平

速度为 $40t\cos135°$，垂直速度为 $40t\sin135°$，其中 $t$ 为时间. 因此，台风中心运动的坐标$(x,y)$为

$$\begin{cases} x=300+40t\cos135°, \\ y=40t\sin135°. \end{cases}$$

要使台风中心距点 $S$ 在 250 千米内，即台风中心$(x,y)$满足

$$x^2+y^2\leqslant250^2,$$

代入 $x,y$ 的坐标，化简得

$$(300-20\sqrt{2}t)^2+(20\sqrt{2}t)^2\leqslant250^2,$$

解得

$$1.99\leqslant t\leqslant8.61.$$

所以，大约 2 小时后，$S$ 岛将受台风影响，并持续约 6.6 小时. 显然，该基地有充足的时间应对台风.

# 第三节　坐　标　系

　　法国数学家笛卡尔创立了直角坐标系，进而推动了解析几何学的发展，把相互对立着的"数"与"形"统一了起来，从而开拓了变量数学的广阔领域.

## 一、直角坐标系

### 1. 平面直角坐标系

　　规定了原点、正方向和单位长度的直线叫数轴，如图 1.3.1 所示. 实数与数轴上的点形成了一一对应关系.

　　为了确定平面上点的位置，可以用相互垂直的两条数轴建立平面直角坐标系. 其中，横的一条数轴称为横坐标轴（简称横轴），竖的一条数轴称为纵坐标轴（简称纵轴），两个数轴的交点称为坐标原点（简称原点），如图 1.3.2 所示.

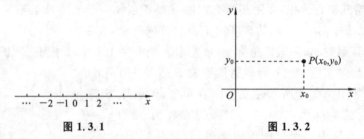

图 1.3.1　　　　　　　　　　　图 1.3.2

　　设平面 $Oxy$ 上的任意一点 $P$，过点 $P$ 作 $x$ 轴（横轴）的垂线，得到交点在 $x$ 轴上的坐标为 $x_0$，作 $y$ 轴的垂线，得到交点在 $y$ 轴（纵轴）上的坐标为 $y_0$，有序对$(x_0,y_0)$与点 $P$ 就对应起来了. 反之，给定有序实数对$(x_0,y_0)$也可以确定平面上的点 $P$. 这样，点 $P$ 就与有序实数对$(x_0,y_0)$一一对应，这对有序实数$(x_0,y_0)$称为点 $P$ 的坐标.

**2. 空间直角坐标系**

过空间一定点 $O$ 作三条互相垂直的数轴 $Ox$、$Oy$、$Oz$,并且取相同的长度单位(通常情况下),这三条数轴分别称为 $x$ 轴、$y$ 轴、$z$ 轴,也称为横轴、纵轴、竖轴,统称为坐标轴.$O$ 点称为坐标原点.三条数轴正向之间的顺序通常按照**右手法则**确定:用右手握住 $z$ 轴,让右手的四指从 $x$ 轴的正向转向 $y$ 轴的正向,这时大姆指的指向是 $z$ 轴的正向.按这样的规定所组成的坐标系称为空间直角坐标系,如图 1.3.3 所示.

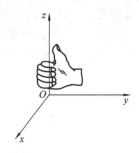

图 1.3.3

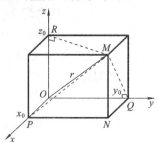

图 1.3.4

如图 1.3.4 所示,设点 $M$ 为空间中的一个定点,过点 $M$ 分别作垂直于 $x,y,z$ 轴的平面,依次交 $x,y,z$ 轴于点 $P,Q,R$.设点 $P,Q,R$ 在 $x,y,z$ 轴上的坐标分别为 $x_0$,$y_0,z_0$,那么就得到与点 $M$ 对应且唯一确定的有序实数组 $(x_0,y_0,z_0)$.有序实数组 $(x_0,y_0,z_0)$ 称为点 $M$ 的坐标,记作 $M(x_0,y_0,z_0)$.由此就确定了点 $M$ 的空间坐标.

**3. 空间两点间的距离公式**

如图 1.3.5 所示,设点 $A(x_1,y_1,z_1)$,$B(x_2,y_2,z_2)$,则 $A,B$ 两点间的距离为

$$|AB|=\sqrt{(x_2-x_1)^2+(y_2-y_1)^2+(z_2-z_1)^2}.$$

这是平面上两点间距离公式的推广.

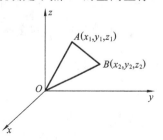

图 1.3.5

**例 1** 狙击手埋伏在 $A$ 处,坐标为 $(6,-2,4)$,准备对敌方最高指挥官实行射杀行动,已知敌方最高指挥官在 $B$ 处,坐标为 $(3,-2,0)$,狙击手在距离 6 百米范围内命中率为 $100\%$,问狙击手能保证完成任务吗?(单位:百米)

**解** 由题意知,若 $A$、$B$ 两处的距离小于等于 6 百米,则狙击手就能保证完成任务.因

$$|AB|=\sqrt{(6-3)^2+[-2-(-2)]^2+(4-0)^2}=5<6,$$

故狙击手能保证完成任务.

## 二、极坐标系

雷达兵在报告雷达发现飞机的位置时,只需指出飞机的方向和距离(高度另外考虑).像这种利用方向和距离来确定平面上点的位置的坐标系就是极坐标系.

在平面上取定点 $O$,从 $O$ 引一条射线 $Ox$,再确定一个单位长度和计算角度的正方向(选逆时针方向为正向),这样就确定了一个极坐标系.定点 $O$ 叫做极点,射线 $Ox$ 叫做极轴.

如图 1.3.6 所示,设 $M$ 为平面内任一点,连接 $OM$,令 $|OM|=\rho$,$\theta$ 表示从 $Ox$ 到 $OM$ 的角度.$\rho$ 叫做点 $M$ 的极径,$\theta$ 叫做点 $M$ 的极角,有序实数对 $(\rho,\theta)$ 叫做点 $M$ 的极坐标,记作 $M(\rho,\theta)$.

限定 $\rho\geqslant0,0\leqslant\theta\leqslant2\pi$,则任意有序实数对 $(\rho,\theta)$,在极坐标平面上就对应着唯一的一点 $M$;反之,平面上除极点 $O$ 以外的任意点 $M$,必有有序实数对 $(\rho,\theta)$ 与它对应,当点 $M$ 为极点时,$\rho=0$,角 $\theta$ 的值可以任意取.也就是说,平面上的点 $M(M$ 为极点除外)与实数对 $(\rho,\theta)$ 之间具有一一对应关系.

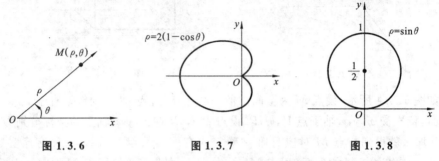

图 1.3.6　　　　　图 1.3.7　　　　　图 1.3.8

**例 2** 设心形线的极坐标方程为 $\rho=2(1-\cos\theta)$,其图形如图 1.3.7 所示.

当 $\theta=0$ 时,$\rho=0$,即在原点 $O$;当 $\theta=\dfrac{\pi}{2}$ 时,$\rho=2$;

当 $\theta=\pi$ 时,$\rho=4$;当 $\theta=\dfrac{3\pi}{2}$ 时,$\rho=2$.

可以看出,用极坐标表示一些图形(如心形线)是比较方便的.

**例 3** 设极坐标方程为 $\rho=\sin\theta$,其图形如图 1.3.8 所示.

当 $\theta=0$ 时,$\rho=0$,即在原点 $O$;当 $\theta=\dfrac{\pi}{2}$ 时,$\rho=1$;当 $\theta=\pi$ 时,$\rho=0$.

这种图形在天线方向图中经常用到.

## 三、极坐标和直角坐标互化

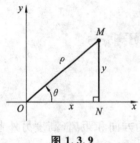

图 1.3.9

极坐标与直角坐标系是两种不同的坐标系,但都可以用来表示同一个平面.为了研究问题的方便,有时把极坐标转化为直角坐标,或把直角坐标转化为极坐标.

如图 1.3.9 所示,把直角坐标系的原点作为极点,$x$ 轴的正半轴作为极轴,并在两种坐标系中取相同的长度单位.

设 $M$ 是平面内任意一点,它的直角坐标是 $(x,y)$,极

坐标是 $(\rho,\theta)$，从点 $M$ 作 $MN$ 垂直于 $x$ 轴，由三角函数的定义，可得

$$x=\rho\cos\theta, \quad y=\rho\sin\theta. \qquad ①$$

由以上关系式又可得

$$\rho^2=x^2+y^2, \quad \tan\theta=\frac{y}{x}. \qquad ②$$

式①和式②是极坐标与直角坐标互化的公式.

## *四、球坐标系

在现代战争中，经常出现对地球上某一目标进行轰炸，这需要确定目标的准确位置. 为了准确标明地球上某点 $A$ 的位置，考虑到地球是球形，我们可以建立球坐标系.

一般地，如图 1.3.10 所示建立空间直角坐标系 $Oxyz$，设 $P$ 是空间中任意一点，连接 $OP$，记 $|OP|=r$，$OP$ 与 $Oz$ 轴正向所夹的角为 $\varphi$. 设 $P$ 在平面 $Oxy$ 的投影为 $Q$，$Ox$ 轴按逆时针方向旋转到 $OQ$ 时所转过的最小正角为 $\theta$，这样点 $P$ 的位置就可以用有序数组 $(r,\varphi,\theta)$ 来表示了. 因此，空间的点与有序数组 $(r,\varphi,\theta)$ 之间建立了一种对应关系.

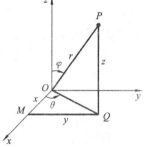

图 1.3.10

把建立上述对应的坐标系叫做球坐标系(或空间极坐标系). 有序数组 $(r,\varphi,\theta)$ 叫做点 $P$ 的球坐标，记作 $P(r,\varphi,\theta)$，其中 $r\geqslant0,0\leqslant\varphi\leqslant\pi,0\leqslant\theta\leqslant2\pi$.

在实践测量中，球坐标中的角 $\theta$ 称为被测点 $P(r,\varphi,\theta)$ 的方位角.

## 五、坐标系的应用

**例 4** 在直角坐标系中，一歼 11 战斗机从点 $M_0(x_0,y_0,z_0)$ 出发作匀速直线运动，其中水平方向的速度为 $v_x$，垂直方向的速度为 $v_y$，竖直方向的速度为 $v_z$，求该质点运动的轨迹方程.

**解** 设战斗机 $t$ 秒后到达位置 $M(x,y,z)$，由题设知，

在水平方向，战斗机以速度 $v_x$ 作匀速直线运动，有 $x=x_0+v_xt$；

在垂直方向，战斗机以速度 $v_y$ 作匀速直线运动，有 $y=y_0+v_yt$；

在竖直方向，战斗机以速度 $v_z$ 作匀速直线运动，有 $z=z_0+v_zt$.

所以，质点的运动坐标为

$$\begin{cases} x=x_0+v_xt, \\ y=y_0+v_yt, \quad t>0. \\ z=z_0+v_zt, \end{cases}$$

这个方程是用直角坐标系表示质点以速度 $v$ 作匀速直线运动的轨迹的参数方程.

## 第四节　直线与常见平面曲线

在平面直角坐标系中,点用坐标表示,从而为用代数方法表示几何图形架起了一座桥梁.本节讨论在直角坐标系中直线和曲线的方程.

### 一、直线与直线方程

#### 1. 直线斜率

如图 1.4.1 所示,平面直角坐标系中,一条直线 $l$ 向上的方向与 $x$ 轴的正方向所形成的最小正角 $\alpha$,称为这条直线的**倾斜角**.它的大小反映了平面直线相对于 $x$ 轴的倾斜程度.规定它的取值范围是 $0° \leqslant \alpha < 180°$(或 $0 \leqslant \alpha < \pi$).

倾斜角不是 $90°$ 的直线,它的倾斜角的正切值称为这条直线的**斜率**.直线的斜率通常用 $k$ 表示,即

$$k = \tan\alpha.$$

当倾斜角 $\alpha$ 是 $90°$ 时,直线垂直于 $x$ 轴,这时直线的斜率不存在,直线用 $x = c$($c$ 为常数)表示.

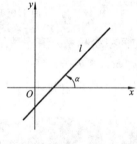

图 1.4.1

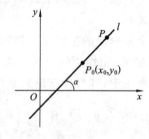

图 1.4.2

#### 2. 直线方程

我们知道,经过平面上的两个点可以确定一条直线.事实上,如果知道直线经过一个点,并且知道它的斜率或倾斜角,那么这条直线也就确定了.

若直线 $l$ 经过点 $P_0(x_0, y_0)$,斜率为 $k$,设点 $P(x, y)$ 是直线 $l$ 上不同于点 $P_0$ 的任意一点,如图 1.4.2 所示.

由线段 $PP_0$ 的倾斜度始终与直线 $l$ 的倾斜度相同,得

$$k = \frac{y - y_0}{x - x_0},$$

整理得
$$y - y_0 = k(x - x_0).$$

可以看出,直线 $l$ 上所有的点都满足上述方程,满足方程的点 $(x, y)$ 也都是直线 $l$ 上的点.上述方程就是经过点 $P_0$、斜率为 $k$ 的直线 $l$ 的方程.由于这个方程是由直线上一点和直线的斜率所确定的,所以称该方程为直线的**点斜式方程**.

**例 1**　某不明飞行物被我军雷达捕获,经侦察发现该飞行物沿正东偏北 45 度方向匀速直线飞行(不考虑高度问题,假设在水平面上),速度大小为 $100\sqrt{2}$ 米/秒,初始位置为 $A$ 点,坐标为 $(100,0)$,如图 1.4.3 所示,单位为千米. 我空军启用歼 11 战斗机从 $O(0,0)$ 点以 $100\sqrt{5}$ 米/秒的匀速直线飞行进行追赶拦截,问歼 11 战斗机的飞行方向如何选择才能拦截住不明飞行物?

**解**　设歼 11 战斗机沿直线飞行到 $B(x,x-100)$ 点恰好追上不明飞行物,如图 1.4.3 所示,已知不明飞行物沿正东偏北 45 度方向直线飞行,其斜率为

$$k_{AB}=\tan45°=1,$$

则其方程为

$$y=x-100.$$

歼 11 战斗机沿直线段 $OB$ 飞行的时间等于不明飞行物沿直线段 $AB$ 飞行的时间,则有等式

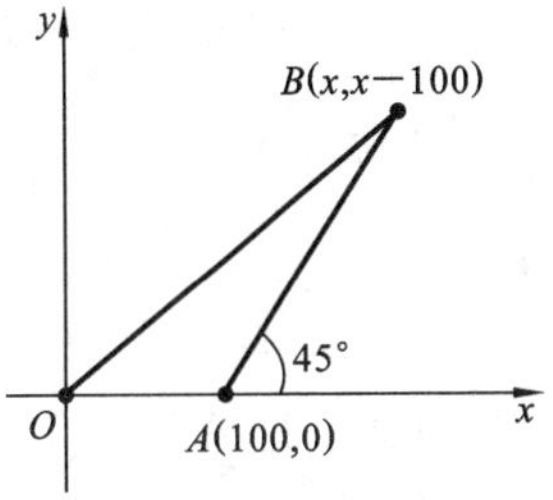

$$\frac{\sqrt{x^2+(x-100)^2}}{100\sqrt{5}}=\frac{\sqrt{(x-100)^2+(x-100)^2}}{100\sqrt{2}},$$

解得

$$x=200 \quad 或 \quad x=\frac{200}{3}(舍去).$$

因此,战斗机飞行轨迹的方程的斜率为

$$k_{OB}=\frac{(x-100)-0}{x-0}=\frac{200-100}{200}=\frac{1}{2},$$

即战斗机的飞行方向应为东偏北 $\arctan\dfrac{1}{2}$.

图 1.4.3

## 二、圆

圆是日常生活中见到的较多的一类曲线. 例如,光盘的轮廓线和炒锅的锅沿都是圆,圆柱形物体底面的轮廓线也是圆.

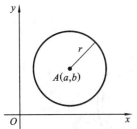

图 1.4.4

平面上到定点的距离为常数的点的轨迹称为**圆**. 定点称为**圆心**,距离称为**半径**.

在直角坐标系中,圆心为 $A(a,b)$,半径为 $r$ 的圆,如图 1.4.4 所示,圆的方程为

$$(x-a)^2+(y-b)^2=r^2.$$

**例 2**　已知友军、观察台与我军驻地在一个圆周上,敌据点在圆心 $A(a,b)$ 处,友军与我军双方合围敌据点,伺机歼灭. 假设友军坐标为 $O(0,0)$,观察台坐标为 $M_1(1,1)$,我军驻地坐标为 $M_2(4,2)$,有一支敌支援部队在点 $M_3(5,-9)$ 处,如图 1.4.5 所示. 当该敌支援部队到敌据点的距离超过我军到敌据点距离的 2 倍时,可以实行围打歼灭任务,问是否实行

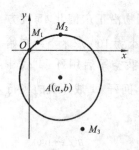

图 1.4.5

围打？

**解**　$O$、$M_1$、$M_2$ 三点在圆上，设所求的圆的方程为
$$(x-a)^2+(y-b)^2=r^2.$$
它们的坐标都应该满足上述方程，因此得
$$\begin{cases} a^2+b^2=r^2, \\ (1-a)^2+(1-b)^2=r^2, \\ (4-a)^2+(2-b)^2=r^2. \end{cases}$$

解上述方程组，得 $a=4,b=-3,r=5$. 于是得所求圆的方程为
$$(x-4)^2+(y+3)^2=25.$$

圆的圆心是 $A(4,-3)$，半径等于 5. 敌支援部队在点 $M_3(5,-9)$ 处，与敌据点 $(4,-3)$ 的距离为
$$|M_3A|=\sqrt{(5-4)^2+[-9-(-3)]^2}=\sqrt{37}<2\times5=10,$$
因此不能实行围打歼灭任务.

## 三、椭圆

生活中见到的圆的投影、汽车油罐截面的轮廓线、洒水车储水罐截面的轮廓线都是椭圆.

平面上与两定点的距离之和为常数的点的轨迹称为**椭圆**. 两定点称为椭圆的**焦点**，两焦点的距离称为**焦距**.

如图 1.4.6 所示，以过焦点 $F_1$ 和 $F_2$ 的直线为 $x$ 轴，线段 $F_1F_2$ 的垂直平分线为 $y$ 轴，建立直角坐标系.

设椭圆的焦距为 $2c(c>0)$，$M(x,y)$ 是椭圆上任意一点，$M$ 与 $F_1$ 和 $F_2$ 的距离之和为 $2a(a>0)$. 设 $b^2=a^2-c^2$，得椭圆的方程为
$$\frac{x^2}{a^2}+\frac{y^2}{b^2}=1 \quad (a>b>0).$$

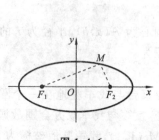

图 1.4.6

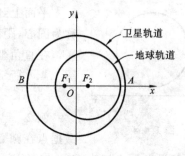

图 1.4.7

**例3**　我国发射的第一颗人造地球卫星的运行轨道，是以地球的中心为一个焦点的椭圆，如图 1.4.7 所示，近地点 $A$ 距地面 439 千米，远地点 $B$ 距地面 2384 千米，

地球半径约为 6371 千米. 求卫星的轨道方程.

**解**　设所求卫星的轨道方程为

$$\frac{x^2}{a^2}+\frac{y^2}{b^2}=1.$$

它的焦点为 $F_1(-c,0)$、$F_2(c,0)$,顶点为 $A(a,0)$、$B(-a,0)$,如图 1.4.7 所示. 于是

$$a-c=|OA|-|OF_2|=|F_2A|=6371+439=6810,$$
$$a+c=|OB|+|OF_2|=|F_2B|=6371+2384=8755,$$

联立上述两个方程,解得 $a=7782.5$, $c=972.5$,从而

$$b=\sqrt{a^2-c^2}=7721.5.$$

因此,卫星的轨道方程(近似)为

$$\frac{x^2}{7783^2}+\frac{y^2}{7722^2}=1.$$

## 四、抛 物 线

隧道顶部的横截面是抛物拱型,探照灯、太阳灶、雷达天线、卫星的天线、射电望远镜等纵截面的轮廓线也都是抛物线. 在太阳系中,某些天体运行的轨道也是抛物线.

平面上与一定点和一定直线的距离相等的点的轨迹称为**抛物线**. 定点称为**抛物线的焦点**,定直线称为**抛物线的准线**.

取经过焦点 $F$ 且垂直于准线 $l$ 的直线为 $x$ 轴,$x$ 轴与准线 $l$ 相交于点 $K$,以线段 $KF$ 的垂直平分线为 $y$ 轴,如图 1.4.8 所示. 设 $|KF|=p$,则焦点 $F$ 的坐标为 $\left(\frac{p}{2},0\right)$,准线 $l$ 的方程为 $x=-\frac{p}{2}$,得到抛物线方程为

$$y^2=2px \quad (p>0).$$

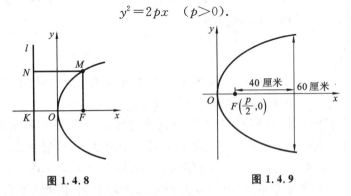

图 1.4.8　　　　　　　　　图 1.4.9

**例 4**　探照灯反射镜的纵断面是抛物线的一部分. 灯口直径是 60 厘米,灯深 40 厘米,如图 1.4.9 所示. 求抛物线的标准方程和焦点的位置.

**解**　设所求抛物线的方程为 $y^2=2px$. 由题设知,焦点的位置(即灯的位置)为

$\left(\dfrac{p}{2},0\right)$，而灯口直径是 60 厘米，灯深 40 厘米，则点 $\left(\dfrac{p}{2}+40,30\right)$ 在所求抛物线上，即有

$$30^2 = 2p\left(\dfrac{p}{2}+40\right),$$

化简得 $p^2+80p-900=0$，分解因式得

$$(p+90)(p-10)=0,$$

所以 $p=-90$（舍去），$p=10$. 故所求抛物线的标准方程为

$$y^2=20x,$$

焦点的坐标为 $(5,0)$，单位为厘米.

从抛物线焦点发出来的光线，经过抛物线反射后平行射出. 反过来，平行光线经过抛物线反射后可以聚焦在抛物线的焦点上. 由于具有这样的光学或电磁波特性，抛物线在日常生活中的应用非常广泛. 雷达的面天线就是由抛物线旋转得到的，它可以把信号聚焦于焦点，便于发现和分析.

## 五、双曲线

双曲线也是我们日常生活中常见的一种曲线. 比如双曲线型冷凝塔，造型美观，通风效果好；双曲线式交通结构，避免了车流向中心城区的聚集，缓解了交通拥堵；等等.

平面上与两定点的距离之差为常数的点的轨迹称为**双曲线**. 两定点称为双曲线的**焦点**，两焦点的距离称为**焦距**.

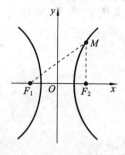

**图 1.4.10**

取过焦点 $F_1$、$F_2$ 的直线为 $x$ 轴，线段 $F_1F_2$ 的垂直平分线为 $y$ 轴，如图 1.4.10 所示. 设双曲线的焦距是 $2c(c>0)$，那么 $F_1$、$F_2$ 的坐标分别是 $(-c,0)$、$(c,0)$. 根据双曲线的定义，得出双曲线方程为

$$\dfrac{x^2}{a^2}-\dfrac{y^2}{b^2}=1.$$

它所表示的双曲线的焦点在 $x$ 轴上，焦点是 $F_1(-c,0)$、$F_2(c,0)$，这里 $c^2=a^2+b^2$.

**例 5** "神舟"六号载人飞船返回仓顺利到达地球后，为了及时将航天员安全救出，地面指挥中心在返回仓预计到达区域内安排三个救援中心（记为 $A$、$B$、$C$），$A$ 在 $B$ 的正东方向，相距 6 千米，$C$ 在 $B$ 的北偏西 $30°$，相距 4 千米，$P$ 为航天员着陆点，某一时刻，$A$ 接收到 $P$ 的求救信号，由于 $B$、$C$ 两地比 $A$ 距 $P$ 远，因此 4 秒后，$B$、$C$ 两个救援中心才同时接收到这一信号. 已知该信号的传播速度为 1 千米/秒，求在 $A$ 处发现 $P$ 的方位角.

**解** 如图 1.4.11 所示，以 $A$、$B$ 连线的中点为原点建立直角坐标系，因为 $|PC|$

$=|PB|$,所以点 $P$ 在线段 $BC$ 的垂直平分线上.又因为 $|PB|-|PA|=4$,所以点 $P$ 在以 $A,B$ 为焦点的双曲线的右支上,以 $AB$ 的中点为坐标原点,以线段 $AB$ 所在直线为 $x$ 轴建立直角坐标系,则

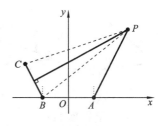

图 1.4.11

$$A(3,0)、B(-3,0)、C(-5,2\sqrt{3}).$$

所以,双曲线方程为

$$\frac{x^2}{4}-\frac{y^2}{5}=1 \quad (x>0).$$

又直线 $BC$ 的垂直平分线方程为

$$x-\sqrt{3}y+7=0.$$

联立以上两个方程,解得 $x_1=8,x_2=-\frac{32}{11}$(舍去).当 $x_1=8$ 时,$y=5\sqrt{3}$.

于是 $P$ 点的坐标为 $(8,5\sqrt{3})$,所以 $k_{PA}=\tan\angle PAx=\sqrt{3}$,即 $\angle PAx=60°$.也就是说,$P$ 点在 $A$ 点的北偏东 $30°$ 处.

# 第五节 向量与复数

## 一、向量及其线性运算

大约在公元前 350 年前,古希腊著名学者亚里士多德就知道了力可以表示成向量,随后,"向量"不断完善,在各个领域起着非常重要的作用.

在实际问题中,有些量只有大小,没有方向,如高度、温度等,这类量称为数量.还有一些量,既有大小又有方向,如位移、力、电场强度等,我们把这类量称为向量.

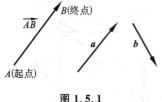

图 1.5.1

向量常用有向线段来表示,有向线段的长度表示该向量的大小,有向线段的方向表示该向量的方向.以 $A$ 为起点、$B$ 为终点的有向线段所表示的向量记为 $\overrightarrow{AB}$,有时为了简单起见,还可用小写黑体字如 $a,b$ 或 $\vec{a},\vec{b}$ 等来表示向量,如图 1.5.1 所示.

向量 $a$ 的大小称为向量的模,表示向量的长度,记为 $|a|$.模为 1 的向量称为单位向量.

## 二、向量的运算

### 1. 向量的加法

已知向量 $a、b$,如图 1.5.2(a)、(b)所示,在平面内任取一点 $A$,作 $\overrightarrow{AB}=a,\overrightarrow{BC}=b$,则向量 $\overrightarrow{AC}$ 称为向量 $a$ 和 $b$ 的和向量,记为 $a+b$,即

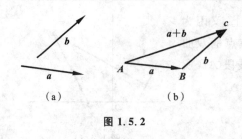

（a）　　　　　　　　（b）

图 1.5.2

$$\overrightarrow{AC}=\overrightarrow{AB}+\overrightarrow{BC}=a+b.$$

求两个向量的和向量的运算,称为**向量的加法**.这种求向量和的方法称为**向量加法的三角形法则**.

当大小相等、方向相反的向量相加,即为**零向量**.规定零向量的方向为任意的.

**2. 实数与向量的乘法**

设 $\lambda$ 为一实数,则向量 $a$ 与数 $\lambda$ 的乘积仍是一个向量,记为 $\lambda a$.它的长度与方向规定如下:

（1）$|\lambda a|=|\lambda||a|$;

（2）当 $\lambda>0$ 时,$\lambda a$ 的方向与 $a$ 的方向相同;当 $\lambda<0$ 时,$\lambda a$ 的方向与 $a$ 的方向相反;当 $\lambda=0$ 时,$\lambda a=\mathbf{0}$.

这里,$-a$ 是与向量 $a$ 长度相等、方向相反的向量,称为 $a$ 的**负向量**,记作 $-a$.

向量 $a$ 与向量 $b$ 的相反向量的和向量,称为 $a$ 与 $b$ 的**差向量**,记作 $a-b$,即

$$a+(-b)=a-b.$$

求两个向量的差向量的运算,称为**向量的减法**.

向量的加减法运算以及实数与向量的乘法统称为**向量的线性运算**.

## 三、向量的坐标表示

在空间直角坐标系中,与 $x$ 轴、$y$ 轴、$z$ 轴正向同方向的三个单位向量,称为该坐标系的**基本单位向量**,分别记为 $i,j,k$.

对于任意向量 $r$,将其起点移至原点 $O$,其终点为 $M$,即 $r=\overrightarrow{OM}$.如图 1.5.3 所示,过点 $M$ 分别作与 $x$ 轴、$y$ 轴、$z$ 轴垂直的平面,交点依次为 $P$、$Q$、$R$,设 $P$ 点在 $x$ 轴上的坐标是 $x$,$Q$ 在 $y$ 轴上的坐标为 $y$,$R$ 在 $z$ 轴上的坐标为 $z$.于是有

$$r=\overrightarrow{OM}=\overrightarrow{ON}+\overrightarrow{NM}=\overrightarrow{OP}+\overrightarrow{OQ}+\overrightarrow{OR}=xi+yj+zk.$$

称有序数组 $(x,y,z)$ 为向量 $r$ 的坐标,记为 $r=(x,y,z)$.$x,y,z$ 分别称为横坐标、纵坐标、竖坐标.

向量 $r=(x,y,z)$ 的模可表示为

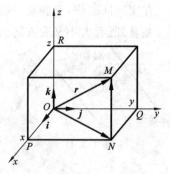

图 1.5.3

$$|r|=\sqrt{|\overrightarrow{OP}|^2+|\overrightarrow{OQ}|^2+|\overrightarrow{OR}|^2}=\sqrt{x^2+y^2+z^2}.$$

有了向量的坐标表示,其线性运算变得方便、简洁,其运算规律与代数式运算规律类似.

**例 1**　设 $a=2i-j+3k,b=-i-4j-2k$,求 $a+b,2a-3b$ 及 $|a|$.

解 $\qquad a+b=(2-1)i+(-1-4)j+(3-2)k=i-5j+k,$

$$2a-3b=2(2i-j+3k)-3(-i-4j-2k)=7i+10j+12k,$$

$$|a|=\sqrt{2^2+(-1)^2+3^2}=\sqrt{14}.$$

## 四、向量的内积

设一物体在常力(大小和方向都不变)$F$ 作用下的位移为 $s$,若 $F$ 的方向与 $s$ 的方向的夹角为 $\theta$(见图 1.5.4),由物理学知,力 $F$ 所做的功为

$$W=|F||s|\cos\theta.$$

即 $F$ 所做的功为两向量 $F,s$ 的模与它们的夹角的余弦的乘积. 由此,引入下面的定义.

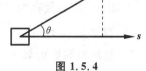

图 1.5.4

**1. 内积的概念**

设向量 $a$ 与 $b$ 之间的夹角为 $\theta$($0\leqslant\theta\leqslant180°$),记作 $(\stackrel{\wedge}{a,b})$,则 $|a||b|\cos\theta$ 称为向量 $a$ 与 $b$ 的内积(或数量积),记作 $a\cdot b$,即

$$a\cdot b=|a||b|\cos\theta.$$

**2. 内积的坐标表示式**

设向量 $a=a_1i+a_2j+a_3k,b=b_1i+b_2j+b_3k$,由内积的运算性质,有

$$a\cdot b=(a_1i+a_2j+a_3k)(b_1i+b_2j+b_3k)$$
$$=a_1b_1(i\cdot i)+a_2b_1(j\cdot i)+a_3b_1(k\cdot i)+a_1b_2(i\cdot j)+a_2b_2(j\cdot j)$$
$$+a_3b_2(k\cdot j)+a_1b_3(i\cdot k)+a_2b_3(j\cdot k)+a_3b_3(k\cdot k),$$

因为 $(i\cdot i)=(j\cdot j)=(k\cdot k)=1,(i\cdot j)=(j\cdot k)=(k\cdot i)=0$,所以

$$a\cdot b=a_1b_1+a_2b_2+a_3b_3,$$

即两向量的内积等于它们对应坐标的乘积之和.

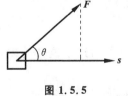

图 1.5.5

**例 2** 设某团战士运输战备物质,途中需要过一桥,由于桥限重,物体只有从桥面上方斜拉越过(斜拉可以减轻桥面的承受力). 设战备物质在 5000 牛顿恒力(大小和方向都不变)作用下的前行位移为 20 米,且 $F$ 与 $s$ 的方向的夹角为 $60°$(见图1.5.5),则力 $F$ 所做的功为多少?

解 根据物理学知识,力 $F$ 所做的功为

$$W=|F||s|\cos\theta.$$

代入已知值,计算得

$$W=5000\times20\times\cos60°=50000(\text{焦耳}).$$

解析几何中经常涉及有关度量问题,如长度、角度等,而这些问题几乎都可以通过向量的数量积来解决,而且可以起到化繁为简、化难为易的效果.

## 五、复数

### 1. 复数的定义

16 世纪,意大利数学家 G. 卡尔达诺首先用公式表示出了一元三次方程的根,但公式中引用了负数开方的形式,并把 i 当做数,满足 $i^2 = -1$,数 i 称为**虚数单位**,与其他数一起参与运算. 随着科学发展,这个虚数的引入起着越来越重要的作用,广泛应用到各个领域.

形如 $a+bi$ 的数称为**复数**. 其中,$a$ 和 $b$ 都是实数,$a$ 称为复数的**实部**,$b$ 称为复数的**虚部**. 例如,$-3+2i (a=-3, b=2)$,$-\sqrt{3}i (a=0, b=-\sqrt{3})$ 都是复数.

### 2. 复数的四则运算

复数的加、减、乘、除,与实数的加、减、乘、除类似,只需把 i 看做一个代数符号,代换 $i^2 = -1$ 即可.

### 3. 复数的几何表示

复数 $a+bi$ 与有序实数对 $(a,b)$ 一一对应,这样可以用平面上的点表示复数. 对坐标进行改造,把直角坐标系内的横轴 $x$ 视为实轴,单位为 1,把纵轴 $y$(不包括原点)视为虚轴,单位为 i,那么复数 $a+bi$ 就可以用这个平面内的点 $M(a,b)$ 来表示. 其中,实部 $a$ 和虚部 $b$ 分别为点 $M$ 的横坐标和纵坐标,如图 1.5.6 所示. 通常把表示复数的平面称为**复平面**.

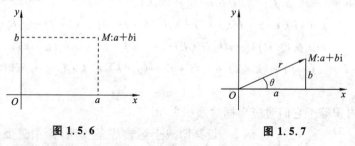

图 1.5.6　　　　　　　　　　　　　　图 1.5.7

### 4. 复数的三角形式及其运算

复数 $a+bi$ 对应的点为 $M(a,b)$,相对应的向量 $\overrightarrow{OM}$ 的长度 $r$ 称为这个复数的**模**,并且 $r = \sqrt{a^2+b^2}$,如图 1.5.7 所示.

以实轴的正方向为始边,以向量 $\overrightarrow{OM}$ 为终边的夹角 $\theta$ 称为复数 $a+bi$ 的**幅角**.

由图 1.5.7 和三角函数值的定义,不难得出

$$a+bi = r\cos\theta + ir\sin\theta = r(\cos\theta + i\sin\theta).$$

$r(\cos\theta + i\sin\theta)$ 称为复数 $a+bi$ 的**三角形式**.

复数的三角形式给复数的计算带来了很大的便利. 设复数 $z_1$、$z_2$ 的三角形式分别是

$$z_1 = r_1(\cos\theta_1 + i\sin\theta_1), \quad z_2 = r_2(\cos\theta_2 + i\sin\theta_2),$$

则
$$z_1 \cdot z_2 = r_1 r_2 [\cos(\theta_1 + \theta_2) + i\sin(\theta_1 + \theta_2)],$$

$$\frac{z_1}{z_2} = \frac{r_1}{r_2}[\cos(\theta_1 - \theta_2) + i\sin(\theta_1 - \theta_2)].$$

这就是说,两复数相乘就是把模相乘,幅角相加;两复数相除就是把模相除,幅角相减.

**例 3** 计算 $\sqrt{2}\left(\cos\dfrac{\pi}{12} + i\sin\dfrac{\pi}{12}\right) \times \sqrt{3}\left(\cos\dfrac{\pi}{6} + i\sin\dfrac{\pi}{6}\right)$.

**解** 原式 $= \sqrt{6}\left[\cos\left(\dfrac{\pi}{12} + \dfrac{\pi}{6}\right) + i\sin\left(\dfrac{\pi}{12} + \dfrac{\pi}{6}\right)\right] = \sqrt{6}\left(\cos\dfrac{\pi}{4} + i\sin\dfrac{\pi}{4}\right) = \sqrt{3} + \sqrt{3}i$.

**例 4** 计算 $4\left(\cos\dfrac{4\pi}{3} + i\sin\dfrac{4\pi}{3}\right) \div 2\left(\cos\dfrac{5\pi}{6} + i\sin\dfrac{5\pi}{6}\right)$.

**解** 原式 $= \dfrac{4}{2}\left[\cos\left(\dfrac{4\pi}{3} - \dfrac{5\pi}{6}\right) + i\sin\left(\dfrac{4\pi}{3} - \dfrac{5\pi}{6}\right)\right] = 2\left(\cos\dfrac{\pi}{2} + i\sin\dfrac{\pi}{2}\right) = 2i$.

**5. 复数应用——交流电路的复数运算**

用复数表示正弦交流电是复数应用的一种。

一般情况下,在正弦交流电中,电流强度 $i$ 随时间 $t$ 变化的规律为
$$i = I_m \sin(\omega t + \varphi_i),$$

电压 $u$ 随时间 $t$ 变化的规律为
$$u = U_m \sin(\omega t + \varphi_u).$$

用复数分别表示成复有效值的形式,即 $i = I_m e^{\varphi_i j}$,$u = U_m e^{j\varphi_u}$.

用复数表示正弦量,可以简化交流电路计算,下面举例说明.

**例 5** 设电压 $u_1 = \sqrt{2}150\sin(\omega t + 36.9°)$ (V),$u_2 = \sqrt{2}220\sin(\omega t + 60°)$ (V),求两电压之和.

**解** 用复数方法进行相加,并采用复有效值的形式,即
$$u_1 = \sqrt{2}150 e^{j36.9°} = 120 + j90 \text{(V)},$$
$$u_2 = \sqrt{2}220 e^{j60°} = 110 + j190.5 \text{(V)},$$

所以, $\qquad\qquad U = u_1 + u_2 = 230 + j280.5 \text{(V)}.$

由此可以看出,用复数计算要比用正弦函数计算简单得多.

# 第六节 集　　合

集合是德国数学家康托尔 1871 年给出的概念,它是现代数学的基础,广泛地运用于数学的各个领域.

## 一、集合的概念

在现代生活中,也经常把一些特定的对象作为一个整体加以研究.例如:① 抛物

线 $y^2=x$ 上的所有点;② 我国航天领域所有"神舟"系列飞船;③ 某机场全部歼 11 飞机.

**1. 集合的定义**

一般地,把具有某种特定性质的对象组成的总体称为**集合**;集合里的每个对象称为这个集合的**元素**. 例如,把某机场每一架歼 11 飞机作为元素,这些元素的全体是一个集合.

通常用大写字母 $A,B,C,\cdots$ 表示集合,而用小写字母 $a,b,c,\cdots$ 表示集合的元素. 如果 $a$ 是集合 $A$ 的元素,就说 $a$ 属于集合 $A$,记作"$a\in A$";如果 $a$ 不是集合 $A$ 的元素,就说 $a$ 不属于集合 $A$,记作"$a\notin A$". 例如,用 $A$ 表示方程 $x^2-1=0$ 的所有实数根,则 $1\in A$,$-1\in A$,而 $2\notin A$.

常用的集合有全体非负整数组成的集合称为**非负整数集**(或自然数集),记作 **N**;全体整数组成的集合称为**整数集**,记作 **Z**;全体实数组成的集合称为**实数集**,记作 **R**;全体复数组成的集合称为**复数集**,记作 **C**;不含任何元素的集合称为空集,记为 $\varnothing$.

**2. 集合的表示法**

集合常用的表示方法有列举法和描述法.

1) 列举法

我们可以把"方程 $x^2-1=0$ 的所有实数根"组成的集合表示为 $\{-1,1\}$. 像这样把集合的每个元素一一列举出来,写在花括号"{　}"内表示集合的方法称为**列举法**.

2) 描述法

把集合中的元素所具有的共同特征描述出来,写在花括号"{　}"内,这种表示集合的方法,称为**描述法**. 例如,抛物线 $y^2=x$ 上所有点 $(x,y)$ 组成的集合可表示为

$$\{(x,y)\mid y^2=x,x\in \mathbf{R},y\in \mathbf{R}\}.$$

**3. 集合之间的关系**

1) 子集

观察下面两个集合:

(1) $A=\{1,3\}$,$B=\{1,3,5\}$;

(2) $A=\{$一班立功的战士$\}$,$B=\{$一班全体战士$\}$.

可以发现,集合 $A$ 中的任何一个元素都是集合 $B$ 中的元素. 这时我们就说集合 $A$ 与集合 $B$ 有包含关系.

一般地,对于两个集合 $A$ 与 $B$,如果集合 $A$ 中的任何一个元素都是集合 $B$ 的元素,那么,集合 $A$ 就叫做集合 $B$ 的**子集**,记作

$$A\subseteq B(\text{或 } B\supseteq A),$$

读作"$A$ 包含于 $B$"(或"$B$ 包含 $A$").

数学上,通常用圆(或任何封闭曲线围成的图形)的内部表示集合,它能够比较直观地说明集合间的包含关系.

图 1.6.1 就表示集合 $A$ 是集合 $B$ 的子集.

2) 集合的相等

对于两个集合 $A$、$B$,如果 $A\subseteq B$,同时 $B\subseteq A$,则称集合 $A$ 与集合 $B$ 相等,记作 $A=B$. 例如,$A=\{x\,|\,x^2-1=0\}$,$B=\{1,-1\}$,显然 $A=B$.

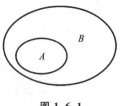

图 1.6.1

## 二、集合的运算

### 1. 交集

设 $A$ 和 $B$ 是两个集合,既属于 $A$ 又属于 $B$ 的所有元素组成的集合称为 $A$ 与 $B$ 的**交集**,记作 $A\bigcap B$,读作"$A$ 交 $B$",即

$$A\bigcap B=\{x\,|\,x\in A,\text{且 } x\in B\}.$$

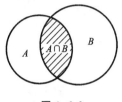

图 1.6.2

图 1.6.2 中的阴影部分,表示集合 $A$ 与集合 $B$ 的交集,即 $A\bigcap B$.

**例 1** 若有两种不同的坦克 $A$、$B$,其火炮口径相同,其中 $A$ 的射程范围为 $A=\{x\,|\,1\leqslant x\leqslant 8\}$,$B$ 的射程范围为 $B=\{x\,|\,1.5\leqslant x\leqslant 10\}$(单位:千米),求坦克 $A$ 与 $B$ 共同射击的范围是什么?

**解** 根据题意知,求坦克 $A$ 与 $B$ 共同射击的范围就是要计算 $A\bigcap B$.

$$A\bigcap B=\{x\,|\,1\leqslant x\leqslant 8\}\bigcap\{x\,|\,1.5\leqslant x\leqslant 10\}=(x\,|\,1.5\leqslant x\leqslant 8),$$

即共同射击范围为 $\{x\,|\,1.5\leqslant x\leqslant 8\}$.

### 2. 并集

设 $A$ 和 $B$ 是两个集合,属于集合 $A$ 或属于集合 $B$ 的所有元素所组成的集合,称为 $A$ 与 $B$ 的**并集**,记作 $A\bigcup B$,读作"$A$ 并 $B$",即

$$A\bigcup B=\{x\,|\,x\in A,\text{或 } x\in B\}.$$

图 1.6.3 中的阴影部分,表示集合 $A$ 与 $B$ 的并集,即 $A\bigcup B$.

**例 2** 设两战士 $A$、$B$ 进行射击比赛,射击目标为 5 只瓶子,编号为 1,2,3,4,5. 若战士 $A$ 射击到的目标为 $\{2,4,5\}$,战士 $B$ 射击到的目标为 $\{1,2,3,5\}$,则 $A$ 与 $B$ 总共射击到的目标是什么?

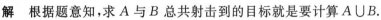

图 1.6.3

**解** 根据题意知,求 $A$ 与 $B$ 总共射击到的目标就是要计算 $A\bigcup B$.

$$A\bigcup B=\{2,4,5\}\bigcup\{1,2,3,5\}=\{1,2,3,4,5\},$$

即总共射击到的目标是 $\{1,2,3,4,5\}$.

## 三、区间与邻域

### 1. 区间

研究函数常常用到区间的概念,现将几种常用的区间与记号逐一进行介绍.

设 $a, b$ 为任意两个实数,且 $a < b$. 我们规定

(1) $(a, b) = \{x \mid a < x < b\}$,称为**开区间**;$[a, b] = \{x \mid a \leqslant x \leqslant b\}$,称为**闭区间**;

(2) $(a, b] = \{x \mid a < x \leqslant b\}$,$[a, b) = \{x \mid a \leqslant x < b\}$,称为**半开半闭区间**.

在数轴上,这些区间都可以用一条以 $a$ 和 $b$ 为端点的线段表示. 上述四种区间在数轴上的表示如图 1.6.4 所示(注:实心点表示闭区间的端点,空心点表示开区间的端点).

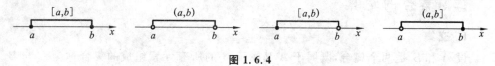

**图 1.6.4**

如果两端点可取无穷大,如区间 $[a, +\infty)$,表示 $x \geqslant a$,如图 1.6.5 所示.

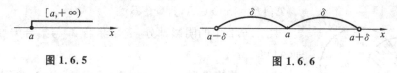

**图 1.6.5**          **图 1.6.6**

### 2. 邻域

设 $a, \delta \in \mathbf{R}$,且 $\delta > 0$,称开区间 $(a - \delta, a + \delta) = \{x \mid |x - a| < \delta\}$ 为点 $a$ 的 $\delta$ 邻域,记为 $U(a, \delta)$. $a$ 称为邻域的中心,$\delta$ 称为邻域的半径. $U(a, \delta)$ 在数轴上表示与点 $a$ 的距离小于 $\delta$ 的一切点 $x$ 的集合,如图 1.6.6 所示.

如果去掉邻域的中心,则称为点 $a$ 的去心 $\delta$ 邻域,记作 $\overset{\circ}{U}(a, \delta)$,即

$$\overset{\circ}{U}(a, \delta) = \{x \mid 0 < |x - a| < \delta\}.$$

当不需要指明邻域的半径时,可以简单地用 $U(a)$(或 $\overset{\circ}{U}(a)$)表示点 $a$ 的邻域(或去心邻域).

# 习 题 一

## A 题

**1.** 用代数式表示下列各式.

(1) $x$ 与 $-1$ 之和的 $\dfrac{2}{5}$ 倍;

(2) 3 个 $a$ 相乘的绝对值;

(3) 比 $m$ 的相反数少 5 的数;

(4) $n$ 的倒数减去 2 的数.

**2.** 某雷达旅有 A 型雷达 8 部,每部能同时跟踪 $x$ 个目标,有 B 型雷达 10 部,每部能同时跟踪 $y$ 个目标. 问

(1) 该雷达旅能同时跟踪多少个目标?

(2) 若 $x = 80$,$y = 50$,则能同时锁定的总目标是多少?

**3.** 解下列方程.

(1) $3x^2-75=0$；　　　　　　　　　(2) $y^2+2y-48=0$；

(3) $x(x+5)=24$；　　　　　　　　　(4) $(y+3)(1-3y)=6+2y^2$.

**4.** 比较下列各组数的大小.

(1) $\dfrac{3}{4}$，$\dfrac{5}{7}$；　　　　　　　　　　　(2) $-\dfrac{4}{5}$，$-\dfrac{5}{6}$.

**5.** 某型炮弹按一定角度发射后的射程需要求解方程 $3x^2+x-14=0$，其中 $x$ 表示射程，单位为千米.试求该型炮弹的射程.

**6.** 解下列绝对值不等式.

(1) $|2x+5|<6$；　　　　　　　　　(2) $|4x-1|\geqslant 9$.

**7.** 求值：$\left(\dfrac{1}{3}\right)^0$，$2^{-3}$，$10^{-4}$，$\left(\dfrac{1}{3}\right)^{-3}$，$\left(\dfrac{2}{3}\right)^{-2}$，$0.01^{-2}$.

**8.** 将下列指数式写成对数式.

(1) $2^x=6$；　　　　　　　　　　　(2) $e^x=0.2$；

(3) $1.012^x=1.6$；　　　　　　　　(4) $0.3^x=5$.

**9.** 求下列各式的值.

(1) $\lg 4+\lg 25$；　　　　　　　　(2) $\lg 80-\lg 8$.

**10.** 直径是 30 毫米的滑轮，每秒旋转 4 周，求轮周上一质点在 5 秒内所转过的圆弧长.

**11.** 把下列各角的弧度数化为度数.

(1) $\dfrac{5\pi}{6}$；　　　(2) $\dfrac{7\pi}{10}$；　　　(3) $\dfrac{3\pi}{2}$；　　　(4) 3；　　　(5) $\dfrac{\pi}{15}$.

**12.** 求下列各式的值.

(1) $5\sin 90°-\tan 0°+10\cos 180°-4\sin 270°-\dfrac{1}{2}\cot 270°$；

(2) $\dfrac{2}{3}\sin\dfrac{3\pi}{2}-\dfrac{4\sin\dfrac{\pi}{2}}{\cos\pi}+\dfrac{1}{4}\tan\pi$.

**13.** 求点 $(2,-3,-1)$ 关于(1)各坐标平面；(2)各坐标轴；(3)原点的对称点的坐标.

**14.** 设点 $M$ 的极坐标为 $(2,2\pi)$，求它的直角坐标.

**15.** 某不明飞行物被我军雷达捕获，经侦察发现该飞行物沿正东偏北 60 度方向匀速直线飞行（不考虑高度问题，假设在水平面上），速度大小为 $150\sqrt{2}$ 米/秒，初始位置为 $A$ 点，坐标为 $(200,0)$，如图 1.4.3 所示，单位为千米.我空军启用歼 11 战斗机从 $O(0,0)$ 点以 150 米/秒的匀速直线飞行进行追赶拦截，问歼 11 战斗机的飞行方向如何选择才能拦截住不明飞行物？

**16.** 写出圆心为 $A(2,-3)$，半径长等于 5 的圆的方程，并判断点 $M_1(5,-7)$，$M_2(-\sqrt{5},-1)$ 是否在这个圆上.

**17.** 狙击手埋伏在 $A$ 处，坐标为 $(5,-2,4)$，准备对敌方最高指挥官实行射杀行动，已知敌方最高指挥官在 $B$ 处，坐标为 $(2,-5,3)$，狙击手在距离 5 百米范围内命中率为 $100\%$，问狙击手能保证完成任务吗？（单位：百米）

**18.** 已知友军、观察台与我军驻地在一个圆周上，敌据点在圆心位置，友军与我军双方合围敌据点，伺机歼灭.假设友军坐标为 $O(0,0)$，观察台坐标为 $M_1(2,1)$，我军驻地坐标为 $M_2(5,3)$，有一支敌支援部队在点 $M_3(6,-5)$ 位置.当该敌支援部队到敌据点的距离超过我军到敌据点距离的

1.5倍时,可以实行围打歼灭任务,问是否实行围打?

**19.** 已知 $a=(2,1)$,$b=(-3,4)$,求 $a+b$,$a-b$,$3a+4b$.

**20.** 一向量通过点 $(0,0,0)$ 和 $(10,5,10)$,而另一向量通过点 $(-2,1,3)$ 和 $(0,-1,2)$,求这两向量间的夹角.

**21.** 把下列复数表示成三角形式.

(1) $\sqrt{3}+i$;              (2) $1-i$;              (3) $-1$;              (4) $2i$.

**22.** 计算下列各式的值.

(1) $[2(\cos10°+i\sin10°)]^6$;              (2) $\left(-\dfrac{\sqrt{3}}{2}-\dfrac{1}{2}i\right)^6$;

(3) $\left(\cos\dfrac{\pi}{3}+i\sin\dfrac{\pi}{3}\right)^{-4}$;              (4) $[3(\cos18°+i\sin18°)]^5$

**23.** 用列举法或描述法表示下列集合.

(1) 大于 3 小于 17 的偶数;              (2) 方程 $x^2-5x+6=0$ 的解集;

(3) 不等式 $x^2-9<0$ 的整数解;              (4) 能被 3 整除的自然数.

**24.** 求下列条件下的集合.

(1) 设 $A=\{x|x<5,\text{且 }x\in\mathbf{N}\}$,$B=\{0,2,4,6\}$,求 $A\cap B$,$A\cup B$.

(2) 已知 $A=\{(x,y)|2x+3y=1\}$,$B=\{(x,y)|3x-2y=3\}$,求 $A\cap B$.

## B 题

**1.** 当 $a=2$ 时,求代数式 $2a^3-\dfrac{1}{2}a^2+3$ 的值.

**2.** 分解下列因式.

(1) $x^4-y^4$;          (2) $3ax^2+6axy+3ay^2$;          (3) $x-xy^3$.

**3.** 先化简,再求值.

(1) $3a(2a^2-4a+3)-2a^2(3a+4)$,其中 $a=-2$;

(2) $(a-3b)^2+(3a+b)^2-(a+5b)^2+(a-5b)^2$,其中 $a=-8$,$b=-6$.

**4.** $k$ 取什么值时,方程 $2x^2-(4k+1)x+2k^2-1=0$

(1) 有两个不相等的实数根;   (2) 有两个相等的实数根;   (3) 没有实数根.

**5.** 求证方程 $(m^2+1)x^2-2mx+(m^2+4)=0$ 没有实数根.

**6.** 解下列不等式.

(1) $x^2-5x+6\geqslant0$;          (2) $-2x^2+3x-5<0$;          (3) $x^2-4x+4\leqslant0$.

**7.** 计算 $\sqrt{2}\cdot\sqrt[4]{8}\cdot\sqrt[8]{64}$.

**8.** (1) 利用指数与对数关系证明换底公式 $\log_aN=\dfrac{\log_bN}{\log_ba}$;

(2) 利用换底公式计算 $\log_225\cdot\log_34\cdot\log_59$.

**9.** 解下列不等式.

(1) $|3-x|\leqslant5$;          (2) $|3x+8|>13$;

(3) $(3x-1)(5x+3)\geqslant0$;          (4) $x^2-2x-3<0$.

**10.** 证明恒等式 $\dfrac{\sin x}{1-\cos x}=\dfrac{1+\cos x}{\sin x}$.

**11.** 已知 $\sin\alpha=\dfrac{4}{5}$，$\alpha\in\left(\dfrac{\pi}{2},\pi\right)$，$\cos\beta=-\dfrac{5}{13}$，$\beta$ 是第三象限角，

(1) 求 $\cos(\alpha-\beta)$ 的值；　　(2) 求 $\tan(\alpha+\beta)$ 的值.

**12.** 直线 $l_1$ 的倾斜角 $\alpha_1=\dfrac{\pi}{3}$，直线 $l_2$ 的倾斜角比 $l_1$ 多 $\dfrac{\pi}{2}$，求 $l_1$、$l_2$ 的斜率.

**13.** 一条直线经过点 $A(0,3)$，它的倾斜角等于直线 $y=\dfrac{1}{\sqrt{3}}x$ 的倾斜角的 2 倍，求这条直线的方程.

**14.** 求过点 $P(3,7)$ 并且在两轴上的截距相等的直线方程.

**15.** $k$ 分别取何值时，直线 $y=kx+5$ 与圆 $x^2+y^2=5$ 有下列关系.
(1) 相交；　　　　(2) 相切；　　　　(3) 相离.

**16.** 如图所示，$\overrightarrow{AD}$ 表示垂直于对岸行驶的速度，$\overrightarrow{AB}$ 表示水流的速度.一艘冲锋舟从 $A$ 点出发，以 $20\sqrt{3}$ 千米/小时的速度向垂直于对岸的方向行驶，同时河水的流速为 20 千米/小时.求冲锋舟实际航行速度的大小与方向(用与流速间的夹角表示).

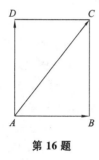
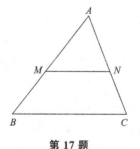

第 16 题　　　　　　　　　　第 17 题

**17.** 如图所示，$M$、$N$ 分别是三角形 $ABC$ 的边 $AB$、$AC$ 上的点，并且 $|AM|=\dfrac{2}{3}|AB|$，$|AN|=\dfrac{2}{3}|AC|$，证明 $MN/\!/BC$.

**18.** 已知点 $A(-2,3)$、$B(3,-5)$，求向量 $\overrightarrow{AB}$ 和向量 $\overrightarrow{BA}$ 的坐标形式及其模.

**19.** 已知平行四边形 $ABCD$ 的三个顶点 $A$、$B$、$C$ 的坐标分别为 $(-2,1)$、$(-1,3)$、$(3,4)$，求顶点 $D$ 的坐标.

~~~~~~~~~~~~~~~~~~~~~~~~~~~~~~~~~~~~~~~~~~~~~~~~~

【阅读材料】

## 阿基米德——数学之神

阿基米德(Archimedes，公元前 287—公元前 212)生于西西里岛(Sicilia，今属意大利)的叙拉古.阿基米德从小热爱学习，善于思考，喜欢辩论.当他刚满十一岁时，就飘洋过海到埃及的亚历山大求学.他向当时著名的科学家欧几里得的学生柯农学习哲学、数学、天文学、物理学等知识，并掌握了丰富的希腊文化遗产.他把数学研究和

力学、机械学紧密结合起来,用数学研究力学和其他实际问题.

阿基米德的主要成就是在纯几何方面,他善于继承和创造.他运用穷竭法解决了几何图形的面积、体积、曲线弧长等大量的计算问题,这些方法是微积分的先导,其结果也与微积分的结果相一致.阿基米德在数学上的成就在当时达到了登峰造极的地步,对后世影响的深远程度也是任何一位数学家无与伦比的.阿基米德被后世的数学家尊称为"数学之神".任何一张列出人类有史以来三个最伟大的数学家的名单中,必定会包含阿基米德.

有很多关于阿基米德的传说,其中最引人入胜的,也是最为人称道的是他从智破金冠案中发现了一个基本的科学原理.国王让金匠做一顶新的纯金王冠,金匠如期完成了任务,理应得到奖赏,但这时有人告密说金匠在金冠中偷去了一部分金子,以等重的银子掺入.可是,做好的王冠无论从重量、外形上都看不出问题.国王把这个难题交给了阿基米德.

阿基米德日思夜想.一天,他去澡堂洗澡,当他坐进澡盆时,水从盆边溢了出来,他望着溢出来的水,突然大叫一声:"我知道了!"竟然一丝不挂地跑回家中.原来他想出办法了!阿基米德把金王冠放进一个装满水的缸中,一些水溢出来了,他取走王冠,把水装满,再将一块同王冠一样重的金子放进水里,又有一些水溢出来.他把两次的水加以比较,发现第一次溢出来的水多于第二次,于是断定金冠中掺了银子.经过一番试验,他算出银子的重量.当他宣布他的发现时,金匠目瞪口呆.

这次试验的意义远远大过查出金匠欺骗了国王.阿基米德从中发现了一条原理:物体在液体中减轻的重量,等于它所排出液体的重量.这条原理被后人以阿基米德的名字命名.直到现代,人们还在利用这个原理测定船舶载重量等.

公元前215年,罗马将领马塞拉斯率领大军,乘坐战舰来到了历史名城叙拉古城下,马塞拉斯以为小小的叙拉古城会不攻自破.然而,应对罗马军队的是一阵阵密集可怕的镖箭和石头.罗马人被打得丧魂落魄,争相逃命.突然,从城墙上伸出了无数巨大的起重机式的机械巨手,它们抓住罗马人的战船,把船吊在半空中摇来晃去,重重地摔在海里,船毁人亡.马塞拉斯侥幸没有受伤,但惊恐万分.最后只好下令撤退.罗马军队死伤无数,被叙拉古人打得晕头转向.可是,敌人在哪里呢?他们连影子也找不到.马塞拉斯最后感慨万千地对身边的士兵说:"怎么样?在这位几何学'百手巨人'面前,我们只得放弃作战.他拿我们的战船当游戏扔着玩.在一刹那间,他向我们投射了这么多镖、箭和石块,他难道不比神话里的百手巨人还厉害吗?"

传说,阿基米德还曾利用抛物镜面的聚光作用,把集中的阳光照射到入侵叙拉古的罗马船上,让它们自己燃烧起来.罗马的许多船只都被烧毁了,但罗马人却找不到失火的原因.900多年后,有位科学家据史书介绍的阿基米德的方法制造了一面凹面镜,成功地点着了距离镜子45米远的木头,而且熔化了距离镜子42米远的铝.所以,许多科技史学家通常都把阿基米德看成是人类利用太阳能的始祖.

　　马塞拉斯进攻叙拉古时屡受袭击,在万般无奈下,他带着舰队,远远离开了叙拉古附近的海面.他们采取了围而不攻的办法,断绝城内和外界的联系.3年以后,终因粮绝和内讧,叙拉古城陷落了.马塞拉斯十分敬佩阿基米德的聪明智慧,下令不许伤害他,还派一名士兵去请他.此时阿基米德不知城门已破,还在凝视着木板上的几何图形沉思着.当士兵的利剑指向他时,他却用身体护住木板,大叫:"不要动我的图形!"他要求把原理证明完再走,但激怒了那个鲁莽无知的士兵,他竟将利剑刺入阿基米德的胸膛.就这样,一位彪炳千秋的科学巨人惨死在野蛮的罗马士兵手下.阿基米德之死标志着古希腊灿烂文化毁灭的开始.

无穷是一个永恒的迷,没有任何问题可以像无穷那样深深地触动人的情感,很少有别的观念能像无穷那样激励理智产生富有成果的思想,然而也没有任何其他的概念能像无穷那样需要加以阐明.

——希尔伯特

# 第二章  函数与极限

函数是现代数学的基本概念之一,是高等数学研究的主要对象.极限概念是微积分的理论基础,极限是微积分的基本分析方法.本章将介绍函数、极限与连续的基本知识和有关应用.

## 第一节  函    数

17 世纪初,人们对运动(如天文、航海等问题)的研究中发现不同的变量之间会有一定的依赖关系,经过逐步的探索,最后由数学家莱布尼兹定义这种关系为函数.到 1873 年,德国数学家狄利克雷抽象出较为合理的函数概念沿用至今.在 200 多年的发展历程中,函数这个概念几乎在所有的科学研究中占据了中心位置.

例如在军事作战中,一枚常规炮弹发射后,经过 26 秒落到地面击中目标,炮弹的射程高度为 845 米,可以得到炮弹距地面高度 $h$ 随时间 $t$ 变化的规律是

$$h = 130t - 5t^2.$$

由上述表达式可以看出,每给定一个时间值就有唯一确定的高度与之对应.这种变量之间的依赖关系在实际应用中大量存在,这种关系在数学上称为**函数**.

### 一、函数的定义

**定义 1**  设非空数集 $X, Y$,对于集合 $X$ 中的每一个元素 $x$,按照某个确定的对应关系 $f$,在集合 $Y$ 中都有唯一确定的值 $y$ 与它对应,则称 $f$ 为集合 $X$ 到集合 $Y$ 的一个函数,记为 $y = f(x)$. 数集 $X$ 称为函数的**定义域**,$x$ 称为**自变量**,$y$ 称为**因变量**.

由定义可知,常规炮弹的运行高度 $h$ 构成时间 $t$ 的函数.

**例 1**  一辆军用保障汽车油箱中储油 36 升,若汽车行驶时耗油量为 6 升/小时,

试建立开始行驶后油箱的剩余油量 $y$ 与行驶时间 $t$ 的函数关系,并求定义域.

**解** 由题意知,$y$ 与 $t$ 的函数关系式为

$$y = 36 - 6t.$$

汽车行驶的时间从 $t=0$ 时开始,直到油箱中的油全部用完为止,此时 $t = \dfrac{36}{6}$ 小时 $=6$ 小时,所以,该函数的定义域为 $[0,6]$.

$y$ 与 $t$ 的这种对应关系,还可以通过表格的方式呈现.如表 2.1.1 所示,分别取 $t=0,1,2,3,4,5,6$,可得到 $y=36,30,24,18,12,6,0$.这种表示函数的方式称为**函数的表格式**.

以 $t$ 为横轴、$y$ 为纵轴建立直角坐标系,则上述表格中每一列数对应到坐标系中的一个点.把这 7 个点依次连接起来就得到坐标平面上的一条平滑的直线,称这条直线为函数

$$y = 36 - 6t,\ t \in [0,6]$$

的图形,如图 2.1.1 所示.

图 2.1.1

表 2.1.1

| $t$ | 0 | 1 | 2 | 3 | 4 | 5 | 6 |
| --- | --- | --- | --- | --- | --- | --- | --- |
| $y$ | 36 | 30 | 24 | 18 | 12 | 6 | 0 |

## 二、分段函数

函数 $y$ 在 $x$ 的不同取值区间上,与 $x$ 之间的对应关系不一样,这种在定义域的不同子集上用不同的解析式表示的函数称为**分段函数**.下面介绍几种常用的分段函数.

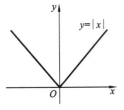

图 2.1.2

**1. 绝对值函数**

$$y = |x| = \begin{cases} x, & x \geqslant 0, \\ -x, & x < 0. \end{cases}$$

它的定义域为 **R**,值域为 $[0,+\infty)$,函数图形如图 2.1.2 所示.

**2. 取整函数**

$$y = [x].$$

$[x]$ 表示不超过 $x$ 的最大整数,例如 $[0.3]=0$,$[-1.352]=-2$.它的定义域为 **R**,值域为 **Z**.如图 2.1.3 所示,函数图形是由无穷多条与 $x$ 轴平行的单位长线段组成的阶梯形,每一线段左端是实点,右端是空心.

**3. 符号函数**

$$y = \operatorname{sgn} x = \begin{cases} 1, & x > 0, \\ 0, & x = 0, \\ -1, & x < 0. \end{cases}$$

它的定义域为 **R**,值域为 $\{-1,0,1\}$,函数图形如图 2.1.4 所示.符号函数是一种逻辑函数,用以判断实数的正负.

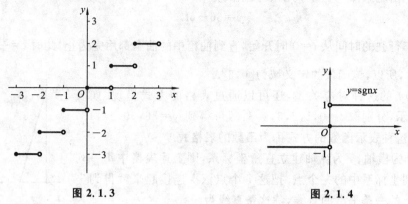

图 2.1.3　　　　　　　　　　　图 2.1.4

**例 2** 为了使人们节约用电,并节约供电成本.电力部门规定各省可根据需要对居民用电按低谷时段的价格收取电费.表 2.1.2 是某省规定的低谷时段居民用电的消费单价.试写出该省居民在低谷时段用电的费用函数.

表 2.1.2

| 低谷月用电量(单位:千瓦时) | 低谷电价(单位:元/千瓦时) |
|---|---|
| 50 及以下的部分 | 0.288 |
| 超过 50 至 200 的部分 | 0.318 |
| 超过 200 的部分 | 0.388 |

**解** 由题意知,该省居民用电应缴的电费是用电量的分段函数,设某居民某次缴费时的用电量为 $x$,应缴费用为 $y$,则根据表 2.1.2 讨论如下.

当 $x \leqslant 50$ 时,　　　　　　　　$y = 0.288x$.

当 $50 < x \leqslant 200$ 时,　$y = (x - 50) \times 0.318 = 0.318x - 15.9$.

当 $x > 200$ 时,　$y = (x - 200) \times 0.388 + (200 - 50) \times 0.318 + 50 \times 0.288$

　　　　　　　　$= 0.388x - 15.5$.

用分段函数表示为

$$y = \begin{cases} 0.288x, & x \leqslant 50, \\ 0.318x - 15.9, & 50 < x \leqslant 200, \\ 0.388x - 15.5, & x > 200. \end{cases}$$

## 三、初等函数

**1. 基本初等函数**

1)幂函数

**定义 2** 形如 $y = x^{\mu}$($\mu$ 是常数)的函数称为**幂函数**.

例如：$y=x$，$y=x^2$，$y=x^{\frac{1}{2}}$ 与 $y=x^{-1}$，$y=x^{-2}$，$y=x^{-\frac{1}{2}}$. 它们的函数图形如图 2.1.5(a)、(b)所示.

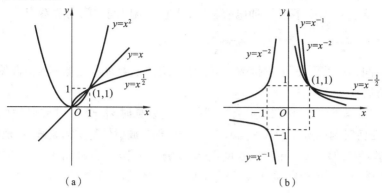

（a）　　　　　　　　　　（b）

图 2.1.5

由上述幂函数的图形可看出，在第一象限内，幂函数的图形都经过点(1,1). 当 $\mu > 0$ 时，函数单调递增；当 $\mu < 0$，函数单调递减.

**例 3** 为了保证信息的安全传输，有一种为密钥密码系统，其加密原理为：发送方将明文转化成密文发送出去，接收方将密文再转化成明文. 现在加密密钥为 $y=x^a$（$a>0$，$a\neq1$），如 4 通过加密后得到密文为 2，问接收方接到的密文为 $\frac{1}{32}$，则解密后得到的明文是什么？

**解** 由题意知，加密密钥为 $y=x^a$，代入密文和明文即 $x=4$，$y=2$，有

$$2=4^a,$$

所以 $a=\frac{1}{2}$. 又由接收方接到密文 $\frac{1}{32}$，得

$$x^{\frac{1}{2}}=\frac{1}{32}，即\quad x=2^{-10}.$$

所以，解密后得到的明文是 $2^{-10}$.

上述例子中加密解密的过程与函数 $y=x^{\frac{1}{2}}$ 紧密相关，变量之间的这种对应规律在雷达的各个分机中也经常遇到，如雷达中的二极管与三极管，阳流 $i$ 与阳压 $u$ 之间的对应规律为 $i=Ku^{\frac{3}{2}}$，其中 $K$ 为常数. 这种对应关系就是幂函数.

2）指数函数

**定义 3** 形如 $y=a^x$（$a>0$，$a\neq1$）的函数称为**指数函数**.

例如：$y=\left(\frac{1}{2}\right)^x$，$y=2^x$，$y=10^x$，它们的函数图形如图 2.1.6 所示.

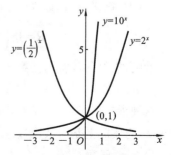

图 2.1.6

由图可知,指数函数的图形在 $x$ 轴的上方,且经过点$(0,1)$. 当 $a>1$ 时,函数单调增加;当 $0<a<1$ 时,函数单调减少.

在脉冲技术中,R-C 暂态脉冲电容器 C,其电流与时间之间的关系为

$$i=\frac{E}{R}\mathrm{e}^{-\frac{t}{\tau}}(\mathrm{A}),$$

显然,$i$ 是时间 $t$ 的函数,而 $t$ 在指数上,这种形式的函数就是指数函数. 自然界中也存在大量的这种函数关系.

**例 4**　实验表明放射性碳-14 衰变成铅. 若 $y_0$ 是时刻 $x=0$ 时放射性物质的数量,在以后任何时刻的数量为 $y=y_0\mathrm{e}^{-rx}(r>0)$,称为放射性物质的衰减率. 现已知碳-14 的衰减率 $r=1.2\times10^{-4}$,单位以年度量. 试预测 886 年后碳-14 所占的百分比.

**解**　设碳-14 原子核数量从 $y_0$ 开始,则 886 年后的剩余量是

$$y(886)=y_0\mathrm{e}^{-(1.2\times10^{-4})\times886}=0.899y_0.$$

在科学研究中,通常利用这种放射性元素来推测一些生物的年龄.

3) 对数函数

**定义 4**　形如 $y=\log_a x(a>0,a\neq1)$ 的函数称为**对数函数**.

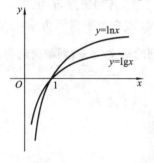

图 2.1.7

特别地,当 $a$ 取无理数 e 时,对数函数记为 $y=\ln x$;当 $a$ 取 10 时,对数函数记为 $y=\lg x$. 其图形如图 2.1.7 所示.

由定义可知,对数函数 $y=\log_a x$ 与指数函数 $y=a^x$ 互为反函数.

**例 5**　地震的里氏震级用常用对数来刻画. 以下是它的公式:

$$R=\lg\left(\frac{\alpha}{T}\right)+B,$$

其中 $\alpha$ 是监听站以微米计的地面运动的幅度,$T$ 是地震波以秒计的周期,而 $B$ 是当离震中的距离增大时地震波减弱所允许的一个经验因子.

对发生在距监听站 10000 千米处的地震来说,$B=6.8$. 如果记录的垂直地面运动为 $\alpha=10$ 微米,而周期 $T=1$ 秒,那么震级为

$$R=\lg\left(\frac{\alpha}{T}\right)+B=\lg\left(\frac{10}{1}\right)+6.8=7.8$$

可以看到,震级的计算与函数 $y=\lg x$ 紧密相关. 这种形式的函数称为对数函数.

对数函数的应用很广,如在使用雷达对敌作战中,敌方常常释放杂波干扰,为了减小这种干扰的影响,常常在接收机中采用对数中频放大器. 放大器的规律为 $u_{出}=M\ln u_入$,它实际上是对数函数.

4) 三角函数

**定义 5**　形如 $y=\sin x$ 的函数称为**正弦函数**;形如 $y=\cos x$ 的函数称为**余弦函**

数;形如 $y=\tan x$ 的函数称为**正切函数**;形如 $y=\cot x$ 的函数称为**余切函数**;形如 $y=\sec x$ 的函数称为**正割函数**;形如 $y=\csc x$ 的函数称为**余割函数**. 正弦函数、余弦函数、正切函数、余切函数统称为**三角函数**.

以 $y=\sin x$,$y=\cos x$,$y=\tan x$ 为例观察一下三角函数的图形,如图 2.1.8 所示.

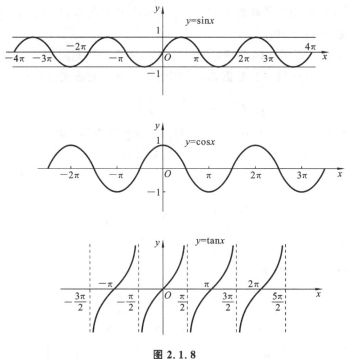

图 2.1.8

由图形可以发现,正弦函数和余弦函数的图形就像波浪一样,因此常把它们称为波函数.典型的特征是函数值在 $x$ 每隔 $2\pi$ 的距离重复一次.这样的性质也称为函数的周期性.

**定义 6**　设函数 $y=f(x)$,定义域为 $D$,如果存在一个不为零的常数 $T$,使得对于任意一个 $x\in D$,都有 $x+T\in D$,且 $f(x+T)=f(x)$,则函数 $y=f(x)$ 称为**周期函数**.非零常数 $T$ 称为**函数的周期**.

周期函数在图形上表现为每隔 $T$ 个单位,图形重复出现一次.显然,如果函数 $f(x)$ 以 $T$ 为周期,那么 $2T,3T,\cdots$ 都是它的周期. 一般地,如果周期函数的周期存在着一个最小的正数,则称其为**函数的最小正周期**,也称为周期.

由定义知,$y=\sin x$,$y=\cos x$,$y=\tan x$ 均为周期函数,且 $y=\sin x$,$y=\cos x$ 的周期 $T=2\pi$,$y=\tan x$ 的周期 $T=\pi$.

对于 $y=\sin x$,$y=\cos x$,由图形还可得到对于任意的 $x\in\mathbf{R}$,有 $|\sin x|\leqslant 1$.类似这种对于函数定义区间上的任意一点,函数值都不会超过一个正数的性质,称为函数的**有界性**.习惯上,称正弦函数 $y=\sin x$ 的图形为**正弦曲线**,称余弦函数 $y=\cos x$ 的图

形为**余弦曲线**，称正切函数 $y=\tan x$ 的图形为**正切曲线**.

三角函数在工程、电子和雷达等专业上有着非常重要的应用. 例如，可用正弦函数表示交流电，利用三角函数图形分析交流电的三个参数，并根据三个参数能较快地描出交流电的波形图，用三角函数定义和三角形解法来理解雷达测高测距原理，用三角函数公式推导传输线上的驻波方程和分析已调幅信号的组成. 总之，三角函数不但图形直观，还便于对比分析.

**例 6** 已知某海军游泳训练场的海浪高度 $y$（单位：米）是时间 $t$（$0 \leqslant t \leqslant 24$，单位：小时）的函数，现经长期观察和数据模拟，得到该函数的关系式可表示为

$$y=\frac{1}{2}\sin\left(\frac{\pi}{6}t+\frac{\pi}{2}\right)+1.$$

依据规定，当海浪高度高于 1 米时才能进行海军的游泳训练，试判断一天内上午 8：00 到晚上 20：00 之间，有多少时间可供海军进行训练活动？

**解** 由题意知，当 $y>1$ 时才可对冲浪者开放，即

$$\frac{1}{2}\sin\left(\frac{\pi}{6}t+\frac{\pi}{2}\right)+1>1,$$

得到
$$\cos\left(\frac{\pi}{6}t\right)>0.$$

由于余弦函数为周期函数，则

$$2k\pi-\frac{\pi}{2}<\frac{\pi}{6}t<2k\pi+\frac{\pi}{2},$$

即
$$12k-3<t<12k+3 \quad (k\in\mathbf{Z}).$$

由题意判断一天的开放时间，即 $0 \leqslant t \leqslant 24$，因此可令上式中的 $k$ 分别为 0，1，2，得

$$0\leqslant t<3, \quad 9<t<15, \quad 21<t<24.$$

由此可知，在规定时间上午 8：00 到晚上 20：00 之间，有 6 个小时可供海军游泳训练运动，即上午 9：00 到下午 15：00.

显然，本例中的函数是正弦函数，但表达式为 $y=A\sin(\omega t+\varphi)$. 称这种形式的正弦函数为正弦型的函数. 其中，$A$ 为振幅，$\omega$ 为频率，$\varphi$ 为初始相位角.

5）反三角函数

在很多情况下，已知某三角函数值反过来求角度，比如交流电阻抗角、雷达波频率的仰角等，这都要用到三角函数的反函数.

**定义 7** 函数 $y=\sin x$ 在区间 $\left[-\frac{\pi}{2},\frac{\pi}{2}\right]$ 上的反函数，叫做**反正弦函数**，记为 $y=\arcsin x$，定义域为 $[-1,1]$，值域为 $\left[-\frac{\pi}{2},\frac{\pi}{2}\right]$.

类似地，可以定义反余弦、反正切、反余切函数. **反余弦函数** $y=\arccos x$，其定义域为 $[-1,1]$，值域为 $0 \leqslant \arccos x \leqslant \pi$；**反正切函数** $y=\arctan x$，其定义域为

$(-\infty,+\infty)$,值域为$|\arctan x|<\dfrac{\pi}{2}$;**反余切函数** $y=\operatorname{arccot}x$,其定义域为$(-\infty,+\infty)$,值域为$0<\operatorname{arccot}x<\pi$.

反正弦函数、反余弦函数、反正切函数、反余切函数统称为**反三角函数**.根据互为反函数的函数的图形关于直线 $y=x$ 对称的性质,我们可以画出反正弦函数 $y=\arcsin x$的图形,反余弦函数 $y=\arccos x$ 的图形,分别如图 2.1.9(a)、(b)所示.

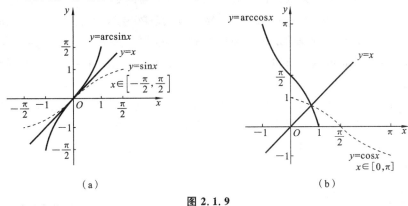

图 2.1.9

幂函数、指数函数、对数函数、三角函数和反三角函数统称为**基本初等函数**.

**2. 复合函数**

在实际中大量存在一个因变量同时又是另一个函数的自变量的情形.以深加工为例,如果以初始材料的质量为自变量,则每一道工序都可设一个函数,到二次或再一次之后的加工都是以前一次产品的质量为变量进行的再加工,函数值又是另一个函数的自变量.从函数的角度来说,这涉及函数进行复合的问题.

**定义 8** 设函数 $y=f(u),u=g(x)$,当函数 $y=f(u)$的定义域与函数 $u=g(x)$的值域的交集非空时,则称 $y=f[g(x)]$是由函数 $y=f(u)$和$u=g(x)$复合而成的**复合函数**.其中,$y=f(u)$称为**外层函数**,$u=g(x)$称为**内层函数**,$u$ 称为**中间变量**.

例如,函数 $y=\sin^2 x$ 是由函数 $y=u^2,u=\sin x$ 复合而成的;而函数 $y=\ln\cos x$ 是由函数 $y=\ln u,u=\cos x$ 复合而成的.

由定义可知,函数 $y=\sqrt{x^2+1},y=\sin 2x$ 都是复合函数.

**注** 不是任何两个函数都可以复合成一个函数.例如,$y=\arcsin u$ 和 $u=2+x^2$ 就不能构成复合函数.这是因为前者的定义域为$[-1,1]$,而后者 $u=2+x^2\geqslant 2$,不在前者的定义域内,故这两个函数不能复合成复合函数.

**3. 初等函数**

一般地,**由基本初等函数经过有限次四则运算和有限次复合运算构成并可以用一个式子表示的函数,称为初等函数**.

例如,$y=\sqrt{1-x^2},y=\mathrm{e}^{\sin(1/x)}$ 等都是初等函数.

### 四、应用

**数学建模**——函数关系的建立是函数的应用之一.

函数关系就其实质是一种变量间相依关系的数学模型. 而数学建模就是建立数学表达式或数学模型,它是针对现实世界的某一特定对象,为了一个特定的目标,根据特有的内在规律,做出必要的简化和假设,运用适当的数学工具,概括或近似地表述出来的一种数学结构. 它或者能解释特定对象的现实性态,或者能预测对象的未来状态,或者能提供处理对象的最优决策或控制. 全过程一般分为表述、求解、解释、验证几个阶段,并且通过这些阶段完成从现实对象到数学模型,再从数学模型到现实对象的循环.

在上述过程中,数学模型的建立是数学建模中最核心和最困难的,在本课程的学习中,我们将结合所学内容逐步深入地探讨不同的数学建模问题.

**例 7**(个税问题) 个税在 2011 年经调整后的起征点为 3000 元,税率及相应的基准具体如表 2.1.3 所示.

表 2.1.3

| 分等级数 | 扣除三险一金后的月收入/元 | 税率/(%) |
|---|---|---|
| 1 | 小于 4500 | 5 |
| 2 | 4500～7500 | 10 |
| 3 | 7500～12000 | 20 |
| 4 | 12000～38000 | 25 |
| ⋮ | ⋮ | ⋮ |

(1) 根据上表写出应缴税额与收入的关系的计算式;

(2) 现设某公司职员在扣除三险一金后的月收入为 8000 元,问其应缴多少税.

**分析** 由表可知,不同的收入所缴的税率是不同的,因此应缴税额与扣除三险一金后的月收入的关系应按分等级数分开考虑,显然它是一个分段函数.

**解** (1) 设某人扣除三险一金后的月收入为 $x$,对应的应缴税额为 $y$.

当 $x \leqslant 3000$ 时, $y = 0$.

当 $3000 < x \leqslant 4500$ 时, $y = (x - 3000) \times 5\% = 5\% x - 150$.

当 $4500 < x \leqslant 7500$ 时, $y = (x - 4500) \times 10\% + (4500 - 3000) \times 5\%$
$$= 10\% x - 375.$$

当 $7500 < x \leqslant 12000$ 时,

$y = (x - 7500) \times 20\% + (7500 - 4500) \times 10\% + (4500 - 3000) \times 5\%$
$$= 20\% x - 1125.$$

当 $12000 < x \leqslant 38000$ 时,

$$y=(x-12000)\times 25\%+(12000-7500)\times 20\%$$
$$+(7500-4500)\times 10\%+(4500-3000)\times 5\%$$
$$=25\%x-1725.$$
$$\vdots$$

上面每一级计算出来的表达式后面都有一项减项,这一减项在税法上也称为**税收速算扣除数**.

统一表示为

$$y=\begin{cases} 0, & x\leqslant 3000, \\ 5\%x-150, & 3000<x\leqslant 4500, \\ 10\%x-375, & 4500<x\leqslant 7500, \\ 20\%x-1125, & 7500<x\leqslant 12000, \\ 25\%x-1725, & 12000<x\leqslant 38000, \\ \vdots & \vdots \end{cases}$$

(2) 按个税调节表可以看出,该人应按表上的第 3 级缴税,所以缴税的表达式应为
$$y=20\%x-1125,$$
所以该人应缴税为    $20\%\times 8000-1125=475(元)$.

**例 8（长沙马王堆千年女尸之谜问题）**  湖南长沙市郊的马王堆发现了一座墓葬.墓葬里的女尸几乎跟刚死去的尸体一样.这个发现对研究历史、文化、手工业生产、工农业生产以及医药、防腐等方面都有极重要的价值.为确定尸体的年代,可用碳-14 含量来测定.科学研究表明:只要植物或动物死亡,就会停止呼吸碳-14,且碳-14 以 5730 年的半衰期开始衰变.现测得马王堆女尸碳-14 的残余量约占原始量的 76.7%,请你计算一下马王堆汉墓的大致年代.（现代的人与远古的人活着的时候体内碳-14 的含量是一样的）

**分析**  设生物死亡时,体内的碳-14 的含量为 1,则 1 年后的残留量为 $\left(\dfrac{1}{2}\right)^{\frac{1}{5730}}$,

$t$ 年后体内的碳-14 含量为 $\left(\dfrac{1}{2}\right)^{\frac{t}{5730}}$,今碳-14 的残余量为 $1\times 76.7\%=\left(\dfrac{1}{2}\right)^{\frac{t}{5730}}$,从中解出的时间 $t$ 就是女尸距今的大致年代.

**解**  设女尸距今的大致年代为 $t$,由题设知尸体内碳-14 的含量为 0.767,则

$$0.767=\left(\dfrac{1}{2}\right)^{\frac{t}{5730}}.$$

两边取对数,有    $\lg 0.767=\lg\left(\dfrac{1}{2}\right)^{\frac{t}{5730}}$,

则该女尸距今的大致年代为

$$t=5730\times\dfrac{\lg 0.767}{\lg\dfrac{1}{2}}=2193\ (年).$$

# 第二节　数列的极限

为了掌握变量的变化规律,往往需要从它的变化过程来判断它的变化趋势.这种思想早在我国古代就有.庄周所著的《庄子·天下篇》就引用过一句话:"一尺之棰,日取其半,万世不竭."魏晋时期的数学家刘徽,曾从圆内接正多边形出发来计算圆的面积.他指出:"割之弥细,所失弥少.割之又割,以至不可割,则与圆周合体而无所失矣."并由此思想计算出了圆周率 $\pi \approx 3.1416$,该结论领先其他国家几百年.这种处理问题的思想就是数学上的极限.但这只是初时期最朴素、最直观的极限.直到 2000 多年后,才有近代严格的极限理论.

严格极限理论的建立,使备受争议的微积分体系得到了完美的理论支撑.极限是与求一些量的精确值有关的,它被用来研究自变量的某一变化过程中因变量的变化趋势.

## 1. 数列

**定义 1**　按一定顺序排列起来的无穷多个数 $a_1, a_2, \cdots, a_n, \cdots$ 称为**数列**,称其中的第 $n$ 项 $a_n$ 为数列的**通项**或**一般项**,数列可用通项表示,简记为 $\{a_n\}$.

例如:

(1) $1, \dfrac{1}{2}, \dfrac{1}{4}, \dfrac{1}{8}, \cdots, \dfrac{1}{2^{n-1}}, \cdots$,其通项 $a_n = \dfrac{1}{2^{n-1}}$,该数列可记为 $\left\{\dfrac{1}{2^{n-1}}\right\}$;

(2) $\dfrac{1}{2}, \dfrac{2}{3}, \dfrac{3}{4}, \dfrac{4}{5}, \cdots, \dfrac{n}{n+1}, \cdots$,其通项 $a_n = \dfrac{n}{n+1}$,该数列可记为 $\left\{\dfrac{n}{n+1}\right\}$;

(3) $1, -1, 1, -1, \cdots, (-1)^{n+1}, \cdots$,其通项 $a_n = (-1)^{n+1}$,该数列可记为 $\{(-1)^{n+1}\}$;

(4) $3, 5, 7, \cdots, 2n+1, \cdots$,其通项 $a_n = 2n+1$,该数列可记为 $\{2n+1\}$.

为了更清楚地呈现上述数列的变化趋势,我们把上述四个数列在数轴上表示如图 2.2.1 所示.

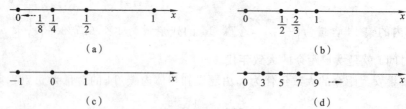

图 2.2.1

由图 2.2.1 可见,当 $n$ 无限增大时,数列的通项的变化趋势有三种:要么无限趋近于某个确定的常数,要么在两个常数之间震荡,要么不趋近于任何确定的常数.当数列无限趋近于某个常数时,称数列有极限.下面给出数列极限的描述性定义.

## 2. 数列极限

**定义 2**　对于数列 $\{x_n\}$,如果当 $n$ 无限增大时,通项 $x_n$ 无限趋近于某个确定的

常数 $A$，则称常数 $A$ 为数列 $\{x_n\}$ 当 $n\to\infty$ 时的**极限**.或者说，当 $n\to\infty$ 时，数列 $\{x_n\}$ 收敛于 $A$，记为

$$\lim_{n\to\infty}x_n=A \quad 或 \quad x_n\to A \quad (n\to\infty).$$

由定义可知，上述数列（1）的极限为 0，即 $\lim\limits_{n\to\infty}\frac{1}{2^{n-1}}=0$；数列（2）的极限为 1，即 $\lim\limits_{n\to\infty}\frac{n}{n+1}=1$；数列（3）与数列（4）没有极限，我们称数列（3）和（4）是发散的.

**例1**　观察下列数列的变化趋势，写出它们的极限.

(1) $x_n=\frac{1}{3^n}$；　(2) $x_n=\frac{n-1}{n+1}$；　(3) $x_n=\frac{1}{n}+(-1)^n$；　(4) $x_n=0.\overset{n个}{\overbrace{99\cdots9}}$.

**解**　通过观察可知

(1) $\lim\limits_{n\to\infty}x_n=0$；　　　　　(2) $\lim\limits_{n\to\infty}x_n=\lim\limits_{n\to\infty}\left(1-\frac{2}{n+1}\right)=1$；

(3) 极限不存在，是发散数列；　(4) $\lim\limits_{n\to\infty}x_n=1$.

对于数列（4），我们还可以作如下分析：

$$x_n=0.\overset{n个}{\overbrace{99\cdots9}}=\frac{9}{10}+\frac{9}{10^2}+\cdots+\frac{9}{10^n}=\frac{\frac{9}{10}\left[1-\left(\frac{1}{10}\right)^n\right]}{1-\frac{1}{10}}=1-\left(\frac{1}{10}\right)^n.$$

由于当 $n$ 无限增大时，$\left(\frac{1}{10}\right)^n$ 无限趋近于 0，所以 $\lim\limits_{n\to\infty}x_n=1$.

**例2**　有趣的斐波那契数列 $1,1,2,3,5,8,13,21,\cdots$，即从第三项开始，每一项都等于前两项之和.其通项可以表示为

$$a_n=\frac{1}{\sqrt5}\left[\left(\frac{1+\sqrt5}{2}\right)^n-\left(\frac{1-\sqrt5}{2}\right)^n\right],$$

斐波那契数列前一项与后一项比值的极限为

$$\lim_{n\to\infty}\frac{a_{n-1}}{a_n}=0.618.$$

这样一个完全是自然数的数列，通项公式居然是用无理数来表达的，而且当 $n$ 无穷大时越来越逼近黄金分割数 0.618.

斐波那契数可以在植物的叶、枝、茎等排列中发现.例如，在树木的枝干上选一片叶子，然后依序点数叶子（假定没有折损），直到到达与那些叶子正对的位置，则其间的叶子数多半是斐波那契数.

从上述例子可以看出，**收敛的数列都是有界的**，有些还是单调的.反过来，**单调有界的数列一定是收敛的**.这是判断数列收敛的一个准则.

**3. 极限的运算法则**

为了能够从已知的简单数列的极限推求出更多、更复杂的数列的极限，下述的极限四则运算法则是必须要求掌握的.

**定理**　如果 $\lim\limits_{n\to\infty}x_n=A$，$\lim\limits_{n\to\infty}y_n=B$，那么

(1) $\lim\limits_{n\to\infty}(x_n\pm y_n)=\lim\limits_{n\to\infty}x_n\pm\lim\limits_{n\to\infty}y_n=A\pm B$；

(2) $\lim\limits_{n\to\infty}(Cx_n)=C\lim\limits_{n\to\infty}x_n=CA$（$C$ 是常数）；

(3) $\lim\limits_{n\to\infty}(x_ny_n)=\lim\limits_{n\to\infty}x_n\cdot\lim\limits_{n\to\infty}y_n=AB$；

(4) $\lim\limits_{n\to\infty}\dfrac{x_n}{y_n}=\dfrac{\lim\limits_{n\to\infty}x_n}{\lim\limits_{n\to\infty}y_n}=\dfrac{A}{B}$　（$B\neq0$）.

此定理说明，由数列 $\{x_n\}$，$\{y_n\}$ 的收敛就可推知更多的数列 $\{x_n\pm y_n\}$，$\{x_ny_n\}$，$\left\{\dfrac{x_n}{y_n}\right\}$ 也收敛，且极限运算与加、减、乘、除运算具有交换性.

**例3**　已知 $\lim\limits_{n\to\infty}x_n=5$，$\lim\limits_{n\to\infty}y_n=2$，求：

(1) $\lim\limits_{n\to\infty}\dfrac{y_n}{x_n}$；　　　　　(2) $\lim\limits_{n\to\infty}\left(3x_n-\dfrac{y_n}{5}\right)$.

**解**　(1) $\lim\limits_{n\to\infty}\dfrac{y_n}{x_n}=\dfrac{\lim\limits_{n\to\infty}y_n}{\lim\limits_{n\to\infty}x_n}=\dfrac{2}{5}$；

(2) $\lim\limits_{n\to\infty}\left(3x_n-\dfrac{y_n}{5}\right)=\lim\limits_{n\to\infty}(3x_n)-\lim\limits_{n\to\infty}\dfrac{y_n}{5}=15-\dfrac{2}{5}=14\dfrac{3}{5}$.

**例4**　求下列各极限.

(1) $\lim\limits_{n\to\infty}\left(4-\dfrac{1}{n}+\dfrac{3}{n^2}\right)$；　　(2) $\lim\limits_{n\to\infty}\dfrac{3n^2-n+1}{1+n^2}$.

**解**　(1) $\lim\limits_{n\to\infty}\left(4-\dfrac{1}{n}+\dfrac{3}{n^2}\right)=\lim\limits_{n\to\infty}4-\lim\limits_{n\to\infty}\dfrac{1}{n}+3\lim\limits_{n\to\infty}\dfrac{1}{n^2}=4$；

(2) $\lim\limits_{n\to\infty}\dfrac{3n^2-n+1}{1+n^2}=\lim\limits_{n\to\infty}\dfrac{3-\dfrac{1}{n}+\dfrac{1}{n^2}}{\dfrac{1}{n^2}+1}=\dfrac{\lim\limits_{n\to\infty}3-\lim\limits_{n\to\infty}\dfrac{1}{n}+\lim\limits_{n\to\infty}\dfrac{1}{n^2}}{\lim\limits_{n\to\infty}\dfrac{1}{n^2}+\lim\limits_{n\to\infty}1}=\dfrac{3-0+0}{0+1}=3.$

**例5**（游戏销售）　由生活常识知道，当一种新产品刚研发出来时在短期内销售量会迅速增加，然后开始下降. 现设有一种新的电子游戏程序，经调研得到销量与时间 $t$ 的函数关系为

$$x(t)=\dfrac{200t}{t^2+100},$$

图 2.2.2

其中 $t$ 为月份. $x(t)$ 与 $t$ 的函数图形如图 2.2.2 所示.

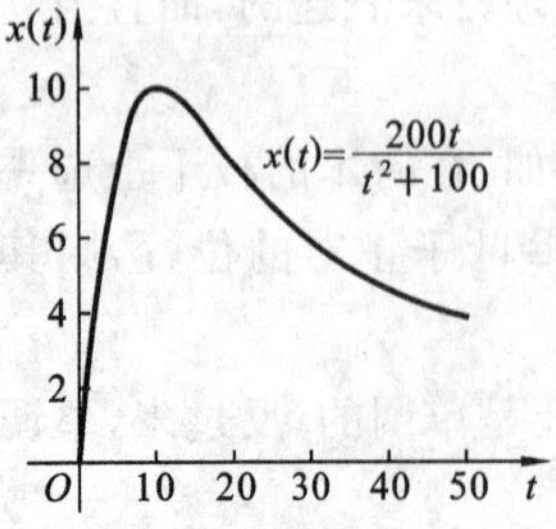

**分析**　对该经验式考虑 $t\to\infty$ 的极限，即

$$\lim_{t\to\infty}\dfrac{200t}{t^2+100}=\lim_{t\to\infty}\dfrac{200}{t+\dfrac{100}{t}}=0.$$

**结论**　上式说明当时间 $t\to\infty$ 时，销售量的极限为 0，即人们购买此游戏会越来越少，从而转向购买新的游戏.

**\* 例 6**　一台数据生成器的生成规律为

$$x_{n+1}=\frac{4x_n-2}{x_n+1},$$

若要产生一个收敛数列,且满足对任意的正整数 $n$,均有 $x_n<x_{n+1}$,即为单调递增数列,问初始输入 $x_0$ 的取值范围应为多少,数列极限值又为多少?

　　**分析**　产生的数列为收敛数列,其数列极限值可用生成规律的等式两边取极限运算得到;初始输入的取值范围根据单调性列出不等式解得.

　　**解**　由数列为单调递增数列知,$x_n<x_{n+1}$,即

$$x_n<\frac{4x_n-2}{x_n+1},$$

化简得　　　　　　　　　　　　　$x_n^2-3x_n+2<0,$

则　　　　　　　　　　　　　　　$1<x_n<2.$

　　这说明初始输入 $x_0$ 的取值范围为 $(1,2)$.

　　设数列的极限为 $x$,有

$$\lim_{n\to\infty}x_n=\lim_{n\to\infty}x_{n+1}=x,$$

对生成规律等式两边取极限,得

$$\lim_{n\to\infty}x_{n+1}=\lim_{n\to\infty}\frac{4x_n-2}{x_n+1}=\frac{4\lim\limits_{n\to\infty}x_n-2}{\lim\limits_{n\to\infty}x_n+1},$$

即　　　　　　　　　　　　　　$x=\frac{4x-2}{x+1},$

化简得　　　　　　　　　　　　$x^2-3x+2=0,$

则　　　　　　　　　　　　$x=1$　或　$x=2.$

　　而数列的通项 $x_n$ 满足在区间 $(1,2)$ 内取值,数列是单调递增数列,所以数列极限值为 $2$.

# 第三节　函数的极限

　　数列是一类特殊的函数,我们讨论了它的极限及相关运算法则.对于一般的函数,类似地可得到极限的概念和性质.

## 一、函数极限的定义

### 1. $x\to\infty$ 时函数的极限

　　函数 (a) $y=\mathrm{e}^x$,(b) $y=\arctan x$,(c) $y=\dfrac{1}{|x|}$ 的图形如图 2.3.1 所示.

　　由图 2.3.1 可看出,$y=\mathrm{e}^x$ 的图形是当 $x\to-\infty$ 时无限趋近 $x$ 轴,函数 $y=\arctan x$ 当 $x\to+\infty$ 和 $x\to-\infty$ 时分别趋近 $\dfrac{\pi}{2}$ 和 $-\dfrac{\pi}{2}$,而 $y=\dfrac{1}{|x|}$ 不管是 $x\to+\infty$ 还是

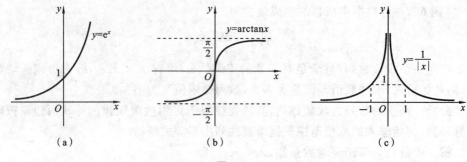

图 2.3.1

$x \to -\infty$，函数图形都无限靠近 $x$ 轴. 这说明函数在自变量趋于无穷时的极限与数列当 $n$ 趋于无穷时类似，但要分自变量趋于正无穷、负无穷以及无穷三种情况.

参考数列极限的定义，函数极限有如下定义.

**定义 1** 设函数 $f(x)$ 在 $x$ 大于某个正数时有定义，当自变量 $x$ 无限增大时，函数 $f(x)$ 的值无限趋近于某个确定的常数 $A$，则称常数 $A$ 为函数 $f(x)$ 当 $x \to +\infty$ 时的极限，记为

$$\lim_{x \to +\infty} f(x) = A \quad 或 \quad f(x) \to A \ (x \to +\infty).$$

**定义 2** 设函数 $f(x)$ 在 $x$ 小于某个负数时有定义，当自变量 $x$ 取负值而绝对值无限增大时，函数 $f(x)$ 的值无限趋近于某个确定的常数 $A$，则称常数 $A$ 为函数 $f(x)$ 当 $x \to -\infty$ 时的极限，记为

$$\lim_{x \to -\infty} f(x) = A \quad 或 \quad f(x) \to A \ (x \to -\infty).$$

**定义 3** 设函数 $f(x)$ 在 $|x|$ 大于某个正数时有定义，当 $|x| \to +\infty$ 时，函数 $f(x)$ 的值无限趋近于某个确定的常数 $A$，则称常数 $A$ 为函数 $f(x)$ 当 $x \to \infty$ 时的极限，记为

$$\lim_{x \to \infty} f(x) = A \quad 或 \quad f(x) \to A \ (x \to \infty).$$

由定义可知，上述三个函数有如下极限：

(1) $\lim\limits_{x \to -\infty} e^x = 0$; 　　　(2) $\lim\limits_{x \to +\infty} \arctan x = \dfrac{\pi}{2}$, $\lim\limits_{x \to -\infty} \arctan x = -\dfrac{\pi}{2}$;

(3) $\lim\limits_{x \to \infty} \dfrac{1}{|x|} = 0$.

当 $x \to +\infty$，$x \to -\infty$ 与 $x \to \infty$ 时，三种函数极限之间的关系，有以下结论：

当 $x \to \infty$ 时，函数 $f(x)$ 的极限为 $A$ 的充要条件是

$$\lim_{x \to +\infty} f(x) = \lim_{x \to -\infty} f(x) = A.$$

**例 1** 2003 年 Sars 病毒肆虐中国大地，造成了中国大量的人员伤亡. 现经研究人员的统计模拟，得到该病毒的传染模型为

$$N(t) = \frac{1000000}{1 + 5000e^{-0.1t}}$$

其中 $t$ 表示疾病流行的时间, $N$ 表示 $t$ 时刻感染的人数. 问:从长远考虑,将有多少人感染上这种病?

**解** 依题意即是考虑当 $t \to \infty$ 时, $N$ 的极限值为

$$\lim_{t \to \infty} N(t) = \lim_{t \to \infty} \frac{1000000}{1 + 5000 e^{-0.1t}} = 1000000$$

即从长远考虑,将有 1000000 人感染这种病. 从图 2.3.2 也可看出这种趋势.

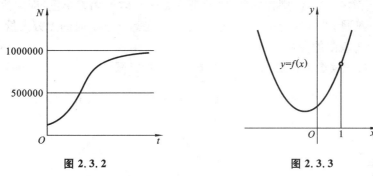

图 2.3.2　　　　　　　　　　　图 2.3.3

**2. $x \to x_0$ 时函数的极限**

有些函数在自变量趋于无穷时函数值会趋于某一固定常数,同样,我们可以考虑在自变量趋于有限值时函数值的趋势情况. 考察函数 $f(x) = \dfrac{x^3 - 1}{x - 1}$,如图 2.3.3 所示,当 $x = 1$ 时,函数无定义,但当 $x$ 从无限趋于 1(不取 1)时,函数 $f(x) = \dfrac{x^3 - 1}{x - 1}$ 的值无限趋近于常数 3.

用数学实验也可以验证这一结论,如表 2.3.1 所示. 当自变量越来越趋于 1 时,函数值越来越趋近于 3.

表 2.3.1

| $x$ | 0.9 | 0.99 | 0.999 | 0.9999 | → | 1 | ← | 1.0001 | 1.001 | 1.01 | 1.1 |
|---|---|---|---|---|---|---|---|---|---|---|---|
| $f(x)$ | 2.71 | 2.97 | 2.997 | 2.9997 | → | 3 | ← | 3.0003 | 3.003 | 3.03 | 3.31 |

这个例子说明函数在有限点处也有一个趋势存在,且这个趋势与函数本身在该点处的取值无关. 由此我们给出函数在有限点处极限的定义.

**定义 4** 设函数 $f(x)$ 在点 $x_0$ 的某去心邻域内有定义,当自变量 $x$ 无限趋近于点 $x_0$ 时,函数 $f(x)$ 的值无限趋近于某个确定的常数 $A$,则称 $A$ 为函数 $f(x)$ 当 $x \to x_0$ 时的极限,记为

$$\lim_{x \to x_0} f(x) = A \quad \text{或} \quad f(x) \to A \quad (x \to x_0).$$

由定义可知, $\lim\limits_{x \to 1} \dfrac{x^3 - 1}{x - 1} = 3$.

利用定义 4 时,要注意以下几点.

(1) 当 $x \to x_0$ 时,函数 $f(x)$ 的极限是否存在,与 $f(x)$ 在点 $x_0$ 处有无定义及在点 $x_0$ 处函数值的大小无关.

(2) 当 $x \to x_0$ 时,表示 $x$ 从点 $x_0$ 的左右两侧无限趋近于 $x_0$.

(3) 当 $x \to x_0$ 时,若 $f(x)$ 的绝对值无限增大,则函数 $f(x)$ 的极限不存在,这时为表示方便仍记为 $\lim\limits_{x \to x_0} f(x) = \infty$.

特别地,若常数 $A = 0$,则称函数 $f(x)$ 是当 $x \to x_0$ 时的无穷小量,即无穷小量是以零为极限的变量;若常数 $A = \infty$,则称函数 $f(x)$ 是当 $x \to x_0$ 时的无穷大量,即无穷大量是以无穷为极限的变量.

**例 2** 通过观察图形(见图 2.3.4)求下列函数的极限.

(1) $\lim\limits_{x \to x_0} C$; (2) $\lim\limits_{x \to x_0} x$; (3) 设 $f(x) = \begin{cases} 1 - x, & x \neq 0, \\ 2, & x = 0, \end{cases}$ 求 $\lim\limits_{x \to 0} f(x)$.

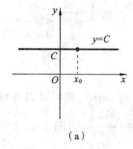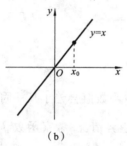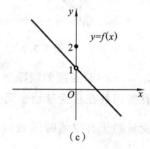

(a)      (b)      (c)

图 2.3.4

**解** 观察三个函数图形可得到

(1) $\lim\limits_{x \to x_0} C = C$; (2) $\lim\limits_{x \to x_0} x = x_0$; (3) $\lim\limits_{x \to 0} f(x) = 1$.

### 3. 函数的左、右极限

考察分段函数 $f(x) = \begin{cases} x - 1, & x < 0, \\ 0, & x = 0, \\ x + 1, & x > 0. \end{cases}$

函数图形如图 2.3.5 所示,由图形可以看出:

当 $x$ 从左侧无限接近于 0 时(记为 $x \to 0^-$),$f(x)$ 无限接近常数 $-1$,则称常数 $-1$ 为函数 $f(x)$ 在点 $x = 0$ 的左极限,记为

图 2.3.5

$$\lim\limits_{x \to 0^-} f(x) = -1.$$

当 $x$ 大于 0 且无限接近于 0 时(记为 $x \to 0^+$),$f(x)$ 无限接近常数 1,则称常数 1 为函数 $f(x)$ 在点 $x = 0$ 的右极限,记为

$$\lim\limits_{x \to 0^+} f(x) = 1.$$

可见,$\lim\limits_{x \to 0^+} f(x) \neq \lim\limits_{x \to 0^-} f(x)$,所以 $\lim\limits_{x \to 0} f(x)$ 不存在.

关于用左、右极限来判断函数极限,我们有结论:$\lim\limits_{x\to 0}f(x)=A$ 的充要条件是

$$\lim_{x\to 0^+}f(x)=\lim_{x\to 0^-}f(x)=A.$$

**例3** 考虑一个人沿直线走向路灯的正下方时其影子的长度. 设灯与地面的垂直高度为 $H$,人的高度为 $h$,如图 2.3.6 所示,当人越来越接近灯的正下方时,求影子长度的变化趋势.

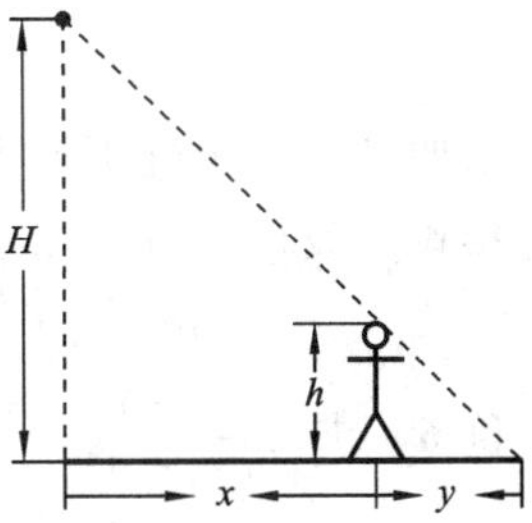

**解** 如图 2.3.6 所示,设 $x$ 为人与灯正下方的距离,$y$ 为人影长度.

由三角形相似原理,有

$$\frac{h}{H}=\frac{y}{x+y},$$

图 2.3.6

得人影长度为

$$y=\frac{h}{H-h}x,$$

其中 $\frac{h}{H-h}$ 是常数. 当人越来越接近路灯正下方时,即 $x\to 0^+$ 时,显然人影长度为

$$y=\frac{h}{H-h}x\to 0,$$

所以影子长度的变化趋势为

$$\lim_{x\to 0^+}\frac{h}{H-h}x=0.$$

## 二、函数极限的运算法则

能直观地得出函数的极限,往往只适用于简单的函数. 对于复杂的函数就观察不出来. 为方便求解函数极限,下面介绍函数极限的运算法则.

**1. 四则运算法则**

**定理1** 设在自变量的同一趋近过程中,$\lim f(x)=A$,$\lim g(x)=B$,则

(1) $\lim[f(x)\pm g(x)]=\lim f(x)\pm\lim g(x)$,

(2) $\lim[f(x)\cdot g(x)]=\lim f(x)\cdot\lim g(x)=A\cdot B$,

(3) $\lim\dfrac{f(x)}{g(x)}=\dfrac{\lim f(x)}{\lim g(x)}=\dfrac{A}{B}$ $(B\neq 0)$.

特别地,设 $\lim f(x)=A$,$n$ 为自然数,则

$$\lim[f(x)]^n=[\lim f(x)]^n=A^n.$$

**例4** 求 $\lim\limits_{x\to 1}(3x^2+2x-1)$.

**解** $\lim\limits_{x\to 1}(3x^2+2x-1)=\lim\limits_{x\to 1}3x^2+\lim\limits_{x\to 1}2x-\lim\limits_{x\to 1}1=3(\lim\limits_{x\to 1}x)^2+2\lim\limits_{x\to 1}x-\lim\limits_{x\to 1}1$
$$=3\times 1^2+2\times 1-1=4.$$

**例5** 求 $\lim\limits_{x\to 0}\left[\dfrac{x+2}{x+1}+(x-1)\sin x\right]$.

**解**　$\lim\limits_{x\to 0}\left[\dfrac{x+2}{x+1}+(x-1)\sin x\right]=\lim\limits_{x\to 0}\dfrac{x+2}{x+1}+\lim\limits_{x\to 0}(x-1)\lim\limits_{x\to 0}\sin x$

$$=\dfrac{\lim\limits_{x\to 0}(x+2)}{\lim\limits_{x\to 0}(x+1)}-\lim\limits_{x\to 0}\sin x=2.$$

由四则运算定理不难得到下面的推论.

**推论**　设极限 $\lim f(x)$ 与 $\lim g(x)$ 存在，$c_1$，$c_2$ 均为常数，则

$$\lim[c_1f(x)+c_2g(x)]=c_1\lim f(x)+c_2\lim g(x).$$

**例 6**　求 $\lim\limits_{x\to 1}\dfrac{x-1}{x^2-1}$.

**分析**　当 $x\to 1$ 时，分子及分母的极限都为零，这类极限不能直接运用商的极限运算法则. 注意到分子及分母有公因式 $x-1$，当 $x\to 1$ 时 $x\neq 1$，所以 $x-1\neq 0$，因此可约去这个以零为极限的非零公因式，再利用商的极限运算法则计算极限.

**解**　$$\lim\limits_{x\to 1}\dfrac{x-1}{x^2-1}=\lim\limits_{x\to 1}\dfrac{1}{x+1}=\dfrac{1}{\lim\limits_{x\to 1}(x+1)}=\dfrac{1}{2}.$$

**例 7**　考察极限 $\lim\limits_{x\to 0}\dfrac{\sin x}{x}$ 和 $\lim\limits_{x\to\infty}\left(1+\dfrac{1}{x}\right)^x$.

**解**　取自变量的一些数值逐渐趋于 0，用数学软件计算函数 $\dfrac{\sin x}{x}$ 的取值，如表 2.3.2 所示.

表 2.3.2

| $x/\mathrm{rad}$ | 0.50 | 0.10 | 0.05 | 0.04 | 0.03 | 0.02 | ⋯ |
|---|---|---|---|---|---|---|---|
| $\dfrac{\sin x}{x}$ | 0.9585 | 0.9983 | 0.9996 | 0.9997 | 0.9998 | 0.9999 | ⋯ |

观察当 $x\to 0$ 时函数的变化趋势：当 $x$ 从右边趋近于 0 时，$\dfrac{\sin x}{x}$ 越来越趋近于 1，即 $\lim\limits_{x\to 0^+}\dfrac{\sin x}{x}=1$；由 $\dfrac{\sin x}{x}$ 为偶函数知，当 $x$ 取负值趋近于 0 时，同样有 $\lim\limits_{x\to 0^-}\dfrac{\sin x}{x}=1$. 所以

$$\lim\limits_{x\to 0}\dfrac{\sin x}{x}=1.$$

取自变量的一些数值逐渐趋于无穷大，用数学软件计算函数 $\left(1+\dfrac{1}{x}\right)^x$ 的取值，如表 2.3.3 所示.

表 2.3.3

| $x$ | 1 | 2 | 10 | 1000 | 10000 | 100000 | 1000000 | ⋯ |
|---|---|---|---|---|---|---|---|---|
| $\left(1+\dfrac{1}{x}\right)^x$ | 2 | 2.25 | 2.594 | 2.717 | 2.7181 | 2.7182 | 2.71828 | ⋯ |

从上述的数学实验数据可以看出,当 $x$ 逐渐增大时,$\left(1+\dfrac{1}{x}\right)^x$ 也是逐渐增大的,

并且随着 $x$ 的无限增大,$\left(1+\dfrac{1}{x}\right)^x$ 的值逐渐趋近于一个常数.实际上当 $x\to+\infty$ 时,

可以验证 $\left(1+\dfrac{1}{x}\right)^x$ 是趋近于一个确定的无理数 $e=2.718281828\cdots$.

当 $x\to-\infty$ 时,函数 $\left(1+\dfrac{1}{x}\right)^x$ 有类似的变化趋势,只是它是逐渐减小而趋向

于 $e$.

综上所述,得

$$\lim_{x\to\infty}\left(1+\frac{1}{x}\right)^x=e.$$

严格的数学证明将在第三章给出.该极限在实际中有很重要的应用.

### * 2. 复合函数的极限运算法则

考察函数 $g(x)=x^2$ 与 $f(u)=\begin{cases}1, & u\neq0,\\ 0, & u=0,\end{cases}$ 显然 $\lim\limits_{x\to0}g(x)=0$,而 $\lim\limits_{u\to0}f(u)=1$. 若

把这两个函数复合,可得到 $f[g(x)]=\begin{cases}1, & x\neq0,\\ 0, & x=0,\end{cases}$ 则当 $x\to0$ 时,$u=g(x)\to0$,但不

等于 $0$,从而 $f[g(x)]\to1$,则

$$\lim_{x\to0}f[g(x)]=\lim_{u\to0}f(u)=1.$$

该例说明了求复合函数极限的一般方法,实际上可概括为下面的定理.

**定理 2** 设函数 $y=f[\varphi(x)]$ 是由函数 $y=f(u)$,$u=\varphi(x)$ 复合而成,$f[\varphi(x)]$ 在

$x_0$ 的某去心邻域内有定义,若 $\lim\limits_{x\to x_0}\varphi(x)=u_0$,$\lim\limits_{u\to u_0}f(u)=A$,且在 $x_0$ 的某去心邻域内

$\varphi(x)\neq u_0$,则

$$\lim_{x\to x_0}f[\varphi(x)]=\lim_{u\to u_0}f(u)=A.$$

证明略,该定理对于 $x$ 趋于无穷时仍然成立.

**注** 在使用该定理的时候要注意条件在 $x_0$ 的某去心邻域内 $\varphi(x)\neq u_0$,否则会

出现错误的结论.

**例 8** 求 $\lim\limits_{x\to\infty}\dfrac{3x^3+x^2+2}{7x^3+5x^2-3}$.

**解** 令 $u=\dfrac{1}{x}$,当 $x\to\infty$ 时,$u\to0$,于是有

$$\lim_{x\to\infty}\frac{3x^3+x^2+2}{7x^3+5x^2-3}=\lim_{x\to\infty}\frac{3+\dfrac{1}{x}+\dfrac{2}{x^3}}{7+\dfrac{5}{x}-\dfrac{3}{x^3}}=\lim_{u\to0}\frac{3+u+2u^3}{7+5u-3u^3}=\frac{\lim\limits_{u\to0}(3+u+2u^3)}{\lim\limits_{u\to0}(7+5u-3u^3)}=\frac{3}{7}.$$

这里 $y=f(u)=\dfrac{3+u+2u^3}{7+5u-3u^3}$,$u=\varphi(x)=\dfrac{1}{x}$.

对于有些函数的极限,为便于计算,要先对原式进行恒等变形(约分、分子或分母有理化、通分、变量代换等运算),然后再求极限.

## 三、极限的应用

经济学中经常要考虑复利的问题. 设有本金(即初始资金)为 $A_0$,年度为 $t$,如果每年结算一次,年利率为 $r$,则每年按复利计算,有

1 年后的本利和为 $A_1 = A_0 + A_0 r = A_0(1+r)$;

2 年后的本利和为 $A_2 = A_0 + A_0 r + A_0(1+r)r = A_0(1+r)^2$;

3 年后的本利和为 $A_3 = A_0 + A_0 r + A_0(1+r)r + A_0(1+r)^2 r = A_0(1+r)^3$;

$$\vdots$$

$t$ 年后的本利和为 $A_t = A_0(1+r)^t$.

如果每年结算(计息)$n$ 次,每期的利率为 $\dfrac{r}{n}$,于是

1 年后的本利和为 $A_1 = A_0 \left(1 + \dfrac{r}{n}\right)^n$;

2 年后的本利和为 $A_2 = A_0 \left(1 + \dfrac{r}{n}\right)^{2n}$;

$$\vdots$$

$t$ 年后的本利和为 $A_t = A_0 \left(1 + \dfrac{r}{n}\right)^{nt}$.

如果每年结算 $n(n \to \infty)$ 次,则 $t$ 年后的本利和为

$$\lim_{n \to \infty} A_0 \left(1 + \frac{r}{n}\right)^{nt} = A_0 \lim_{\frac{n}{r} \to \infty} \left[\left(1 + \frac{1}{n/r}\right)^{\frac{n}{r}}\right]^{rt} = A_0 e^{rt}.$$

特别地,当 $r = 100\%$,$A_0 = 1$ 元,$t = 1$ 年,$n \to \infty$ 时,则本利和为

$$\lim_{n \to \infty} A_0 \left(1 + \frac{r}{n}\right)^{nt} = A_0 e^{rt} = 1 \cdot e^{1 \times 1} = e.$$

**例 9**　某部队想给学校创立一个永久性的爱心基金,希望每年能从该基金中拿出 10 万元用于经济困难的学生作为生活补助.假设一年期的国债的平均利率为 5%,那么该部队要向学校捐赠多少款项才能建爱心基金?

**分析**　按每年结算一次的方式,$t$ 年后的本利和资金 $A_t$ 折算成现在的资金应为 $A_0 = \dfrac{A_t}{(1+r)^t}$.而本例中每年支付的金额均相同,因此把它们分别折现到初始年份后再求和,就可得到部队向学校的捐款.

**解**　设年利率为 $r$,每年拿出的生活补助金额为 $A = 10$ 万元,要支付 $n$ 年的生活补助,部队要拿出的现金为 $S_n$,永久性地支付生活补助,部队要拿出的现金为 $S$,则有

$$S_n = A\frac{1}{1+r} + A\frac{1}{(1+r)^2} + \cdots + A\frac{1}{(1+r)^n} = A\frac{1 - \dfrac{1}{(1+r)^n}}{r},$$

$$S = \lim_{n \to \infty} S_n = \lim_{n \to \infty} A \frac{1 - \dfrac{1}{(1+r)^n}}{r} = \frac{A}{r}.$$

因此,部队需向学校捐赠的金额为 $S = \dfrac{10}{5\%}$ 万元 $=200$ 万元.

在现实世界中,像物体的冷却、镭的衰变、人口增长、细胞的繁殖等许多现象的描述都需要用到极限

$$\lim_{x \to \infty} \left(1 + \frac{1}{x}\right)^x = \mathrm{e}.$$

它反映了现实世界中的一些事物发展变化的数量规律,在实际应用中具有很重要的价值.

# 第四节　函数的连续性

悠远的长空、滔滔的黄河、连绵的群山、曲折的小路,生活中到处都充斥着连接不断的物和事.小树一天天成长,时针滴滴答答地绕着时钟不停地转动,阔别多年的小孩突然高高地直立在你的面前.这些都是连续函数在客观世界的直观反映.

但依赖直觉来理解函数的连续性是不够的.早在 20 世纪 20 年代,物理学家就已发现,我们直觉上认为是连续运动的光,实际上是由离散的光粒子组成的,而且受热的原子是以离散的频率发射光线的,因此,光既有波动性又具有粒子性,但它是不连续的.20 世纪以来,诸如此类的发现,使得连续性的问题就成为在实践中和理论上均有重大意义的问题之一.

## 一、函数连续的定义

观察两个函数 $f(x) = \begin{cases} \dfrac{x}{2} + 1, & x \leqslant 2, \\ x + 1, & x > 2, \end{cases}$ $g(x) = x + 1$ 的图形,如图 2.4.1(a)、(b) 所示.

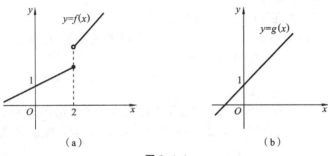

（a）　　　　　　　　　　　（b）

图 2.4.1

函数 $f(x)$ 的图形在 $x = 2$ 处断开,而函数 $g(x)$ 的图形是接连不断的.直观来看,

函数 $f(x)$ 的值在 $x=2$ 处发生了跳跃,而函数 $g(x)$ 没有.这说明要函数的图形保持连续,即函数值不能发生跳跃,亦即变化要很小.用数学语言表示就是

$$\lim_{\Delta x \to 0} \Delta y = \lim_{\Delta x \to 0} [f(x_0 + \Delta x) - f(x_0)] = 0$$

$\Delta x$ 称为自变量 $x$ 在 $x_0$ 处的增量,$\Delta y = f(x_0 + \Delta x) - f(x_0)$ 称为函数 $f(x)$ 在 $x_0$ 处的增量.即函数在一点连续需要满足:自变量变化很小时,对应的函数值也变化得很小.

把上面的式子再换一种写法:

$$\lim_{\Delta x \to 0} \Delta y = \lim_{\Delta x \to 0} f(x_0 + \Delta x) - \lim_{\Delta x \to 0} f(x_0) = 0,$$

$$\lim_{\Delta x \to 0} f(x_0) = f(x_0) = \lim_{\Delta x \to 0} f(x_0 + \Delta x).$$

这说明要函数在一点连续,必须在这点的极限值要等于这点的函数值.

**定义 1**　设函数 $f(x)$ 在点 $x_0$ 的某邻域内有定义,如果 $\lim_{x \to x_0} f(x) = f(x_0)$,则称函数 $f(x)$ 在点 $x_0$ 处连续.

**例 1**　判断函数 $f(x) = \begin{cases} x\sin\dfrac{1}{x}, & x \neq 0 \\ 0, & x = 0 \end{cases}$ 在 $x = 0$ 处是否连续.

**解**　因为 $\lim_{x \to 0} x\sin\dfrac{1}{x} = 0$,且 $f(0) = 0$,故有

$$\lim_{x \to 0} f(x) = f(0),$$

所以函数 $f(x)$ 在 $x = 0$ 处连续.

该例说明:不能仅仅从函数的形式来判断函数在一点是否连续,需要根据函数连续的定义来判断.

判断函数是否连续需要计算函数的极限,由左、右极限的概念,可以得出函数左、右连续的概念.

**定义 2**　如果函数 $f(x)$ 在点 $x_0$ 处的左(右)极限存在且等于该点的函数值,即

$$\lim_{x \to x_0^-} f(x) = f(x_0) \quad (\lim_{x \to x_0^+} f(x) = f(x_0))$$

称 $f(x)$ 在点 $x_0$ 处左(右)连续.

由函数连续和左右连续的定义可得如下定理.

**定理 1**　函数 $y = f(x)$ 在点 $x_0$ 处连续的充分必要条件是函数在点 $x_0$ 处左右连续且相等,即

$$\lim_{x \to x_0^-} f(x) = \lim_{x \to x_0^+} f(x) = f(x_0).$$

该定理常用于讨论分段函数在分段点处的连续性.

**例 2**　如图 2.4.2 所示,判定函数 $f(x) = \begin{cases} x^2, & x \leqslant 0 \\ x+1, & x > 0 \end{cases}$ 在 $x = 0$ 处的连续性.

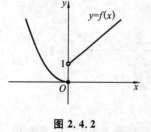

图 2.4.2

**解**　因为 $\lim\limits_{x \to 0^-} f(x) = \lim\limits_{x \to 0^-} x^2 = 0$,故函数在 $x=0$ 处左连续.

又 $\lim\limits_{x \to 0^+} f(x) = \lim\limits_{x \to 0^+} (x+1) = 1 \neq f(0)$,故函数在 $x=0$ 处不右连续.

根据定理 1 知,函数在 $x=0$ 处不连续.

由函数在点 $x_0$ 处连续的定义可知,函数 $f(x)$ 在点 $x_0$ 处连续必须同时满足下列三个条件:

(1) $f(x)$ 在点 $x_0$ 的某邻域内有定义;

(2) $\lim\limits_{x \to x_0} f(x)$ 存在;

(3) $\lim\limits_{x \to x_0} f(x) = f(x_0)$.

如果上述条件中任意一个都不满足,则函数在点 $x_0$ 处不连续.如下列几个函数:

$$f(x) = \begin{cases} \dfrac{x}{2}+1, & x \leqslant 2, \\ x+1, & x > 2; \end{cases} \quad g(x) = \dfrac{x^2-1}{x-1}; \quad q(x) = \dfrac{1}{(1-x)^2}.$$

函数图形在某点处不连续,称该点为函数的**间断点**.

如果函数 $f(x)$ 在区间 $(a,b)$ 内每一点都连续,则称为函数 $f(x)$ 在开区间 $(a,b)$ 内连续;如果函数 $f(x)$ 在区间 $(a,b)$ 内连续,且在点 $x=a$ 处右连续,在点 $x=b$ 处左连续,则函数 $f(x)$ 在闭区间 $[a,b]$ 上连续.

## 二、初等函数的连续性

由极限的四则运算法则及函数连续的定义很容易得到连续函数的四则运算法则.

**定理 2**　若函数 $f(x),g(x)$ 在 $x_0$ 处连续,则

$$f(x) \pm g(x), \quad f(x) \cdot g(x), \quad \frac{f(x)}{g(x)} \ (g(x) \neq 0)$$

也在 $x_0$ 处连续.

复合函数的连续性也有相应的法则.

**1. 复合函数的连续性**

**定理 3**　设函数 $u = \varphi(x)$ 在 $x_0$ 处连续,$y = f(u)$ 在 $u_0 (u_0 = \varphi(x_0))$ 处连续,则复合函数 $y = f[\varphi(x)]$ 在 $x_0$ 处连续,即

$$\lim\limits_{x \to x_0} f[\varphi(x)] = f[\lim\limits_{x \to x_0} \varphi(x)] = f[\varphi(x_0)].$$

该定理告诉我们,连续函数的复合函数也是连续函数.

**2. 初等函数的连续性**

**定理 4**　一切初等函数在其定义区间内都是连续的.

这里的区间,是指包含在函数的定义域内的区间.

由此,产生了一种求函数极限的方法:利用函数的连续性求极限,即如果 $f(x)$ 是初等函数,且 $x_0$ 是 $f(x)$ 的定义域内的点,则函数在该点处的极限就是该点处的函

数值.

**例 3** 求 $\lim\limits_{x \to \frac{\pi}{2}}\cos(\sin x)$.

**解** 因为 $\cos(\sin x)$ 为初等函数,点 $x = \dfrac{\pi}{2}$ 为其定义区间内的点,即连续点,所以

$$\lim_{x \to \frac{\pi}{2}}\cos(\sin x) = \cos\left(\sin\frac{\pi}{2}\right) = \cos 1.$$

## 三、闭区间上连续函数的性质

**引例** 某导弹基地发现正北方 $S$ 处的海平面上有一敌舰艇匀速向正东方向直线行驶,将驶出我领海范围.该基地立即发射导弹追击,自动导航系统使导弹在任意时刻都能对准敌舰艇.试判断导弹能否在我领海范围内击中敌舰艇?

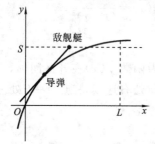

图 2.4.3

**分析** 如图 2.4.3 所示,以导弹基地为坐标原点,正东方向为 $x$ 轴为正轴方向,正北方向为 $y$ 轴为正轴方向建立直角坐标系.导弹的运行轨迹是一个连续函数.

该追击问题其实就是判断导弹的运行轨迹函数图形在 $x \in [0, L]$ 内与直线 $y = S$ 有没有交点.这个问题的解决涉及闭区间上连续函数的性质.下面介绍其中的三个基本性质.

**定义 3** 设函数 $f(x)$ 在区间 $I$ 上有定义,如果存在 $x_0 \in I$,使得对于任意的 $x \in I$,都有

$$f(x) \leqslant f(x_0)(或 \ f(x) \geqslant f(x_0)),$$

则称 $f(x_0)$ 为函数 $f(x)$ 在区间 $I$ 上的**最大值**(或**最小值**);$x_0$ 称为函数 $f(x)$ 的**最大值点**(或**最小值点**);最大值与最小值统称为**最值**.

**定理 5**(最值定理) 在闭区间 $[a, b]$ 上的连续函数 $f(x)$ 一定有最大值和最小值.

如图 2.4.4 所示,函数 $f(x)$ 在点 $x_1$ 取得最大值 $M$,在点 $x_2$ 取得最小值 $m$.

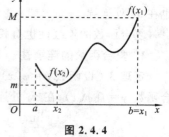

图 2.4.4

闭区间上的连续曲线一定有最高点与最低点.定理中闭区间、连续的两个条件缺一不可,否则结论不一定成立.

如图 2.4.5 所示,函数 $y = \tan x$ 在开区间 $\left(-\dfrac{\pi}{2}, \dfrac{\pi}{2}\right)$ 内连续,但是它在该区间内既无最大值,也无最小值.又如函数 $y = \begin{cases} 1 - x & x > 0, \\ 0 & x = 0, \\ -1 - x & x < 0, \end{cases}$ 如图 2.4.6 所示,函数在闭

区间$[-1,1]$上有间断点 $x=0$,它在此区间上也没有最大值和最小值.

**定理 6(介值定理)** 设 $f(x)$在闭区间$[a,b]$上连续,且 $f(a)\neq f(b)$,则对介于 $f(a)$、$f(b)$之间的任意实数 $\mu$,至少存在一点 $x_0\in(a,b)$,使得 $f(x_0)=\mu$.

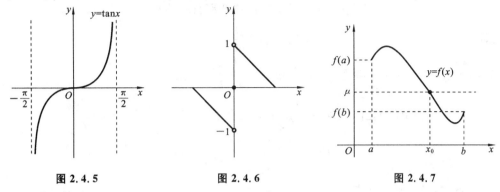

图 2.4.5          图 2.4.6          图 2.4.7

**介值定理的几何意义** 在闭区间$[a,b]$上的连续曲线 $y=f(x)$与介于直线 $y=f(a)$和 $y=f(b)$之间的任意直线 $y=\mu$ 至少有一个交点,如图 2.4.7 所示.

**推论** 如果在区间$[a,b]$上,函数 $f(x)$的最大值为 $M$,最小值为 $m$,则对介于 $m$ 和 $M$ 之间的任意实数 $\mu$,至少存在一点 $x_0\in(a,b)$,使得 $f(x_0)=\mu$.

**定理 7(零值定理)** 若函数 $f(x)$在闭区间$[a,b]$上连续,且 $f(a)f(b)<0$,则至少存在一点 $x_0\in(a,b)$,使得 $f(x_0)=0$.

**零值定理的几何解释** 若点 $A(a,f(a))$,$B(b,f(b))$分别在 $x$ 轴上下两侧,则连接 $AB$ 的连续曲线 $y=f(x)$至少穿过 $x$ 轴一次,如图 2.4.8 所示.这个定理为判断 $f(x)=0$ 在区间$(a,b)$内是否有实根提供了依据.若 $f(x)$满足定理中的条件,则方程 $f(x)=0$ 在区间$(a,b)$内至少存在一个实根 $x_0$,$x_0$ 又称为函数 $f(x)$的零点,因此,零值定理又称为**零点定理**或**根的存在定理**.

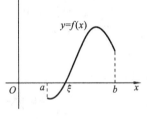

图 2.4.8

**例 4** 证明方程 $x-2\sin x=1$ 至少有一个正根小于 3.

**证明** 设 $f(x)=x-2\sin x-1$,因为 $f(x)$为初等函数,且在其定义区间 $(-\infty,+\infty)$内连续,所以 $f(x)$在$[0,3]$上连续.又

$$f(0)=-1<0,\quad f(3)=3-2\sin 3-1>0,$$

根据零点定理知,在区间$(0,3)$内至少存在一个 $x_0$,使得 $f(x_0)=0$,即方程 $x-2\sin x=1$ 至少有一个正根小于 3.

**例 5** 某连队从驻地出发前往某地执行任务,行军速度是 6 千米/小时,18 分钟后,驻地接到紧急命令,派遣通讯员小王必须在一刻钟内把命令传达到该连队,小王骑自行车以 14 千米/小时的速度沿同一路线追赶连队,问是否能在规定时间内完成任务?

**解**　设小王追上连队需要 $x$ 小时,则小王行驶的路程为 $14x$ 千米,连队所行路程是 $\left(6\times\dfrac{18}{60}+6x\right)$ 千米,要能在规定时间内完成任务,必须满足:

$$小王所行驶路程=连队所行驶路程,$$

即

$$14x=6\times\frac{18}{60}+6x.$$

若令

$$F(x)=14x-6\times\frac{18}{60}-6x,$$

则问题转换为 $F(x)$ 在闭区间 $\left[0,\dfrac{18}{60}\right]$ 上有没有零点. 又

$$F(0)=-\frac{9}{5},\quad F\left(\frac{18}{60}\right)=\frac{18}{5},$$

由零点定理知,必存在点 $x_0\in\left[0,\dfrac{18}{60}\right]$ 使得 $F(x_0)=0$,所以小王能在指定时间内完成任务.

**\*例 6**　某战士在某次越野行动中用时 30 分钟共跑了 6 千米. 证明:一定存在某时刻,在该时刻起的 5 分钟内,该运动员跑了 1 千米.

**证明**　设 $x$ 为离开起跑线的距离,以 $f(x)$ 表示从 $x$ 跑到 $(x+1)$ 千米所需要的时间,则函数 $f(x)$ 为连续函数,如果分别取 $x=0,1,2,3,4,5$,则有

$$f(0)+f(1)+f(2)+f(3)+f(4)+f(5)=30.$$

显然 $f(0),f(1),\cdots,f(5)$ 不可能全大于 5,也不可能全小于 5,如果上式左端有一项等于 5,则结论得证. 否则,五个值中至少有一个小于 5,有一个大于 5,不妨设 $f(1)<5,f(4)>5$.

因 $f(x)$ 为连续函数,由闭区间上连续函数的性质知,存在点 $\xi\in(1,4)$,使

$$f(\xi)=5,$$

即由 $\xi$ 千米到 $(\xi+1)$ 千米恰好跑了 5 分钟.

# 习　题　二

## A 题

**1.** 问答题.

(1) 分段函数一定有间断点吗?

(2) 若 $f(x)$ 在点 $x_0$ 处连续,则 $\lim\limits_{x\to x_0}f(x)$ 一定存在吗?

(3) 开区间 $(a,b)$ 内的不连续函数一定没有最大值和最小值吗?

(4) 若 $\lim\limits_{x\to x_0^-}f(x)=\lim\limits_{x\to x_0^+}f(x)$,则 $f(x)$ 一定在 $x_0$ 处连续吗?

**2.** 求下列函数的定义域和值域.

(1) $f(x)=\sqrt{\dfrac{2-x}{x+2}}$;　　　　(2) $f(x)=\sqrt{x+1}+\ln(2-x)$;　　　(3) $f(x)=\sqrt{x(x-4)}$;

(4) $f(x)=\ln(6+x-x^2)$;　　(5) $f(x)=\dfrac{2x}{x^2-3x+2}$;　　　　(6) $f(x)=\arccos(2x-1)$.

**3.** 求下列函数值.

(1) 设 $f(x)=\begin{cases}2^x, & -1\leqslant x<0, \\ 2, & 0\leqslant x<1, \\ x-1, & 1\leqslant x\leqslant 3,\end{cases}$ 则 $f(0),f(1)$.

(2) 设 $f(x)=\begin{cases}1+x, & x\leqslant 0, \\ 2, & x>0,\end{cases}$ 求 $f(0),f\left(\dfrac{1}{2}\right),f(-1),f(1)$.

**4.** 说明函数 $y=\begin{cases}x, & x\geqslant 0 \\ -x, & x<0\end{cases}$ 与 $y=\sqrt{x^2}$ 表示同一函数的理由,这个函数是初等函数吗?

**5.** 半径为 $R$ 的圆形铁片,自中心处剪去中心角为 $\alpha$ 的一扇形后围成一无底圆锥,试将这个圆锥的体积表为 $\alpha$ 的函数.

**6.** 某车间设计最大生产力为月生产 100 台机床,至少要完成 40 台方可保本,当生产 $x$ 台时的总成本函数 $C(x)=x^2+10x$(百元),按市场规律,价格为 $P=250-5x$($x$ 为需求量),可以销售完,试写出月利润函数.

**7.** 某工厂生产某种产品年产量为 $x$ 台,每台售价为 250 元,当年产量在 600 台内时,可全部售出,当年产量超过 600 台时,经广告宣传后又可再多出售 200 台,每台平均广告费为 20 元,再多生产,本年就售不出去了.试建立本年的销售收入 $R$ 与年产量 $x$ 的关系.

**8.** 电压在某电路上等速下降,在实验开始时,电压为 12 $u$,经过 8 秒后降到 6.4 $u$.试把电压 $u$ 表示成时间 $t$ 的函数.

**9.** 建一蓄水池,池长 50 米,断面尺寸如图所示,为了随时能知道池中水的吨数(1 立方米水为 1 吨),可在水池的端壁上标出尺寸,观察水的高度 $x$,就可以换算出储水的吨数 $T$.试列出 $T$ 与 $x$ 的函数关系式.

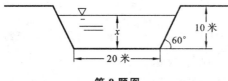

第 9 题图

**10.** 作出下列函数的图形,求分段点处的左、右极限,并讨论分段点处函数的极限.

(1) $f_1(x)=\begin{cases}x+1, & x<0, \\ x-1, & x\geqslant 0;\end{cases}$　　(2) $f_2(x)=\begin{cases}x^2, & 0<x\leqslant 1, \\ 1, & x>1.\end{cases}$

**11.** 设 $f(x)=\begin{cases}3x, & -1<x<1, \\ 2, & x=1, \\ 3x^2, & 1<x<2,\end{cases}$ 求 $\lim\limits_{x\to 0}f(x),\lim\limits_{x\to 1}f(x)$.

**12.** 求 $f(x)=\dfrac{|x|}{x}$ 当 $x\to 0$ 时的左、右极限,并说明在 $x\to 0$ 时的极限是否存在?

**13.** 设有一项清污工程,清除的费用 $C(x)$ 与清除污染成分的 $x\%$ 构成函数关系:

$$C(x) = \frac{7300x}{100 - x}.$$

(1) 求 $\lim\limits_{x \to 80} C(x)$；　(2) $\lim\limits_{x \to 100^-} C(x)$；　(3) 能否 100% 地清除污染？

14. 某城市市话计价方式如下：前两分钟为 0.22 元，以后每增加一分钟或不满一分钟均再增加 0.15 元.试将花费 $C$ 以时间年 $t$ 表示，并讨论其连续性.

15. 证明方程 $x^5 - x^2 = 1$ 在区间 $(1,2)$ 内至少有一根.

16. 某人早上 8:00 从北京乘车到武汉，晚上 7:00 抵达；第二天早上又于 8:00 从武汉乘车沿相同的路线到北京，晚上 7:00 抵达.试利用介值定理说明，此人必在这两天的某一相同时刻经过乘车路线的同一地点.

## B 题

1. 求下列函数的定义域和值域.

(1) $y = 2^{\frac{1}{x-1}}$；　　　　　　(2) $y = \sqrt{2 - \left(\frac{1}{4}\right)^x}$；

(3) $y = \arcsin \dfrac{x-1}{2}$；　　　(4) $y = \ln\sin x$.

2. 求下列函数值.

(1) 若 $f(x) = \dfrac{1}{1-x}$，求 $f[f(x)]$，$f\{f[f(x)]\}$；

(2) 设 $\varphi(t) = t^3 + 1$，求 $\varphi(t^2)$，$[\varphi(t)]^2$；

(3) 设 $f(x) = \begin{cases} x, & x \geqslant 0, \\ 1, & x < 0, \end{cases}$，求 $f(x-1)$；$f(x) + f(x-1)$.

3. 说明下列函数是由哪些函数复合而成的.

(1) $y = \sqrt{3x - 1}$；　　　(2) $y = \sin 2(1 + 2x)$；　　　(3) $y = (1 + \ln x)^5$；

(4) $y = \arctan e^x$；　　　(5) $y = \sqrt{\ln\sqrt{x}}$；　　　(6) $y = \ln^2 \arccos x^3$；

(7) $y = \sqrt{2 - \left(\frac{1}{4}\right)^x}$；　(8) $y = \arcsin \dfrac{x-1}{2}$；　　(9) $y = \ln\sin x$.

4. 已知 $f(x) = \log_a \dfrac{1+x}{1-x} (a > 0, a \neq 1)$.(1) 求 $f(x)$ 的定义域；(2) 讨论 $f(x)$ 的奇偶性；(3) 当 $0 < a < 1$ 时，求使 $f(x) > 0$ 的 $x$ 的取值范围.

5. 当某商品价格为 $P$ 时，消费者对此商品的月需求量为 $D(P) = 12 \times 103 - 200P$.

(1) 画出需求函数的图形；

(2) 将月销售额（即消费者购买此商品的支出）表达为价格 $P$ 的函数；

(3) 画出月销售额的图形，并解释其经济意义.

6. 已知一个单三角脉冲电压，其波形如图所示，试建立电压 $u$（单位：伏特）与时间 $t$（单位：微秒）之间的函数关系式.

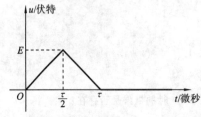

第 6 题图

7. 旅客乘火车可免费携带不超过 20 千克的物品，超过 20 千克而不超过 50 千克的部分，每千克交费 0.20元，超过 50 千克的部分，每千克交费 0.30 元.求运费与携带物品重量之间的函数关系.

**8.** 求下列极限.

(1) $\lim\limits_{x\to 1}\dfrac{x^2-1}{2x^2-x-1}$;　　　　(2) $\lim\limits_{x\to\infty}\dfrac{x^4-5x}{x^3-3x+1}$;　　　(3) $\lim\limits_{x\to\infty}(\sqrt{x^2+1}-\sqrt{x^2-1})$;

(4) $\lim\limits_{x\to\infty}\dfrac{(2x-3)^{20}(3x+2)^{30}}{(5x+1)^{50}}$;　　(5) $\lim\limits_{x\to\frac{\pi}{6}}\ln(2\cos 2x)$;

(6) $\lim\limits_{x\to 0}\ln\dfrac{\sin x}{x}$;　　　　(7) $\lim\limits_{x\to 0}(1+\tan^2 x)^{\cos^2 x}$.

**9.** 证明下列方程有唯一实根且在 0 和 1 之间.

(1) $x^5+x^3=1$;　　　　　　(2) $\arctan x=1-x$.

**10.** 设 $\lim\limits_{x\to 3}\dfrac{x^2-2x+k}{x-3}=4$,求 $k$ 的值.

**11.** 设函数 $f(x)=\begin{cases}\dfrac{1}{x-3}, & x>2,\\ a, & x=2,\\ b-x, & x<2,\end{cases}$ 要使 $f(x)$ 在 $x=2$ 处连续,求 $a,b$.

---

**阅读材料**

## 柯西——业绩永存的数学大师

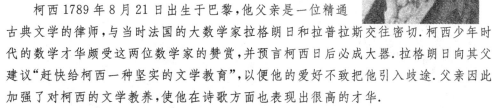

柯西(Cauchy,1789—1857)是法国数学家、物理学家. 19 世纪初期,微积分已发展成一个庞大的分支,内容丰富,应用非常广泛,与此同时,它的薄弱之处也越来越暴露出来,微积分的理论基础并不严格. 为解决新问题并澄清微积分概念,数学家们展开了严谨的数学分析工作,在数学分析的奠基工作中,做出卓越贡献的要首推伟大的数学家柯西.

柯西 1789 年 8 月 21 日出生于巴黎,他父亲是一位精通古典文学的律师,与当时法国的大数学家拉格朗日和拉普拉斯交往密切. 柯西少年时代的数学才华颇受这两位数学家的赞赏,并预言柯西日后必成大器. 拉格朗日向其父建议"赶快给柯西一种坚实的文学教育",以便他的爱好不致把他引入歧途. 父亲因此加强了对柯西的文学教养,使他在诗歌方面也表现出很高的才华.

1807 年至 1810 年柯西在工学院学习,后来还当过交通道路工程师. 由于身体欠佳,接受了拉格朗日和拉普拉斯的劝告,放弃工程师而致力于纯数学的研究. 柯西在数学上的最大贡献是在微积分中引进了极限概念,并以极限为基础建立了逻辑清晰的分析体系. 这是微积分发展史上的精华,也是柯西对人类科学发展所做的巨大贡献.

　　1821 年柯西提出极限定义的 $\varepsilon$ 方法,把极限过程用不等式来刻画,后经魏尔斯特拉斯改进,成为现在所说的柯西极限定义或 $\varepsilon\text{-}\delta$ 定义.当今所有微积分的教科书都还(至少是在本质上)沿用着柯西等人关于极限、连续、导数、收敛等概念的定义.他对微积分的解释被后人普遍采用.柯西对定积分做了最系统的开创性工作,他把定积分定义为和的"极限".在定积分运算之前,强调必须确立积分的存在性.他利用中值定理首先严格证明了微积分的基本定理.通过柯西以及后来魏尔斯特拉斯的艰苦工作,使数学分析的基本概念得到严格的阐述,从而结束了微积分 200 年来思想上的混乱局面,把微积分及其推广从对几何概念、运动和直观了解的完全依赖中解放出来,并使微积分发展成现代数学最基础、最庞大的数学学科.

　　数学分析严谨化的工作一开始就产生了很大的影响.在一次学术会议上柯西提出了级数收敛性理论.会后,拉普拉斯急忙赶回家中,根据柯西的严谨判别法,逐一检查其巨著《天体力学》中所用到的级数是否都收敛.

　　柯西在其他方面的研究成果也很丰富.复变函数的微积分理论就是由他创立的.在代数、理论物理、光学、弹性理论方面,也有突出贡献.柯西的数学成就不仅辉煌,而且数量惊人.柯西全集有 27 卷,其论文有 800 多篇.在数学史上是仅次于欧拉的多产数学家.他的光辉名字与许多定理、准则一起铭记在人们的心中.

　　作为一位学者,他思路敏捷,功绩卓著.从柯西卷帙浩大的论著和成果中,人们不难想象他一生是怎样孜孜不倦地勤奋工作的.但柯西却是个具有复杂性格的人,他是忠诚的保王党人、热心的天主教徒、落落寡合的学者.尤其作为久负盛名的科学泰斗,他常常忽视青年学者的创造.例如,由于柯西"失落"了才华出众的年轻数学家阿贝尔与伽罗华的开创性的论文手稿,造成群论晚问世约半个世纪.

　　1857 年 5 月 23 日,柯西在巴黎病逝.他临终的一句名言"人总是要死的,但是,他们的业绩永存"长久地叩击着一代又一代学子的心扉.

# 第三章 一元函数微分学

微积分学是高等数学最基本、最重要的组成部分,是现代数学许多分支的基础,它包括导数、微分、定积分等内容.

恩格斯曾指出:"在一切理论成就中,未必再有什么像 17 世纪下半叶微积分的发明那样被看做人类精神的最高胜利了."微积分的发展极大地促进了科学和社会的进步,也提供给人们正确的世界观和科学的方法论.

积分的雏形可追溯到古希腊和我国魏晋时期,但微分概念直至 16 世纪才应运而生.本章介绍一元函数的导数与微分,以及它们的应用.

## 第一节 导数的概念

16 世纪的欧洲,正处在文艺复兴和资本主义萌芽时期,工、农、商、航海、天文学得到了很大的发展.生产实践的发展对自然科学提出了新的课题,迫切要求解决其中的数学问题.下列三类问题促进了微分学的产生:

(1)求变速直线运动的瞬时速度;

(2)求平面曲线上某一点的切线;

(3)求最大值和最小值.

这三类实际问题的现实原型在数学上都可归结为**变化率问题**.牛顿从第一个问题出发,莱布尼兹从第二个问题着手,分别给出了导数的初步概念.

### 一、引例

**引例 1** 求变速直线运动时物体的瞬时速度.

设一物体从点 $O$ 开始作变速直线运动,经过时间 $T$ 到达 $P$ 点,求该物体在时刻 $t_0 \in [0, T]$ 的瞬时速度.

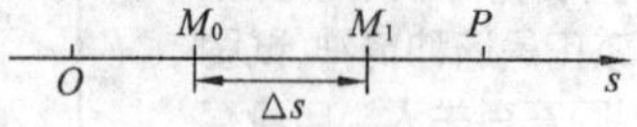

如图 3.1.1 所示,设物体运动的路程 $s$ 是时间 $t$ 的函数,记作 $s = s(t)$,$t \in [0, T]$,$v(t) \geqslant 0$,现求时刻 $t_0$ 的瞬时速度 $v(t_0)$.

图 3.1.1

大家知道,作匀速直线运动的物体其速度按公式

$$速度 = \frac{运动路程}{运动时间}$$

可求得,它不随时间而变化.现在要求作变速直线运动的瞬时速度,各点的速度是随时间而变化的,因此,不能运用上述公式求 $t_0$ 时刻的速度 $v(t_0)$.我们设法在事物的运动变化和相互联系中,利用矛盾转化的方法来解决这一问题,其步骤如下.

(1) 给时刻 $t_0$ 一个增量 $\Delta t$(可正可负),时间从 $t_0$ 变到了 $t_0 + \Delta t \in [0, T]$,物体从点 $M_0$ 运动到点 $M_1$ 的路程增量为

$$\Delta s = s(t_0 + \Delta t) - s(t_0).$$

这一步称为**求增量**.

(2) 当 $\Delta t$ 很小时,速度变化不大,可将物体在时间间隔 $\Delta t$ 内的平均速度

$$\bar{v} = \frac{\Delta s}{\Delta t} = \frac{s(t_0 + \Delta t) - s(t_0)}{\Delta t}$$

近似地看成物体在时刻 $t_0$ 的瞬时速度.这实质上是在 $\Delta t$ 时间间隔内用匀速运动代替变速运动.

这一步称为**作增量比**.

(3) 易见,当 $\Delta t$ 越来越小时,平均速度便越来越接近于时刻 $t_0$ 的瞬时速度 $v(t_0)$.于是,当 $\Delta t \to 0$ 时,对平均速度取极限,就得到瞬时速度 $v(t_0)$,即

$$v(t_0) = \lim_{\Delta t \to 0} \bar{v} = \lim_{\Delta t \to 0} \frac{\Delta s}{\Delta t} = \lim_{\Delta t \to 0} \frac{s(t_0 + \Delta t) - s(t_0)}{\Delta t}$$

这一步称为**取极限**.

这样,平均速度的极限就是我们所要求的瞬时速度.

**引例 2** 求平面曲线的切线的斜率.

设曲线 $C$ 是函数 $y = f(x)$ 的图形,求曲线 $C$ 上点 $M_0(x_0, y_0)$ 处切线的斜率.

在初等数学中,将曲线的切线定义为与曲线只有一个交点的直线.定义对圆是正确的,但对一般的曲线来说,是有缺陷的.例如,对于抛物线 $y = x^2$,在原点 $O$ 处两个坐标轴都符合上述定义,但实际上只有 $x$ 轴是该抛物线在点 $O$ 处的切线.

为此,法国数学家柯西给出了切线的定义:曲线 $C$ 上的两点 $M_0(x_0, y_0)$ 和 $M(x, y)$ 的连线 $M_0M$ 是该曲线的一条割线,当点 $M$ 沿曲线趋近于点 $M_0$ 时,割线绕点 $M_0$ 转动,其极限位置 $M_0T$ 就是曲线在点 $M_0$ 处的切线,如图 3.1.2 所示.

如果 $y = f(x)$ 的图形是直线,那么只要在直线上取定两点,这两点的纵坐标之差

$\Delta y$ 与横坐标之差 $\Delta x$ 的比值 $\dfrac{\Delta y}{\Delta x}$ 就是该直线的斜率.
但现在 $y=f(x)$ 的图形是曲线,遇到了直与曲的矛
盾,这时 $\dfrac{\Delta y}{\Delta x}$ 是割线 $M_0M$ 的斜率.如何求曲线在点
$M_0$ 处的切线 $M_0T$ 的斜率呢?我们分三步来解决.

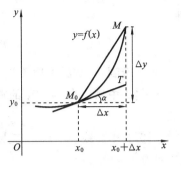

图 3.1.2

(1) 求增量.给 $x_0$ 一个增量 $\Delta x$(可正可负),自
变量由 $x_0$ 变到 $x_0+\Delta x$,曲线上点的纵坐标有相应
的增量
$$\Delta y=f(x_0+\Delta x)-f(x_0).$$

(2) 作增量比.曲线上的点由 $M_0(x_0,y_0)$ 变到了点 $M_0(x_0+\Delta x,y_0+\Delta y)$,当 $\Delta x$
很小时,曲线上点的纵坐标变化不大,从而可用割线 $M_0M$ 的斜率
$$\frac{\Delta y}{\Delta x}=\frac{f(x_0+\Delta x)-f(x_0)}{\Delta x}$$
近似代替切线 $M_0T$ 的斜率.

(3) 取极限.当 $\Delta x\to 0$ 且点 $M$ 沿曲线无限趋近点 $M_0$ 时,割线 $M_0M$ 以切线 $M_0T$
为极限,因而割线斜率的极限就是切线的斜率,即
$$\tan\alpha=\lim_{\Delta x\to 0}\frac{\Delta y}{\Delta x}=\lim_{\Delta x\to 0}\frac{f(x_0+\Delta x)-f(x_0)}{\Delta x},$$
其中 $\alpha\left(\alpha\neq\dfrac{\pi}{2}\right)$ 是切线 $M_0T$ 与 $x$ 轴正向的夹角.

上面两个现实模型的范畴虽不相同,但从数学的角度来考察,它们所要解决的问
题相同,都是求一个变量相对于另一个相关变量的变化快慢程度,即变化率问题;处
理问题的思想方法都是用矛盾转化的辨证方法;数学结构相同,都是当自变量改变量
趋于零时,函数的改变量与自变量的改变量之比的极限.类似的问题还很多,诸如线
密度、比热等.我们撇开问题的具体意义,抽象出下面导数的概念.

## 二、导 数 的 定 义

**定义**　设函数 $y=f(x)$ 在点 $x_0$ 的某个邻域内有定义,当自变量 $x$ 在点 $x_0$ 处取
得增量 $\Delta x$ 时,函数值取相应的增量
$$\Delta y=f(x_0+\Delta x)-f(x_0)=f(x)-f(x_0),$$
如果当 $\Delta x\to 0$ 时,极限
$$\lim_{\Delta x\to 0}\frac{\Delta y}{\Delta x}=\lim_{\Delta x\to 0}\frac{f(x_0+\Delta x)-f(x_0)}{\Delta x}=\lim_{x\to x_0}\frac{f(x)-f(x_0)}{x-x_0}$$
存在,则称函数 $f(x)$ 在点 $x_0$ 处可导.这个极限值称为函数 $f(x)$ 在点 $x_0$ 处的导数.
记为
$$f'(x_0)\quad 或\quad y'\big|_{x=x_0},\quad \frac{\mathrm{d}y}{\mathrm{d}x}\bigg|_{x=x_0},\quad \frac{\mathrm{d}f(x)}{\mathrm{d}x}\bigg|_{x=x_0},$$

即

$$f'(x_0) = \lim_{\Delta x \to 0} \frac{f(x_0 + \Delta x) - f(x_0)}{\Delta x}.$$

可以看到,导数的本质就是增量比的极限.

引例 1 中物体在 $t_0$ 时刻的瞬时速度就是路程函数在点 $x_0$ 处的导数,即为

$$v(t_0) = S'(t_0).$$

引例 2 中曲线 $y = f(x)$ 在点 $(x_0, y_0)$ 处切线的斜率就是曲线函数在点 $x_0$ 处的导数,即为

$$k = \tan\alpha = f'(x_0).$$

如果极限 $\lim\limits_{\Delta x \to 0} \dfrac{f(x_0 + \Delta x) - f(x_0)}{\Delta x}$ 不存在,则称函数 $f(x)$ 在点 $x_0$ 处不可导或导数不存在.

如果函数 $y = f(x)$ 在区间 $I$ 内的每一点都可导,则称函数 $y = f(x)$ 在区间 $I$ 内可导. 此时,该函数在区间 $I$ 内每一点 $x$ 处的导数 $f'(x)$ 存在且唯一,它是 $x$ 的函数,称这个函数为 $f(x)$ 的**导函数**,记为

$$y', \quad f'(x), \quad \frac{\mathrm{d}y}{\mathrm{d}x} \quad 或 \quad \frac{\mathrm{d}f(x)}{\mathrm{d}x}.$$

显然,函数 $f(x)$ 在点 $x_0$ 处的导数,就是 $f(x)$ 在点 $x_0$ 处的导函数值. 在不致混淆时,**也将导函数简称为导数.**

## 三、求导举例

**例 1**　求函数 $y = x^2$ 在 $x = 1$ 处的导数 $f'(1)$.

**解**　求增量　　　　$\Delta y = (1 + \Delta x)^2 - 1^2 = 2\Delta x + (\Delta x)^2$;

作增量比　　　　$\dfrac{\Delta y}{\Delta x} = \dfrac{2\Delta x + (\Delta x)^2}{\Delta x} = 2 + \Delta x$;

取极限　　　　$f'(1) = \lim\limits_{\Delta x \to 0} \dfrac{\Delta y}{\Delta x} = \lim\limits_{\Delta x \to 0} (2 + \Delta x) = 2.$

**例 2**　求函数 $y = f(x) = C$($C$ 是常数)的导数.

**解**　$y' = \lim\limits_{\Delta x \to 0} \dfrac{f(x + \Delta x) - f(x)}{\Delta x} = \lim\limits_{\Delta x \to 0} \dfrac{C - C}{\Delta x} = 0$,即 $(C)' = 0$.

也就是说,常数的导数等于零.

## 四、左、右导数

如果 $x$ 仅从点 $x_0$ 的左侧趋于 $x_0$(记为 $x \to x_0^-$)时,极限

$$\lim_{\Delta x \to 0} \frac{\Delta y}{\Delta x} = \lim_{\Delta x \to 0^-} \frac{f(x_0 + \Delta x) - f(x_0)}{\Delta x}$$

存在,则称该极限值为函数 $y = f(x)$ 在点 $x_0$ 处的**左导数**,记为 $f'_-(x_0)$,即

$$f'_-(x_0) = \lim_{\Delta x \to 0^-} \frac{\Delta y}{\Delta x} = \lim_{\Delta x \to 0^-} \frac{f(x_0 + \Delta x) - f(x_0)}{\Delta x}.$$

类似地,可定义函数 $y = f(x)$ 在点 $x_0$ 处的**右导数**,记为 $f'_+(x_0)$,即

$$f'_+(x_0) = \lim_{\Delta x \to 0^+} \frac{\Delta y}{\Delta x} = \lim_{\Delta x \to 0^+} \frac{f(x_0 + \Delta x) - f(x_0)}{\Delta x}.$$

由左、右极限可知,函数在一点处的左导数、右导数与函数在该点处的导数间有如下关系:

**函数 $y = f(x)$ 在点 $x_0$ 处可导的充分必要条件是函数 $y = f(x)$ 在点 $x_0$ 处的左、右导数均存在且相等.**

运用这一结论可以讨论一些函数的导数,如分段函数.

**例 3** 函数 $f(x) = |x|$ 在点 $x = 0$ 处可导吗?

**解** 如图 3.1.3 所示,利用左、右导数来讨论可导性.

在 $x = 0$ 处,函数增量与自变量增量的比值为

$$\frac{\Delta y}{\Delta x} = \frac{f(0 + \Delta x) - f(0)}{\Delta x} = \frac{|\Delta x|}{\Delta x},$$

于是 $f'_+(0) = \lim_{\Delta x \to 0^+} \frac{\Delta y}{\Delta x} = \lim_{\Delta x \to 0^+} \frac{|\Delta x|}{\Delta x} = \lim_{\Delta x \to 0^+} \frac{\Delta x}{\Delta x} = 1$,

$f'_-(0) = \lim_{\Delta x \to 0^-} \frac{\Delta y}{\Delta x} = \lim_{\Delta x \to 0^-} \frac{|\Delta x|}{\Delta x} = \lim_{\Delta x \to 0^-} \frac{-\Delta x}{\Delta x} = -1.$

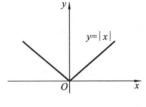

图 3.1.3

因为 $f'_+(0) \neq f'_-(0)$,所以函数 $f(x) = |x|$ 在点 $x = 0$ 处不可导.

应该注意的是,函数 $f(x) = |x|$ 在点 $x = 0$ 处连续,但它在点 $x = 0$ 处不可导,这说明连续的函数未必可导.但是,**若函数在点 $x_0$ 处可导,则函数在点 $x_0$ 处必定连续**.

## 五、导数几何意义

根据引例 2 的结论可知,若函数 $y = f(x)$ 在点 $x_0$ 处可导,则 $f'(x_0)$ 就是曲线 $y = f(x)$ 在点 $M(x_0, y_0)$ 处切线的斜率,即

$$k = \tan\alpha = f'(x_0),$$

其中 $\alpha$ 是曲线 $y = f(x)$ 在点 $M$ 处的切线的倾角,如图 3.1.4 所示.

由直线的点斜式方程知,曲线 $y = f(x)$ 在点 $M(x_0, y_0)$ 处的切线方程为

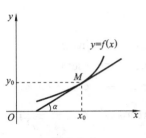

图 3.1.4

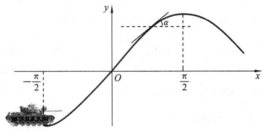

图 3.1.5

$$y - y_0 = f'(x_0)(x - x_0).$$

**例 4**　某型坦克的最大爬坡度为 $30°$,在执行任务时要爬过一个山坡. 如图3.1.5 所示建立直角坐标系,假设山坡垂直截面图的边界曲线方程为

$$y = \frac{1}{3}\sin x, x \in \left[-\frac{\pi}{2}, \frac{\pi}{2}\right].$$

问坦克能直接爬过这个山坡吗?

**分析**　坦克是否能直接爬过山坡,关键是考虑爬行过程中坦克的最大倾斜度是否超过 $30°$. 假如不超过就能爬过. 而坦克在任意点处的倾斜度就是曲线上相应点处的切线倾角 $\alpha$. 因此,所要讨论的问题就变为分析 $\alpha$ 都比 $30°$ 要小吗?

**解**　设 $\alpha$ 为山坡垂直截面图的边界曲线的切线倾角,则点 $x$ 处的切线斜率为 $k = \tan\alpha = f'(x)$. 根据导数的定义,得

$$f'(x) = \lim_{\Delta x \to 0} \frac{f(x + \Delta x) - f(x)}{\Delta x} = \lim_{\Delta x \to 0} \frac{1}{3} \frac{\sin(x + \Delta x) - \sin x}{\Delta x}.$$

利用和差化积公式,化简为

$$f'(x) = \lim_{\Delta x \to 0} \frac{1}{3}\cos\left(x + \frac{\Delta x}{2}\right)\frac{\sin\frac{\Delta x}{2}}{\frac{\Delta x}{2}} = \lim_{\Delta x \to 0}\frac{1}{3}\cos\left(x + \frac{\Delta x}{2}\right) \cdot \lim_{\Delta x \to 0}\frac{\sin\frac{\Delta x}{2}}{\frac{\Delta x}{2}} = \frac{1}{3}\cos x.$$

(这里利用到极限结论 $\lim\limits_{x \to 0}\frac{\sin x}{x} = 1$)

显然,$x \in \left[-\frac{\pi}{2}, \frac{\pi}{2}\right]$ 时,

$$f'(x) = \frac{1}{3}\cos x \leqslant \frac{1}{3} < \frac{\sqrt{3}}{3} = \tan 30°,$$

即 $\tan\alpha < \tan 30°$,所以 $\alpha < 30°$.

也就是说,坦克在爬行过程中倾斜度都比最大爬坡度 $30°$ 要小,因此坦克是可以爬过这个山坡的.

利用导数的定义和相关知识可以得到**基本初等函数的导数公式**.

(1) $(c)' = 0$;

(2) $(x^a)' = ax^{a-1}$;

(3) $(a^x)' = a^x \cdot \ln a \quad (a > 0, a \neq 1)$;

(4) $(e^x)' = e^x$;

(5) $(\log_a x)' = \frac{1}{x\ln a} \quad (a > 0, a \neq 1)$;

(6) $(\ln x)' = \frac{1}{x}$;

(7) $(\sin x)' = \cos x$;

(8) $(\cos x)' = -\sin x$;

(9) $(\tan x)' = \sec^2 x$;

(10) $(\cot x)' = -\csc^2 x$;

(11) $(\sec x)' = \sec x \cdot \tan x$;

(12) $(\csc x)' = -\csc x \cdot \cot x$;

(13) $(\arcsin x)' = \frac{1}{\sqrt{1 - x^2}}$;

(14) $(\arccos x)' = -\frac{1}{\sqrt{1 - x^2}}$;

(15) $(\arctan x)' = \frac{1}{1 + x^2}$;

(16) $(\text{arccot} x)' = -\frac{1}{1 + x^2}$.

这些公式在微积分计算时,经常要用到,要熟记.

# 第二节 函数的求导法则

求函数的变化率——导数,是理论研究和实践应用中经常遇到的问题.虽然理论上讲,所有函数的导数均可根据定义求得,但当函数形式复杂时,根据定义求导往往非常繁琐,有时甚至比较困难.为方便求导,本节讨论求导的一些基本法则.

## 一、导数的四则运算法则

**定理 1** 若函数 $u=u(x)$ 和 $v=v(x)$ 都在点 $x$ 处可导,则它们的和、差、积、商(分母 $v(x)\neq 0$)在点 $x$ 处都可导,且

(1) $[u(x)\pm v(x)]'=u'(x)\pm v'(x)$;

(2) $[u(x)v(x)]'=u'(x)v(x)+u(x)v'(x)$;

(3) $\left[\dfrac{u(x)}{v(x)}\right]=\dfrac{u'(x)v(x)-u(x)v'(x)}{v^2(x)}$ $(v(x)\neq 0)$.

下面仅证函数乘积的求导法则,其他法则类似可证.

**证明** 令 $y=u(x)v(x)$,则

$$\Delta y=u(x+\Delta x)v(x+\Delta x)-u(x)v(x)=[\Delta u+u(x)][\Delta v+v(x)]-u(x)v(x)$$
$$=v(x)\Delta u+u(x)\Delta v+\Delta u\Delta v.$$

所以

$$y'=\lim_{\Delta x\to 0}\frac{\Delta y}{\Delta x}=\lim_{\Delta x\to 0}\left[v(x)\frac{\Delta u}{\Delta x}+u(x)\frac{\Delta v}{\Delta x}+\frac{\Delta u}{\Delta x}\Delta v\right]$$
$$=v(x)\lim_{\Delta x\to 0}\frac{\Delta u}{\Delta x}+u(x)\lim_{\Delta x\to 0}\frac{\Delta v}{\Delta x}+\Delta v\lim_{\Delta x\to 0}\frac{\Delta u}{\Delta x}.$$

又因 $u(x)$ 和 $v(x)$ 都在点 $x$ 处可导,即两个函数在点 $x$ 处连续,故 $\Delta x\to 0$ 时,$\Delta u\to 0$,$\Delta v\to 0$,所以

$$[u(x)v(x)]'=u'(x)v(x)+u(x)v'(x).$$

**注** 法则(1)、(2)均可推广到有限多个函数运算的情形.例如,设 $u=u(x)$,$v=v(x)$,$w=w(x)$ 均可导,则有

$$(u-v+w)'=u'-v'+w',$$
$$(uvw)'=u'vw+uv'w+uvw'.$$

**例 1** 求下列函数的导数.

(1) $y=3x^4-4x^3+100$;          (2) $y=x^5-\sqrt{x}+\sqrt{10}$;

(3) $y=x^2\cos x$;                    (4) $y=\dfrac{1+x}{x^2+1}$.

**解** (1) $y'=(3x^4-4x^3+100)'=(3x^4)'-(4x^3)'+(100)'$
$$=3(x^4)'-4(x^3)'=12x^3-12x^2;$$

(2) $y' = (x^5 - \sqrt{x} + \sqrt{10})' = (x^5)' - (x^{\frac{1}{2}})' + (\sqrt{10})' = 5x^4 - \dfrac{1}{2\sqrt{x}}$;

(3) $y' = (x^2 \cos x)' = (x^2)' \cos x + x^2 (\cos x)' = 2x \cos x - x^2 \sin x$;

(4) $y' = \left(\dfrac{1+x}{x^2+1}\right)' = \dfrac{(1+x)'(x^2+1) - (1+x)(x^2+1)'}{(x^2+1)^2}$

$\qquad = \dfrac{x^2+1 - (1+x)2x}{(x^2+1)^2} = \dfrac{1-2x-x^2}{(x^2+1)^2}$.

**例 2**　求正切函数 $y = \tan x$ 的导数.

**解**　由 $\tan x = \dfrac{\sin x}{\cos x}$ 得

$$(\tan x)' = \left(\dfrac{\sin x}{\cos x}\right)' = \dfrac{(\sin x)' \cos x - (\cos x)' \sin x}{\cos^2 x}$$

$$= \dfrac{\cos^2 x + \sin^2 x}{\cos^2 x} = \dfrac{1}{\cos^2 x} = \sec^2 x.$$

即 $(\tan x)' = \sec^2 x$.（本结论作为公式熟记）

**例 3**　设 $y = 2^x \arcsin x$，求 $y'$.

**解**　$$y' = (2^x)' \arcsin x + 2^x (\arcsin x)'$$

$$= 2^x \ln 2 \cdot \arcsin x + \dfrac{2^x}{\sqrt{1-x^2}}$$

$$= 2^x \left(\ln 2 \cdot \arcsin x + \dfrac{1}{\sqrt{1-x^2}}\right).$$

## *二、复合函数的求导法则

先看一个例子，由 $(\sin x)' = \cos x$，能得出 $(\sin 2x)' = \cos 2x$ 吗？不可以！实际上，
$$(\sin 2x)' = (2 \sin x \cos x)' = 2(\cos^2 x - \sin^2 x) = 2 \cos 2x.$$
其原因是函数 $\sin 2x$ 是由 $y = \sin u$ 和 $u = 2x$ 复合而成的函数，不能直接使用基本初等函数的导数公式. 注意到

$$\dfrac{\mathrm{d}y}{\mathrm{d}x} = 2 \cos 2x = \cos u \cdot 2 = \dfrac{\mathrm{d}y}{\mathrm{d}u} \cdot \dfrac{\mathrm{d}u}{\mathrm{d}x},$$

这反映了复合函数的求导规律. 下面给出复合函数的求导法则.

**定理 2**　若 $u = g(x)$ 在点 $x$ 处可导，而 $y = f(u)$ 在对应的点 $u = g(x)$ 可导，那么复合函数 $y = f[g(x)]$ 在点 $x$ 处可导，且

$$\dfrac{\mathrm{d}y}{\mathrm{d}x} = f'(u) \cdot g'(x) \quad 或 \quad \dfrac{\mathrm{d}y}{\mathrm{d}x} = \dfrac{\mathrm{d}y}{\mathrm{d}u} \cdot \dfrac{\mathrm{d}u}{\mathrm{d}x}.$$

事实上，若 $\Delta u = g(x+\Delta x) - g(x) \neq 0$ 时，则

$$\dfrac{\Delta y}{\Delta x} = \dfrac{f(g(x+\Delta x)) - f(g(x))}{\Delta x} = \dfrac{f(g(x)+\Delta u) - f(g(x))}{\Delta u} \cdot \dfrac{g(x+\Delta x) - g(x)}{\Delta x}$$

$$= \dfrac{f(u+\Delta u) - f(u)}{\Delta u} \cdot \dfrac{\Delta u}{\Delta x},$$

两边取极限,即有

$$\frac{\mathrm{d}y}{\mathrm{d}x}=\frac{\mathrm{d}y}{\mathrm{d}u}\cdot\frac{\mathrm{d}u}{\mathrm{d}x}.$$

当 $\Delta u=0$ 时,也有这一结论成立,这里不再说明.

复合函数的求导法则可叙述为:**复合函数对自变量的导数,等于函数对中间变量的导数乘以中间变量对自变量的导数**.这一法则又称为**链式法则**.

有了复合函数的求导法则,则 $y=\sin 2x$ 的导数:

$$\frac{\mathrm{d}y}{\mathrm{d}x}=\frac{\mathrm{d}y}{\mathrm{d}u}\cdot\frac{\mathrm{d}u}{\mathrm{d}x}=(\sin u)'(2x)'$$

$$=2\cos u=2\cos 2x.$$

复合函数求导法则可推广到多个中间变量的情形.例如,设

$$y=f(u),\quad u=\varphi(v),\quad v=\psi(x),$$

则复合函数 $y=f\{\varphi[\psi(x)]\}$ 的导数为

$$\frac{\mathrm{d}y}{\mathrm{d}x}=\frac{\mathrm{d}y}{\mathrm{d}u}\cdot\frac{\mathrm{d}u}{\mathrm{d}v}\cdot\frac{\mathrm{d}v}{\mathrm{d}x}.$$

**例 4** 求函数 $y=\sin(3x^2)$ 的导数.

**解** 函数 $y$ 可分解为 $y=\sin u,u=3x^2$,于是得

$$\frac{\mathrm{d}y}{\mathrm{d}x}=\frac{\mathrm{d}y}{\mathrm{d}u}\cdot\frac{\mathrm{d}u}{\mathrm{d}x}=(\sin u)'\cdot(3x^2)'$$

$$=\cos u\cdot 6x=6x\cos(3x^2).$$

**例 5** 求函数 $y=(1-x^2)^{\frac{1}{2}}$ 的导数.

**解** 函数 $y$ 可分解为 $\qquad y=u^{\frac{1}{2}},\quad u=1-x^2.$

因为 $\qquad\dfrac{\mathrm{d}y}{\mathrm{d}u}=\dfrac{1}{2\sqrt{u}},\quad \dfrac{\mathrm{d}u}{\mathrm{d}x}=-2x,$

根据复合函数求导法则,得

$$\frac{\mathrm{d}y}{\mathrm{d}x}=\frac{\mathrm{d}y}{\mathrm{d}u}\cdot\frac{\mathrm{d}u}{\mathrm{d}x}=\frac{1}{2\sqrt{u}}\cdot(-2x)=-\frac{x}{\sqrt{1-x^2}}.$$

**注** 在求复合函数的导数时,首先要分清函数的复合层次,然后从外向里,逐层推进求导,不要遗漏.在求导的过程中,始终要明确,所求的导数是哪个函数对哪个变量(是自变量还是中间变量)的导数.在开始时可以先设中间变量,一步一步去做,最后要把中间变量换回原来的自变量.熟练之后,中间变量可以省略不写,只把中间变量看在眼里,记在心上,直接把表示中间变量的部分写出来.

比如,例 4 也可以这样做:

$$y'=[\sin(3x^2)]'=\cos(3x^2)\cdot(3x^2)'$$

$$=\cos(3x^2)\cdot 6x=6x\cos(3x^2).$$

例 5 也可以这样做:

$$y'=\left[(1-x^2)^{\frac{1}{2}}\right]'=\frac{1}{2\sqrt{1-x^2}}\cdot(1-x^2)'$$

$$=\frac{1}{2\sqrt{1-x^2}}\cdot(-2x)=-\frac{x}{\sqrt{1-x^2}}.$$

**例 6**　求由方程 $xy=\mathrm{e}^{x+y}$ 所确定的隐函数的导数 $y'$.

**分析**　利用复合函数求导法则,在 $F(x,f(x))\equiv0$ 两边同时对自变量 $x$ 求导,再解出所求导数 $\dfrac{\mathrm{d}y}{\mathrm{d}x}$.

**解**　把 $y$ 视为 $x$ 的函数,用复合函数求导法则,在方程两边同时对 $x$ 求导,得

$$xy'+y=\mathrm{e}^{x+y}(1+y'),$$

所以

$$y'=\frac{\mathrm{e}^{x+y}-y}{x-\mathrm{e}^{x+y}}.$$

## 三、高阶导数

我们知道,瞬时速度 $v(t)$ 是路程函数 $s(t)$ 对时间 $t$ 的导数,加速度函数 $a(t)$ 是速度函数 $v(t)$ 对时间 $t$ 的导数.因此,加速度函数 $a(t)$ 是路程函数 $s(t)$ 对时间 $t$ 的导数的导数,我们将加速度函数称为路程函数 $s(t)$ 对时间 $t$ 的二阶导数,记为

$$a(t)=\left[s'(t)\right]'=s''(t).$$

一般来说,函数 $y=f(x)$ 的导数 $f'(x)$ 仍是 $x$ 的函数,如果函数 $f'(x)$ 可导,我们将函数 $y=f(x)$ 的导数 $f'(x)$ 的导数,称为函数 $y=f(x)$ 的**二阶导数**,记为 $y''$,

也可记为

$$f''(x),\quad\frac{\mathrm{d}^2y}{\mathrm{d}x^2},\quad\frac{\mathrm{d}^2f(x)}{\mathrm{d}x^2}.$$

类似地,二阶导数 $y''$ 的导数,称为 $y=f(x)$ 的**三阶导数**……$f(x)$ 的 $n-1$ 阶导数的导数称为 $f(x)$ 的 $n$ **阶导数**,分别记作

$$y''',y^{(4)},\cdots,y^{(n)},\quad\text{或}\quad f'''(x),f^{(4)}(x),\cdots,f^{(n)}(x),$$

也可以记作

$$\frac{\mathrm{d}^3y}{\mathrm{d}x^3},\frac{\mathrm{d}^4y}{\mathrm{d}x^4},\cdots,\frac{\mathrm{d}^ny}{\mathrm{d}x^n}.$$

二阶及二阶以上的导数统称为**高阶导数**.相应地,$f(x)$ 称为零阶导数,$f'(x)$ 称为**一阶导数**.

由此可见,求函数的高阶导数,就是利用基本求导公式的运算法则,对函数逐阶求导.

**例 7**　求下列函数的二阶导数.

(1) $y=x\mathrm{e}^x$;　　(2) $y=\dfrac{\ln x}{x}$.

**解**　(1)　$$y'=(x\mathrm{e}^x)'=\mathrm{e}^x+x\mathrm{e}^x=(x+1)\mathrm{e}^x,$$
$$y''=(y')'=((x+1)\mathrm{e}^x)'=\mathrm{e}^x+(x+1)\mathrm{e}^x=(x+2)\mathrm{e}^x.$$

(2)
$$y' = \left(\frac{\ln x}{x}\right)' = \frac{1 - \ln x}{x^2},$$

$$y'' = \frac{-x - 2x(1 - \ln x)}{x^4} = \frac{-3 + 2\ln x}{x^3}.$$

**例 8**　求函数 $y = x^n$ 的 $n$ 阶导数.

**解**
$$y' = (x^n)' = nx^{n-1},$$

$$y'' = n(x^{n-1})' = n(n-1)x^{n-2},$$

用归纳法可证, $y = x^n$ 的 $n$ 阶导数 $y^{(n)} = n!$.

进一步,可证　　　$(x^n)^{(m)} = 0$　$(m = n+1, n+2, \cdots)$.

# 第三节　函数的微分

微分是微积分学的又一个重要概念. 导数是研究函数的变化率, 而微分则是研究函数增量的近似值.

## 一、函数微分的概念

**引例**　设有一块边长为 $x_0$ 的正方形金属薄片, 受热后它的边长伸长了 $\Delta x$, 问其面积增加了多少?

**解**　我们知道, 正方形的面积 $A$ 与边长 $x$ 的函数关系为 $A = x^2$, 如图 3.3.1 所示, 金属薄片受热后, 边长 $x_0$ 伸长到 $x_0 + \Delta x$, 这时面积 $A$ 相应的改变量为

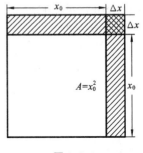

**图 3.3.1**

$$\Delta A = (x_0 + \Delta x)^2 - x_0^2 = 2x_0 \Delta x + (\Delta x)^2.$$

从上式看出, $\Delta A$ 由两部分构成, 第一部分 $2x_0 \Delta x$ 是 $\Delta x$ 的线性函数, 第二部分是 $(\Delta x)^2$. 当 $\Delta x$ 很小时, 第二部分的值比第一部分的值小得多, 可以忽略不计, 因此, 可用第一部分 $2x_0 \Delta x$ 作为 $\Delta A$ 的近似值, 即

$$\Delta A \approx 2x_0 \Delta x.$$

显然, $2x_0 \Delta x$ 容易计算, 它是面积改变量 $\Delta A$ 的主要部分(亦称为线性主部). 又由于

$$A'|_{x = x_0} = 2x_0 = A'(x_0),$$

因此, 上式可改写为　　　$\Delta A \approx A'(x_0) \Delta x.$

通常, $A'(x_0) \Delta x$ 称为面积函数 $A = x^2$ 在点 $x_0$ 处的微分.

一般地, 有如下定义.

**定义**　如果函数 $y = f(x)$ 在点 $x_0$ 的某邻域内有定义, 令 $\Delta x = x - x_0$, 则称 $f'(x_0) \Delta x$ 为函数 $y = f(x_0)$ 在点 $x_0$ 处的**微分**. 记作 $dy|_{x = x_0}$, 即

$$dy|_{x = x_0} = f'(x_0) \Delta x.$$

根据微分的定义,得

$$dx = x' \cdot \Delta x = \Delta x.$$

也就是说,自变量 $x$ 的微分 $dx$ 就是自变量的增量 $\Delta x$,即

$$dx = \Delta x.$$

通常,把函数 $y = f(x)$ 在 $x$ 处的微分 $dy = f'(x) \cdot \Delta x$ 写成

$$dy = f'(x)dx,$$

从而

$$f'(x) = \frac{dy}{dx}.$$

也就是说,函数的导数等于函数微分 $dy$ 与自变量微分 $dx$ 的商. 因此,导数也叫做**微商**. 函数可导也叫做**函数可微**,反之亦然.

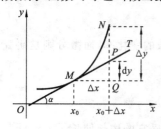

图 3.3.2

如图 3.3.2 所示,函数 $y = f(x)$ 在点 $x_0$ 处的微分 $dy = f'(x_0)dx$,正好是曲线 $y = f(x)$ 在点 $M(x_0, y_0)$ 处的切线 $MT$ 的纵坐标的增量 $QP$,这就是微分的几何意义. 它是曲线 $y = f(x)$ 在该点的纵坐标改变量 $QN$ 的近似值.

可见,微分有如下特点:

(1) 微分 $dy$ 是函数改变量 $\Delta y$ 的主要部分,当 $|\Delta x|$ 很小时,可用它近似代替 $\Delta y$;

(2) 微分 $dy|_{x=x_0} = f'(x_0)\Delta x$ 是 $\Delta x$ 的线性函数,以导数 $f'(x_0)$ 为系数,较容易计算.

**例 1**　求函数 $f(x) = x^2 + 1$ 在点 $x = 1$ 处,当 $\Delta x = 0.1$ 时的增量 $\Delta y$ 与微分 $dy$.

**解**　$\Delta y = f(1 + 0.1) - f(1) = [(1 + 0.1)^2 + 1] - (1^2 + 1) = 0.21$,

$$f'(x) = (x^2 + 1)' = 2x, \quad dx = \Delta x = 0.1,$$

$$dy = 2x \cdot dx = 2 \times 1 \times 0.1 = 0.2.$$

**例 2**　求函数 $y = \ln(1 - 2x)$ 的微分.

**解**　因为　　$y' = \dfrac{1}{1-2x}(1-2x)' = \dfrac{-2}{1-2x} = \dfrac{2}{2x-1}$,

所以　　　　　$dy = f'(x)dx = \dfrac{2}{2x-1}dx.$

## *二、一阶微分形式不变性

设 $y = f(u)$ 及 $u = \varphi(x)$ 都可导,则复合函数 $y = f[\varphi(x)]$ 的微分为

$$dy = y'_x dx = f'(u) \cdot \varphi'(x)dx.$$

由于 $\varphi'(x)dx = du$,故 $y = f[\varphi(x)]$ 的微分公式也可写成

$$dy = f'(u)du.$$

由此可见,无论 $u$ 是自变量还是复合函数的中间变量,函数 $y = f(u)$ 的微分形式

总是可以按公式 $\mathrm{d}y = f'(u)\mathrm{d}u$ 的形式来写.这一性质称为**微分形式不变性**.利用这一特性,可以简化微分的有关运算.

**例 3** 设 $y = \sin(2x+1)$,求 $\mathrm{d}y$.

**解** 设 $y = \sin u, u = 2x+1$,则

$$\mathrm{d}y = \mathrm{d}(\sin u) = \cos u \mathrm{d}u = \cos(2x+1)\mathrm{d}(2x+1)$$
$$= \cos(2x+1) \cdot 2\mathrm{d}x = 2\cos(2x+1)\mathrm{d}x.$$

**注** 与复合函数求导类似,求复合函数的微分也可不写出中间变量,这样更加直接和方便.

**例 4** 设 $y = \mathrm{e}^{\sin 2x}$,求 $\mathrm{d}y$.

**解** 应用微分形式不变性,有

$$\mathrm{d}y = \mathrm{e}^{\sin 2x}\mathrm{d}(\sin 2x) = \mathrm{e}^{\sin 2x} \cdot 2\sin x \mathrm{d}\sin x = \mathrm{e}^{\sin 2x} \cdot 2\sin x\cos x\mathrm{d}x = \sin 2x\mathrm{e}^{\sin 2x}\mathrm{d}x.$$

## 三、微分的简单应用

用微分方法来近似分析,特别是在电路分析中,有助于大大简化公式和计算.

**例 5** 如图 3.3.3 所示,在推证雷达修正高度计算公式 $\Delta H = \dfrac{r^2}{2R_{地}}$ 时,要用到近似概念来分析.

**分析** 由于地球半径是 6370 千米,相对看来,飞机的斜距 $r$ 和高度 $H$ 是很小的,垂直波瓣的仰角 $\alpha$ 也很小,所以斜距 $r$ 和 $|AC|$,高度 $H$ 和 $|BC|$ 都相差很小,可以近似地看成是相等的,即 $|AC| \approx r, |BC| \approx H$.

**证明** 由图 3.3.3 可知,飞机的实际高度应是 $|BD| = |BC| + |CD|$.这样,$|CD|$ 是高度的修正值,记为 $\Delta H$.上面所说的修正高度计算公式,就是通过已知的斜距(从显示器上看到)和地球半径来计算.

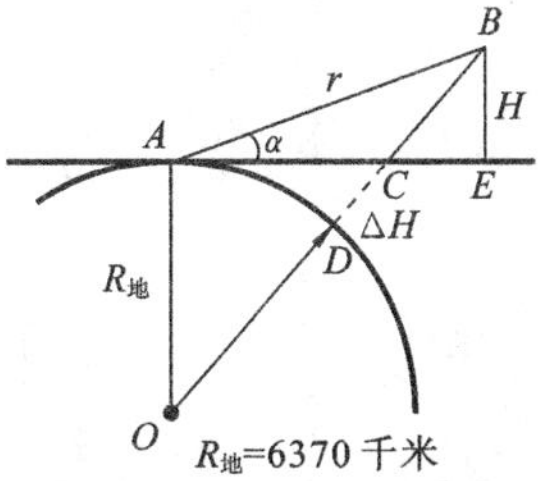

由于 $AE$ 是地球的切线,即 $AE \perp OA$,所以 $\triangle OAC$ 是一个直角三角形,利用勾股定理可得

$$|OA|^2 + |AC|^2 = |OC|^2$$

$$R_{地}^2 + r^2 = (R_{地} + \Delta H)^2 = R_{地}^2 + 2R_{地} \cdot \Delta H + (\Delta H)^2,$$

化简可得

$$r^2 = 2R_{地} \cdot \Delta H + (\Delta H)^2.$$

图 3.3.3

因为 $\Delta H$ 相对于 $R_{地}$ 来说,$\Delta H$ 是很小的,那么 $(\Delta H)^2$ 更小,就上式右边两项比较而言,$(\Delta H)^2 \ll 2R_{地} \cdot \Delta H$,所以 $(\Delta H)^2$ 可以忽略不计,于是

$$r^2 \approx 2R_{地} \cdot \Delta H,$$

即

$$\Delta H \approx \frac{r^2}{2R_{地}}.$$

又因为在计算修正高度时,推导修正高度的计算公式,三次应用到近似概念.这种用近似概念分析问题的方法,在工程专业中是经常用到的.

## 第四节　洛必达法则与函数单调性

### 一、洛必达法则

如果当 $x \to x_0$(或 $x \to \infty$)时,两个函数 $f(x)$ 与 $g(x)$ 都趋于零或都趋于无穷大,则极限 $\lim\limits_{x \to x_0}\dfrac{f(x)}{g(x)}\left(\text{或}\lim\limits_{x \to \infty}\dfrac{f(x)}{g(x)}\right)$ 可能存在,也可能不存在,通常把这种极限称为**未定式**,并分别记为 $\dfrac{0}{0}$ 或 $\dfrac{\infty}{\infty}$ 型**未定式**.

例如,$\lim\limits_{x \to 0}\dfrac{\sin x}{x}$ 是 $\dfrac{0}{0}$ 型未定式,$\lim\limits_{x \to +\infty}\dfrac{x^3}{\mathrm{e}^x}$ 是 $\dfrac{\infty}{\infty}$ 型未定式.

**例 1**　求 $\lim\limits_{x \to 3}\dfrac{x^4-81}{x-3}$.

**解**　$\lim\limits_{x \to 3}\dfrac{x^4-81}{x-3}=\lim\limits_{x \to 3}\dfrac{(x-3)(x+3)(x^2+9)}{x-3}=\lim\limits_{x \to 3}(x+3)(x^2+9)=108$.

该极限为 $\dfrac{0}{0}$ 型未定式,若考察分子、分母各自导数比的极限,有

$$\lim_{x \to 3}\frac{(x^4-81)'}{(x-3)'}=\lim_{x \to 3}\frac{4x^3}{1}=108.$$

它与原来要计算的极限相等,即

$$\lim_{x \to 3}\frac{x^4-81}{x-3}=\lim_{x \to 3}\frac{(x^4-81)'}{(x-3)'}.$$

**例 2**　求 $\lim\limits_{x \to \infty}\dfrac{x^2-3x+2}{x^2-x+1}$.

**解**　
$$\lim_{x \to \infty}\frac{x^2-3x+2}{x^2-x+1}=\lim_{x \to \infty}\frac{1-\dfrac{3}{x}+\dfrac{2}{x^2}}{1-\dfrac{1}{x}+\dfrac{1}{x^2}}=1.$$

该极限为 $\dfrac{\infty}{\infty}$ 型未定式,若考察分子、分母各自导数比的极限,有

$$\lim_{x \to \infty}\frac{(x^2-3x+2)'}{(x^2-x+1)'}=\lim_{x \to \infty}\frac{2x-3}{2x-1}=\lim_{x \to \infty}\frac{2-\dfrac{3}{x}}{2-\dfrac{1}{x}}=1.$$

它与原来要计算的极限相等,即

$$\lim_{x \to \infty}\frac{x^2-3x+2}{x^2-x+1}=\lim_{x \to \infty}\frac{(x^2-3x+2)'}{(x^2-x+1)'}.$$

从上述两个例子可以看到,未定式的值等于其分子、分母各自导数比的极限.这种规律具有普遍性.一般地,对于 $\lim\limits_{x \to x_0}\dfrac{f(x)}{g(x)}$ 为 $\dfrac{0}{0}$ 或 $\dfrac{\infty}{\infty}$ 型未定式,有如下定理.

**定理 1**　如果函数 $f(x)$ 和 $g(x)$ 满足条件:

(1) $\lim\limits_{x \to x_0} f(x) = \lim\limits_{x \to x_0} g(x) = 0$(或 $\infty$);

(2) 在点 $x_0$ 的某去心邻域内, $f'(x)$ 和 $g'(x)$ 都存在,且 $g'(x) \neq 0$;

(3) $\lim\limits_{x \to x_0} \dfrac{f'(x)}{g'(x)} = A$(或 $\infty$);

则有

$$\lim_{x \to x_0} \frac{f(x)}{g(x)} = \lim_{x \to x_0} \frac{f'(x)}{g'(x)} = A(\text{或} \infty).$$

这就是说,当 $\lim\limits_{x \to x_0} \dfrac{f'(x)}{g'(x)}$ 存在时, $\lim\limits_{x \to x_0} \dfrac{f(x)}{g(x)}$ 也存在且等于 $\lim\limits_{x \to x_0} \dfrac{f'(x)}{g'(x)}$; 当 $\lim\limits_{x \to x_0} \dfrac{f'(x)}{g'(x)}$ 为无穷大时, $\lim\limits_{x \to x_0} \dfrac{f(x)}{g(x)}$ 也为无穷大.

这种在一定条件下,通过分子、分母分别求导,再求极限来确定未定式极限值的方法,称为**洛必达法则**.

**例 3**　求 $\lim\limits_{x \to 0} \dfrac{\sin x}{x}$.

**解**　这是 $\dfrac{0}{0}$ 型未定式.

$$\lim_{x \to 0} \frac{\sin x}{x} = \lim_{x \to 0} \frac{(\sin x)'}{(x)'} = \lim_{x \to 0} \cos x = \cos 0 = 1.$$

**例 4**　求 $\lim\limits_{x \to 0} \dfrac{1 - \cos x}{x^2}$.

**解**　这是 $\dfrac{0}{0}$ 型未定式.

$$\lim_{x \to 0} \frac{1 - \cos x}{x^2} = \lim_{x \to 0} \frac{(1 - \cos x)'}{(x^2)'} = \lim_{x \to 0} \frac{\sin x}{2x} = \frac{1}{2} \lim_{x \to 0} \frac{\sin x}{x} = \frac{1}{2}.$$

**例 5**　求 $\lim\limits_{x \to +\infty} \dfrac{x^3}{e^x}$.

**解**　这是 $\dfrac{\infty}{\infty}$ 型未定式.

$$\lim_{x \to +\infty} \frac{x^3}{e^x} = \lim_{x \to +\infty} \frac{3x^2}{e^x} = \lim_{x \to +\infty} \frac{3 \cdot 2x}{e^x} = \lim_{x \to +\infty} \frac{6}{e^x} = 0.$$

除上述两种未定式外,还有 "$0 \cdot \infty$"、"$\infty - \infty$"、"$0^0$"、"$1^\infty$"、"$\infty^0$" 等型的未定式,这些类型的未定式经适当变形后,均可化为 $\dfrac{0}{0}$ 型或 $\dfrac{\infty}{\infty}$ 型未定式.

**例 6**　求 $\lim\limits_{x \to 0^+} x^n \ln x$.

**解**　本题为 "$0 \cdot \infty$" 型未定式,将其改写为 $\lim\limits_{x \to 0^+} \dfrac{\ln x}{\dfrac{1}{x^n}}$, 就变为 $\dfrac{\infty}{\infty}$ 型未定式,于是有

$$\lim_{x\to 0^+} x^n \ln x = \lim_{x\to 0^+} \frac{\ln x}{\dfrac{1}{x^n}} = \lim_{x\to 0^+} \frac{\dfrac{1}{x}}{-\dfrac{n}{x^{n+1}}} = -\frac{1}{n}\lim_{x\to 0^+} x^n = 0.$$

**例 7**　求 $\displaystyle\lim_{x\to\infty}\left(1+\frac{1}{x}\right)^x$.

**解**　这是 $1^\infty$ 型未定式，取对数将它变形为

$$\ln\left(1+\frac{1}{x}\right)^x = \frac{\ln\left(1+\dfrac{1}{x}\right)}{\dfrac{1}{x}}.$$

由于

$$\lim_{x\to\infty}\ln\left(1+\frac{1}{x}\right)^x = \lim_{x\to\infty}\frac{\ln\left(1+\dfrac{1}{x}\right)}{\dfrac{1}{x}} = \lim_{x\to\infty}\frac{\left(1+\dfrac{1}{x}\right)^{-1}\left(-\dfrac{1}{x^2}\right)}{-\dfrac{1}{x^2}} = \lim_{x\to\infty}\left(1+\frac{1}{x}\right)^{-1} = 1,$$

故

$$\lim_{x\to\infty}\left(1+\frac{1}{x}\right)^x = \mathrm{e}.$$

特别地，有

$$\lim_{n\to\infty}\left(1+\frac{1}{n}\right)^n = \mathrm{e}.$$

## 二、函数的单调性

我们已经学过用初等数学的方法研究一些函数的单调性，以导数为工具，也可以判断函数的单调性，这样不仅简便而且容易理解.

由图 3.4.1 可以看出，如果函数在区间 $[a,b]$ 上是增函数，那么它的图形是一条沿 $x$ 轴正方向上升的曲线，这时，曲线上各点处切线的倾斜角都是锐角，因此它们的斜率 $f'(x)$ 都是正的，即 $f'(x)>0$；同样，由图 3.4.2 可以看出，如果函数在区间 $[a,b]$ 上是减函数，那么它的图形是一条沿 $x$ 轴正方向下降的曲线，这时，曲线上各点处切线的倾斜角都是钝角，因此，它们的斜率 $f'(x)$ 都是负的，即 $f'(x)<0$.

由此可见，函数的单调性与其导数的符号有关.

事实上，函数导数的正负也可以用来判断函数的单调性.

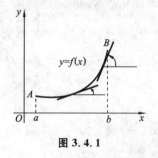

图 3.4.1

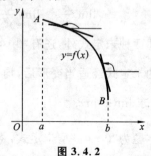

图 3.4.2

**定理 2**　设函数 $y=f(x)$ 在闭区间 $[a,b]$ 上连续,在开区间 $(a,b)$ 内可导.

(1) 若在 $(a,b)$ 内 $f'(x)>0$,则函数 $y=f(x)$ 在 $[a,b]$ 上单调增加;

(2) 若在 $(a,b)$ 内 $f'(x)<0$,则函数 $y=f(x)$ 在 $[a,b]$ 上单调递减.

**注**　将此定理中的闭区间换成其他各种区间(包括无穷区间),结论仍成立.

由以上讨论可以得到判定函数单调性的一般步骤:

(1) 确定函数的定义域;

(2) 求出使 $f'(x)=0$ 和 $f'(x)$ 不存在的点 $x$,并以这些点为分界点,将定义域分为若干个子区间;

(3) 列表考察 $f'(x)$ 在各子区间内的符号,给出 $y=f(x)$ 在相应区间上的单调性.

**例 8**　讨论函数 $y=3x^4-4x^3+1$ 单调性.

**解**　(1) 函数定义域为 $(-\infty,+\infty)$;

(2) 求导 $y'=12x^3-12x^2=12x^2(x-1)=0$,得 $x_1=0,x_2=1$;

(3) 当 $x>1$ 时,$y'>0$,函数单调增加;当 $x<1$ 时,$y'<0$,函数单调减小.函数的单调性及 $y'$ 在各子区间内的符号如表 3.4.1 所示.

表 3.4.1

| $x$ | $(-\infty,0)$ | 0 | $(0,1)$ | 1 | $(1,\infty)$ |
|---|---|---|---|---|---|
| $y'$ | $-$ | 0 | $-$ | 0 | $+$ |
| $y$ | ↓ | 1 | ↓ | 0 | ↑ |

**例 9**　讨论函数 $f(x)=\sqrt[3]{x^2}$ 的单调区间.

**解**　函数 $f(x)$ 的图形如图 3.4.3 所示,易知其定义域为 $(-\infty,+\infty)$,且

$$f'(x)=\frac{2}{3\sqrt[3]{x}} \quad (x\neq 0).$$

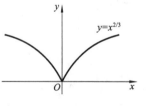

图 3.4.3

当 $x=0$ 时,函数的导数不存在,$x=0$ 把定义域分成 $(-\infty,0)$ 和 $(0,+\infty)$ 两个子区间.在 $(-\infty,0)$ 内,$y'<0$,故函数在 $(-\infty,0)$ 内单调递减;在 $(0,+\infty)$ 内,$y'>0$,故函数在 $(0,+\infty)$ 内单调递增.函数的单调性及 $y'$ 在各子区间的符号如表 3.4.2 所示.

表 3.4.2

| $x$ | $(-\infty,0)$ | 0 | $(0,\infty)$ |
|---|---|---|---|
| $y'$ | $-$ | 不存在 | $+$ |
| $y$ | ↓ | 0 | ↑ |

## 第五节　函数的极值与最值

在生产实践和科学实验中,经常要讨论最优化问题.如在一定条件下,要求追击距离最短、经济效益最大等.这类问题可归结为求函数的最大值和最小值问题,为此,常要先求函数的局部最值——极值.

### 一、函数的极值

#### 1. 极值的概念

**定义**　设函数 $f(x)$ 在点 $x_0$ 的某邻域内有定义,若对该邻域内的任意一点 $x(x \neq x_0)$,恒有

$$f(x_0) > f(x) \quad (\text{或 } f(x_0) < f(x)),$$

则称 $f(x_0)$ 是函数 $f(x)$ 的一个**极大值**(或**极小值**),$x_0$ 称为 $f(x)$ 的**极大值点**(或**极小值点**).

极大值与极小值统称为**极值**,极大值点与极小值点统称为**极值点**.

例如,余弦函数 $y = \cos x$ 在点 $x = 0$ 处取得极大值 1,在 $x = \pi$ 处取得极小值 $-1$.

函数极值的概念是局部性的.如果 $f(x_0)$ 是函数 $f(x)$ 的一个极大值(或极小值),只是就 $x_0$ 邻近的一个局部范围内,$f(x_0)$ 是最大的(或最小的),对函数 $f(x)$ 的整个定义域来说就不一定是最大的(或最小的).

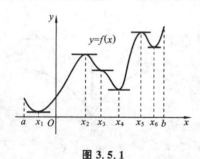

**图 3.5.1**

在图 3.5.1 中,函数 $f(x)$ 有两个极大值 $f(x_2)$、$f(x_5)$,三个极小值 $f(x_1)$、$f(x_4)$、$f(x_6)$,其中极大值 $f(x_2)$ 比极小值 $f(x_6)$ 还小.就整个区间 $[a, b]$ 而言,只有一个极小值 $f(x_1)$,同时它也是最小值,而没有一个极大值是最大值.

从图 3.5.1 中还可看到,在函数取得极值处,曲线的切线是水平的,即函数在极值点处的导数等于零.但曲线上有水平切线的地方(如 $x = x_3$ 处),函数却不一定取得极值.

#### 2. 极值的判定法

**定理 1(必要条件)**　若函数 $f(x)$ 在点 $x_0$ 处可导,且在点 $x_0$ 处取得极值,则 $f'(x_0) = 0$.

使 $f'(x) = 0$ 的点,称为函数 $f(x)$ 的**驻点**.根据定理 1,可导函数的极值点必定是驻点,但函数的驻点却不一定是极值点.例如,函数 $y = x^3$ 在点 $x = 0$ 处的导数等于零,但显然 $x = 0$ 不是 $y = x^3$ 的极值点.

此外,函数在它的导数不存在的点处也可能取得极值.例如,函数 $f(x) = |x|$ 在

点 $x=0$ 处不可导,但函数在该点取得极小值.

　　因此,连续函数的极值点一定在驻点和不可导点处,但并非所有的驻点和不可导点都是极值点.判断驻点和不可导点是不是极值点,可使用如下定理.

　　**定理 2(第一充分条件)**　设函数 $f(x)$ 在点 $x_0$ 的某个邻域内连续并且可导(导数 $f'(x_0)$ 也可以不存在).

　　(1) 如果在点 $x_0$ 的左邻域内,$f'(x)>0$,在点 $x_0$ 的右邻域内,$f'(x)<0$,则 $x_0$ 是 $f(x)$ 的极大值点,$f(x)$ 在 $x_0$ 处取得极大值 $f(x_0)$;

　　(2) 如果在点 $x_0$ 的左邻域内,$f'(x)<0$,在点 $x_0$ 的右邻域内,$f'(x)>0$,则 $x_0$ 是 $f(x)$ 的极小值点,$f(x)$ 在 $x_0$ 处取得极小值 $f(x_0)$;

　　(3) 如果在点 $x_0$ 的某去心邻域内,$f'(x)$ 的符号相同,那么 $x_0$ 不是 $f(x)$ 的极值点,$f(0)$ 在 $x_0$ 处没有极值.

　　本定理由函数单调性的判定法即可得证.

　　根据定理 1 和定理 2 知,如果函数 $f(x)$ 在所讨论的区间内连续,除个别点外处处可导,则可按下列步骤来求函数的极值点和极值.

　　(1) 确定函数 $f(x)$ 的定义域,并求其导数 $f'(x)$;

　　(2) 解方程 $f'(x)=0$,求出 $f(x)$ 的全部驻点及不可导点;

　　(3) 这些点把定义域分成若干个小区间,讨论 $f'(x)$ 在邻近驻点和不可导点左、右两侧符号变化的情况,确定函数的极值点;

　　(4) 求出各极值点的函数值,就得到函数 $f(x)$ 的全部极值.

　　**例 1**　求函数 $f(x)=x^3-3x^2-9x+5$ 的极值.

　　**解**　(1) 函数 $f(x)$ 在 $(-\infty,+\infty)$ 内连续,且
$$f'(x)=3x^2-6x-9=3(x+1)(x-3).$$

　　(2) 令 $f'(x)=0$,得驻点 $x_1=-1,x_2=3$.

　　(3) 列表 3.5.1 讨论如下.

表 3.5.1

| $x$ | $(-\infty,-1)$ | $-1$ | $(-1,3)$ | $3$ | $(3,+\infty)$ |
|---|---|---|---|---|---|
| $f'(x)$ | $+$ | $0$ | $-$ | $0$ | $+$ |
| $f(x)$ | ↗ | 极大值 | ↘ | 极小值 | ↗ |

　　(4) 由表 3.5.1 可知,极大值为 $f(-1)=10$,极小值为 $f(3)=-22$.

　　**例 2**　求函数 $f(x)=(x-4)\sqrt[3]{(x+1)^2}$ 的极值.

　　**解**　(1) 函数 $f(x)$ 在 $(-\infty,+\infty)$ 内连续,除点 $x=-1$ 外处处可导,且
$$f'(x)=\frac{5(x-1)}{3\sqrt[3]{x+1}}.$$

　　(2) 令 $f'(x)=0$,得驻点 $x=1$,而 $x=-1$ 为 $f(x)$ 的不可导点.

（3）列表 3.5.2 讨论如下.

表 3.5.2

| $x$ | $(-\infty,-1)$ | $-1$ | $(-1,1)$ | $1$ | $(1,+\infty)$ |
|---|---|---|---|---|---|
| $f'(x)$ | $+$ | 不存在 | $-$ | $0$ | $+$ |
| $f(x)$ | ↗ | 极大值 | ↘ | 极小值 | ↗ |

（4）由表 3.5.2 可知,极大值为 $f(-1)=0$,极小值为 $f(1)=-3\sqrt[3]{4}$.

当函数 $f(x)$ 在驻点处的二阶导数存在且不为零时,也可以利用下述定理来判定 $f(x)$ 在驻点处是取得极大值还是极小值.

**\*定理 3（第二充分条件）** 设函数 $f(x)$ 在点 $x_0$ 处具有二阶导数,且

$$f'(x_0)=0, \quad f''(x_0)\neq0,$$

则（1）当 $f''(x_0)<0$ 时,$f(x_0)$ 是 $f(x)$ 的极大值;

（2）当 $f''(x_0)>0$ 时,$f(x_0)$ 是 $f(x)$ 的极小值.

事实上,当 $f''(x_0)<0$ 时,则在点 $x_0$ 的左邻域内,$f'(x)<0$;在点 $x_0$ 的右邻域内,$f'(x)>0$.由第一充分条件可知,$f(x_0)$ 是 $f(x)$ 的极小值.

**例 3** 求函数 $f(x)=x^3+3x^2-24x-20$ 的极值.

**解** 函数 $f(x)$ 在 $(-\infty,+\infty)$ 内连续,且

$$f'(x)=3x^2+6x-24=3(x+4)(x-2).$$

令 $f'(x)=0$,得驻点 $x_1=-4,x_2=2$. 又因 $f''(x)=6x+6$,则

$$f''(-4)=-18<0, \quad f''(2)=18>0,$$

所以,极大值 $f(-4)=60$,极小值 $f(2)=-48$.

## 二、函数的最大值与最小值

在实际应用中,常常会遇到求最大值和最小值的问题. 如用料最省、容量最大、花钱最少、效率最高、利润最大等.此类问题在数学上往往可归结为求某一函数的最大值或最小值问题.

假定函数 $f(x)$ 在闭区间 $[a,b]$ 上连续,则函数在该区间上必取得最大值和最小值. 函数的最大（小）值与函数的极值是有区别的,前者是指在整个闭区间 $[a,b]$ 上的所有函数值中是最大（小）的,因而最大（小）值是全局性的概念. 但是,如果函数的最大（小）值在 $(a,b)$ 内达到,则最大（小）值同时也是极大（小）值.此外,函数的最大（小）值也可能在区间的端点处达到.

综上所述,求函数在区间 $[a,b]$ 上的最大（小）值的步骤如下：

（1）求函数 $f(x)$ 在区间 $(a,b)$ 内的所有驻点和不可导点,并计算出相应的函数值；

（2）求出区间端点处的函数值 $f(a),f(b)$；

（3）比较上述各值，其中最大的就是 $f(x)$ 在 $[a,b]$ 上的最大值，最小的就是 $f(x)$ 在 $[a,b]$ 上的最小值.

**例 4** 求函数 $f(x)=2x^3+3x^2-12x+14$ 在 $[-3,4]$ 上的最大值与最小值.

**解** 因为 $f(x)$ 在 $[-3,4]$ 上连续，且在 $(-3,4)$ 内，

$$f'(x)=6x^2+6x-12=6(x+2)(x-1),$$

解方程 $f'(x)=0$，得驻点 $x_1=-2,x_2=1$. 易求得

$$f(-2)=34,\quad f(1)=7,\quad f(-3)=23,\quad f(4)=132.$$

比较可知，$f(x)$ 在 $x=4$ 处取得最大值 132，在 $x=1$ 处取得最小值 7.

在讨论实际问题时，如果目标函数 $f(x)$ 在定义区间有唯一的驻点 $x_0$，且由实际问题本身又知在该区间内必有最大（小）值，则 $f(x_0)$ 就是所要求的最大（小）值（不必再去判定）.

**例 5（追击问题）** 如图 3.5.2 所示，设敌人的一间谍乘汽车从河的北岸 $A$ 处以 7 米/秒的速度向正北逃窜，同时我军战士骑摩托车从河的南岸 $B$ 处向正东追击，速度为 14 米/秒. 问我军战士何时射击最好？

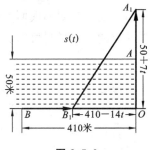

图 3.5.2

**解** 设 $t$ 为追击时间，经过时间 $t$ 后，我军战士追击至 $B_1$ 点，间谍逃窜至 $A_1$ 点. 距离 $B_1A_1$ 为直角三角形的斜边. 根据已知条件，$AO$ 长为 50 米，$BO$ 长为 410 米，所以 $A_1O$ 长是 $50+7t$，$B_1O$ 长就是 $410-14t$.

战士与间谍之间的距离为

$$s(t)=\sqrt{(50+7t)^2+(410-14t)^2}\quad(t\geqslant 0),$$

于是

$$s'(t)=\frac{7(35t-770)}{\sqrt{(50+7t)^2+(410-14t)^2}},$$

令 $s'(t)=0$，得唯一驻点 $t=22$.

根据实际情况知，$s$ 的最大值存在，所以我军战士从 $B$ 处发起追击 22 秒时射击最好.

**例 6** 设以初速度 $v_0$、发射角为 $\alpha\left(0<\alpha<\dfrac{\pi}{2}\right)$ 发射炮弹，问 $\alpha$ 多大时，射程最大？

**解** 炮弹出膛后运动轨迹的参数方程为

$$\begin{cases}x=v_0\cos\alpha\cdot t,\\ y=v_0\sin\alpha\cdot t-\dfrac{1}{2}gt^2.\end{cases}$$

令 $y=v_0\sin\alpha\cdot t-\dfrac{1}{2}gt^2=0$，得 $t_1=0,t_2=\dfrac{2v_0\sin\alpha}{g}$，则 $t_1$ 是炮弹的发射时刻，$t_2$ 是

炮弹的落地时刻. 设炮弹的射程为 $s$, 则

$$s = v_0 \cos\alpha \cdot t_2 = \frac{v_0^2 \sin 2\alpha}{g} \quad \left(0 < \alpha < \frac{\pi}{2}\right),$$

于是

$$\frac{\mathrm{d}s}{\mathrm{d}\alpha} = \frac{2v_0^2 \cos 2\alpha}{g}.$$

令 $\dfrac{\mathrm{d}s}{\mathrm{d}\alpha} = 0$, 得函数 $s$ 在 $\left(0, \dfrac{\pi}{2}\right)$ 内的唯一驻点 $\alpha = \dfrac{\pi}{4}$. 可见, 当 $\alpha = \dfrac{\pi}{4}$ 时, 炮弹的射程最大.

**例 7**　设某工厂需生产容量为 $V$ 的易拉罐瓶, 要求上、下底材料的厚度是侧壁的 2 倍. 为使材料最省, 问该工厂如何设计易拉罐的尺寸?

**分析**　易拉罐用料包括侧壁和上、下底用料. 在材料厚度一定的条件下, 易拉罐的用料就可以用面积来刻画. 为简化问题, 我们将易拉罐看成一个圆柱体. 这样, 易拉罐的设计就是确定它的底面半径和罐身的高.

**解**　设易拉罐的底面半径为 $r$, 高为 $h$. 由于上、下底材料的厚度是侧壁的 2 倍, 所以易拉罐所需材料可以表示为

$$S = 2 \cdot 2\pi r^2 + 2\pi rh.$$

由于易拉罐体积一定, $V = \pi r^2 h$, 所以 $h = \dfrac{V}{\pi r^2}$. 代入上式得

$$S = 4\pi r^2 + \frac{2V}{r} \quad (r > 0).$$

这样, 材料最省的问题就转化为求函数 $S$ 的最小值问题.

按照求最值的步骤先求导, 即

$$S' = 8\pi r - \frac{2V}{r^2},$$

令 $S' = 0$. 求出唯一驻点

$$r_0 = \sqrt[3]{\frac{V}{4\pi}}.$$

根据前面的结论, 它就是我们要求的最小值点. 此时, $h_0 = \dfrac{V}{\pi r_0^2} = 4r_0$. 也就是说, 当直径与高为

**图 3.5.3**

1∶2 时用料最少, 如图 3.5.3 所示.

若该易拉罐的容积 $V$ 为 355 毫升, 利用刚才的结果计算得

$$r_0 = \sqrt[3]{\frac{V}{4\pi}} = \sqrt[3]{\frac{355}{4\pi}} \text{ 厘米} = 3.04 \text{ 厘米},$$

$$h_0 = 4r_0 = 12.16 \text{ 厘米}.$$

通过观察, 我们的计算结果和实际的易拉罐尺寸有微小差别.

为什么会有这样的差别呢? 如图 3.6.3 所示, 易拉罐并不是严格意义上的圆柱

体. 如果将易拉罐上下两个部分看成是圆台, 再进行计算, 就可以得到与实际尺寸更符合的结果. 有兴趣的读者可进一步查阅资料进行探讨.

在这个问题的解决过程中, 体现了数学建模的思想: 根据研究问题的需要, 在适当的假设下, 建立数学模型, 并求解模型, 最后进行模型检验. 如果与实际不符, 则需在进一步的假设下改进数学模型.

# * 第六节　函数的凹凸性与曲率

## 一、曲线的凹凸性

如图 3.6.1 所示, 曲线 $y=x^2$ 与 $y=\sqrt{x}(x\geqslant 0)$ 都是单调递增的, 但它们的弯曲方向却不同, 这就是所谓曲线的凹凸性.

曲线 $y=x^2$ 上任一点的切线均位于曲线下方, 形状是凹的; 而曲线 $y=\sqrt{x}$ 上任一点的切线均位于曲线上方, 形状是凸的. 据此特征, 我们给出曲线的凹凸性的概念.

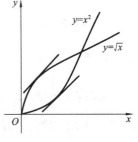

**定义**　如果曲线 $f(x)$ 上任一点处的切线均位于曲线下方, 则称曲线在区间 $(a,b)$ 内是凹的, $(a,b)$ 称为 $f(x)$ 的凹区间; 如果曲线 $f(x)$ 上任一点处的切线均位于曲线上方, 则称曲线在区间 $(a,b)$ 内是凸的, $(a,b)$ 称为 $f(x)$ 的凸区间. 曲线上凹与凸的分界点称为**曲线的拐点**.

图 3.6.1

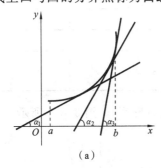

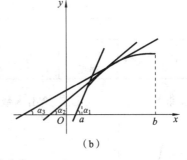

(a)　　　　　　　　　　(b)

图 3.6.2

由图 3.6.2(a) 可知, 凹曲线的切线的斜率 $\tan\alpha=f'(x)$ 随着 $x$ 的增大而增大, 即 $f'(x)$ 是单调递增的; 由图 3.6.2(b) 可知, 凸曲线的切线的斜率 $\tan\alpha=f'(x)$ 随着 $x$ 的增大而减小, 即 $f'(x)$ 是单调递减的. 由此可见, 曲线 $f(x)$ 的凹凸性与导数 $f'(x)$ 的单调性有关, 即与 $f''(x)$ 的符号有关. 因此, 我们可得到如下曲线的凹凸性的判定法.

**定理**　设函数 $y=f(x)$ 在区间 $(a,b)$ 内二阶可导.

(1) 若在 $(a,b)$ 内，$f''(x) > 0$，则曲线在 $(a,b)$ 内是凹的.

(2) 若在 $(a,b)$ 内，$f''(x) < 0$，则曲线在 $(a,b)$ 内是凸的.

(3) 如果在点 $x_0$ 两侧 $f''(x)$ 变号，则点 $(x_0, f(x_0))$ 是曲线 $f(x)$ 的拐点.

若把定理中的区间改为无穷区间，结论仍然成立.

**例 1**　讨论函数 $y = 3x^4 - 4x^3 + 1$ 单调性和凹凸性.

**解**
$$y' = 12x^3 - 12x^2 = 0,$$
$$y'' = 36x^2 - 24x = 12x(3x - 2) = 0,$$

解得
$$x_1 = 1, \quad x_2 = \frac{2}{3}, \quad x_3 = 0.$$

显然，二阶导数的符号也与 $x$ 的取值范围有关.

当 $x < 0$ 时，$y' < 0$，又有 $y'' > 0$，从而曲线是单调减和凹的；当 $x \in \left(0, \frac{2}{3}\right)$ 时，$y' < 0$，又有 $y'' < 0$，从而曲线是单调减和凸的；当 $x \in \left(\frac{2}{3}, 1\right)$ 时，有 $y' < 0$ 和 $y'' > 0$，则曲线是单调减和凹的；当 $x \in (1, +\infty)$ 时，则曲线是单调增和凹的. 而当 $x = 0$ 和 $x = \frac{2}{3}$ 时，$y'' = 0$，而在它们的两边分别是凹凸和凸凹. 可见，点 $(0, 1)$ 和点 $\left(\frac{2}{3}, \frac{11}{27}\right)$ 是曲线的拐点. 函数 $y$ 的单调性和凹凸性如表 3.6.1 所示.

表 3.6.1

| $x$ | $(-\infty, 0)$ | $0$ | $\left(0, \frac{2}{3}\right)$ | $\frac{2}{3}$ | $\left(\frac{2}{3}, 1\right)$ | $1$ | $(1, +\infty)$ |
|---|---|---|---|---|---|---|---|
| $y'$ | $-$ | $0$ | $-$ | | $-$ | $0$ | $+$ |
| $y''$ | $+$ | $0$ | $-$ | $0$ | $+$ | | $+$ |
| $y$ | $\searrow$ | $1$ 拐点 | $\searrow$ | $\frac{11}{27}$ 拐点 | $\searrow$ | $0$ | $\nearrow$ |

实际上，根据表 3.6.1 可以描绘出函数的大致形状，如图 3.6.3 所示.

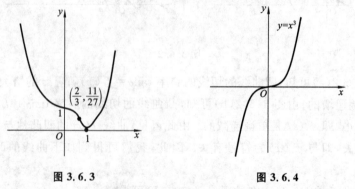

图 3.6.3　　　　　　　　　　　　图 3.6.4

**例 2**　判定曲线 $y = x^3$（见图 3.6.4）的凹凸性及拐点.

**解**　函数曲线的定义域为 $(-\infty, +\infty)$. 又

$$y' = 3x^2, \quad y'' = 6x.$$

显然，$y''$ 的值有正有负，需要分区间讨论. 令 $y'' = 0$，得 $x = 0$. 点 $x = 0$ 把定义域分为两个小区间 $(-\infty, 0)$ 和 $(0, +\infty)$.

在 $(-\infty, 0)$ 内，$y'' < 0$，故曲线是凸的；$(0, +\infty)$ 内，$y'' > 0$，故曲线是凹的.

曲线在点 $(0, 0)$ 处的凹凸性改变了，即点 $(0, 0)$ 是曲线的拐点.

## 二、曲率

在生产实践和工程技术中，常常还需要研究曲线的弯曲程度，例如，设计铁路、高速公路的弯道时，就需要根据最高时速来确定弯道的弯曲程度.

从直觉我们认识到：直线不弯曲，半径小的圆比半径大的圆弯曲得厉害些，即使是同一条曲线，其不同部分也有不同的弯曲程度. 例如，抛物线 $y = x^2$ 在顶点附近比远离顶点的部分弯曲得厉害些.

如何用数量描述曲线的弯曲程度？观察图 3.6.5，易见弧段 $\overset{\frown}{M_1 M_2}$ 比较平直，当动点沿着这段弧从 $M_1$ 移动到 $M_2$ 时，切线转过的角度 $\varphi_1$ 不大，而弧段 $\overset{\frown}{M_2 M_3}$ 弯曲得比较厉害，切线转过的角度 $\varphi_2$ 也比较大.

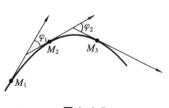
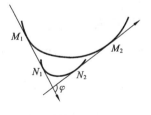

图 3.6.5　　　　　　　　　　　图 3.6.6

然而，只考虑曲线弧的切线的转角还不足以完全反映曲线的弯曲程度. 例如，从图 3.6.6 可以看出，两曲线弧 $\overset{\frown}{M_1 M_2}$ 及 $\overset{\frown}{N_1 N_2}$ 的切线转角相同，但弯曲程度明显不同，短弧段 $\overset{\frown}{N_1 N_2}$ 比长弧段 $\overset{\frown}{M_1 M_2}$ 弯曲得厉害些.

一般地，曲线弧的弯曲程度与弧段的长度和切线转过的角度都有关. 因此，我们引入描述曲线弯曲程度的概念——**曲率**.

设平面曲线 $C$ 是光滑的，在 $C$ 上选定一点 $M_0$，作为度量弧 $s$ 的基点，设曲线上点 $M$ 对应于弧 $s$，在点 $M$ 处切线的倾角为 $\alpha$（见图3.6.7），曲线上另一点 $M'$ 对应于弧 $s + \Delta s$，点 $M'$ 处切线的倾角为 $\alpha + \Delta \alpha$，则

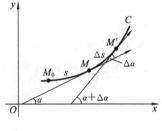

图 3.6.7

弧段 $\overgroup{MM'}$ 的长度为 $|\Delta s|$，当动点从点 $M$ 移动到点 $M'$ 时，切线的转角为 $|\Delta \alpha|$.

我们用比值 $\left|\dfrac{\Delta \alpha}{\Delta s}\right|$ 来表示弧段 $\overgroup{MM'}$ 的平均弯曲程度，并称它为弧段 $\overgroup{MM'}$ 的平均曲率，记为 $\bar{\kappa}$，即

$$\bar{\kappa} = \left|\frac{\Delta \alpha}{\Delta s}\right|.$$

当 $\Delta s \to 0$ 时（即 $M' \to M$ 时），上述平均曲率的极限称为曲线 $C$ 在点 $M$ 处的曲率，记为 $\kappa$，即

$$\kappa = \lim_{\Delta s \to 0} \left|\frac{\Delta \alpha}{\Delta s}\right| = \left|\frac{\mathrm{d}\alpha}{\mathrm{d}s}\right|.$$

例如，直线的切线就是其本身，当点沿直线移动时，切线的转角 $\Delta \alpha = 0$，$\dfrac{\Delta \alpha}{\Delta s} = 0$（见图 3.6.8），从而 $\bar{\kappa} = 0$，$\kappa = 0$. 它表明直线上任一点的曲率都等于零. 这与我们的直觉"直线不弯曲"是一致的.

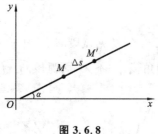

图 3.6.8

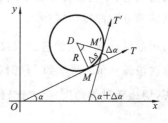

图 3.6.9

又如，半径为 $R$ 的圆，圆上点 $M$，$M'$ 处的切线所夹的角 $\Delta \alpha$ 等于中心角 $\angle MDM'$（见图 3.6.9），由于 $\angle MDM' = \dfrac{\Delta s}{R}$，所以

$$\frac{\Delta \alpha}{\Delta s} = \frac{\frac{\Delta s}{R}}{\Delta s} = \frac{1}{R}, \quad \text{从而 } \kappa = \left|\frac{\mathrm{d}\alpha}{\mathrm{d}s}\right| = \frac{1}{R}.$$

这表明：圆上各点处的曲率都等于半径的倒数，且半径越小，曲率越大，即弯曲得越厉害.

一般地，曲线 $y = f(x)$，$f(x)$ 具有二阶导数，曲率的计算公式为

$$\kappa = \left|\frac{\mathrm{d}\alpha}{\mathrm{d}s}\right| = \frac{|y''|}{(1 + y'^2)^{3/2}}.$$

**例 3**　抛物线 $y = ax^2 + bx + c$ 上哪一点的曲率最大？

**解**　因为 $y' = 2ax + b$，$y'' = 2a$，所以

$$\kappa = \frac{|2a|}{[1 + (2ax + b)^2]^{3/2}}.$$

显然，当 $x = -\dfrac{b}{2a}$ 时，$\kappa$ 最大. 而 $x = -\dfrac{b}{2a}$ 所对应的点为抛物线的顶点，故抛物线

在顶点处的曲率最大.

## 三、曲率圆

设曲线 $y=f(x)$ 在点 $M(x,y)$ 处的曲率为 $\kappa(\kappa\neq 0)$. 在点 $M$ 处的曲线的法线上,在凹的一侧取一点 $D$, 使 $|DM|=\dfrac{1}{\kappa}=\rho$. 以 $D$ 为圆心、$\rho$ 为半径所作的圆称为曲线在

点 $M$ 处的曲率圆(见图 3.6.10). 曲率圆的圆心 $D$ 称为曲线在点 $M$ 处的曲率中心. 曲率圆的半径 $\rho$ 称为曲线在点 $M$ 处的曲率半径.

易见, 曲线上某点处的曲率半径与曲线在该点处的曲率互为倒数, 即

$$\rho=\frac{1}{\kappa},\quad \kappa=\frac{1}{\rho}.$$

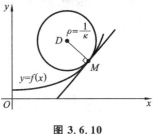

图 3.6.10

上述公式表明: 曲线上某点处的曲率半径越大,曲线在该点处的曲率越小, 则曲线越平缓; 曲率半径越小, 曲率越大, 则曲线在该点处弯曲得越厉害.

**例 4** 求曲线 $y=\tan x$ 在点 $\left(\dfrac{\pi}{4},1\right)$ 处的曲率与曲率半径.

**解** 因为

$$\kappa=\frac{|y''|}{(1+y'^2)^{3/2}},\quad \rho=\frac{1}{\kappa}=\frac{(1+y'^2)^{3/2}}{|y''|},$$

由 $y'|_{x=\pi/4}=2, y''|_{x=\pi/4}=4$, 得点 $\left(\dfrac{\pi}{4},1\right)$ 处的曲率与曲率半径分别为

$$\kappa=\frac{4\sqrt{5}}{25},\quad \rho=\frac{5\sqrt{5}}{4}.$$

**例 5** 飞机沿抛物线 $y=\dfrac{x^2}{4000}$ (单位: 米) 俯冲飞行, 在原点处速度为 $v=400$ 米/秒. 飞行员体重 70 千克, 飞行员能承受的最大压力是自身重量的 9 倍, 求俯冲到原点时飞行员对座椅的压力. 问这样的飞行安全吗?

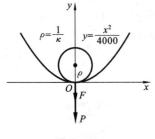

图 3.6.11

**解** 如图 3.6.11 所示, 设飞行员对座椅的压力为 $Q$(千克力), 则 $Q=F+P$, 其中 $P=70$ (千克力) 为飞行员的体重, $F$ 为使飞行员在原点 $O$ 处作匀速圆周运动的离心力, 即 $F=\dfrac{mv^2}{\rho}$. 由 $y=\dfrac{x^2}{4000}$, 有

$$y'|_{x=0}=\frac{x}{2000}\bigg|_{x=0}=0,\quad y''|_{x=0}=\frac{1}{2000}.$$

于是, 曲线在原点处的曲率及曲率半径分别为

$$\kappa = \frac{1}{2000}, \quad \rho = 2000 \ (\text{米}).$$

从而

$$F = \frac{70 \times 400^2}{2000} = 5600(\text{牛顿}) \approx 571.4(\text{千克力}),$$

所以

$$Q \approx 70 + 571.4 = 641.4(\text{千克力}).$$

即飞行员对座椅的压力为 641.4 千克力,相当于自身重量的 9 倍多. 显然超过了该飞行员所承受的极限,所以飞行是不安全的.

# 习 题 三

## A 题

**1.** 根据导数定义,求下列函数的导数和导数值.

(1) $y = 3x^2$,求 $y'$,并求 $y'|_{x=-3}$;

(2) $f(x) = \sin(3x)$,求 $f'(x)$,并求 $f'(0)$.

**2.** 求曲线 $y = \sin x$ 在点 $\left( \frac{\pi}{3}, \frac{\sqrt{3}}{2} \right)$ 处的切线方程.

**3.** 求下列函数的导数.

(1) $y = x^6 + 5x^3 - 3x + 6$;    (2) $s = t^2(2 + \sqrt{t})$;    (3) $f(t) = \frac{t^2 - t + 3}{2t - 1}$;

(4) $y = (1 + x^2)\sin x$;    (5) $y = \ln x - 3\log_4 x$;    (6) $y = \frac{x-1}{x+1}$.

**4.** 求下列函数在给定点处的导数值.

(1) $y = x^5 + 3\sin x$,求 $y'|_{x=0}$,$y'|_{x=\frac{\pi}{2}}$;    (2) $f(x) = \frac{3}{5-x} + \frac{x^2}{5}$,求 $f'(0)$ 和 $f'(2)$.

**5.** 指出下列复合函数的复合过程,并求它的导数.

(1) $y = (3x+1)^{10}$;    (2) $y = \cos\left(5t + \frac{\pi}{4}\right)$;    (3) $y = \sqrt[3]{\frac{1}{1+x^2}}$;

(4) $y = \tan\left(\frac{x}{2} + 1\right)$;    (5) $y = \sin^2 x$;    (6) $y = \sin x^2$;

(7) $y = e^{-3x^2}$;   (8) $y = \arctan e^x$;   (9) $y = (\arcsin x)^2$;   (10) $y = \ln(1 + x^2)$.

**6.** 求下列函数的二阶导数.

(1) $y = x^{10} + 3x^5 + \sqrt{2}x^3 + \sqrt[5]{7}$;   (2) $y = (x+3)^4$;   (3) $y = e^x + x^2$;   (4) $y = e^x + \ln x$.

**7.** 已知函数 $y = x^2 + x$,求 $x$ 由 2 变到 1.99 时函数的改变量与微分.

**8.** 将适当的函数填入下列括号内,使等式成立.

(1) $\mathrm{d}( \quad ) = 2\mathrm{d}x$;    (2) $\mathrm{d}( \quad ) = 3x\mathrm{d}x$;    (3) $\mathrm{d}( \quad ) = \cos t\mathrm{d}t$;

(4) $\mathrm{d}( \quad ) = \sin(\omega x)\mathrm{d}x$;    (5) $\mathrm{d}( \quad ) = \frac{1}{1+x}\mathrm{d}x$;    (6) $\mathrm{d}( \quad ) = e^{-2x}\mathrm{d}x$.

**9.** 求下列各函数的微分.

(1) $y = 2x^2 + \ln^2 x$;   (2) $y = x\sin(2x)$;   (3) $y = x^2 e^{2x}$;   (4) $y = e^{-x}\cos(3-x)$.

**10.** 用洛必达法则求下列极限.

(1) $\lim\limits_{x \to 0} \dfrac{\sin 5x}{x}$;

(2) $\lim\limits_{x \to 0} \dfrac{e^x - e^{-x}}{\sin x}$;

(3) $\lim\limits_{x \to +\infty} \dfrac{(\pi/2) - \arctan x}{(1/x)}$;

(4) $\lim\limits_{x \to +\infty} \dfrac{\ln x}{x^2}$;

(5) $\lim\limits_{x \to +\infty} x(e^{\frac{1}{x}} - 1)$;

(6) $\lim\limits_{x \to 1} \left( \dfrac{x}{x-1} - \dfrac{1}{\ln x} \right)$.

**11.** 确定下列函数的单调区间.

(1) $y = x^4 - 2x^2 - 5$;

(2) $y = x + \sqrt{1-x}$;

(3) $y = 2x + \dfrac{8}{x} \quad (x > 0)$;

(4) $y = \ln(x + \sqrt{1 + x^2})$.

**12.** 求下列函数的极值.

(1) $y = x - \ln(1+x)$;

(2) $y = 2x^3 - 6x^2 - 18x + 7$.

**13.** 求下列函数在所给区间上的最大值与最小值.

(1) $y = x^3 - 4x + 3, x \in [-2, 2]$;

(2) $y = x + \sqrt{1-x}, x \in [-5, 1]$.

## B 题

**1.** 求下列函数的导数(其中 $a$ 为常数).

(1) $y = (x^2 + 4x - 7)^5$;

(2) $y = (x-1)\sqrt{x^2+1}$;

(3) $y = \dfrac{2x-1}{\sqrt{x^2+1}}$;

(4) $y = \cos^3(x^2+1)$;

(5) $\ln(x + \sqrt{a^2 + x^2})$;

(6) $y = \arcsin(1 - 2x)$;

(7) $y = e^{-\frac{x}{2}} \cos 3x$;

(8) $y = \dfrac{1 - \ln x}{1 + \ln x}$.

**2.** 求下列函数的导数.

(1) $y = \log_a(x + x^3)$;

(2) $y = \ln x^2$;

(3) $y = \log_2 \cos x^2$;

(4) $y = \ln[(x^2+3)(x^3+1)]$;

(5) $y = \left( \arcsin \dfrac{x}{2} \right)^2$;

(6) $y = \ln \tan \dfrac{x}{2}$;

(7) $y = e^{\arctan \frac{x}{2}}$;

(8) $y = \sin^n x \cos nx$;

(9) $y = x \arcsin \dfrac{x}{2} + \sqrt{4 - x^2}$;

(10) $y = \arcsin \sqrt{\dfrac{1-x}{1+x}}$;

(11) $y = x^{10} + 10^x$;

(12) $y = e^{\sqrt{x}}$;

(13) $y = \sqrt{x + \sqrt{x}}$;

(14) $y = e^{-x}(x^2 - 2x + 3)$.

**3.** 求下列各函数的微分.

(1) $y = \dfrac{1}{x} + 2\sqrt{x}$;

(2) $y = \ln \sqrt{1 - x^2}$;

(3) $y = (e^x + e^{-x})^2$;

(4) $y = e^{\sin 2x}$.

**4.** 用洛必达法则求下列极限.

(1) $\lim\limits_{x \to \frac{\pi}{2}} \dfrac{\ln \sin x}{(\pi - 2x)^3}$;

(2) $\lim\limits_{x \to 0} \left( \dfrac{1}{x} - \dfrac{1}{e^x - 1} \right)$;

(3) $\lim\limits_{x \to 1} \left( \dfrac{1}{\ln x} - \dfrac{x}{\ln x} \right)$;

(4) $\lim\limits_{x \to 0} x \cot(2x)$;

(5) $\lim\limits_{x \to +\infty} \left( \dfrac{2}{\pi} \arctan x \right)^x$;

(6) $\lim\limits_{x \to \frac{\pi}{2}} (\cot x)^{\frac{\pi}{2} - x}$;

(7) $\lim\limits_{x \to 0} \dfrac{1 - \cos x^2}{x^2 \sin x^2}$;

(8) $\lim\limits_{x \to 0} \dfrac{e^x - \cos x}{x \sin x}$.

**5.** 确定下列函数的单调区间.

(1) $y = x - e^x$;

(2) $y = \ln(x + \sqrt{1 + x^2})$;

(3) $y = 2x^2 - \ln x$;

(4) $y = x - 2\sin x \quad (0 \leqslant x \leqslant 2\pi)$.

**6.** 利用函数的单调性证明下列不等式:

(1) 当 $x>0$ 时，$1+x\ln(x+\sqrt{1+x^2})>\sqrt{1+x^2}$；

(2) 当 $x>1$ 时，$2\sqrt{x}>3-\dfrac{1}{x}$；

(3) 当 $0<x<\dfrac{\pi}{2}$ 时，$\sin x+\tan x>2x$.

**7.** 求下列函数的极值.

(1) $y=x^3\mathrm{e}^{-x}$；　　(2) $y=x+\dfrac{1}{x}$；　　(3) $y=x+\tan x$；　　(4) $y=\sqrt{x}\ln x$.

**8.** 求下列函数在所给的区间上的最大值与最小值.

(1) $y=\sqrt[3]{x^2}+2,x\in[-1,2]$；　　　　(2) $y=\arctan\dfrac{1-x}{1+x},x\in[0,1]$；

(3) $y=|4x^3-18x^2+27|,x\in[0,2]$；　　(4) $f(x)=x+\sqrt{1-x},x\in[-5,1]$.

**9.** 如图所示，铁路线上 $AB$ 段的距离为 100 千米，工厂 $C$ 距 $A$ 处为 20 千米，$AC$ 垂直于 $AB$. 为了运输需要，要在 $AB$ 线上选定一点 $D$ 向工厂修筑一条公路. 已知每千米铁路上的运费与公路上的运费之比为 3∶5. 为了使货物从供应站 $B$ 运到工厂 $C$ 的运费最省，问 $D$ 应选在何处？

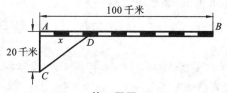

第 9 题图

**10.** 求曲线 $y=x^2-4x+3$ 在顶点处的曲率及曲率半径.

---

阅读材料

# 高斯——数学王子

　　高斯，德国数学家、物理学家、天文学家. 高斯是 18、19 世纪之交最伟大的德国数学家，他的贡献遍及纯数学和应用数学的各个领域，成为世界数学界的光辉旗帜，他的形象已经成为数学告别过去、走向现代数学的象征. 高斯被后人誉为"数学王子".

　　历史上间或出现神童，高斯就是其中之一. 高斯出生于德国不伦瑞克的一个普通工人家庭，童年时期他就显示出数学才华. 据说他 3 岁时就发现父亲做账时的一个错误. 高斯 7 岁入学，在小学期间学习就十分刻苦，常点自制小油灯演算到深夜. 10 岁时就展露出超群的数学思维能力，据记载，有一次他的数学老师比特纳让学生把 1 到 100 之间的自然数加起来,题目刚布置完,高斯几乎不加思索就算出了其和为 5050.他 11 岁发现了二项式定理.

1792 年,在当地公爵的资助下,不满 15 岁的高斯进入卡罗琳学院学习.在校三年间,高斯很快掌握了微积分理论,并在最小二乘法和数论中的二次互反律的研究上取得重要成果,这是高斯一生数学创作的开始.

1795 年,高斯选择到哥廷根大学继续学习.据说,高斯选中这所大学有两个重要原因:一是它有藏书极为丰富的图书馆;二是它有注重改革、侧重学科的好名声.当时的哥廷根大学对学生而言可谓是个"四无世界":无必修科目,无指导教师,无考试和课堂的约束,无学生社团.高斯完全在学术自由的环境中成长.1796 年,对 19 岁的高斯而言是其学术生涯中的第一个转折点:他敲开了自古希腊欧几里得时代起就困扰着数学家的尺规作图这一难题的大门,证明了正十七边形可用欧几里得型的圆规和直尺作图.这一难题的解决轰动了当时整个数学界.22 岁的高斯证明了当时许多数学家想证而不会证明的代数基本定理.为此,他获得博士学位.1807 年高斯开始在哥廷根大学任数学和天文学教授,并任该校天文台台长.

高斯在许多领域都有卓越的建树.如果说微分几何是他将数学应用于实际的产物,那么非欧几何则是他的纯粹数学思维的结晶.他在数论、超几何级数、复变函数论、椭圆函数论、统计数学、向量分析等方面也都取得了辉煌的成就.高斯关于数论的研究贡献殊多.他认为**数学是科学之王,数论是数学之王**.他的工作对后世影响深远.19 世纪德国代数数论有着突飞猛进的发展,是与高斯分不开的.

有人说"在数学世界里,高斯处处留芳".除了纯数学研究之外,高斯也十分重视数学的应用,其大量著作都与天文学、大地测量学、物理学有关.特别值得一提的是谷神星的发现.19 世纪的第一个凌晨,天文学家皮亚齐似乎发现了一颗"没有尾巴的慧星",他一连追踪观察 41 天,终因疲劳过度而累倒了.当他把测量结果告诉其他天文学家时,这颗星却已稍纵即逝了.24 岁的高斯得知后,经过几个星期苦心钻研,创立了行星椭圆法.根据这种方法计算,终于重新找到了这颗小行星.这一事实,充分显示了数学科学的威力.高斯在电磁学和光学方面也有杰出的贡献.磁通量密度单位就是以"高斯"来命名的.高斯还与韦伯共享电磁电波发明者的殊荣.

高斯是一位严肃的科学家,工作刻苦踏实,精益求精.他思维敏捷,立论极其谨慎.他遵循三条原则:**宁肯少些,但要好些**;**不留下进一步要做的事情**;**极度严格的要求**.他的著作都是精心构思、反复推敲过的,并以最精炼的形式发表出来.高斯生前只公开发表过 155 篇论文,还有大量著作没有发表.直到后来,人们发现许多数学成果早在半个世纪以前高斯就已经知道了.也许正是由于高斯过分谨慎和许多成果没有公开发表之故,他对当时一些青年学家的影响并不是很大.他称赞阿贝尔、狄利克雷等人的工作,却对他们的信件和文章表现冷淡.和青年数学家缺少接触,缺乏思想交流,因此在高斯周围没能形成一个人才济济、思想活跃的学派.德国数学到了魏尔斯特拉斯和希尔伯特时代才形成了柏林学派和哥廷根学派,并成为世界数学的中心.但德国传统数学的奠基人还不能不说是高斯.

　　高斯一生勤奋好学,多才多艺,喜爱音乐和诗歌.擅长欧洲语言,懂很多国语言.62 岁开始学习俄语,并达到能用俄文写作的程度,晚年还一度学梵文.

　　高斯的一生是不平凡的一生,几乎在数学的每个领域都有他的足迹.无怪后人常用他的事迹和格言鞭策自己.一百多年来,不少有才华的青年在高斯的影响下成长为杰出的数学家,并为人类的文化作出了巨大的贡献.高斯于 1855 年 2 月 23 日逝世,终年 78 岁.他的墓碑朴实无华,仅镌刻"高斯"二字.为纪念高斯,其故乡不伦瑞克改名为高斯堡.哥廷根大学为他建立了一个以正十七棱柱为底座的纪念像.在慕尼黑博物馆悬挂的高斯画像上有这样一首题诗:

　　他的思想深入数学、空间、大自然的奥秘,

　　他测量了星星的路径、地球的形状和自然力.

　　他推动了数学的进展,

　　直到下个世纪.

# 第四章　一元函数积分学

定积分概念的形成源于计算不规则的平面图形的面积,早在古希腊,阿基米德运用"穷竭法"计算圆和弓形的面积,我国古代数学家刘徽用割圆术计算圆的面积,这些计算面积的朴素的思想便是定积分思想的雏形.直至在 17 世纪中叶,牛顿和莱布尼兹先后发现了积分和微分之间的内在联系,提供了计算定积分的一般方法,从而使定积分成为解决有关实际问题的有力工具,并使各自独立的微分学与积分学联系在一起,构成理论体系完整的微积分学.本章主要介绍定积分与不定积分的概念、性质、基本计算方法及简单应用.

## 第一节　定积分的概念

### 一、引例

**1. 曲边梯形的面积**

设 $y=f(x)$ 为区间 $[a,b]$ 上的非负连续函数,由直线 $x=a,x=b,y=0$ 及曲线 $y=f(x)$ 所围成的图形(见图 4.1.1 所示)称为**曲边梯形**,其中曲线弧称为**曲边**.

我们知道,矩形的面积等于底乘以高,矩形的高是不变的,而曲边梯形在底边上各点的高 $f(x)$ 在区间 $[a,b]$ 上是连续变化的,它的面积不能直接用矩形的面积公式来计算.由于曲边梯形的高 $f(x)$ 在区间 $[a,b]$ 上连续,在很小一段区间上它的变化非常小,可以近似地看做不变.这样,如果将区间 $[a,b]$ 划分成许多小区间,每个小区间形成的窄曲边梯形可被近似看做窄矩形,整个曲边梯形的面积就近似等于所有窄矩形面积之和,如图 4.1.2 所示.当区间的划分无限细密时,这个近似值就无限趋近于所求曲边梯形的面积.

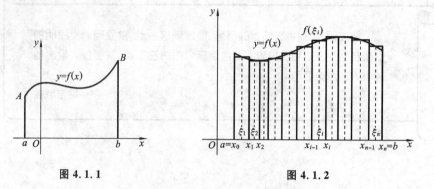

图 4.1.1                                   图 4.1.2

（1）分割：分曲边梯形为 $n$ 个小曲边梯形，即在区间 $[a,b]$ 上任意插入若干个分点

$$a=x_0<x_1<\cdots<x_{n-1}<x_n=b,$$

把 $[a,b]$ 分成 $n$ 个小区间 $[x_{i-1},x_i](i=1,2,\cdots,n)$，每个小区间的长度记为

$$\Delta x_i=x_i-x_{i-1}(i=1,2,\cdots,n).$$

（2）近似：以直代曲，即在每个小区间 $[x_{i-1},x_i]$ 上任取一点 $\xi_i$，以 $\Delta x_i$ 为底，$f(\xi_i)$ 为高的小矩形，用其面积近似代替第 $i$ 个小曲边梯形的面积 $\Delta A_i$，即

$$\Delta A_i\approx f(\xi_i)\Delta x_i(i=1,2,\cdots,n).$$

（3）求和：求 $n$ 个小矩形面积之和，即把 $n$ 个小矩形面积相加就得到曲边梯形面积 $A$ 的近似值，即

$$A=\sum_{i=1}^n\Delta A_i\approx\sum_{i=1}^n f(\xi_i)\Delta x_i.$$

（4）取极限：由近似值过渡到精确值，即无限细分区间 $[a,b]$，使所有小区间长度趋于零，即小区间长度的最大值为 $\lambda$，即 $\lambda=\max\limits_{1\leqslant i\leqslant n}\{\Delta x_i\}$，这时和式 $\sum\limits_{i=1}^n f(\xi_i)\Delta x_i$ 的极限就是曲边梯形面积 $A$ 的精确值，即

$$A=\lim_{\lambda\to 0}\sum_{i=1}^n f(\xi_i)\Delta x_i.$$

这种做法体现了化整为零取近似、积零为整取极限的辩证思想.下面用数学实验来验证这种计算面积的方法. 例如，由区间 $[0,1]$ 上连续曲线 $y=x^2$，直线 $x=1$ 与 $x$ 轴所围成的平面图形面积，如图 4.1.3 所示.已知该曲边梯形的面积为 $\dfrac{1}{3}$，利用表 4.1.1 中数学实验的语句，将区间分成 $n$ 等份，计算每点 $x_i$ 的函数值 $f(x_i)$，求得所有小矩形面积之和，如表 4.1.1 所示.其误差可以这样估计：

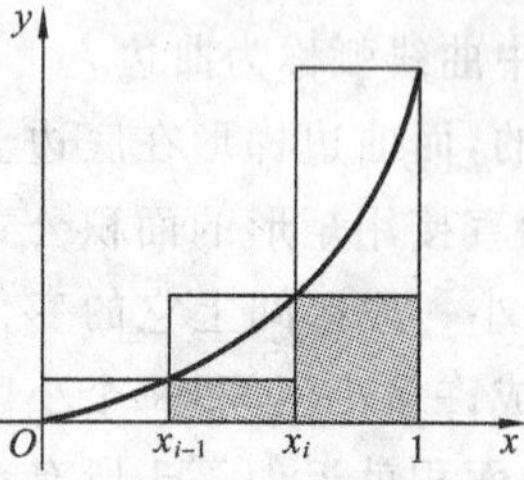

图 4.1.3

在区间 $[x_{i-1},x_i]$ 上，用划分的大矩形面积减去相应

小矩形面积的差值表示计算每个小区间上的面积误差,即 $f(x_i) \cdot \frac{1}{n} - f(x_{i-1}) \cdot \frac{1}{n}$,则总误差为

$$\varepsilon = \sum_{i=1}^{n} \left[ f(x_i) \cdot \frac{1}{n} - f(x_{i-1}) \cdot \frac{1}{n} \right] = \sum_{i=1}^{n} f(x_i) \cdot \frac{1}{n} - \sum_{i=1}^{n} f(x_{i-1}) \cdot \frac{1}{n}.$$

**表 4.1.1**

数学实验(语句)

| 语句 | 解释 |
|---|---|
| $x = 0 : 1/n : 1$ | 积分区间划分为 $n$ 等份 |
| $y = x^2$ | 计算对应每点的函数值 |
| $z = (1/n) * y$ | 计算各小矩形面积值 |
| $S = \text{sum}(z)$ | 计算矩形面积之和 |

数学实验(结果)

| $n$ | 3 | 13 | 23 | 33 | 43 | 100 | 5000 |
|---|---|---|---|---|---|---|---|
| 近似值 | 0.5185 | 0.3728 | 0.3554 | 0.3486 | 0.3451 | 0.3384 | 0.3334 |
| $\varepsilon$ | 1 | 0.2307 | 0.1304 | 0.0909 | 0.0697 | 0.0167 | 0.0002 |

从表 4.1.1 可以看出,当用划分的小矩形面积之和来近似计算曲边梯形面积时,划分得越细,它们之间的误差就越小,近似精度就越好.

**2. 变速直线运动的路程**

设歼 11 飞机作变速直线运动,如图 4.1.4 所示,已知速度 $v = v(t)$ 是时间 $t$ 的连续函数,且 $v(t) \geqslant 0$,计算物体从时刻 $t = T_1$ 到 $t = T_2$ 这段时间所经过的路程 $s$.

**图 4.1.4**

速度是连续变化的,在较短时间内变化不大,运动近似于匀速,所以可用匀速直线运动的路程近似表示小时间段内变速直线运动的路程,再累加求极限得到所求路程. 具体求解步骤如下.

(1) 分割:在区间 $[T_1, T_2]$ 中任意插入若干个分点

$$T_1 = t_0 < t_1 < \cdots < t_{n-1} < t_n = T_2,$$

把 $[T_1, T_2]$ 分成 $n$ 个小区间 $[t_{i-1}, t_i]$ $(i=1,2,\cdots,n)$,每个小区间的长度记为

$$\Delta t_i = t_i - t_{i-1} \quad (i=1,2,\cdots,n),$$

各小区间段物体运动的路程记为 $\Delta s_i$.

(2) 近似:"以匀代变",即把每小段 $[t_{i-1},t_i]$ 上的运动视为匀速,任取时刻 $\xi_i \in [t_{i-1},t_i]$,作乘积 $v(\xi_i)\Delta t_i$,显然,在这段时间间隔内所走路程 $\Delta s_i$ 可近似表示为

$$\Delta s_i \approx v(\xi_i)\Delta t_i \quad (i=1,2,\cdots,n).$$

(3) 求和:把 $n$ 个小段时间上的路程相加,就得到总路程 $S$ 的近似值,即

$$s = \sum_{i=1}^{n} \Delta s_i \approx \sum_{i=1}^{n} v(\xi_i)\Delta t_i.$$

(4) 取极限:当 $\lambda = \max_{1 \leqslant i \leqslant n}\{\Delta t_i\} \to 0$ 时,上述总和的极限就是 $s$ 的精确值,即

$$s = \lim_{\lambda \to 0} \sum_{i=1}^{n} v(\xi_i)\Delta t_i.$$

从上述两个具体问题我们看出,它们的实际意义虽然不同,但是通过"分割、近似、求和、取极限",都能将它们转化为形如 $\sum_{i=1}^{n} f(\xi_i)\Delta x_i$ 的和式的极限问题. 在科学工程技术上,还有许多这样的量都可以归结为这种特定和式的极限. 为此,抛开实际问题的具体含义,抽象出解决这类问题的一般思想,给出定积分的概念.

## 二、定积分的概念

**定义**　设函数 $y=f(x)$ 在 $[a,b]$ 上有界,在区间 $[a,b]$ 中任意插入若干个分点

$$a=x_0<x_1<\cdots<x_{n-1}<x_n=b,$$

把区间 $[a,b]$ 分成 $n$ 个小区间 $[x_{i-1},x_i]$ $(i=1,2,\cdots,n)$,记

$$\Delta x_i = x_i - x_{i-1} \quad (i=1,2,\cdots,n),$$

再在每个小区间 $[x_{i-1},x_i]$ 上任取一点 $\xi_i$,作乘积 $f(\xi_i)\Delta x_i (i=1,2,\cdots,n)$,并作和式

$$\sum_{i=1}^{n} f(\xi_i)\Delta x_i.$$

取 $\lambda = \max\{\Delta x_1,\Delta x_2,\cdots,\Delta x_n\}$,如果 $\lambda \to 0$ 时,上述和式的极限存在,且与区间的分割及 $\xi_i$ 的取法无关,则称函数 $f(x)$ 在区间 $[a,b]$ 上可积,并称此极限为函数 $f(x)$ 在区间 $[a,b]$ 上的定积分,记作 $\int_a^b f(x)\mathrm{d}x$,即

$$\int_a^b f(x)\mathrm{d}x = \lim_{\lambda \to 0} \sum_{i=1}^{n} f(\xi_i)\Delta x_i,$$

其中"$\int$"称为积分号,$f(x)$ 称为被积函数,$f(x)\mathrm{d}x$ 称为被积表达式,$x$ 称为积分变量,$a$ 称为积分下限,$b$ 称为积分上限,$[a,b]$ 称为积分区间,和 $\sum_{i=1}^{n} f(\xi_i)\Delta x_i$ 称为 $f(x)$ 的积分和.

根据定积分的定义,曲边梯形的面积 $A$,等于其曲边所对应的函数 $f(x)$ ($f(x) \geqslant 0$) 在区间 $[a,b]$ 上的定积分,即

$$A = \int_a^b f(x)\mathrm{d}x.$$

变速直线运动的物体所经过的路程 $s$，等于其速度 $v(t)$ $(v(t) \geqslant 0)$ 在时间区间 $[a,b]$ 上的定积分，即

$$s = \int_{T_1}^{T_2} v(x)\mathrm{d}t.$$

下面是关于定积分定义的几点说明.

（1）定积分是一个数，它的值只与被积函数及积分区间有关，而与积分变量的记法无关，即

$$\int_a^b f(x)\mathrm{d}x = \int_a^b f(t)\mathrm{d}t = \int_a^b f(u)\mathrm{d}u.$$

（2）定积分的存在性：当 $f(x)$ 在 $[a,b]$ 上连续时，则 $f(x)$ 在 $[a,b]$ 上可积.

（3）定积分的几何意义：在 $[a,b]$ 上，如果 $f(x) \geqslant 0$，图形在 $x$ 轴上方，则 $\int_a^b f(x)\mathrm{d}x = A$ 表示曲边梯形的面积，如图 4.1.5 所示.

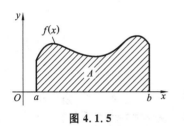

图 4.1.5 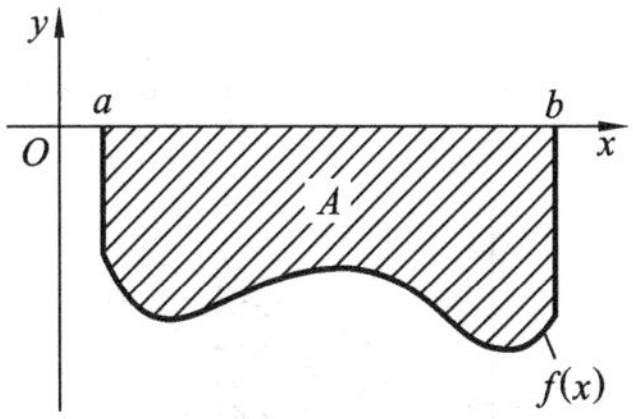     图 4.1.6

如果 $f(x) \leqslant 0$，图形在 $x$ 轴下方，$\int_a^b f(x)\mathrm{d}x = -A$ 表示曲边梯形的面积的负值，如图 4.1.6 所示.

如果 $f(x)$ 在 $[a,b]$ 上有正、有负，如图 4.1.7 所示，则定积分值等于曲线 $y = f(x)$ 与 $x = a$，$x = b$ 及 $x$ 轴所围成曲边梯形的面积的代数和，即

$$\int_a^b f(x)\mathrm{d}x = A_1 - A_2 + A_3.$$

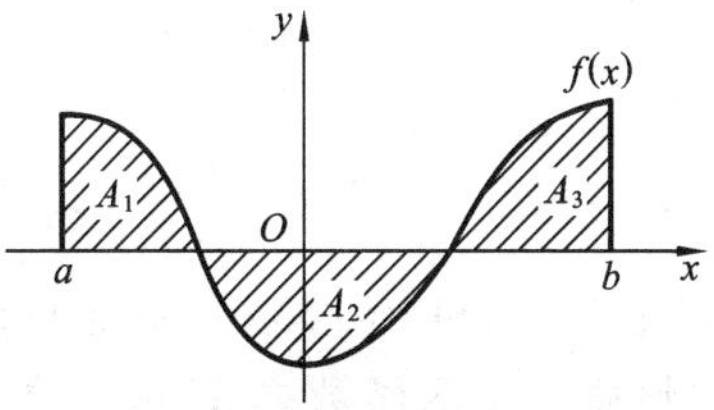

（4）为今后使用方便，作如下规定：当 $a = b$ 时，$\int_a^b f(x)\mathrm{d}x = 0$；当 $a > b$ 时，

图 4.1.7

$$\int_a^b f(x)\mathrm{d}x = -\int_b^a f(x)\mathrm{d}x.$$

**例 1**　求 $\int_0^1 x\mathrm{d}x$.

**解**　**方法一**　按定积分的定义计算.

被积函数 $x$ 在积分区间 $[0,1]$ 上连续，所以它在区间 $[0,1]$ 上可积，并且积分与区间的分法和分点 $\xi_i$ 的取法无关，因此，为了便于计算，不妨把区间分成 $n$ 等份，分点为 $x_i = \dfrac{i}{n}$ $(i = 1, 2, \cdots, n-1)$；这样，每个小区间 $[x_{i-1}, x_i]$ 的长度 $\triangle x_i = \dfrac{1}{n}$ $(i = 1,$

$2,\cdots,n$）；取 $\xi_i = x_i(i=1,2,\cdots,n)$. 于是，得和式

$$\sum_{i=1}^{n} f(\xi_i)\Delta x_i = \sum_{i=1}^{n} (\xi_i\Delta x_i) = \sum_{i=1}^{n} (x_i\Delta x_i) = \sum_{i=1}^{n} \frac{i}{n} \cdot \frac{1}{n} = \frac{1}{n^2}\sum_{i=1}^{n} i$$

$$= \frac{1}{n^2}(1+2+3+\cdots+n) = \frac{1}{n^2} \cdot \frac{n(n+1)}{2} = \frac{1}{2}\left(1+\frac{1}{n}\right).$$

当 $\lambda \to 0$ 即 $n \to \infty$ 时，取上式右端的极限. 由定积分的定义，即得所要计算的积分为

$$\int_0^1 x\mathrm{d}x = \lim_{\lambda\to 0}\sum_{i=1}^{n} (\xi_i\Delta x_i) = \lim_{n\to\infty} \frac{1}{2}\left(1+\frac{1}{n}\right) = \frac{1}{2}.$$

**方法二**　根据定积分的几何意义计算.

$\int_0^1 x\mathrm{d}x$ 就是由直线 $y = x$，$x = 1$ 与 $x$ 轴所围成的三角形的面积，如图 4.1.8 所示，即

$$\int_0^1 x\mathrm{d}x = \frac{1}{2} \times 1 \times 1 = \frac{1}{2}.$$

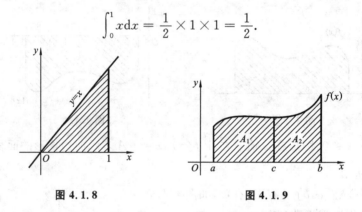

图 4.1.8　　　　　　　　　　　　　图 4.1.9

## 三、定积分的基本性质

设 $f(x)$ 和 $g(x)$ 在所讨论区间上可积，定积分有如下基本性质.

**性质 1**　两函数之和（差）的定积分等于这两函数定积分的和（差），即

$$\int_a^b [f(x) \pm g(x)]\mathrm{d}x = \int_a^b f(x)\mathrm{d}x \pm \int_a^b g(x)\mathrm{d}x.$$

此性质可以推广到有限多个函数代数和的情形.

**性质 2**　被积函数的常数因子可以提到积分号外面，即

$$\int_a^b kf(x)\mathrm{d}x = k\int_a^b f(x)\mathrm{d}x.$$

**性质 3**（积分区间可加性）　对任意实数 $c$，有

$$\int_a^b f(x)\mathrm{d}x = \int_a^c f(x)\mathrm{d}x + \int_c^b f(x)\mathrm{d}x.$$

对于性质 3，我们可利用几何图形直观地说明上述等式. 如图 4.1.9 所示，若 $a < c < b$，分别用 $A$、$A_1$、$A_2$ 表示以 $[a,b]$、$[a,c]$、$[c,b]$ 为底，以 $y = f(x)$ 为曲边的曲边

梯形面积,则有
$$A = A_1 + A_2,$$
即
$$\int_a^b f(x)\,\mathrm{d}x = \int_a^c f(x)\,\mathrm{d}x + \int_c^b f(x)\,\mathrm{d}x.$$

# 第二节　微积分基本公式

定积分作为一种特定和式的极限,直接按定义来计算是十分繁杂的,有些甚至不能直接计算出来.为此人们一直希望找到一种计算定积分的简便而又一般的方法,在数学发展上经历了很长一段时间,最终由牛顿和莱布尼兹找到答案,得到了微积分基本公式.

## 一、原函数

**定义 1**　设函数 $F(x)$ 和 $f(x)$ 在区间 $I$ 上有定义,且对任意的 $x \in I$,都有
$$F'(x) = f(x),$$
则称 $F(x)$ 是 $f(x)$ 在区间 $I$ 上的一个**原函数**.

例如,在区间 $(-\infty, +\infty)$ 内,$(\sin x)' = \cos x$,所以 $\sin x$ 是 $\cos x$ 在区间 $(-\infty, +\infty)$ 内的一个原函数.同时,$(\sin x + 1)' = \cos x$,$(\sin x - 2)' = \cos x$,即 $\sin x + 1$ 和 $\sin x - 2$ 也是 $\cos x$ 的原函数.这说明一个函数的原函数不是唯一的.

事实上,若 $F(x)$ 是函数 $f(x)$ 在区间 $I$ 上的一个原函数,则 $F(x) + C$($C$ 是任意常数)也是 $f(x)$ 的在区间 $I$ 上的一个原函数;另一方面,如果 $F(x)$ 和 $G(x)$ 都是函数 $f(x)$ 在区间 $I$ 上的原函数,那么
$$[F(x) - G(x)]' = F'(x) - G'(x) = f(x) - f(x) = 0,$$
即
$$F(x) - G(x) = C \quad (C \text{ 是任意常数}).$$

由此得到结论:若 $F(x)$ 是函数 $f(x)$ 在区间 $I$ 上的一个原函数,则 $F(x) + C$($C$ 是任意常数)是 $f(x)$ 的在区间 $I$ 上的所有原函数.

可以证明,**连续函数一定存在原函数**.

**引例**　设飞机在时间间隔 $[T_1, T_2]$ 内作变速直线运动,飞行速度为 $v(t)$ 且 $v(t) \geqslant 0$,其位移为 $s(t)$,求飞机在该时间段内所经过的路程.

**解**　根据定积分的定义,所求路程为
$$s = \int_{T_1}^{T_2} v(t)\,\mathrm{d}t.$$
另一方面,路程 $s$ 又可通过位移函数在时间间隔 $[T_1, T_2]$ 内的增量表示,即
$$s = s(T_2) - s(T_1).$$
所以
$$\int_{T_1}^{T_2} v(t)\,\mathrm{d}t = s(T_2) - s(T_1).$$

又
$$s'(t) = v(t),$$

由此可知,速度函数 $v(t)$ 在区间 $[T_1, T_2]$ 上的定积分等于它的一个原函数(位置函数)$s(t)$ 在 $[T_1, T_2]$ 上的增量.

根据上述引例,我们把一般函数 $f(x)$ 都可以看成是物体以速度 $f(x)$ 作变速直线运动的情形,于是,可以猜想:对于满足一定条件的函数 $f(x)$,它在区间 $[a, b]$ 上的定积分可能就等于它的原函数 $F(x)$ 在两端点的函数值之差,即

$$\int_a^b f(x)dx = F(b) - F(a).$$

下面通过两个例子验证上述结论.

**例 1**　计算定积分 $\int_0^1 x dx$.

**解**　$\dfrac{x^2}{2}$ 是 $x$ 的一个原函数,按猜想的方法,有

$$\int_0^1 x dx = \frac{x^2}{2}\Big|_{x=1} - \frac{x^2}{2}\Big|_{x=0} = \frac{1^2}{2} - \frac{0^2}{2} = \frac{1}{2} - 0 = \frac{1}{2}.$$

这与前面按定义计算的结果是一致的.

**例 2**　求定积分 $\int_0^\pi \sin x dx$.

**解**　按猜想方法,得

$$\int_0^\pi \sin x dx = (-\cos x)\big|_{x=\pi} - (-\cos x)\big|_{x=0} = 2.$$

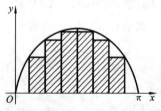

图 4.2.1

这个结果是否正确,我们根据定积分的定义,进行数学实验验证.

首先,利用划分的小矩形面积之和来近似计算 $\sin x$ 在 $[0, \pi]$ 上的定积分值,显然,划分得越细,近似精度就越好.

其次,利用表 4.2.1 中数学实验的语句:将区间分成 $n$ 等份,计算每点的函数值,求各矩形的面积和.

表 4.2.1

| 数学实验(语句) | |
|---|---|
| 语句 | 解释 |
| $x = 0 : \text{pi} \mid n : \text{pi}$ | 积分区间划分为 $n$ 等份 |
| $y = \sin(x)$ | 计算对应每点的函数值 |
| $S = \text{trapz}(x, y)$ | 近似计算定积分值 |

| 数学实验(结果) | | | | | | |
|---|---|---|---|---|---|---|
| $n$ | 10 | 30 | 50 | 80 | 100 | 500 | 1000 |
| $S$ | 1.9835 | 1.9926 | 1.9993 | 1.9997 | 1.9998 | 2.0000 | 2.0000 |

实验的结果与我们用猜想的方法计算出来的结果是一致的.

事实上,这一猜想在理论上也是成立的,只需要函数 $f(x)$ 在闭区间上连续.

## 二、牛顿 - 莱布尼兹公式

**定理**　设函数 $f(x)$ 在区间 $[a,b]$ 上连续,$F(x)$ 是 $f(x)$ 在 $[a,b]$ 上的一个原函数,则

$$\int_a^b f(x)\mathrm{d}x = F(b) - F(a).$$

上式称为**微积分基本公式**. 这个公式把定积分与原函数这两个看似不相干的概念之间建立起了定量关系,从而为计算定积分找到了一条简捷的途径. 它最早是由牛顿和莱布尼兹各自独立得到的,因此微积分基本公式也被称为牛顿 - 莱布尼兹公式.

为了方便起见,以后把 $F(b) - F(a)$ 记成 $[F(x)]_a^b$,于是微积分基本公式可写成

$$\int_a^b f(x)\mathrm{d}x = [F(x)]_a^b.$$

**例 3**　计算正弦曲线 $y = \sin x$ 在 $[0,\pi]$ 上与 $x$ 轴所围成的平面图形(见图 4.2.2)的面积.

**解**　根据定积分几何意义,得所求面积为

$$A = \int_0^\pi \sin x \mathrm{d}x = [-\cos x]_0^\pi = -(-1) - (-1) = 2.$$

**例 4**　计算定积分 $\int_{-3}^4 |x|\,\mathrm{d}x$.

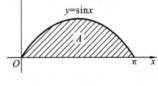

图 4.2.2

**解**　$\displaystyle\int_{-3}^4 |x|\,\mathrm{d}x = \int_{-3}^0 (-x)\mathrm{d}x + \int_0^4 x\mathrm{d}x$

$$= -\left[\frac{x^2}{2}\right]_{-3}^0 + \left[\frac{x^2}{2}\right]_0^4 = -\left(0 - \frac{(-3)^2}{2}\right) + \left(\frac{4^2}{2} - 0\right) = \frac{25}{2}.$$

**例 5**　军用保障汽车以每秒 4.8 米的速度行驶,在距前方悬崖 10 米时,以等加速度 $a = -1.2$ 米／秒$^2$ 刹车. 问汽车会掉下悬崖吗?

**解**　首先求从开始刹车到停车所需的时间.

当 $t = 0$ 时,汽车速度

$$v_0 = 4.8,$$

刹车后 $t$ 时刻汽车的速度为

$$v(t) = v_0 + at = 4.8 - 1.2t.$$

当汽车停止时,速度 $v(t) = 0$,即

$$v(t) = 4.8 - 1.2t = 0,$$

解得

$$t = 4(秒).$$

于是从开始刹车到停车,汽车所走过的距离为

$$s = \int_0^4 v(t)\mathrm{d}t = \int_0^4 (4.8 - 1.2t)\mathrm{d}t = \left[4.8t - 1.2 \cdot \frac{1}{2}t^2\right]_0^4 = 9.6(米),$$

即在刹车后，汽车需走过 9.6 米才能停住，而汽车距悬崖有 10 米，所以汽车可以刚好在悬崖边刹住车，不会掉下去.

**例 6**　子弹以初速度 $v_0 = 200$ 米／秒垂直进入木板，由于受到阻力，子弹以加速度 $a = -3000(24+t)$ 米／秒$^2$ 减速，已知木板厚度为 10 厘米，问战士甲可以用该木板作掩护吗？

**解**　由题意可知，子弹受到阻力作减速运动，其速度为

$$v(t) = v_0 + at = 200 - 3000(24+t)t,$$

当子弹停止时，速度 $v(t) = 0$，即

$$v(t) = 200 - 72000t - 3000t^2 = 0,$$

化简后，得到

$$1 - 360t - 15t^2 = 0,$$

解得

$$t = \frac{360 + \sqrt{360^2 - 4 \times (-15) \times 1}}{2 \times (-15)} \quad \text{或} \quad t = \frac{360 - \sqrt{360^2 - 4 \times (-15) \times 1}}{2 \times (-15)}.$$

因时间为负值没有意义，故取

$$t = \frac{360 - \sqrt{360^2 - 4 \times (-15) \times 1}}{2 \times (-15)} = 0.00278(\text{秒}).$$

于是在这段时间内，子弹运动的距离为

$$s = \int_0^{0.00278} v(t) \mathrm{d}t = \int_0^{0.00278} (200 - 72000t - 3000t^2) \mathrm{d}t$$

$$= [200t - 36000t^2 - 1000t^3]_0^{0.00278} = 0.277(\text{米}).$$

显然，子弹能够穿透木板，所以战士甲不能用该木板作掩护，它是不安全的.

## 第三节　不定积分

从对定积分的讨论可知，定积分的值等于被积函数的一个原函数在积分上、下限的函数值之差，因而，如何求一个函数的原函数就成为计算定积分的关键. 同时，函数的原函数是求导数的逆问题，在理论和实际上也有重要的应用.

### 一、不定积分的概念

**定义**　如果 $F(x)$ 是 $f(x)$ 在区间 $I$ 上的一个原函数，那么 $f(x)$ 的全部原函数 $F(x) + C$ 称为 $f(x)$ 在区间 $I$ 上的不定积分，记作 $\int f(x)\mathrm{d}x$，即

$$\int f(x)\mathrm{d}x = F(x) + C,$$

其中，$f(x)$ 称为被积函数，$f(x)\mathrm{d}x$ 称为被积表达式，$x$ 称为积分变量，任意常数 $C$ 称为积分常数.

由定义可知，求已知函数 $f(x)$ 的不定积分，只需求出 $f(x)$ 的一个原函数 $F(x)$，

再加上任意常数 $C$ 即可.

**例1**　求下列不定积分.

(1) $\int 2x\mathrm{d}x$;　　　　　(2) $\int \cos x\mathrm{d}x$.

**解**　(1) 因为 $(x^2)' = 2x$,即 $x^2$ 是 $2x$ 的一个原函数,所以

$$\int 2x\mathrm{d}x = x^2 + C.$$

(2) 因为 $(\sin x)' = \cos x$,即 $\sin x$ 是 $\cos x$ 的一个原函数,所以

$$\int \cos x\mathrm{d}x = \sin x + C.$$

**例2**　已知曲线通过点 $P(1,2)$,且该曲线上任意一点的切线的斜率等于该点横坐标的 2 倍,求此曲线的方程.

**解**　设所求曲线的方程为 $y = F(x)$.由题设知,该曲线上任意一点 $M(x,y)$ 处的切线的斜率 $k = 2x$,即

$$F'(x) = 2x,$$

所以　　　　　　　　　　$y = \int 2x\mathrm{d}x = x^2 + C.$

又曲线过点 $P(1,2)$,所以

$$2 = 1^2 + C \Rightarrow C = 1,$$

故所求的曲线为

$$y = x^2 + 1.$$

可以看到,不定积分 $\int 2x\mathrm{d}x$ 所表示的是形状相同的无数条抛物线的集合.例如,曲线 $y = x^2 + 1$ 是由过点 $P(1,2)$ 这个条件所确定的抛物线集合中的一条(见图 4.3.1).

通常,我们把一个原函数 $F(x)$ 的图形称为函数 $f(x)$ 的一条积分曲线,其方程为 $y = F(x)$,因此,不定积分 $\int f(x)\mathrm{d}x = F(x) + C$ 在几何上表示的是方程 $y = F(x) + C$ 的积分曲线族.

由于求不定积分可看做是求导数的逆运算,所以由导数基本公式可以相应地得出不定积分的基本公式.

例如,根据幂函数的导数规律,有

$$\left(\frac{1}{\mu + 1}x^{\mu+1}\right)' = \frac{1}{\mu + 1}(x^{\mu+1})' = x^{\mu} \quad (\mu \neq -1),$$

所以　　$\int x^{\mu}\mathrm{d}x = \frac{1}{\mu + 1}x^{\mu+1} + C \quad (\mu \neq -1).$

又如,当 $x > 0$ 时,

$$(\ln |x|)' = (\ln x)' = \frac{1}{x};$$

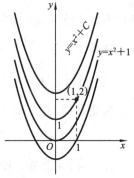

**图 4.3.1**

当 $x < 0$ 时，  $(\ln | x |)' = [\ln(-x)]' = \dfrac{1}{x}$，

所以  $\displaystyle\int \dfrac{1}{x}\mathrm{d}x = \ln | x | + C.$

用同样的方法可以得到其他的不定积分公式，把它们列举如下，并称其为**基本积分公式**.

(1) $\displaystyle\int k\mathrm{d}x = kx + C\ (k\ 为常数)$；  (2) $\displaystyle\int x^{\mu}\mathrm{d}x = \dfrac{1}{\mu+1}x^{\mu+1} + C\ (\mu \neq -1)$；

(3) $\displaystyle\int \dfrac{1}{x}\mathrm{d}x = \ln | x | + C$；  (4) $\displaystyle\int a^{x}\mathrm{d}x = \dfrac{a^{x}}{\ln a} + C$；

(5) $\displaystyle\int \mathrm{e}^{x}\mathrm{d}x = \mathrm{e}^{x} + C$；  (6) $\displaystyle\int \cos x\mathrm{d}x = \sin x + C$；

(7) $\displaystyle\int \sin x\mathrm{d}x = -\cos x + C$；  (8) $\displaystyle\int \sec^{2} x\mathrm{d}x = \tan x + C$；

(9) $\displaystyle\int \csc^{2} x\mathrm{d}x = -\cot x + C$；  (10) $\displaystyle\int \dfrac{1}{\sqrt{1-x^{2}}}\mathrm{d}x = \arcsin x + C$；

(11) $\displaystyle\int \dfrac{1}{1+x^{2}}\mathrm{d}x = \arctan x + C.$

## 二、不定积分的性质

根据不定积分的定义和导数的运算法则，不定积分有如下性质.

**性质 1**  设函数 $f(x)$ 及 $g(x)$ 的原函数存在，则

$$\int [f(x) \pm g(x)]\mathrm{d}x = \int f(x)\mathrm{d}x \pm \int g(x)\mathrm{d}x,$$

即两个函数的代数和的不定积分，等于各个函数的不定积分的代数和，此性质对于有限个函数的代数和都是成立的.

**性质 2**  设函数 $f(x)$ 的原函数存在，$k$ 为非零常数，则

$$\int kf(x)\mathrm{d}x = k\int f(x)\mathrm{d}x,$$

即求不定积分时，被积函数中非零的常数因子 $k$ 可以提到积分号外.

**性质 3**  (1) $\left(\displaystyle\int f(x)\mathrm{d}x\right)' = f(x)$  或  $\mathrm{d}\left(\displaystyle\int f(x)\mathrm{d}x\right) = f(x)\mathrm{d}x$；

(2) $\displaystyle\int F'(x)\mathrm{d}x = F(x) + C$  或  $\displaystyle\int \mathrm{d}F(x) = F(x) + C.$

这就是说，若先积分后微分，则两者的作用互相抵消，例如

$$\left(\int \cos x\mathrm{d}x\right)' = (\sin x + C)' = \cos x;$$

反过来，先微分后积分，则在两者作用抵消后，加上任意常数 $C$，例如

$$\int \mathrm{d}(\sin x) = \int \cos x\mathrm{d}x = \sin x + C.$$

**例 3**　求 $\int\left(3x^2 + \cos x + \dfrac{1}{x}\right)\mathrm{d}x.$

**解**
$$\int\left(3x^2 + \cos x + \frac{1}{x}\right)\mathrm{d}x = 3\int x^2\mathrm{d}x + \int\cos x\,\mathrm{d}x + \int\frac{1}{x}\mathrm{d}x$$
$$= 3\times\frac{1}{3}x^3 + \sin x + \ln|x| + C$$
$$= x^3 + \sin x + \ln|x| + C.$$

**注意**　逐项积分后,每个积分结果中都含有一个任意常数,由于任意常数之和仍是任意常数,因此只要在末尾加上一个积分常数 $C$ 就可以了.

## 三、不定积分的计算方法

### 1. 直接积分法

利用不定积分的运算性质与基本积分公式,经过适当变形,直接求出不定积分的方法,称为**直接积分法**.

**例 4**　求 $\int\dfrac{1}{x^3}\mathrm{d}x.$

**解**　$\int\dfrac{1}{x^3}\mathrm{d}x = \int x^{-3}\mathrm{d}x = \dfrac{x^{-3+1}}{-3+1} + C = -\dfrac{1}{2x^2} + C.$

**例 5**　求 $\int\dfrac{1}{3\sqrt[3]{x^2}}\mathrm{d}x.$

**解**　$\int\dfrac{1}{3\sqrt[3]{x^2}}\mathrm{d}x = \dfrac{1}{3}\int x^{-\frac{2}{3}}\mathrm{d}x = \dfrac{1}{3}\dfrac{x^{-\frac{2}{3}+1}}{-\frac{2}{3}+1} + C = x^{\frac{1}{3}} + C = \sqrt[3]{x} + C.$

以上两个例子表明,有时被积函数实际上是幂函数,但是用分式或根式表示. 只需要将被积函数经过适当的恒等变换后,便可利用不定积分的性质及常用的积分公式来求积分.

**例 6**　求 $\int\dfrac{x^2}{1+x^2}\mathrm{d}x.$

**解**　$\int\dfrac{x^2}{1+x^2}\mathrm{d}x = \int\dfrac{x^2+1-1}{1+x^2}\mathrm{d}x = \int\left(1-\dfrac{1}{1+x^2}\right)\mathrm{d}x = \int\mathrm{d}x - \int\dfrac{1}{1+x^2}\mathrm{d}x$
$$= x - \arctan x + C.$$

**例 7**　求 $\int\sin^2\dfrac{x}{2}\mathrm{d}x.$

**解**　$\int\sin^2\dfrac{x}{2}\mathrm{d}x = \int\dfrac{1-\cos x}{2}\mathrm{d}x = \dfrac{1}{2}\int(1-\cos x)\mathrm{d}x$
$$= \frac{1}{2}\left(\int\mathrm{d}x - \int\cos x\,\mathrm{d}x\right) = \frac{1}{2}(x - \sin x) + C.$$

**注意**　计算不定积分所得的结果是否正确,是可以进行检验的. 检验方法很简单,只需看所得不定积分的导数是否等于被积函数即可. 例如

$$\left[\frac{1}{2}(x-\sin x)+C\right]' = \frac{1}{2}(1-\cos x) = \sin^2\frac{x}{2},$$

所以　　　　　　　　　　　$\displaystyle\int\sin^2\frac{x}{2}\mathrm{d}x = \frac{1}{2}(x-\sin x)+C.$

### 2. 换元积分法

能用直接积分法计算的不定积分是十分有限的,可考虑将复合函数的求导法则反过来用于求不定积分,通过适当的变量替换(或换元),就可以计算出所求的不定积分.

**引例**　求$\displaystyle\int\cos2x\mathrm{d}x.$

**分析**　如果直接套用公式$\displaystyle\int\cos x\mathrm{d}x = \sin x+C$,得$\displaystyle\int\cos2x\mathrm{d}x = \sin2x+C.$这样得到的结果正确吗?可以利用求导和求不定积分的互逆关系进行检验.

**检验**　因为$(\sin2x+C)' = 2\cos2x$,所以$\displaystyle\int\cos2x\mathrm{d}x = \sin2x+C$不正确.

因为被积函数$\cos2x$中的变量是$2x$,不是$x$,故不能直接应用基本积分公式$\displaystyle\int\cos x\mathrm{d}x = \sin x+C.$为了应用这个公式,可作如下变形.

令$2x = u$,即$x = \dfrac{u}{2}$,$\mathrm{d}x = \dfrac{1}{2}\mathrm{d}u$,于是

$$\int\cos2x\mathrm{d}x = \frac{1}{2}\int\cos u\mathrm{d}u = \frac{1}{2}\sin u+C = \frac{1}{2}\sin2x+C.$$

**验证**　因为$\left(\dfrac{1}{2}\sin2x+C\right)' = \cos2x$,故

$$\int\cos2x\mathrm{d}x = \frac{1}{2}\sin2x+C,$$

所以上述方法得到的结果是正确的.

上述方法的关键是通过变量代换$u = 2x$,再利用基本积分公式$\displaystyle\int\cos u\mathrm{d}x = \sin u+C$,从而得到结果.

一般地,有如下定理:

**定理**　设$\displaystyle\int f(u)\mathrm{d}u = F(u)+C$,且$u = \varphi(x)$为可导函数,则

$$\int f[\varphi(x)]\varphi'(x)\mathrm{d}x = \int f(u)\mathrm{d}u = F(u)+C = F[\varphi(x)]+C.$$

上述定理表明,在基本积分公式中,将积分变量$x$换成任一可导函数$u = \varphi(x)$时,公式仍成立,即

若$\displaystyle\int f(x)\mathrm{d}x = F(x)+C$,则$\displaystyle\int f(u)\mathrm{d}u = F(u)+C.$

由定理得,用换元法求不定积分的主要步骤如下。

第一步:凑微分,把 $\int f[\varphi(x)]\varphi'(x)\mathrm{d}x$ 写成 $\int f[\varphi(x)]\mathrm{d}[\varphi(x)]$ 的形式.

第二步:换元,令 $u = \varphi(x)$,把积分写成 $\int f(u)\mathrm{d}u$ 的形式.

第三步:化简、积分,得原函数 $F(u) + C$.

第四步:回代,把 $u = \varphi(x)$ 代入式 $F(u) + C$ 中.

写为等式即为

$$\int f[\varphi(x)]\varphi'(x)\mathrm{d}x = \int f[\varphi(x)]\mathrm{d}[\varphi(x)] = \int f(u)\mathrm{d}u = F(u) + C = F[\varphi(x)] + C.$$

上述步骤中,关键是怎样选择适当的变量代换 $u = \varphi(x)$,将 $\varphi'(x)\mathrm{d}x$ 凑成 $\mathrm{d}[\varphi(x)]$.

**例 8** 求 $\int \dfrac{1}{x-a}\mathrm{d}x$.

**解** $\int \dfrac{1}{x-a}\mathrm{d}x = \int \dfrac{1}{x-a}\mathrm{d}(x-a) = \int \dfrac{1}{u}\mathrm{d}u = \ln|u| + C = \ln|x-a| + C.$

**例 9** 求 $\int x\mathrm{e}^{-x^2}\mathrm{d}x$.

**解** $\int x\mathrm{e}^{-x^2}\mathrm{d}x = -\dfrac{1}{2}\int \mathrm{e}^{-x^2}\mathrm{d}(-x^2) = -\dfrac{1}{2}\int \mathrm{e}^u\mathrm{d}u = -\dfrac{1}{2}\mathrm{e}^u + C = -\dfrac{1}{2}\mathrm{e}^{-x^2} + C.$

**例 10** 求 $\int \tan x\mathrm{d}x$.

**解** $\int \tan x\mathrm{d}x = \int \dfrac{1}{\cos x}\sin x\mathrm{d}x$,令 $\cos x = u$,而 $\sin x\mathrm{d}x = -\mathrm{d}(\cos x)$. 于是

$$\int \tan x\mathrm{d}x = -\int \dfrac{\mathrm{d}u}{u} = -\ln|u| + C = -\ln|\cos x| + C.$$

换元的目的是方便使用基本积分公式,运算熟练后,所设中间变量 $u$ 可以不必写出.

**例 11** 求 $\int \dfrac{\mathrm{d}x}{1+\mathrm{e}^x}$.

**解** $\int \dfrac{\mathrm{d}x}{1+\mathrm{e}^x} = \int \dfrac{1+\mathrm{e}^x-\mathrm{e}^x}{1+\mathrm{e}^x}\mathrm{d}x = \int \left(1 - \dfrac{\mathrm{e}^x}{1+\mathrm{e}^x}\right)\mathrm{d}x = \int \mathrm{d}x - \int \dfrac{\mathrm{e}^x}{1+\mathrm{e}^x}\mathrm{d}x$

$$= \int \mathrm{d}x - \int \dfrac{1}{1+\mathrm{e}^x}\mathrm{d}(1+\mathrm{e}^x) = x - \ln(1+\mathrm{e}^x) + C.$$

**例 12** 求 $\int \dfrac{x\mathrm{d}x}{1+3x^2}$.

**解** $\int \dfrac{x}{1+3x^2}\mathrm{d}x = \int \dfrac{1}{6}\cdot\dfrac{1}{1+3x^2}\mathrm{d}(1+3x^2) = \dfrac{1}{6}\ln(1+3x^2) + C.$

**3. 分部积分法**

前面用复合函数求导法则,导出了换元积分法.下面我们利用两函数乘积的求导法则来导入另一种积分法 —— 分部积分法.

设 $u(x),v(x)$ 是两个可微函数,由导数和微分性质,有

$$(uv)' = uv' + u'v, \quad 即 \quad \mathrm{d}(uv) = u\mathrm{d}v + v\mathrm{d}u,$$

亦即

$$u\mathrm{d}v = \mathrm{d}(uv) - v\mathrm{d}u,$$

两边积分,得

$$\int u\mathrm{d}v = uv - \int v\mathrm{d}u.$$

这就是**分部积分公式**.

**例 13** 求不定积分 $\int x\cos x\mathrm{d}x$.

**解** 令 $u = x$,则 $\cos x\mathrm{d}x = \mathrm{d}(\sin x) = \mathrm{d}v$,
于是,用分部积分公式得

$$\int x\cos x\mathrm{d}x = \int x\mathrm{d}\sin x = x\sin x - \int \sin x\mathrm{d}x = x\sin x + \cos x + C.$$

**注意** 利用分部积分公式时,如果 $u,v$ 选择不当,可能使所求积分更加复杂,如在该例中,若将 $\cos x$ 选作 $u$,$\dfrac{x^2}{2}$ 选作 $v$,则由分部积分公式得

$$\int x\cos x\mathrm{d}x = \int \cos x\mathrm{d}\left(\frac{x^2}{2}\right) = \frac{x^2}{2}\cos x - \frac{1}{2}\int x^2\mathrm{d}(\cos x)$$

$$= \frac{x^2}{2}\cos x + \frac{1}{2}\int x^2\sin x\mathrm{d}x.$$

显然 $\int x^2\sin x\mathrm{d}x$ 比 $\int x\cos x\mathrm{d}x$ 更复杂,所以这样选取 $u,v$ 是不恰当的. 选择 $u$ 和 $v$ 的一般方法是:把被积函数视为两个函数乘积,按照"反三角函数、对数函数、幂函数、指数函数、三角函数"的顺序,把前者视为 $u$,后者视为 $v$.

运用分部积分法熟练后,可不必写出如何选取 $u,v$,而直接套用公式.

**例 14** 求 $\int \ln x\mathrm{d}x$.

**解**

$$\int \ln x\mathrm{d}x = x\ln x - \int x\mathrm{d}(\ln x) = x\ln x - \int x \cdot \frac{1}{x}\mathrm{d}x$$

$$= x\ln x - \int \mathrm{d}x = x\ln x - x + C.$$

**例 15** 求 $\int x\mathrm{e}^x\mathrm{d}x$.

**解**

$$\int x\mathrm{e}^x\mathrm{d}x = \int x\mathrm{d}(\mathrm{e}^x) = x\mathrm{e}^x - \int \mathrm{e}^x\mathrm{d}x = x\mathrm{e}^x - \mathrm{e}^x + C.$$

# 第四节　定积分计算

由微积分基本公式知道,求定积分 $\int_a^b f(x)\mathrm{d}x$ 的问题可以转化为求被积函数

$f(x)$ 的原函数 $F(x)$ 在区间 $[a,b]$ 上的增量问题. 即

$$\int_a^b f(x)\,\mathrm{d}x = F(x)\,\big|_a^b = F(b) - F(a),$$

从而定积分的计算可以先求不定积分,再代入上下限计算.

**例1**　求 $\displaystyle\int_0^{\frac{\pi}{2}} \cos^5 x \sin x \,\mathrm{d}x$.

**解**　先求不定积分,得

$$\int \cos^5 x \sin x \,\mathrm{d}x = -\int \cos^5 x \,\mathrm{d}\cos x = -\frac{1}{6}(\cos x)^6 + C.$$

再求定积分,得

$$\int_0^{\frac{\pi}{2}} \cos^5 x \sin x \,\mathrm{d}x = -\left[\frac{1}{6}\cos^6 x\right]_0^{\frac{\pi}{2}} = -\frac{1}{6}\cos^6 \frac{\pi}{2} + \frac{1}{6}\cos^6 0 = \frac{1}{6}.$$

**例2**　求 $\displaystyle\int_0^{\frac{\pi}{2}} x \sin x \,\mathrm{d}x$.

**解**　先求不定积分,得

$$\int x \sin x \,\mathrm{d}x = -x\cos x + \int \cos x \,\mathrm{d}x = -x\cos x + \sin x + C.$$

再求定积分,得

$$\int_0^{\frac{\pi}{2}} x \sin x \,\mathrm{d}x = \left[-x\cos x + \sin x\right]_0^{\frac{\pi}{2}} = 1.$$

定积分的计算可把不定积分和代入上下限融合在一起进行计算.

**例3**　求 $\displaystyle\int_0^{\frac{1}{2}} \arcsin x \,\mathrm{d}x$.

**解**　$\displaystyle\int_0^{\frac{1}{2}} \arcsin x \,\mathrm{d}x = \left[x\arcsin x\right]_0^{\frac{1}{2}} - \int_0^{\frac{1}{2}} x \,\mathrm{d}\arcsin x = \frac{1}{2}\cdot\frac{\pi}{6} - \int_0^{\frac{1}{2}} \frac{x}{\sqrt{1-x^2}}\,\mathrm{d}x$

$$= \frac{\pi}{12} + \frac{1}{2}\int_0^{\frac{1}{2}} \frac{1}{\sqrt{1-x^2}}\,\mathrm{d}(1-x^2) = \frac{\pi}{12} + \sqrt{1-x^2}\,\Big|_0^{\frac{1}{2}}$$

$$= \frac{\pi}{12} + \frac{\sqrt{3}}{2} - 1.$$

**例4**　求 $\displaystyle\int_0^1 \ln(1+x^2)\,\mathrm{d}x$.

**解**　$\displaystyle\int_0^1 \ln(1+x^2)\,\mathrm{d}x = x\ln(1+x^2)\,\big|_0^1 - 2\int_0^1 \frac{x^2}{1+x^2}\,\mathrm{d}x = \ln 2 - 2\int_0^1 \left(1 - \frac{1}{1+x^2}\right)\mathrm{d}x$

$$= \ln 2 - 2\left[x - \arctan x\right]_0^1 = \ln 2 - 2 + \frac{\pi}{2}.$$

**例5**　探险队寻找稀有金属,需利用探测设备对神秘地带进行地毯式搜索. 如果探险队每小时搜索 0.1 平方公里,假设搜索区域是由函数 $y = \mathrm{e}^{-x}$,直线 $x = 1$ 和 $x$ 轴所围成的部分(见图 4.4.1),显然这个区域是一片没有边界的"无穷"区域. 由于条件

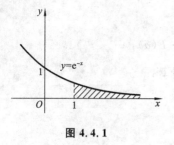

图 4.4.1

限制,要求 4 小时内完成搜索任务,那么探险队能否完成搜索呢?

**解**　如果该区域是有界区域,比如 $x$ 在区间 $[1,b]$ 上变化,则根据定积分的几何意义知,该区域的面积为

$$A = \int_1^b e^{-x} dx = -e^{-x} \Big|_1^b = e^{-1} - e^{-b},$$

然而此时区域是一个无界区域,即 $b \to +\infty$,那么区域的面积为

$$A = \lim_{b \to +\infty} A = \lim_{b \to +\infty} (e^{-1} - e^{-b}) = e^{-1} = 0.359 \quad (\text{平方千米}),$$

而 $0.359 < 0.4 = 0.1 \times 4$. 显然区域面积是有限的,且在规定的 4 小时内能够完成搜索.

这种积分区间是无穷区间的积分问题,我们在实际问题中也经常会碰到,习惯上记为

$$\int_a^{+\infty} f(x) dx,$$

称为**无穷区间的广义积分**. 为了书写的方便,常常省去极限符号,而从形式上把 $\infty$ 当成一个"数". 也就是说,如果 $F(x)$ 是 $f(x)$ 的一个原函数,记

$$F(+\infty) = \lim_{x \to +\infty} F(x), \quad F(-\infty) = \lim_{x \to -\infty} F(x),$$

则广义积分可表示为

$$\int_a^{+\infty} f(x) dx = F(x) \Big|_a^{+\infty} = F(+\infty) - F(a).$$

其他广义积分的形式和计算可类似得到.

**例 6**　求 $\int_{-\infty}^{+\infty} \dfrac{1}{1+x^2} dx$.

**解**　如图 4.4.2 所示,

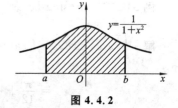

图 4.4.2

$$\int_{-\infty}^{+\infty} \frac{1}{1+x^2} dx = [\arctan x]_{-\infty}^{+\infty}$$

$$= \lim_{x \to +\infty} \arctan x - \lim_{x \to -\infty} \arctan x = \frac{\pi}{2} - \left(-\frac{\pi}{2}\right) = \pi.$$

**注**　$\int_{-\infty}^c$ 和 $\int_c^{+\infty}$ 两者之一是发散的,则积分 $\int_{-\infty}^{+\infty}$ 发散.

# 第五节　定积分应用

## 一、微元法

在第一节,我们曾经分成四步来计算曲边梯形的面积,关键是第二步,即确定

$$\Delta A_i \approx f(\xi_i) \Delta x_i.$$

为简便起见,省略下标 $i$,用 $\Delta A$ 表示任一小区间 $[x,x+\mathrm{d}x]$ 上的小曲边梯形的面积,小区间 $[x,x+\mathrm{d}x]$ 上的 $\xi_i$ 就取为小区间的左端点 $x$,以点 $x$ 处的函数值 $f(x)$ 为高,$\mathrm{d}x$ 为底的矩形面积为 $\Delta A$ 的近似值,如图 4.5.1 中阴影部分所示,即

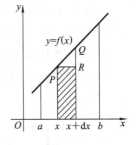

图 4.5.1

$$\Delta A \approx f(x)\mathrm{d}x,$$

上式右端 $f(x)\mathrm{d}x$ 叫做面积微元,记作 $\mathrm{d}A = f(x)\mathrm{d}x$,于是面积 $A$ 就是将这些微元在区间 $[a,b]$ 上的"无限累加",即从 $a$ 到 $b$ 的定积分

$$A = \int_a^b \mathrm{d}A = \int_a^b f(x)\mathrm{d}x.$$

通过上面的做法,我们可以把定积分 —— 和式的极限,理解成无限多个微分之和,即积分是微分的无限累加.

概括上述过程,对一般的定积分问题,所求量 $F$ 的积分表达式,可按以下步骤确定:

(1) 确定积分变量 $x$,求出积分区间 $[a,b]$;

(2) 在 $[a,b]$ 上,任取一微小区间 $[x,x+\mathrm{d}x]$,求出部分量 $\Delta F$ 的近似值

$$\Delta F \approx \mathrm{d}F = f(x)\mathrm{d}x;$$

(3) 将 $\mathrm{d}F$ 在 $[a,b]$ 上求定积分,即得到所求量

$$F = \int_a^b \mathrm{d}F = \int_a^b f(x)\mathrm{d}x.$$

上述方法通常称为微元法.下面将应用这一方法讨论几何、物理和军事中的一些问题.

## 二、定积分在几何上的应用

### 1. 平面图形的面积

下面利用微元法求平面图形的面积.

由曲线 $y = f(x)(f(x) \geqslant 0)$,$x = a$,$x = b$ 及 $x$ 轴所围成的平面图形,面积微元 $\mathrm{d}A = f(x)\mathrm{d}x$,面积为

$$A = \int_a^b f(x)\mathrm{d}x.$$

一般情况,由上、下两条曲线 $y = f(x)$ 和 $y = g(x)(f(x) \geqslant g(x))$,以及两直线 $x = a$,$x = b$ 所围成的平面图形(见图 4.5.2),其面积微元 $\mathrm{d}A = [f(x) - g(x)]\mathrm{d}x$,其面积为

$$A = \int_a^b [f(x) - g(x)]\mathrm{d}x.$$

综合上述分析可知,利用微元法求平面图形的面积的一般步骤如下:

（1）画出所求平面图形的简图；

（2）根据平面图形的特点，确定积分变量与积分区间；

（3）写出面积微元；

（4）把面积表示为定积分并计算，即得所求平面图形的面积.

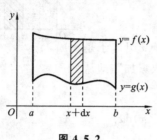

图 4.5.2　　　　　　　　　图 4.5.3

**例 1**　求由两条抛物线 $y = x^2$ 和 $x = y^2$ 所围成的图形的面积.

**解**　（1）作图. 两条抛物线所围图形如图 4.5.3 所示.

求出两条抛物线的交点：$(0,0)$ 和 $(1,1)$.

（2）取 $x$ 为积分变量，积分区间为 $[0,1]$.

（3）确定上下曲线 $f(x) = \sqrt{x}$，$g(x) = x^2$，面积微元为

$$dA = (\sqrt{x} - x^2)dx.$$

（4）计算积分.

$$A = \int_0^1 (\sqrt{x} - x^2)dx = \left[\frac{2}{3}x^{\frac{3}{2}} - \frac{1}{3}x^3\right]_0^1 = \frac{1}{3}.$$

**例 2**　求抛物线 $y + 1 = x^2$ 与直线 $y = 1 + x$ 所围成的图形的面积.

**解**　（1）作图，如图 4.5.4 所示，求出它们的交点：$(-1,0)$ 和 $(2,3)$.

（2）取 $x$ 为积分变量，积分区间为 $[-1,2]$.

（3）确定上下曲线 $f(x) = 1 + x$，$g(x) = x^2 - 1$，面积微元为

$$dA = (1 + x - x^2 + 1)dx.$$

（4）计算积分.

$$A = \int_{-1}^2 (1 + x - x^2 + 1)dy = \frac{9}{2}.$$

**2. 立体体积**

设立体介于过点 $x = a$，$x = b(a < b)$ 且垂直于 $x$ 轴的两平面之间，如图 4.5.5 所示，以 $A(x)$ 表示过点 $x$ 且垂直于 $x$ 轴的平面截立体所得的截面面积，又知 $A(x)$ 是 $x$ 的连续函数，求此立体体积. 用微元法分析：

（1）取 $x$ 为积分变量，它的取值范围是 $[a,b]$；

（2）在区间 $[a,b]$ 上任取一个小区间 $[x, x + dx]$，设此小区间上的立体可近似为以 $A(x)$ 为底、以 $dx$ 为高的柱体，其体积微元为

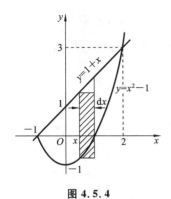

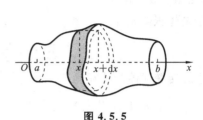

图 4.5.4　　　　　　　　　　　　　　图 4.5.5

$$dV = A(x)dx;$$

（3）在$[a,b]$上积分,即得所求立体的体积为

$$V = \int_a^b A(x)dx.$$

**例 3**　求高为 $h$、底半径为 $r$ 的正圆锥体的体积.

**解**　正圆锥体可视为由直线 $y = \dfrac{r}{h}x, y = 0$ 和 $x = h$ 所围成的平面图形绕 $x$ 轴旋转而成的旋转体,如图 4.5.6 所示.

取 $x$ 为积分变量,积分区间为$[0,h]$,任取其上一区间微元$[x, x+dx]$,相应于该微元的体积微元

$$dV = \pi\left(\frac{r}{h}x\right)^2 dx.$$

故所求圆锥体的体积为

$$V = \int_0^h \pi\left(\frac{r}{h}x\right)^2 dx = \frac{\pi r^2}{h^2}\left[\frac{1}{3}x^3\right]_0^h = \frac{1}{3}\pi h r^2.$$

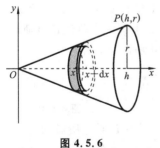

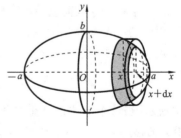

图 4.5.6　　　　　　　　　　　　　　图 4.5.7

**例 4**　计算由椭圆$\dfrac{x^2}{a^2} + \dfrac{y^2}{b^2} = 1$所围成的图形绕 $x$ 轴旋转而成的旋转体(旋转椭球体)的体积.

**解**　这个旋转椭球体可视为由半个椭圆 $y = \dfrac{b}{a}\sqrt{a^2 - x^2}$ 及 $x$ 轴所围成的图形绕

$x$ 轴旋转而成的立体. 取 $x$ 为积分变量,积分区间为 $[-a,a]$,任取其上一区间微元 $[x,x+dx]$,相应于该微元的体积可以近似等于底半径为 $\dfrac{b}{a}\sqrt{a^2-x^2}$、高为 $dx$ 的扁圆柱体,如图 4.5.7 所示.

于是体积微元为

$$dV = \pi\frac{b^2}{a^2}(a^2-x^2)dx.$$

故所求旋转椭球体的体积为

$$V = \int_{-a}^{a}\pi\frac{b^2}{a^2}(a^2-x^2)dx = \pi\frac{b^2}{a^2}\left[a^2x-\frac{1}{3}x^3\right]_{-a}^{a} = \frac{4}{3}\pi ab^2.$$

特别地,当 $a=b$ 时,旋转椭球体变成球,即半径为 $a$ 的球的体积为 $V=\dfrac{4}{3}\pi a^3$.

## 三、定积分在物理上的应用

物理上很多量的计算需要用到定积分,如质量、引力和功等.这里考察**变力沿直线所做的功**.由物理学知道,如果物体在运动过程中受常力作用,沿力的方向移动一段距离 $s$,则力 $F$ 所做的功为 $W=F\cdot s$,如果物理在变力 $F(x)$ 作用下沿 $x$ 轴由 $a$ 处移动到 $b$ 处,求变力 $F(x)$ 所做的功.

利用微元法求解.由于变力 $F(x)$ 是连续变化的,故可以设想在区间微元 $[x,x+dx]$ 上作用力 $F(x)$ 保持不变,常力所做的功可以看做变力 $F(x)$ 所做功的近似值,从而功的微元为

$$dW = F(x)dx,$$

因此得整个区间上变力所做的功为

$$W = \int_a^b F(x)dx.$$

**例 5** 把一个带 $+q$ 电荷量的电荷放在 $x$ 轴上坐标原点 $O$ 处,它产生一个电场,这个电场对周围的电荷有作用力.由物理学知道,如果有一个单位正电荷放在这个电场中距离原点 $O$ 为 $r$ 的地方,那么电场对它的作用力的大小为

$$F = k\frac{q}{r^2} \quad (k \text{ 是常数}).$$

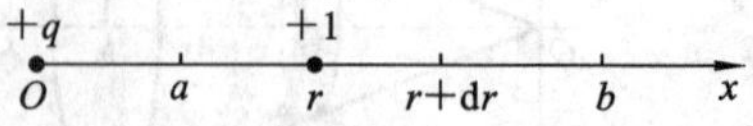

图 4.5.8

如图 4.5.8 所示,当这个单位正电荷在电场中从 $r=a$ 处沿 $r$ 轴移动到 $r=b(a<b)$ 处时,计算电场力 $F$ 对它所做的功.

**解** 取 $r$ 为积分变量,积分区间为 $[a,b]$,在 $r$ 轴上,当单位正电荷从 $r$ 移动到 $r+dr$ 时,电场力对它所做的功近似为 $k\dfrac{q}{r^2}dr$,即功微元为

$$dW = k\frac{q}{r^2}dr.$$

于是所求的功为

$$W = \int_a^b \frac{kq}{r^2} \mathrm{d}r = kq \left[ -\frac{1}{r} \right]_a^b = kq \left( \frac{1}{a} - \frac{1}{b} \right).$$

## 四、定积分的军事应用

在雷达电路的分析和计算中,经常遇到定积分概念和计算的问题.一方面由于它是从实践中抽象出来的,是客观实践的产物,是认识自然和改造自然的有力数学工具;另一方面,定积分概念和解决问题的方法,是高等数学运用极限的方法研究问题的一个典型,它抛弃了形而上学的思维方式,体现了辩证法的基本规律.定积分在军事领域同样具有重要的应用.

**例 6**　在 R-C 充电电路中,已知电流 $i = \frac{E}{R} \mathrm{e}^{-\frac{t}{RC}}$,求在整个充电过程中电容器上的电压.

**解**　由电工学可知,电量 $Q$ 是电流 $i$ 的积分,从理论上讲充电时间是无限长,所以 $Q$ 应该是当 $T \to \infty$ 时 $\int_0^T i(t) \mathrm{d}t$ 的极限值,即

$$Q = \int_0^\infty i(t) \mathrm{d}t = \lim_{T \to \infty} \int_0^T i(t) \mathrm{d}t.$$

又因 $U_C = \dfrac{Q}{C}$,所以

$$U_C = \frac{\int_0^\infty i(t) \mathrm{d}t}{C} = \frac{1}{C} \lim_{T \to \infty} \int_0^T i(t) \mathrm{d}t = \frac{1}{C} \lim_{T \to \infty} \int_0^T \frac{E}{R} \mathrm{e}^{-\frac{t}{RC}} \mathrm{d}t$$

$$= -\frac{1}{C} \lim_{T \to \infty} \left[ \frac{E}{R} (RC) \mathrm{e}^{-\frac{t}{RC}} \right]_0^T = -E \lim_{T \to \infty} \left[ \mathrm{e}^{-\frac{t}{RC}} \right]_0^T = E \lim_{T \to \infty} (\mathrm{e}^0 - \mathrm{e}^{-\frac{T}{RC}})$$

$$= E \lim_{T \to \infty} (1 - \mathrm{e}^{-\frac{T}{RC}}) = E - E \lim_{T \to \infty} \mathrm{e}^{-\frac{T}{RC}} = E.$$

上式说明,只要充电时间无限长,电容器上电压可以达到电源电压 $E$.

**例 7**　某米波雷达的电源中,有一单相全波整流电路,如图 4.5.9 所示.交流电源电压经整流后,供给负载 $R$ 直流电压,如果变压器的次级电压为 $U = U_m \sin \omega t$,如何计算 $R$ 上的电压平均值?

**解**　变压器的初级电压周期为 $\dfrac{2\pi}{\omega}$,经整流后变为周期为 $\dfrac{\pi}{\omega}$ 的电压 $U = U_m \sin \omega t$,它就是负载 $R$ 上的电压,其平均值可由下面积分求得,即

$$\overline{U} = \frac{\omega}{\pi} \int_0^{\frac{\pi}{\omega}} U_m \sin \omega t \, \mathrm{d}t = \frac{\omega U_m}{\pi \omega} \int_0^{\frac{\pi}{\omega}} \sin \omega t \, \mathrm{d}\omega t = \frac{U_m}{\pi} \left[ -\cos \omega t \right]_0^{\frac{\pi}{\omega}}$$

$$= \frac{U_m}{\pi} (1 + 1) = \frac{2U_m}{\pi} = 0.637 U_m.$$

**例 8**　某机械化部队在急行军中,遇到一个障碍物,设该障碍物为抛物线 $y = 16 - x^2$ $(-4 \leqslant x \leqslant 4)$ 绕 $y$ 轴旋转而成的旋转体,如图 4.5.10 所示.现在需要通过炮

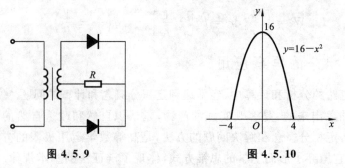

图 4.5.9　　　　　　　　　　　　图 4.5.10

弹将其夷为平地,假设一枚炮弹能消减 100 立方米的体积,问需要多少个炮弹才能将该障碍物铲平?

**解**　障碍物的体积可以看成抛物线 $y = 16 - x^2$ 及 $x$ 轴围成的图形绕 $y$ 轴旋转一周而围成的旋转体的体积,即

$$V = \int_0^{16} \pi x^2(y)\mathrm{d}y = \int_0^{16} \pi(16 - y)\mathrm{d}y = 128\pi = 401.92 \text{（立方米）},$$

所以需要 4 枚导弹才能将该障碍物铲平.

# 第六节　微 分 方 程

在科学研究和生产实践中,经常要寻求表示客观事物的变量之间的函数关系.然而在利用数学知识研究现实生活时,往往不能直接得到所求的函数关系,但是根据实际问题的意义及已知的公式或定律,可以建立一个含有未知函数导数或微分的关系式,即通常所说的微分方程.因此,微分方程是描述客观事物的数量关系的一种重要的数学模型.本节重点研究常见的微分方程的解法,并结合实际问题探讨用微分方程建立数学模型的思维方式.

## 一、微分方程的基本概念

**引例**　设质点以匀加速度 $a$ 作直线运动,且 $t = 0$ 时,$s = 0$,$v = v_0$,求质点运动的位移与时间 $t$ 的关系.

**解**　设质点运动的位移与时间的关系为 $s = s(t)$,由二阶导数的物理意义知

$$\frac{\mathrm{d}^2 s}{\mathrm{d}t^2} = a, \qquad ①$$

并且,未知函数 $s = s(t)$ 应满足条件:

$$\begin{cases} s \big|_{t=0} = 0, \\ v \big|_{t=0} = v_0. \end{cases} \qquad ②$$

对方程 ① 两边积分,得

$$v = \frac{\mathrm{d}s}{\mathrm{d}t} = at + C_1. \qquad ③$$

再对式 ③ 两边积分,得

$$s(t) = \frac{1}{2}at^2 + C_1 t + C_2. \qquad ④$$

由条件式 ② 可确定式 ④ 中的 $C_1 = v_0, C_2 = 0$,故有

$$s(t) = \frac{1}{2}at^2 + v_0 t. \qquad ⑤$$

由引例可以看到,在研究实际问题时,根据问题的几何或物理意义,先得到含有未知函数导数的方程,然后求出满足方程的函数. 由于积分后会出现任意常数,所以此时得到的不是一个函数,而是一族函数. 通常要根据所求的未知函数所满足的其他条件来确定任意常数,使得满足这些方程的函数中不含任意常数. 因此我们引入有关微分方程的一些基本概念.

含有未知函数导数或微分的方程,称为微分方程,所含未知函数的导数的最高阶数,称为微分方程的阶. 如方程 ① 是二阶微分方程.

能使方程成为恒等式的函数 $y = f(x)$ 称为该微分方程的解. 如函数 ④、⑤ 都是方程 ① 的解. 不含任意常数的解称为微分方程的**特解**;含有相互独立的任意常数,且任意常数的个数与微分方程的阶数相等的解称为微分方程的**通解**. 如函数 ⑤ 是方程 ① 满足条件式 ② 的特解,函数 ④ 是方程 ① 的通解.

许多实际问题都要求寻找满足某些附加条件的解,此时,这类附加条件就可以用来确定通解中的任意常数,这类附加条件称为初始条件. 如式 ② 是方程 ① 的初始条件.

## 二、可分离变量的微分方程

**定义 1**　形如

$$\frac{\mathrm{d}y}{\mathrm{d}x} = f(x)g(y)$$

的方程,称为**可分离变量的微分方程**. 该类方程等式的右边可以分解成一个是 $x$ 的函数,另一个是 $y$ 的函数之积. 求解可分离变量的微分方程的步骤可分为以下两步.

(1) 分离变量,即

$$\frac{\mathrm{d}y}{g(y)} = f(x)\mathrm{d}x \quad (g(y) \neq 0).$$

(2) 两边分别积分,即

$$\int \frac{\mathrm{d}y}{g(y)} = \int f(x)\mathrm{d}x,$$

求出不定积分后,即得微分方程的解.

**例 1**　求微分方程 $\dfrac{\mathrm{d}y}{\mathrm{d}x} = 2y^2 \sin x$ 的通解.

**解**　(1) 分离变量,原方程变形为 $\dfrac{\mathrm{d}y}{y^2} = 2\sin x \mathrm{d}x$.

(2) 两边分别积分,即 $\int \dfrac{\mathrm{d}y}{y} = \int 2\sin x \mathrm{d}x$,于是

$$-\frac{1}{y} = -2\cos x - C, \quad 即 \quad y = \frac{1}{2\cos x + C}.$$

可以验证,函数 $y = \dfrac{1}{2\cos x + C}$ 是方程的通解.

**例 2**　某空降部队进行跳伞训练,伞兵打开降落伞后,降落伞和伞兵在下降过程中所受空气阻力与降落伞的下降速度成正比,如图 4.6.1 所示,设伞兵打开降落伞时 $(t = 0)$ 下降速度为 $v_0$,求降落伞下降的速度 $v$ 与 $t$ 的函数关系.

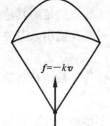

$f = -kv$

$p = mg$

**图 4.6.1**

**解**　设降落伞在时刻 $t$ 的下降速度为 $v(t)$,伞所受空气阻力为 $kv$($k$ 为比例系数),阻力与运动方向相反,还受到伞和伞兵的重力 $p = mg$ 的作用,由牛顿第二定律得

$$m\frac{\mathrm{d}v}{\mathrm{d}t} = mg - kv, \tag{①}$$

且有初始条件　　　　　$v \mid_{t=0} = v_0.$

对方程 ① 分离变量得

$$\frac{\mathrm{d}v}{mg - kv} = \frac{\mathrm{d}t}{m},$$

两边积分得

$$\int \frac{\mathrm{d}v}{mg - kv} = \int \frac{\mathrm{d}t}{m},$$

于是

$$-\frac{1}{k}\ln \mid mg - kv \mid = \frac{t}{m} + C_1.$$

整理得

$$v = \frac{mg}{k} + C\mathrm{e}^{-\frac{k}{m}t} \quad \left( C = -\frac{1}{k}\mathrm{e}^{-kC} \right).$$

由初始条件得,$C = v_0 - \dfrac{mg}{k}$,故所求特解为

$$v = \frac{mg}{k} + \left( v_0 - \frac{mg}{k} \right) \mathrm{e}^{-\frac{k}{m}t}.$$

由此可见,随着 $t$ 的增大,速度 $v$ 逐渐趋于常数 $\dfrac{mg}{k}$,这说明伞兵打开伞后,开始阶段是加速运动,后来逐渐趋于匀速运动.

### 三、一阶线性微分方程

**定义 2**　形如

$$\frac{\mathrm{d}y}{\mathrm{d}x} + P(x)y = Q(x) \tag{①}$$

的方程称为**一阶线性微分方程**,其中 $P(x), Q(x)$ 为已知函数,$Q(x)$ 称为自由项.

当 $Q(x) \neq 0$ 时,微分方程 ⑥ 称为**一阶非齐次线性方程**.

当 $Q(x) \equiv 0$ 时，方程为

$$\frac{\mathrm{d}y}{\mathrm{d}x} + P(x)y = 0,　　　　　②$$

称为与一阶非齐次线性微分方程 ① 相对应的**一阶齐次线性方程**.

我们先求一阶齐次线性方程 ② 的解. 这是一个可分离变量的微分方程，分离变量得

$$\frac{\mathrm{d}y}{y} = -P(x)\mathrm{d}x,$$

两边积分得

$$\ln|y| = -\int P(x)\mathrm{d}x + C_1,$$

于是得方程的解为

$$y = C\mathrm{e}^{-\int P(x)\mathrm{d}x} \quad (C = \pm\,\mathrm{e}^{C_1}\ \text{为不等于零的任意常数}).$$

又 $y = 0$ 也是方程 ② 的解，所以方程 ② 的通解为

$$y = C\mathrm{e}^{-\int P(x)\mathrm{d}x} \quad (C\ \text{为任意常数}).　　　　　③$$

显然，当 $C$ 为任意常数时，它不是方程 ① 的解. 由于非齐次线性方程 ① 的右端是 $x$ 的函数 $Q(x)$，因此，可以设想将方程 ③ 中常数 $C$ 换成待定函数 $C(x)$ 后，方程 ③ 有可能是方程 ① 的解. 我们来分析其解的形式.

设 $y = C(x)\mathrm{e}^{-\int P(x)\mathrm{d}x}$ 为一阶线性非齐次方程 ① 的通解，将其代入方程 ①，得

$$C'(x)\mathrm{e}^{-\int P(x)\mathrm{d}x} = Q(x), \quad \text{即} \quad C'(x) = Q(x)\mathrm{e}^{\int P(x)\mathrm{d}x},$$

两边积分得 
$$C(x) = \int Q(x)\mathrm{e}^{\int P(x)\mathrm{d}x}\mathrm{d}x + C.$$

将 $C(x)$ 代入 $y = C(x)\mathrm{e}^{-\int P(x)\mathrm{d}x}$ 中，得一阶线性非齐次方程 ① 的通解为

$$y = \left[\int Q(x)\mathrm{e}^{\int P(x)\mathrm{d}x}\mathrm{d}x + C\right]\mathrm{e}^{-\int P(x)\mathrm{d}x},$$

即

$$y = C\mathrm{e}^{-\int P(x)\mathrm{d}x} + \int Q(x)\mathrm{e}^{\int P(x)\mathrm{d}x}\mathrm{d}x \cdot \mathrm{e}^{-\int P(x)\mathrm{d}x}.　　　　④$$

归纳得求一阶非齐次线性方程的通解的方法如下：

按以下步骤求解：

（1）求出与非齐次线性方程对应的齐次方程的通解；

（2）根据所求出的齐次方程的通解设出非齐次线性方程的解，即将所求出的齐次方程的通解中的任意常数 $C$ 改为待定函数 $C(x)$，设其为非齐次线性方程的通解；

（3）将所设的解代入非齐次线性方程，解出 $C(x)$，并写出非齐次线性方程的通解.

或直接用公式 ④ 求解.

**例3**　求方程 $y' + y = 1$ 的通解.

**解**　这里 $P(x) = 1, Q(x) = 1$. 方程的通解为

$$y = \left(\int 1 \cdot \mathrm{e}^{\int 1\mathrm{d}x}\mathrm{d}x + C\right)\mathrm{e}^{-\int 1\mathrm{d}x} = \left(\int \mathrm{e}^x\mathrm{d}x + C\right)\mathrm{e}^{-x} = 1 + C\mathrm{e}^{-x}.$$

**例 4** 求方程 $y' = \dfrac{y + x\ln x}{x}$ 的通解.

**解** 这里 $P(x) = -\dfrac{1}{x}, Q(x) = \ln x.$ 方程的通解为

$$y = \left(\int \ln x \cdot e^{\int -\frac{1}{x}dx} dx + C\right) e^{-\int -\frac{1}{x}dx} = \left(\int \ln x \cdot e^{-\ln x} dx + C\right) e^{\ln x}$$

$$= \left(\int \frac{1}{x}\ln x dx + C\right)x = \left(\int \ln x d(\ln x) + C\right)x = \frac{x}{2}(\ln x)^2 + Cx.$$

**例 5** 在串联电路中,设有电阻 $R$、电感 $L$ 和交流电动势 $E = E_0 \sin\omega t$,如图 4.6.2 所示.在时刻 $t = 0$ 时接通电路,求电流 $i$ 与时间 $t$ 的关系($E_0, \omega$ 为常数).

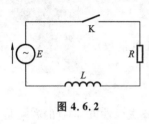

图 4.6.2

**解** 设任一时刻 $t$ 的电流为 $i$,电流在电阻 $R$ 上产生的电压降 $u_R = Ri$,在电感 $L$ 上产生的电压降是 $u_L = L\dfrac{\mathrm{d}i}{\mathrm{d}t}$,由回路电压定律知,闭合电路中电动势等于电压降之和,即 $u_R + u_L = E$,有

$$Ri + L\frac{\mathrm{d}i}{\mathrm{d}t} = E_0 \sin\omega t,$$

于是

$$\frac{\mathrm{d}i}{\mathrm{d}t} + \frac{R}{L}i = \frac{E_0}{L}\sin\omega t.$$

解此一阶非齐次线性方程,此时

$$P(t) = \frac{R}{L}, \quad Q(t) = \frac{E_0}{L}\sin\omega t.$$

直接利用通解公式,得

$$i(t) = e^{-\int \frac{R}{L}dt}\left(\int \frac{E_0}{L}e^{\int \frac{R}{L}dt}\sin\omega t\, dt + C\right) = e^{-\frac{R}{L}t}\left(\int \frac{E_0}{L}e^{\frac{R}{L}t}\sin\omega t\, dt + C\right)$$

$$= Ce^{-\frac{R}{L}t} + \frac{E_0}{R^2 + \omega^2 L^2}(R\sin\omega t - \omega L\cos\omega t).$$

由初始条件 $i\mid_{t=0} = 0$,得

$$C = \frac{\omega L E_0}{R^2 + \omega^2 L^2}.$$

所以电流 $i$ 与时间 $t$ 关系为

$$i(t) = \frac{E_0}{R^2 + \omega^2 L^2}(\omega L\, e^{-\frac{R}{L}t} + R\sin\omega t - \omega L\cos\omega t).$$

## *四、二阶线性微分方程

对于二阶微分方程,这里只讨论一些简单的情况,先看一个例子.

**例 6(自由振动问题)** 设有一个弹簧,它的上端固定,下端挂一个质量为 $m$ 的物体,当物体处于静止状态时,作用在物体上的重力与弹簧力大小相等、方向相反.这个位置就是物体的平衡位置.取 $x$ 轴铅直向下,并取物体的平衡位置为坐标原点.如果

使物体有一个初始位置 $x_0$ 与初始速度 $v_0$($x_0$ 与 $v_0$ 不能全为零),那么物体便会离开平衡位置,并且在平衡位置附近做上下振动.假设 $t$ 时刻物体的位置为 $x = x(t)$,求物体的振动规律.

**解** 假设物体做无阻尼运动.由力学知识知,弹簧使物体回到平衡位置的弹性恢复力 $f$ 与物体离开平衡位置的位移 $x$ 成正比,即

$$f = -cx$$

其中 $c$ 为弹簧的弹性系数,负号表示弹性恢复力的方向与物体位移的方向相反.由牛顿第二定律得

$$m\frac{\mathrm{d}^2 x}{\mathrm{d}t^2} = -cx,$$

移项,并记

$$\omega^2 = \frac{c}{m},$$

则上式变为

$$\frac{\mathrm{d}^2 x}{\mathrm{d}t^2} + \omega^2 x = 0. \tag{①}$$

它是二阶常系数齐次线性微分方程.容易求出方程的通解为

$$x(t) = C_1 \cos\omega t + C_2 \sin\omega t.$$

满足初始条件 $x\mid_{t=0} = x_0, x'\mid_{t=0} = v_0$ 的特解为

$$x(t) = x_0 \cos\omega t + \frac{v_0}{\omega}\sin\omega t. \tag{②}$$

令 $x_0 = A\sin\varphi$,其中 $A = \sqrt{x_0^2 + \frac{v_0^2}{\omega^2}}$,$\tan\varphi = \frac{\omega x_0}{v_0}$,则 $\frac{v_0}{\omega} = A\cos\varphi(0 \leqslant \varphi \leqslant 2\pi)$.于是式 ② 化为

$$x(t) = A\sin(\omega t + \varphi). \tag{③}$$

函数 ③ 所反映的运动称为**简谐振动**.这个振动的振幅为 $A$,初相为 $\varphi$,由初值条件所决定,而这个振动的周期为 $T = \frac{2\pi}{\omega}$,角频率为 $\omega$.由于 $\omega = \sqrt{\frac{c}{m}}$ 与初值条件无关,完全由振动系统本身决定,因此又称为系统的固有频率,它是反映振动系统特性的一个重要参数.

**定义 3** 形如

$$y'' + py' + qy = f(x) \tag{4.6.1}$$

的方程(其中 $p, q$ 为常数,$f(x)$ 不恒为零)称为**二阶常系数非齐次线性微分方程**,$f(x)$ 称为方程的自由项.相应地,方程

$$y'' + py' + qy = 0$$

称为方程(4.6.1)所对应的**齐次方程**.

关于非齐次线性方程的通解有如下定理.

**定理 1(非齐次线性方程解的结构)** 若 $y^*(x)$ 为非齐次线性方程(4.6.1)的一个特解,$Y(x)$ 为它所对应的齐次线性方程的通解,则 $y = y^*(x) + Y(x)$ 为非齐次线性方程(4.6.1)的通解.

**定理 2** 若 $y_1$ 为方程 $y'' + py' + qy = f_1(x)$ 的特解,$y_2$ 为方程 $y'' + py' + qy = f_2(x)$ 的特解,则 $y = y_1 + y_2$ 为方程

$$y'' + py' + qy = f_1(x) + f_2(x)$$

的特解.

由非齐次线性方程解的结构定理可知,要求其通解,关键是要求出非齐次线性方程的一个特解.下面介绍特解的求法.

**求法一** 当自由项 $f(x) = P_m(x)e^{\lambda x}$ 时($\lambda$ 为常数,$P_m(x) = a_m x^m + a_{m-1}x^{m-1} + \cdots + a_0$),方程(4.6.1)变为

$$y'' + py' + qy = P_m(x)e^{\lambda x}. \tag{4.6.2}$$

由于方程(4.6.2)右端的自由项为 $P_m(x)e^{\lambda x}$ 的形式,又 $p,q$ 是常数,因为多项式与指数函数的乘积求导以后仍是同型函数,因此,我们设想方程(4.6.2)有形如 $y^* = Q(x)e^{\lambda x}$ 的特解,其中 $Q(x)$ 是一个待定多项式.

将 $y^* = Q(x)e^{\lambda x}$ 代入方程(4.6.2),整理后得到

$$Q''(x) + (2\lambda + p)Q'(x) + (\lambda^2 + p\lambda + q)Q(x) = P_m(x). \tag{4.6.3}$$

上式右端是一个 $m$ 次多项式,所以,上式左端也应该是一个 $m$ 次多项式,由于对多项式,每求一次导数,多项式的次数要降低一次,故有三种情况,现分别讨论如下。

(1) 当 $\lambda^2 + p\lambda + q \neq 0$ 时,即 $\lambda$ 不是特征方程

$$r^2 + pr + q = 0$$

的根,方程(4.6.3)左边 $Q(x)$ 应为一个系数待定的 $m$ 次多项式,设

$$Q(x) = Q_m(x) = b_0 x^m + b_1 x^{m-1} + \cdots + b_{m-1}x + b_m,$$

其中 $b_0, b_1, \cdots, b_m$ 为 $m+1$ 个待定系数,将 $Q_m(x)$ 代入(4.6.3),比较等式两边同次幂的系数,就可得到以 $b_0, b_1, \cdots, b_m$ 为未知数的 $m+1$ 个方程所组成的联立方程组,解方程组求出 $b_0, b_1, \cdots, b_m$,即可确定 $Q_m(x)$,于是可得方程(4.6.3)的一个特解

$$y^* = Q_m(x)e^{\lambda x}.$$

(2) 当 $\lambda^2 + p\lambda + q = 0$ 但 $2\lambda + p \neq 0$ 时,即 $\lambda$ 为特征方程

$$r^2 + pr + q = 0$$

的单根,那么方程(4.6.3)就成为 $Q''(x) + (2\lambda + p)Q'(x) = P_m(x)$. 由此可见,$Q'(x)$ 与 $P_m(x)$ 的次数相同,故应设 $Q(x) = xQ_m(x)$,将它代入(4.6.3),即可求得 $Q_m(x)$ 的 $m+1$ 个系数,从而得方程(4.6.2)的一个特解

$$y^* = xQ_m(x)e^{\lambda x}.$$

(3) 当 $\lambda^2 + p\lambda + q = 0$ 且 $2\lambda + p = 0$ 时,即 $\lambda$ 是特征方程

$$r^2 + pr + q = 0$$

的重根,方程(4.6.3)变为 $Q''(x) = P_m(x)$,此时应设

$$Q(x) = x^2 Q_m(x).$$

将它代入方程(4.6.3),便可确定 $Q_m(x)$ 的 $m+1$ 个系数,即可得方程(4.6.2)的一个特解为

$$y^* = x^2 Q_m(x) \mathrm{e}^{\lambda x}$$

综上所述,有如下结论:

二阶常系数非齐次线性微分方程

$$y'' + py' + qy = P_m(x) \mathrm{e}^{\lambda x}$$

具有形如

$$y^* = x^k Q_m(x) \mathrm{e}^{\lambda x}$$

的特解,其中 $Q_m(x)$ 为 $m$ 次多项式,$k$ 对应 $\lambda$ 不是特征方程的根、是特征方程的单根或特征方程的重根分别取 0,1 或 2;再将其代入方程(4.6.2),比较等式两边同次幂的系数,求得 $m+1$ 个待定系数. 也可将 $Q(x) = x^k Q_m(x)$ 代入方程(4.6.3)求得,这种方法比较简单,但要记牢方程(4.6.3).

**例 7**　求微分方程 $y'' + 3y' + 2y = 3x \mathrm{e}^{2x}$ 的一个特解.

**解**　由于特征方程 $r^2 + 3r + 2 = 0$ 的特征根为 $-1, -2$,方程的自由项 $f(x) = 3x \mathrm{e}^{2x}$ 中的 $\lambda = 2$ 不是特征根,且 $P_m(x) = 3x$ 是一次多项式,故令

$$Q(x) = Ax + B.$$

将 $Q(x) = Ax + B$ 代入方程(4.6.3)(这里若将 $y^* = (Ax + B) \mathrm{e}^{2x}$ 直接代入原方程也可)得

$$(4+3)A + (4 + 3 \times 2 + 2)(Ax + B) = 3x,$$

即有

$$12Ax + 7A + 12B = 3x,$$

比较系数得

$$\begin{cases} 12A = 3, \\ 7A + 12B = 0, \end{cases}$$

解得 $A = \dfrac{1}{4}$,$B = -\dfrac{7}{48}$. 所以,

$$y = \left( \frac{1}{4}x - \frac{7}{48} \right) \mathrm{e}^{2x}$$

为所求方程的一个特解.

**求法二**　当自由项 $f(x) = P_m(x)$ 时,相当于 $f(x) = P_m(x) \mathrm{e}^{\lambda x} (\lambda = 0)$ 的情形.

(1) 若 $\lambda = 0$ 不是特征方程的根,方程有特解

$$y^* = b_m x^m + b_{m-1} x^{m-1} + \cdots + b_0.$$

(2) 若 $\lambda = 0$ 是特征方程的单根,方程有特解

$$y^* = (b_m x^m + b_{m-1} x^{m-1} + \cdots + b_0) x.$$

(3) 若 $\lambda = 0$ 是特征方程的重根,此时方程为 $y'' = f(x)$,直接两次积分即可.

**例 8**　求方程 $y'' + 3y' + 2y = x^2 + 3x + 1$ 的一个特解.

**解**　因为 $\lambda = 0$ 不是方程的特征根,设方程的特解为

$$y^* = Ax^2 + Bx + C,$$

代入原方程,得　　$2A + 3(2Ax + B) + 2(Ax^2 + Bx + C) = x^2 + 3x + 1,$

即　　　　　　$2Ax^2 + (6A + 2B)x + (2A + 3B + 2C) = x^2 + 3x + 1,$

比较系数得
$$\begin{cases} 2A = 1, \\ 6A + 2B = 3, \\ 2A + 3B + 2C = 1, \end{cases}$$

解得 $A = \dfrac{1}{2}, B = C = 0.$ 因此,

$$y^* = \frac{1}{2}x^2$$

为原方程的一个特解.

**求法三**　　自由项 $f(x) = e^{\lambda x}$ 时,分下列三种情况:

(1) 若 $\lambda$ 不是特征方程的根,方程有特解 $y^* = Ae^{\lambda x}$;

(2) 若 $\lambda$ 是特征方程的单根,方程有特解 $y^* = Axe^{\lambda x}$;

(3) 若 $\lambda$ 是特征方程的重根,方程有特解 $y^* = Ax^2 e^{\lambda x}$.

**例 9**　　求方程 $y'' - 6y' + 9y = e^{3x}$ 的通解.

**解**　　所给方程对应的齐次方程的特征方程为

$$r^2 - 6r + 9 = 0,$$

其特征根为重根　　　　　　$r_1 = r_2 = 3,$

故齐次方程的通解为

$$Y = (C_1 + C_2 x)e^{3x}.$$

又因方程的自由项 $f(x) = e^{3x}$ 中的 $\lambda = 3$ 是特征方程的重根,故

$$y^* = Ax^2 e^{3x}$$

为原方程的一个特解. 将 $Q(x) = Ax^2$ 代入方程(4.6.3),得

$$A = \frac{1}{2}, 于是$$

$$y^* = \frac{1}{2}x^2 e^{3x}.$$

因此,方程的通解为

$$y = (C_1 + C_2 x)e^{3x} + \frac{1}{2}x^2 e^{3x}.$$

## *五、数学建模 —— 微分方程的应用

由于资源的有限性,当今世界各国都注意有计划地控制人口的增长. 为了得到人口预测模型,必须首先搞清楚影响人口增长的因素,而影响人口增长的因素很多,如人口的自然出生率、人口的自然死亡率、人口的迁移、自然灾害、战争等诸多因素. 如果一开始就把所有因素都考虑进去,则无从下手. 因此,先把问题简化,建立比较粗糙

的模型,再逐步修改,得到较完善的模型.

**例 10(马尔萨斯模型)** 英国人口统计学家马尔萨斯(1766—1834)在担任牧师期间,查看了教堂 100 多年人口出生统计资料,发现人口出生率是一个常数,于 1798 年在《人口原理》一书中提出了闻名于世的马尔萨斯人口模型.他的基本假设是:在人口自然增长过程中,净相对增长率(出生率与死亡率之差)是常数,即单位时间内人口的增长量与人口成正比,比例系数设为 $r$.在此假设下,推导并求人口随时间变化的数学模型.

**解** 设时刻 $t$ 的人口为 $N(t)$,把 $N(t)$ 当做连续、可微函数处理(因人口总数很大,可近似地这样处理,此乃离散变量连续化处理),据马尔萨斯的假设,在 $t$ 到 $t + \Delta t$ 时间段内,人口的增长量为

$$N(t + \Delta t) - N(t) = rN(t)\Delta t,$$

并设 $t = t_0$ 时刻的人口为 $N_0$,于是

$$\begin{cases} \dfrac{\mathrm{d}N}{\mathrm{d}t} = rN, \\ N(t_0) = N_0. \end{cases}$$

这就是马尔萨斯人口模型.用分离变量法易求出其解为

$$N(t) = N_0 \mathrm{e}^{r(t - t_0)}.$$

此式表明人口以指数规律随时间无限增长.

模型检验:据估计 1961 年地球上的人口总数为 $3.06 \times 10^9$,而在以后 7 年中,人口总数以每年 2% 的速度增长.这样 $t_0 = 1961, N_0 = 3.06 \times 10^9, r = 0.02$,于是

$$N(t) = 3.06 \times 10^9 \mathrm{e}^{0.02(t - 1961)}.$$

这个公式非常准确地反映了在 1700—1961 年间世界人口总数.因为,这期间地球上的人口大约每 35 年翻一番,而上式断定 34.6 年增加一倍(请读者证明这一点).

但是,后来人们以美国人口为例,用马尔萨斯模型计算结果与人口资料相比较,却发现有很大的差异.若按此模型计算,到 2670 年,地球上将有 36000 亿人口.如果地球表面全是陆地(事实上,地球表面还有 80% 被水覆盖),我们也只得互相踩着肩膀站成两层了.这是非常荒谬的.因此,这一模型应该在合理假设下进行修改.有兴趣的读者可进一步进行探讨.

# 习 题 四

## A 题

**1.** 已知一个函数的导数为 $y' = 2x$,且 $x = 1$ 时 $y = 2$,这个函数是( ).

(A) $y = x^2 + C$      (B) $y = x^2 + 1$      (C) $y = \dfrac{x^2}{2} + C$      (D) $y = x + 1$

**2.** $\displaystyle\int 10^x \mathrm{d}x.$      **3.** $\displaystyle\int \dfrac{\mathrm{d}x}{4 + x}.$      **4.** $\displaystyle\int \dfrac{x\mathrm{d}x}{4 + x^2}.$      **5.** $\displaystyle\int x\mathrm{e}^x \mathrm{d}x.$

**6.** $\int_1^4 (x^3 - \sqrt{x})\,\mathrm{d}x.$    **7.** $\int_0^{\frac{\pi}{2}} \cos x\,\mathrm{d}x.$    **8.** $\int_1^2 \left(\dfrac{1}{\sqrt{x}} + \mathrm{e}^x\right)\mathrm{d}x.$    **9.** $\int_0^1 \dfrac{x^2}{1+x^2}\,\mathrm{d}x.$

**10.** $\int_{\frac{\pi}{3}}^{\pi} \sin\left(x + \dfrac{\pi}{3}\right)\mathrm{d}x.$          **11.** $\int_1^{+\infty} \mathrm{e}^{-\sqrt{x}}\,\mathrm{d}x.$

**12.** 设 $\int_0^a x^2\,\mathrm{d}x = 9$,求常数 $a$.

**13.** 方程( )是一阶非齐次线性微分方程.

(A) $(1+t^2)\mathrm{d}s - 2ts\,\mathrm{d}t = (1+t^2)^2\,\mathrm{d}t$        (B) $(1+\mathrm{e}^x)y\,\mathrm{d}y = \mathrm{e}^x\,\mathrm{d}x$

(C) $\sin x\,\mathrm{d}y = y\ln y\,\mathrm{d}x$               (D) $y' = \dfrac{x}{y}$

**14.** 微分方程 $\dfrac{\mathrm{d}y}{\mathrm{d}x} + p(x)y = Q(x)$ 的通解为 _____.

**15.** 求由抛物线 $y = 3 - 2x - x^2$ 与横轴所围成的图形的面积.

**16.** 求曲线 $y = \ln x$,$y$ 轴及直线 $y = \ln a$,$y = \ln b(b > a > 0)$ 所围成的平面图形的面积.

**17.** 求曲线 $y = x^2$,$x = y^2$ 所围图形绕 $x$ 轴旋转而成的旋转体体积.

**18.** 作直线运用的质点在任意位置所受的力 $F(x) = 1 - \mathrm{e}^x$,试求质点从点 $x_1 = 0$ 沿 $x$ 轴到点 $x_2 = 1$ 处,力所做的功.

**19.** 求微分方程 $(1 + y^2)\mathrm{d}x - x(1 + x^2)y\,\mathrm{d}y = 0$ 的通解.

**20.** 求微分方程 $y' = \dfrac{1}{x - y} + 1$ 的通解.

**21.** 求微分方程 $xy' = y\ln y$ 的通解.

**22.** 求微分方程 $y' = \mathrm{e}^{2x - y}$,$y(0) = 0$ 的特解.

**23.** 求微分方程 $y' + ay = b\sin x$(其中 $a,b$ 为常数) 的通解.

B 题

**1.** 若 $F'(x) = f(x)$,则 $\int \mathrm{d}F(x) = ($    $).$

(A) $f(x)$          (B) $F(x)$          (C) $f(x) + C$          (D) $F(x) + C$

**2.** $\int \dfrac{(x - \sqrt{x})(1 - \sqrt{x})}{\sqrt{x}}\,\mathrm{d}x.$    **3.** $\int \dfrac{2^x - 3^x}{5^x}\,\mathrm{d}x.$    **4.** $\int \dfrac{1}{x^2}\sin\dfrac{1}{x}\,\mathrm{d}x.$    **5.** $\int \ln x\,\mathrm{d}x.$

**6.** $\int_{-3}^4 |x|\,\mathrm{d}x.$          **7.** $\int_1^2 \dfrac{1}{x^2}\mathrm{e}^{\frac{1}{x}}\,\mathrm{d}x.$

**8.** 求定积分 $\int_0^{\frac{\pi}{2}} \sin x\cos^3 x\,\mathrm{d}x.$

**9.** 求摆线 $x = a(t - \sin t)$,$y = a(1 - \cos t)$ 的一拱与横轴所围成的图形的面积.

**10.** 解微分方程 $(\mathrm{e}^{x+y} - \mathrm{e}^x)\mathrm{d}x + (\mathrm{e}^{x+y} + \mathrm{e}^y)\mathrm{d}y = 0.$

**11.** 求微分方程 $y' + \dfrac{1 - 2x}{x^2}y = 1$,$y(1) = 0$ 的特解.

**12.** 求微分方程 $y' + y = \mathrm{e}^{-x}$ 的通解.

**13.** 求微分方程 $y'\cos x + y\sin x = 1$ 的通解.

**14.** 求微分方程 $y' + \dfrac{y}{x} = \sin x$ 的通解.

阅读材料

## 牛顿——科学巨擘

　　牛顿(Newton)1642 年 12 月 25 日生于英国林肯郡的一个普通农民家庭. 1742 年 3 月 20 日,卒于英国伦敦,死后安葬在威斯敏斯特大教堂内,与英国的英雄们安息在一起,墓志铭的最后一句话是:"他是人类的真正骄傲".当时法国大文豪伏尔泰正在英国访问,他不胜感慨地说,英国纪念一位科学家就像其他国家纪念国王一样隆重.

　　牛顿是他那个时代的世界著名的物理学家、数学家和天文学家,是自然科学界受人崇拜的偶像,单就数学方面的成就,就使他与古希腊的阿基米德、德国的"数学王子"高斯一起,被称为世界三大数学家.莱布尼兹说:"**在从人类开始到牛顿生活的年代的所有数学中,牛顿的工作超过一半.**"

　　牛顿登上了科学的巅峰,并开辟了以后科学发展的道路.他成功的因素是多方面的,但主要因素有三条.

　　首先,时代的呼唤是牛顿成功的第一个因素.牛顿出生的那一年,正是伽利略被宗教迫害致死的那一年.他的青少年时期仍是新兴的资本主义与衰落的封建主义殊死搏斗的时期.当时在数学和自然科学方面已积累了大量丰富的资料,到了由积累到综合的关键时刻.伽利略发现了落体运动,开普勒研究了行星运动,费马的极大极小值(1637),笛卡尔的坐标几何(1637)等大量成果,都是牛顿培育科学的沃土良壤.牛顿是集群英大成的能手.他曾写到:"**我之所以比笛卡尔等人看得远些,也是因为我站在巨人的肩膀上.**"

　　其次,牛顿有惊人的毅力、超凡的献身精神、实事求是的科学态度以及谦虚的美德等优秀品质,也是他成功的决定性因素.

　　父亲在他出生前两个月就去世了,母亲在他 3 岁时改嫁,他被寄养在贫穷的外祖母家.牛顿并不是神童,他从小在低标准的地方学校接受教育,学业平庸,时常受到老师的批评和同学的欺负.上中学时,牛顿对机械模型设计有特别的兴趣,曾制作了水车、风车、木钟等许多玩具.1659 年,17 岁的牛顿被母亲召回管理田庄,但在牛顿的舅父和当地格兰瑟姆中学校长的反复劝说下,他母亲最终同意让牛顿复学.1660 年秋,牛顿在辍学 9 个月后又回到了格兰瑟姆中学,为升学做准备.

　　1661 年,牛顿如愿以偿,以优异的成绩考入久负盛名的剑桥大学三一学院,开始了苦读生涯.临近毕业时,不幸鼠疫流行,大学关门.他回到家乡,一住就两年,这两年是牛顿呕心沥血的两年,也是他辉煌一生踌躇峥嵘的两年.他研究流数法和反流数法,获得了解决微积分问题的一般方法.他用三棱镜分解出七色彩虹,做出了划时代的发现.由苹果落地发现了万有引力定律,这是打开那无所不包的力学科学的钥匙.他进行科学研究达到了如痴如醉的地步,废寝忘食,夜以继日."所有<u>这些</u>"牛顿后来说:"是在 1665 年和 1666 年两个鼠疫年中做的,因为在这些日子里,我正处在发现力最旺盛的时期,而且对于数学和(自然)哲学的关心,比其他任何时候都多."后世有人评说:"科学史上没有别的成功的例子能和牛顿这两年黄金岁月相比."

　　1667 年复活节后不久,牛顿回到剑桥大学,但他对自己的重大发现却未作宣布.这年的 10 月他被选为三一学院的初级委员.翌年,获得硕士学位,同时成为高级委员,并留校任教.

　　他艰苦奋争,不分昼夜地工作,常常好几个星期一直在实验室里度过,30 多岁就满头白发.他总是不满足自己的成就,是一个非常谦虚的人.他说:**"我不知道,在别人看来,我是什么样的人.但在自己看来,我不过就像是一个在海滨玩耍的小孩,为不时发现比寻常更为光滑的一块卵石或比寻常更为美丽的一片贝壳而沾沾自喜,而对于展现在我面前的浩瀚的真理的海洋,却全然没有发现."**

　　牛顿有名师指引和提携,这是他成功的第三个因素.大学期间,由于学业出类拔萃,博得导师巴罗的厚爱.1664 年经过考试,被选拔为巴罗的助手.由于成就突出,39 岁的巴罗主动宣布牛顿的学识已超过自己,欣然把路卡斯(Lucas)教授的职位让给了年仅 26 岁的牛顿,这件事成就了科学史上的一段佳话.

　　牛顿是伟大的科学家,他的哲学思想基本上属于自发的唯物主义.但他信奉上帝,受亚里士多德影响,认为一切行星的运动产生于神灵的"第一推动力",晚年陷入唯心主义.牛顿是对人类作出了卓绝贡献的科学巨匠,理应得到世人的尊敬和仰慕.

> 数学是人类知识活动留下来的最具威力的知识工具,是一些现象的根源.数学是不变的,是客观存在的,上帝必以数学法则建造宇宙.
>
> ——笛卡尔

# 第五章　多元函数微积分

前面我们讨论了只有一个自变量的一元函数.实际问题中经常还要研究事物与多种因素之间的联系,例如,矩形的面积 $S$ 和长 $x$、宽 $y$ 的关系为 $S=xy$,它描述了 $S$ 与 $x$、$y$ 这两个量之间的函数关系,它含有两个以上的自变量,这就是多元函数的问题.

多元函数是一元函数的推广,一元函数的许多性质也适用于多元函数,但也由于自变量由一个增加到多个,产生了新的特性.本章以二元函数为代表讨论多元函数的微积分,在掌握了二元函数的有关理论与研究方法之后,我们可以把它推广到一般的多元函数中去.

## 第一节　多元函数的基本概念

### 一、平面点集

平面上由一条或几条曲线围成的部分叫**平面区域**,如图 5.1.1 所示.围成平面区域的曲线称为该区域的**边界**.

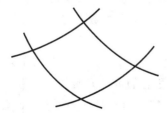
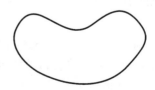

**图 5.1.1**

　　包含边界的平面区域是**闭区域**,不含边界的平面区域是**开区域**,开区域也称为**区域**.

　　如果一个区域总可以被包含在一个以原点为中心的圆域内,则称此区域为**有界区域**,否则称为**无界区域**.

　　例如,点集$\{(x,y)\mid 1<x^2+y^2<3\}$是一区域,不包含两个圆的边界,并且是一有界区域,如图 5.1.2 所示.

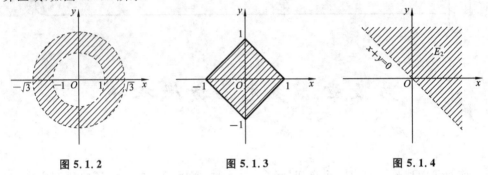

图 5.1.2　　　　　　　　　图 5.1.3　　　　　　　　　图 5.1.4

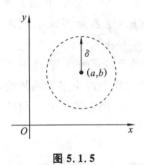

图 5.1.5

点集$\{(x,y)\mid \mid x-y\mid \leqslant 1\}$是一闭区域,并且是一有界闭区域,如图 5.1.3 所示.而点集$\{(x,y)\mid x+y>0\}$是一无界区域,如图 5.1.4 所示.

设 $P(a,b)$ 为 $xOy$ 平面内定点,$\delta>0$,点集
$$\{(x,y)\mid (x-a)^2+(y-b)^2<\delta^2\}$$
称为点 $P$ 的 $\delta$ 邻域,记为 $U(P,\delta)$;它是以点 $P(a,b)$ 为圆心、$\delta$ 为半径的圆内的所有点的集合.不包含圆心 $P$ 的邻域称为点 $P(a,b)$ 的去心 $\delta$ 邻域,记为 $\mathring{U}(P,\delta)$,如图 5.1.5 所示.

## 二、二元函数的概念

　　**引例 1**　直角三角形斜边 $z$ 与两直角边 $x,y$ 之间具有关系 $z=\sqrt{x^2+y^2}$,这里当 $x,y$ 在集合$\{(x,y)\mid x>0,y>0\}$内取一定值$(x,y)$时,斜边 $z$ 的值就随之确定.

　　**引例 2**　某部队共有士兵 $m$ 人进行打靶练习,每名士兵射击 $n$ 发子弹,则进行一次打靶训练共需子弹 $y$ 与人数 $m$ 和每名士兵射击子弹数 $n$ 之间具有关系式
$$y=mn,$$
当 $m$ 和 $n$ 在$\{(m,n)\mid m\in \mathbf{N},n\in \mathbf{N}\}$内取值时,总子弹数 $y$ 的值就随之确定.

　　上述例子都是有两个自变量的函数,我们称它们为二元函数.

　　**定义 1**　设 $D$ 是平面内的一个非空点集,如果对于任一点 $P(x,y)\in D$,变量 $z$ 按照一定法则 $f$ 都有唯一确定的值与之对应,则称变量 $z$ 是 $x$、$y$ 的二元函数(或称函数),记为 $z=f(x,y)$,其中 $x$、$y$ 称为自变量,$z$ 称为函数(或因变量),$D$ 称为函数

的定义域.

类似地,可以定义二元以上的函数.

二元函数 $z = f(x, y)$ 的定义域通常是 $xOy$ 平面内的一个或几个区域.

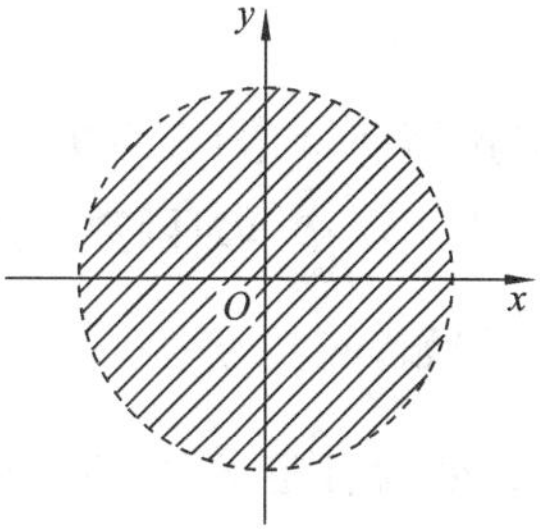

**例 1** 求函数 $z = \dfrac{1}{\sqrt{1 - x^2 + y^2}}$ 的定义域.

**解** 函数有意义,则要求被开方数大于等于零,且分母不为 0,所以函数的定义域为

$$\{(x, y) \mid x^2 + y^2 < 1\},$$

它是 $xOy$ 平面内的单位圆域,不含边界,如图 5.1.6 所示.

图 5.1.6

## 三、二元函数的极限

与一元函数的极限类似,二元函数的极限也是反映函数值随自变量变化而变化的趋势.在把一元函数的极限概念推广到二元函数时,注意两个自变量的趋于方式.

**定义 2** 设二元函数 $z = f(x, y)$ 在点 $P_0(x_0, y_0)$ 的某去心邻域内有定义,如果当点 $P(x, y)$ 以任何方式无限趋近于点 $P_0(x_0, y_0)$ 时,对应的函数值 $f(x, y)$ 无限趋近于某个确定的常数 $A$,则称 $A$ 为函数 $f(x, y)$ 当 $x \to x_0, y \to y_0$ 时的极限,记为

$$\lim_{\substack{x \to x_0 \\ y \to y_0}} f(x, y) = A, \quad \text{或} \quad \lim_{(x, y) \to (x_0, y_0)} f(x, y) = A, \quad \text{或} \quad \lim_{P \to P_0} f(x, y) = A.$$

二元函数的极限与一元函数的极限具有相同的性质和运算法则,在此不再详述.

**例 2** 求极限 $\lim\limits_{\substack{x \to 0 \\ y \to 0}} \dfrac{x^2 + y^2}{\sqrt{x^2 + y^2 + 1} - 1}$.

**解** 令 $\sqrt{x^2 + y^2 + 1} = u$,则 $x^2 + y^2 = u^2 - 1$,且当 $x \to 0, y \to 0$ 时,$u \to 1$.于是

$$\lim_{\substack{x \to 0 \\ y \to 0}} \frac{x^2 + y^2}{\sqrt{x^2 + y^2 + 1} - 1} = \lim_{u \to 1} \frac{u^2 - 1}{u - 1} = \lim_{u \to 1} (u + 1) = 2.$$

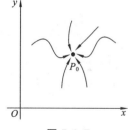

图 5.1.7

值得注意的是:在一元函数的极限中,$x$ 只能沿 $x$ 轴从 $x_0$ 的左、右侧无限趋近于 $x_0$,而在二元函数极限的定义中,要求点 $P(x, y)$ 从任何方向以任何方式(见图 5.1.7)无限趋近于点 $P_0(x_0, y_0)$ 时,函数 $f(x, y)$ 都以常数 $A$ 为极限,才有

$$\lim_{P \to P_0} f(x, y) = A.$$

## 四、二元函数的连续性

建立了二元函数的极限的概念,便可定义二元函数的连续性.

**定义 3** 设二元函数 $z = f(x, y)$ 在点 $P_0(x_0, y_0)$ 的某邻域内有定义,若有

$$\lim_{(x,y)\to(x_0,y_0)} f(x,y) = f(x_0,y_0),$$

则称函数 $f(x,y)$ 在点 $P_0(x_0,y_0)$ 处连续. 若函数 $z=f(x,y)$ 在点 $P_0(x_0,y_0)$ 不连续, 称点 $P_0(x_0,y_0)$ 为函数的**间断点**.

例如, 函数 $f(x,y)=xy$ 在点 $O(0,0)$ 处连续, 函数 $f(x,y)=\dfrac{xy}{x^2+y^2}$ 在点 $O$ $(0,0)$ 处没有定义, 所以 $O(0,0)$ 是函数的间断点.

二元函数 $f(x,y)$ 在点 $(x_0,y_0)$ 处连续, 反映了自变量的增量趋于 0 时, 函数值的增量也趋于 0.

如果函数 $f(x,y)$ 在区域 $D$ 内每一点都连续, 则称函数 $f(x,y)$ 在 $D$ 内连续.

**性质 1**　与一元函数类似, 二元连续函数经过四则运算及复合函数仍是连续函数.

以 $x,y$ 为变量的基本初等函数经过有限次四则运算及复合运算所构成的, 并可用 $x,y$ 的一个解析式表示的函数称为**二元初等函数**.

**性质 2**　一切二元初等函数 $z=f(x,y)$ 在其定义区域上都是连续的.

利用这一结论, 求二元初等函数在其定义域内一点的极限, 只需求出函数在这一点处的函数值.

**例 3**　求 $\lim\limits_{\substack{x\to 2\\y\to 1}}\dfrac{4xy}{x+y}$.

**解**　因为函数 $f(x,y)=\dfrac{4xy}{x+y}$ 是初等函数, 点 $(2,1)$ 在该函数的定义区域内, 所以

$$\lim_{\substack{x\to 2\\y\to 1}}\frac{4xy}{x+y} = f(2,1) = \frac{4\times 2\times 1}{2+1} = \frac{8}{3}.$$

**例 4**　求 $\lim\limits_{\substack{x\to 0\\y\to 0}}\dfrac{\sqrt{xy+1}-1}{xy}$.

**解**　$\lim\limits_{\substack{x\to 0\\y\to 0}}\dfrac{\sqrt{xy+1}-1}{xy} = \lim\limits_{\substack{x\to 0\\y\to 0}}\dfrac{xy+1-1}{xy(\sqrt{xy+1}+1)} = \lim\limits_{\substack{x\to 0\\y\to 0}}\dfrac{1}{\sqrt{xy+1}+1} = \dfrac{1}{2}.$

# 第二节　偏导数与全微分

## 一、偏导数

### 1. 偏导数的概念

在研究一元函数时, 我们从研究函数的变化率引入了导数概念. 对于二元函数同样需要讨论它的变化率, 但二元函数的自变量不止一个, 因变量与自变量的关系要比

一元函数复杂一些. 一般地,对于二元函数 $z=f(x,y)$,如果固定其中的一个自变量,则 $z=f(x,y)$ 就是另一个自变量的一元函数,我们仍然可以考虑函数对该自变量的变化率.

二元函数当固定其中一个自变量时,它对另一个自变量的导数称为偏导数,定义如下.

**定义 1**　设函数 $z=f(x,y)$ 在点 $(x_0,y_0)$ 的某邻域内有定义,当 $y$ 固定在 $y_0$,而 $x$ 在 $x_0$ 处有增量 $\Delta x$ 时,函数有相应的增量(称为偏增量)

$$\Delta_x z=f(x_0+\Delta x,y_0)-f(x_0,y_0),$$

如果极限

$$\lim_{\Delta x \to 0}\frac{f(x_0+\Delta x,y_0)-f(x_0,y_0)}{\Delta x}$$

存在,则称此极限为函数 $z=f(x,y)$ 在点 $(x_0,y_0)$ 处对 $x$ 的偏导数,记为

$$\frac{\partial z}{\partial x}\bigg|_{\substack{x=x_0\\y=y_0}},\quad z_x\bigg|_{\substack{x=x_0\\y=y_0}},\quad \text{或}\quad f_x(x_0,y_0).$$

类似地,$z=f(x,y)$ 在点 $(x_0,y_0)$ 处关于 $y$ 的偏导数定义为

$$\lim_{\Delta y \to 0}\frac{f(x_0,y_0+\Delta y)-f(x_0,y_0)}{\Delta y},$$

记作

$$\frac{\partial z}{\partial y}\bigg|_{\substack{x=x_0\\y=y_0}},\quad z_y\bigg|_{\substack{x=x_0\\y=y_0}},\quad \text{或}\quad f_y(x_0,y_0).$$

如果函数 $z=f(x,y)$ 在定义区域 $D$ 内每一点 $(x,y)$ 处,都存在关于 $x$ 或 $y$ 的偏导数,那么其偏导数仍然是 $x,y$ 的函数,称为函数的**偏导函数**,分别记为

$$\frac{\partial f}{\partial x},\quad f_x(x,y),\quad z_x;$$

$$\frac{\partial f}{\partial y},\quad f_y(x,y),\quad z_y.$$

显然,函数在一点的偏导数就是偏导函数在该点的值.

从偏导数的定义可知,求函数 $z=f(x,y)$ 的关于 $x$ 的偏导数,只要固定变量 $y$,对变量 $x$ 用一元函数求导法求导. 所以求偏导数仍然是一元函数的求导问题.

**例 1**　求 $z=x^2+3xy+y^2$ 在点 $(1,2)$ 处的偏导数.

**解**　因为函数在一点的偏导数就是偏导函数在该点的值. 故把 $y$ 看成常量,对 $x$ 求导得

$$\frac{\partial z}{\partial x}=2x+3y;$$

把 $x$ 看成常量,对 $y$ 求导得

$$\frac{\partial z}{\partial y}=3x+2y.$$

将 $x=1,y=2$ 代入上面结果,得

$$\frac{\partial z}{\partial x}\bigg|_{\substack{x=1\\y=2}}=(2x+3y)\bigg|_{\substack{x=1\\y=2}}=8,\quad \frac{\partial z}{\partial y}\bigg|_{\substack{x=1\\y=2}}=(3x+2y)\bigg|_{\substack{x=1\\y=2}}=7.$$

**2. 偏导数的应用**

下面我们介绍偏导数的简单应用.

宋代著名文学家苏轼曾畅游庐山,留有名诗《题西林壁》:

> 横看成岭侧成峰,远近高低各不同.
>
> 不识庐山真面目,只缘身在此山中.

诗句描述了庐山不同的形态变化:庐山横看绵延逶迤;侧看则峰峦起伏;从远处和近处看庐山,所看到的山色和气势又不相同.为什么不能辨认庐山的真实面目呢?因为身在庐山之中,看到的只是庐山的一峰一岭一丘一壑,而且我们知道"峰"要比"岭"更高、更陡.下面,我们从数学的角度来进行理解和分析.

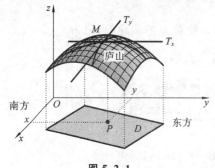

图 5.2.1

假设太阳直射庐山上方,庐山山体总面积相对于地球表面来说非常小,则庐山在海平面上的投影可近似看做平面.在投影区域内,选择一点作为坐标原点,即可建立三维空间坐标系,不妨以沿经度线指向南极的方向为 $x$ 轴正方向,沿纬度线指向东方的方向为 $y$ 轴正方向,沿竖直向上方向为 $z$ 轴正方向,如图 5.2.1 所示.

假设庐山山体表面对应的函数表达式 $z = f(x,y)$.一元函数 $y = f(x)$ 在 $x_0$ 处的导数 $f'(x_0)$ 可以表示相应曲线在 $x_0$ 处切线的倾斜程度,即陡峭程度.利用偏导数可以很好地来刻画这种感官的差距.

庐山南北长、东西窄,称南北走向,对于庐山表面某点 $M_0(x_0,y_0,z_0)$,"横看"表示站在庐山东部或西部横看的时候,此时看到的是山体函数 $z = f(x,y)$ 在 $y = y_0$ 固定时的一个剖面.利用一元函数导数的几何意义可以得到,$z = f(x,y_0)$ 对 $x$ 的导数 $z'_x = f'_x(x,y_0)$ 即表示所见剖面的陡峭程度.类似地,"侧看"表示站在庐山山南或山北侧看时,观察庐山表面同一点 $M_0$ 处的情况,看到的是山体函数 $z = f(x,y)$ 在 $x = x_0$ 时的一个剖面,并且可得到反映山体沿纬度线陡峭程度的描述 $z'_y = f'_y(x_0,y)$.

比如考察函数 $z = 4x^2 + xy + y$ 在点 $M(1,1,4)$ 处的情况,有

$$z'_x(1,1) = (8x+y)\Big|_{\substack{x=1\\y=1}} = 9,$$

$$z'_y(1,1) = (x+1)\Big|_{\substack{x=1\\y=1}} = 2,$$

即从数学上来看,观察同样一个点 $M$,因为观察角度不同,从 $y$ 轴方向感觉到的要比从 $x$ 轴方向感觉到的要更加陡峭,因而产生"横看成岭侧成峰"的效果.

偏导数的应用还在军事地形学、气象学上有广泛的应用.海拔高度处处相等的面称为等高面.在图 5.2.2 中,它描述的是喜马拉雅山的等高面图,曲线密集的地方表示喜马拉雅山脉陡峭的部位;空间气压相等的点所组成的曲面,称为等压面.图5.2.3

是一张等压面图,其中曲线越密集处气压变化越大.

图 5.2.2　等高面图

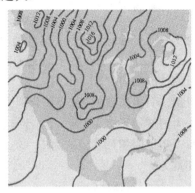

图 5.2.3　等压面图

## 二、高阶偏导数

二元函数的偏导函数常常仍是原来自变量的函数,如果偏导函数仍偏可导,则我们可以对偏导数再求偏导数,即**二阶偏导数**.函数 $z=f(x,y)$ 有四个二阶偏导数:

$$\frac{\partial}{\partial x}\left(\frac{\partial z}{\partial x}\right)=\frac{\partial^2 z}{\partial x^2}, \qquad \frac{\partial}{\partial y}\left(\frac{\partial z}{\partial x}\right)=\frac{\partial^2 z}{\partial x \partial y},$$

$$\frac{\partial}{\partial x}\left(\frac{\partial z}{\partial y}\right)=\frac{\partial^2 z}{\partial y \partial x}, \qquad \frac{\partial}{\partial y}\left(\frac{\partial z}{\partial y}\right)=\frac{\partial^2 z}{\partial y^2},$$

分别记为 $f_{xx}(x,y)$、$f_{xy}(x,y)$、$f_{yx}(x,y)$、$f_{yy}(x,y)$,其中 $\dfrac{\partial^2 z}{\partial x \partial y}$,$\dfrac{\partial^2 z}{\partial y \partial x}$ 称为**二阶混合偏导数**,注意这两者的求导次序.当二阶混合偏导数 $\dfrac{\partial^2 z}{\partial x \partial y}$ 和 $\dfrac{\partial^2 z}{\partial y \partial x}$ 在某区域内连续时,则在该区域内有 $\dfrac{\partial^2 z}{\partial x \partial y}=\dfrac{\partial^2 z}{\partial y \partial x}$,即当二阶混合偏导数连续时,混合偏导数与求导次序无关.

类似地,可得三阶、四阶以至 $n$ 阶偏导数,二阶及二阶以上的偏导数称为**高阶偏导数**.

**例 2**　求函数 $z=2x^2 y+3xy^3+2y^2$ 的二阶偏导数.

**解**　一阶偏导数为

$$\frac{\partial z}{\partial x}=4xy+3y^3, \qquad \frac{\partial z}{\partial y}=2x^2+9xy^2+4y,$$

二阶偏导数为

$$\frac{\partial^2 z}{\partial x^2}=4y, \qquad \frac{\partial^2 z}{\partial y^2}=18xy+4,$$

$$\frac{\partial^2 z}{\partial x \partial y}=4x+9y^2, \qquad \frac{\partial^2 z}{\partial y \partial x}=4x+9y^2.$$

## 三、全微分

对于一元可导函数 $y=f(x)$，当自变量 $x$ 取得微小改变量 $\Delta x$ 时，函数改变量 $\Delta y \approx \mathrm{d}y = f'(x)\Delta x$. 那么对于二元函数 $z=f(x,y)$，在自变量都有微小变化时，函数改变量的情况如何呢？

**引例**　一矩形薄铁板，边长分别为 $x$ 和 $y$，受热影响，使边长分别增加 $\Delta x$ 和 $\Delta y$，问面积大约增加了多少？

**解**　矩形面积计算公式为 $S=xy$，因此当 $x$ 和 $y$ 分别有增量 $\Delta x$ 和 $\Delta y$ 时，面积的改变量为

$$\Delta S = (x+\Delta x)(y+\Delta y) - xy = y\Delta x + x\Delta y + \Delta x \Delta y.$$

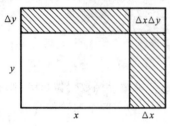

图 5.2.4

如图 5.2.4 所示，分析可知，$\Delta S$ 可看做两部分，主要部分为 $y\Delta x + x\Delta y$，分别为 $\Delta x$ 和 $\Delta y$ 的一次表达式. 次要部分为 $\Delta x \Delta y$，它是比 $\Delta x$、$\Delta y$ 小得多的无穷小，当 $\Delta x$、$\Delta y$ 很小时可忽略不计. 与一元函数类似，这时把 $y\Delta x + x\Delta y$ 称为函数 $S=xy$ 的全微分，记为 $\mathrm{d}S = y\Delta x + x\Delta y$.

$f(x+\Delta x, y+\Delta y) - f(x,y)$ 称为函数在点 $P(x,y)$ 处对应于自变量增量 $\Delta x, \Delta y$ 的全增量，记为 $\Delta z$. 一般来说，计算全增量比较复杂. 与一元函数的情形类似，我们也希望利用关于自变量 $\Delta x, \Delta y$ 的线性函数来近似地代替函数的全增量 $\Delta z$，由此引入二元函数全微分的定义.

**定义 2**　如果函数 $z=f(x,y)$ 在点 $P_0(x_0,y_0)$ 的某一邻域内有连续偏导数 $f_x(x,y)$ 和 $f_y(x,y)$，记 $\Delta x = x-x_0, \Delta y = y-y_0$，则称

$$f_x(x_0,y_0)\Delta x + f_y(x_0,y_0)\Delta y \tag{5.2.1}$$

为函数 $z=f(x,y)$ 在点 $(x_0,y_0)$ 处的全微分，记为 $\mathrm{d}z$. 一般地，称

$$\mathrm{d}z = f_x(x,y)\Delta x + f_y(x,y)\Delta y$$

为函数 $z=f(x,y)$ 的全微分.

由于 $\Delta x = \mathrm{d}x, \Delta y = \mathrm{d}y$，并称 $\mathrm{d}x, \mathrm{d}y$ 分别为自变量 $x, y$ 的微分，所以 $\mathrm{d}z$ 可表示为

$$\mathrm{d}z = \frac{\partial z}{\partial x}\mathrm{d}x + \frac{\partial z}{\partial y}\mathrm{d}y.$$

这说明函数的全微分等于各分量的微分与其对应偏导数乘积之和.

与一元函数的情形类似，全微分可作为全增量 $\Delta z$ 的近似值，也就是 $\Delta z \approx \mathrm{d}z$，即

$$f(x,y) \approx f(x_0,y_0) + f_x(x_0,y_0) \cdot (x-x_0) + f_y(x_0,y_0) \cdot (y-y_0). \tag{5.2.2}$$

一般来说，用全微分 $\mathrm{d}z$ 近似表示全增量 $\Delta z$，当自变量 $\Delta x, \Delta y$ 越小时，近似程度也越好.

**例 3**　求函数 $z = y\mathrm{e}^x + 2xy$ 的全微分.

**解** 因为
$$\frac{\partial z}{\partial x}=y\mathrm{e}^x+2y, \quad \frac{\partial z}{\partial y}=\mathrm{e}^x+2x,$$
所以
$$\mathrm{d}z=(y\mathrm{e}^x+2y)\mathrm{d}x+(\mathrm{e}^x+2x)\mathrm{d}y.$$

**例 4** 计算 $1.08^{3.96}$ 的近似值.

**解** 设 $f(x,y)=x^y$，令 $x_0=1,y_0=4,\Delta x=0.08,\Delta y=-0.04.$

由式(5.2.2)有
$$1.08^{3.96}=f(x_0+\Delta x,y_0+\Delta y)\approx f(1,4)+f_x(1,4)\Delta x+f_y(1,4)\Delta y$$
$$=1+4\times 0.08+1^4\times \ln 1\times(-0.04)=1+0.32=1.32.$$

用数学软件计算 $1.08^{3.96}$ 的精确值保留四位小数得 1.3563,与用全微分方法算的相差 0.0363,可见全微分的近似程度非常高,计算也简便.

**例 5** 一直角三角形金属薄片是巡航导弹制导的重要部件,如图 5.2.5 所示,两直角边的边长为 3 厘米、4 厘米,它的斜边有严格的控制要求,改变量不能超过 0.15 厘米.金属薄片在外界影响下会发生形变,变形之后仍可近似认为是直角三角形,它的一直角边由 3 厘米增大到 3.05 厘米,另一直角边由 4 厘米增大到 4.08 厘米.求此斜边的近似改变量,问该金属薄片符合要求吗?

**解** 设直角三角形的两直角边依次为 $x$、$y$,斜边为 $r$,则
$$r=\sqrt{x^2+y^2}.$$

记 $r$、$x$ 和 $y$ 的增量依次为 $\Delta r$、$\Delta x$ 和 $\Delta y$.应用式(5.2.2),有

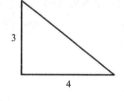

图 5.2.5

$$\Delta r\approx \mathrm{d}r=r_x\Delta x+r_y\Delta y=\frac{x}{\sqrt{x^2+y^2}}\Delta x+\frac{y}{\sqrt{x^2+y^2}}\Delta y.$$

由题设知,$x=3,y=4,\Delta x=0.05,\Delta y=0.08$,代入上式,得
$$\Delta r\approx \frac{3}{\sqrt{3^2+4^2}}\times 0.05+\frac{4}{\sqrt{3^2+4^2}}\times 0.08=0.094 \text{（厘米）}.$$

即金属薄片的斜边增加了 0.094 厘米,在控制范围内,所以该金属薄片符合要求.

# 第三节 二元函数的极值与最值

在实际问题中,经常遇到求二元函数的最小值、最大值等问题,即要求目标函数的最优解问题.

## 一、二元函数极值的概念

**定义** 设函数 $z=f(x,y)$ 在点 $(x_0,y_0)$ 的某个邻域内有定义,对于该邻域内一切异于 $(x_0,y_0)$ 的点 $(x,y)$,恒有 $f(x,y)<f(x_0,y_0)$,则称函数在点 $(x_0,y_0)$ 处取得**极大值**;如果 $f(x,y)>f(x_0,y_0)$,则称函数在点 $(x_0,y_0)$ 处取得**极小值**;极大值、极小值统称为**极值**.取得极值的点称为函数的**极值点**.

例如,函数 $f(x,y)=3x^2+4y^2$ 在点 $(0,0)$ 处有极小值,它在点 $(0,0)$ 处的去心邻域内所有函数值都大于零.

下面给出二元函数极值存在的必要条件.

**定理 1(必要条件)**　若函数 $z=f(x,y)$ 在点 $(x_0,y_0)$ 处具有偏导数,且在点 $(x_0,y_0)$ 处取得极值,则有 $f_x(x_0,y_0)=0,f_y(x_0,y_0)=0$.

事实上,$z=f(x,y)$ 在点 $(x_0,y_0)$ 处取得极值,那么固定 $y$ 为 $y_0$,一元函数 $z=f(x,y_0)$ 在 $x=x_0$ 处取得极值,由一元函数取得极值的必要条件知,$z=f(x,y_0)$ 在 $x=x_0$ 处的导数为 0,也就是 $f_x(x_0,y_0)=0$. 类似地,$f_y(x_0,y_0)=0$ 也可以同样分析得到.

与一元函数相同,把满足 $f_x(x,y)=0,f_y(x,y)=0$ 的点 $(x_0,y_0)$ 称为函数 $z=f(x,y)$ 的**驻点**.

类似一元函数,具有偏导数的函数的极值点一定是驻点,但驻点未必是函数的极值点.例如,$z=xy$ 有驻点 $(0,0)$,但 $(0,0)$ 点不是其极值点.

\***定理 2(充分条件)**　设函数 $z=f(x,y)$ 在点 $(x_0,y_0)$ 的某邻域内有连续的二阶偏导数,又点 $(x_0,y_0)$ 是函数 $z=f(x,y)$ 的驻点,即 $f_x(x_0,y_0)=0,f_y(x_0,y_0)=0$,令
$$A=f_{xx}(x_0,y_0),\quad B=f_{xy}(x_0,y_0),\quad C=f_{yy}(x_0,y_0),$$
则有

(1) 当 $AC-B^2>0$ 时,函数 $f(x,y)$ 在点 $(x_0,y_0)$ 处有极值,且当 $A<0$ 时,函数有极大值 $f(x_0,y_0)$;当 $A>0$ 时,函数有极小值 $f(x_0,y_0)$;

(2) 当 $AC-B^2<0$ 时,函数 $f(x,y)$ 在点 $(x_0,y_0)$ 处没有极值;

(3) 当 $AC-B^2=0$ 时,函数 $f(x,y)$ 在点 $(x_0,y_0)$ 处可能有极值,也可能没有极值.

证明从略.

我们把求具有二阶偏导数的函数 $z=f(x,y)$ 的极值的步骤归纳如下.

**步骤 1**　解方程组
$$f_x(x,y)=0,\quad f_y(x,y)=0,$$
求得一切驻点.

**步骤 2**　求出二阶偏导数,得每个驻点对应的 $A$、$B$ 和 $C$.

**步骤 3**　确定 $AC-B^2$ 的符号,按定理 2 的结论判定 $f(x_0,y_0)$ 是否有极值、是极大值还是极小值.

**例 1**　求函数 $f(x,y)=x^3-y^3+3x^2+3y^2-9x$ 的极值.

**解**　解方程组 $\begin{cases} f_x(x,y)=3x^2+6x-9=0, \\ f_y(x,y)=-3y^2+6y=0, \end{cases}$

求得四个驻点 $(1,0),(1,2),(-3,0),(-3,2)$. 函数的二阶偏导数

$$f_{xx}(x,y)=6x+6, \quad f_{xy}(x,y)=0, \quad f_{yy}(x,y)=-6y+6,$$

算出 $A$ 与 $AC-B^2$ 在四个驻点处的值,如表 5.3.1 所示.

**表 5.3.1**

| $(x,y)$ | $(1,0)$ | $(1,2)$ | $(-3,0)$ | $(-3,2)$ |
|---------|---------|---------|----------|----------|
| $A$ | 12 | 12 | $-12$ | $-12$ |
| $AC-B^2$ | 72 | $-72$ | $-72$ | 72 |

由此可知,$f(1,0)=-5$ 是极小值,$f(-3,2)=31$ 是极大值,而 $f(x,y)$ 在另外两个驻点处没有极值.

## 二、函数的最大值和最小值

设函数 $f(x,y)$ 在有界闭区域 $D$ 上连续,与一元函数在闭区间上连续的性质类似,函数在区域 $D$ 上必有最大值和最小值.但函数取得最值的点可能在 $D$ 的内部,也可能在 $D$ 的边界上.

而对于实际问题,如果根据问题的性质,函数的最值是客观存在的,而 $D$ 的内部又只有一个驻点,那么该点的函数值就是函数的最大值或最小值.

**例 2**　某厂要用铁板做成一个体积为 2 立方米的有盖长方体水箱.问当长、宽、高各取怎样的尺寸时,才能使所用材料最省.

**解**　设水箱的长为 $x$(米),宽为 $y$(米),则其高应为 $\dfrac{2}{xy}$(米).此水箱所用材料的面积为

$$S=2\left(xy+y\cdot\frac{2}{xy}+x\cdot\frac{2}{xy}\right),$$

即

$$S=2\left(xy+\frac{2}{x}+\frac{2}{y}\right) \quad (x>0,y>0).$$

可见,材料面积 $S=S(x,y)$ 是 $x$ 和 $y$ 的二元函数,这就是目标函数.下面求使这个函数取得最小值的点 $(x,y)$.

令

$$S_x=2\left(y-\frac{2}{x^2}\right)=0, \quad S_y=2\left(x-\frac{2}{y^2}\right)=0,$$

解这方程组,得 $x=\sqrt[3]{2},y=\sqrt[3]{2}$.

又函数在 $D$ 内只有唯一的驻点 $(\sqrt[3]{2},\sqrt[3]{2})$,因此可断定当 $x=\sqrt[3]{2},y=\sqrt[3]{2}$ 时,$S$ 取得最小值.也就是说,当水箱的长为 $\sqrt[3]{2}$ 米、宽为 $\sqrt[3]{2}$ 米、高为 $\sqrt[3]{2}$ 米时,水箱所用的材料最省.

**例 3**　某地有三个军用物资需求处,分别位于平面直角坐标系中的 $A(-100,0)$,$B(100,0)$ 和 $C(50,150)$ 三点,如图 5.3.1 所示.由于训练作战需要,要在三个军需处之间建一个军供站,以补充所需物资,通过对三个军需处的需求量与运输环境的估

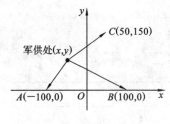

图 5. 3. 1

算,所建军供站到三个军需处的运输成本与到它们的距离平方成正比,比例系数分别为 3、4 和 5. 问军供站建在何处,才能使总运输成本最小.

**解**　设军供站所处位置为 $(x, y)$,总运输成本为 $S$,则

$$S = 3[(x+100)^2 + y^2] + 4[(x-100)^2 + y^2]$$
$$+ 5[(x-50)^2 + (y-150)^2],$$

令
$$S_x = 6(x+100) + 8(x-100) + 10(x-50) = 0,$$
$$S_y = 6y + 8y + 10(y-150) = 0,$$

解出唯一驻点为 $\left(\dfrac{175}{6}, \dfrac{375}{6}\right)$.

根据实际问题,最小值一定存在,所以把军供站建在点 $\left(\dfrac{175}{6}, \dfrac{375}{6}\right)$ 时,运输费用最小.

**例 4**　人们发现鲑鱼在河中逆流行进时,如果相对于河水的速度为 $v$(千米/小时),那么游 $t$ 小时所消耗的能量为 $E(v, t) = Cv^3 t$,其中 $C$ 为常数. 假设水流的速度为 4 千米/小时,鲑鱼逆流而上 200 千米,问它游多快才能使消耗的能量最少?

**解**　由题设知,鲑鱼相对于河水的游动速度为 $v$(千米/小时),水流速度为 4 千米/小时,于是鱼相对于岸的速度为 $(v-4)$(千米/小时),故鱼逆流而上 200 千米所需的时间为

$$t = \frac{200}{v-4},$$

于是,
$$E(v) = 200C \frac{v^3}{v-4} \quad (4 < v < +\infty).$$

现求 $E(v)$ 的最小值. 令 $\dfrac{\mathrm{d}E}{\mathrm{d}v} = 0$,则 $v = 6$ 千米/小时. 所以鱼相对于水的游动速度为 6 千米/小时,相对于岸的速度为 2 千米/小时.

# 第四节　二 重 积 分

## 一、二重积分的概念

### 1. 引例　曲顶柱体的体积

设 $z = f(x, y)$ 是定义在有界闭区域 $D$ 上的连续函数,且 $f(x, y) \geqslant 0$;我们把以 $D$ 为底,以 $D$ 的边界曲线为准线,而母线平行于 $z$ 轴的柱面为侧面,顶部由曲面 $z = f(x, y)$ 所围成的立体称为**曲顶柱体**,如图 5.4.1 所示,求此曲顶柱体的体积 $V$.

我们仿照求曲边梯形面积的方法来解决这个问题.

（1）分割. 将区域 $D$ 任意的分成 $n$ 个小区域 $\Delta\sigma_i(i=1,2,\cdots,n;\Delta\sigma_i$ 同时也表示第 $i$ 个小区域的面积），相应地，所给曲顶柱体也被分成 $n$ 个小曲顶柱体，它们的体积分别记为 $\Delta V_1,\Delta V_2,\cdots,\Delta V_n$.

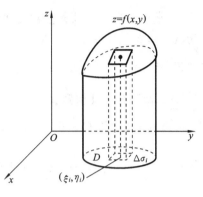

图 5.4.1

（2）近似. 由于 $f(x,y)$ 连续，当 $\Delta\sigma_i$ 很小时，曲顶的变化就很小，因此，在每个小区域 $\Delta\sigma_i$ 上任取一点 $(\xi_i,\eta_i)$，用以 $\Delta\sigma_i$ 为底，$f(\xi_i,\eta_i)$ 为高的小平顶柱体的体积来近似地代替对应的小曲顶柱体的体积，如图 5.4.1 所示. 这些小曲顶柱体的体积为

$$\Delta V_i\approx f(\xi_i,\eta_i)\Delta\sigma_i\quad(i=1,2,\cdots,n).$$

（3）求和. 曲顶柱体的体积 $V$ 近似等于 $n$ 个小平顶柱体的体积之和，即

$$V=\sum_{i=1}^{n}\Delta V_i\approx\sum_{i=1}^{n}f(\xi_i,\eta_i)\Delta\sigma_i.$$

（4）取极限. 显然，分割得越细，和式 $\sum_{i=1}^{n}f(\xi_i,\eta_i)\Delta\sigma_i$ 就越接近于曲顶柱体的体积 $V$，当分割得无限细密，即令 $\Delta\sigma_i(i=0,1,2,3,\cdots,n)$ 的最大直径 $\lambda\to 0$（闭区域 $\Delta\sigma$ 的直径指区域上任意两点距离的最大者）时，和式的极限就是曲顶柱体的体积，即

$$V=\lim_{\lambda\to 0}\sum_{i=1}^{n}f(\xi_i,\eta_i)\Delta\sigma_i.\tag{5.4.1}$$

在几何、物理和工程技术中，有许多几何量和物理量都可以归结为上述和式的极限，为更一般地研究和使用这类极限，下面给出二重积分的定义.

**2. 二重积分的定义**

**定义**　设函数 $f(x,y)$ 是定义在有界闭区域 $D$ 上的有界函数，将 $D$ 任意分成 $n$ 个小区域 $\Delta\sigma_i(i=1,2,\cdots,n)$（$\Delta\sigma_i$ 同时也表示第 $i$ 个小区域的面积），在每个 $\Delta\sigma_i$ 上任取一点 $(\xi_i,\eta_i)$，作和式 $\sum_{i=1}^{n}f(\xi_i,\eta_i)\Delta\sigma_i$. 如果当 $n$ 个小区域的最大直径 $\lambda\to 0$ 时，和式的极限存在，则称此极限值为 $f(x,y)$ 在区域 $D$ 上的**二重积分**，记为 $\iint\limits_{D}f(x,y)\mathrm{d}\sigma$，即

$$\iint\limits_{D}f(x,y)\mathrm{d}\sigma=\lim_{\lambda\to 0}\sum_{i=1}^{n}f(\xi_i,\eta_i)\Delta\sigma_i,$$

其中 $f(x,y)$ 称为**被积函数**，$\mathrm{d}\sigma$ 称为**面积微元**，$D$ 称为**积分区域**，$x,y$ 称为**积分变量**.

**说明**　（1）如果二重积分 $\iint\limits_{D}f(x,y)\mathrm{d}\sigma$ 存在，则称函数 $f(x,y)$ 在区域 $D$ 上是可积的. 可以证明，如果函数 $f(x,y)$ 在区域 $D$ 上连续，则 $f(x,y)$ 在区域 $D$ 上是可积的.

（2）根据定义知，二重积分的值与对积分区域的分割方法无关，因此，在直角坐

标系中,常用平行于 $x$ 轴和 $y$ 轴的两组直线来分割积分区域 $D$. 设矩形区域 $\Delta\sigma_i$ 的边长为 $\Delta x_i$ 和 $\Delta y_j$,于是 $\Delta\sigma_i = \Delta x_i\Delta y_j$. 面积微元 $d\sigma$ 可记为 $dxdy$,即 $d\sigma = dxdy$. 进而把二重积分记为 $\iint\limits_D f(x,y)dxdy$,这里我们把 $dxdy$ 称为**直角坐标系下的面积微元**.

**3. 二重积分的几何意义**

由引例可知,当 $f(x,y) \geqslant 0$ 时,二重积分 $\iint\limits_D f(x,y)d\sigma$ 的几何意义就是曲顶柱体的体积;当 $f(x,y) \leqslant 0$ 时,曲顶柱体在 $xOy$ 平面的下方,二重积分 $\iint\limits_D f(x,y)d\sigma$ 的值是负的,它表示曲顶柱体的体积的负值. 因此,二重积分 $\iint\limits_D f(x,y)d\sigma$ 的几何意义就是曲顶柱体的体积的代数和.

特别地,当 $f(x,y) \equiv 1$ 且 $D$ 的面积为 $\sigma$ 时,二重积分 $\iint\limits_D d\sigma$ 在数值上等于区域 $D$ 的面积 $\sigma$,即

$$\iint\limits_D d\sigma = \sigma.$$

**4. 二重积分的性质**

二重积分具有与定积分完全类似的性质. 设被积函数在有界闭区域上连续,则有下述性质.

**性质 1**　被积函数中的常数因子可以提到积分号的外面,即

$$\iint\limits_D kf(x,y)d\sigma = k\iint\limits_D f(x,y)d\sigma \quad (k \text{ 为常数}).$$

**性质 2**　两个函数代数和的积分等于这两个函数积分的代数和,即

$$\iint\limits_D [f(x,y) + g(x,y)]d\sigma = \iint\limits_D f(x,y)d\sigma + \iint\limits_D g(x,y)d\sigma.$$

该性质可以推广到有限个函数代数和的积分的情况.

**性质 3**　如果区域 $D$ 被连续曲线分成两个没有公共区域的 $D_1$ 与 $D_2$,则

$$\iint\limits_D f(x,y)d\sigma = \iint\limits_{D_1} f(x,y)d\sigma + \iint\limits_{D_2} f(x,y)d\sigma.$$

这个性质说明**二重积分对积分区域具有可加性**.

## 二、二重积分的计算

体积、质量、重心等都涉及二重积分及其计算. 一般情况下,直接用定义计算二重积分是很困难的. 下面我们讨论二重积分的计算方法,其基本思想是将二重积分化为两次定积分来计算,转化后的这种两次定积分常称为**二次积分**或**累次积分**. 先在直角坐标系下讨论二重积分的计算.

**1. 积分区域为矩形区域的二重积分的计算**

当积分区域 $D$ 是由直线 $x=a,x=b$ 和 $y=c,y=d$ 围成的矩形，即

$$D=\{(x,y)\mid a\leqslant x\leqslant b,c\leqslant y\leqslant d\}.$$

为计算二重积分 $\iint\limits_D f(x,y)\mathrm{d}\sigma$，将它理解为曲顶柱体的体积 $V$，将曲顶柱体用垂直于 $x$ 轴的平面切成多个小薄片，如图 5.4.2 所示，小薄片的厚度为 $\mathrm{d}x$，底面积为 $\int_c^d f(x,y)\mathrm{d}y$，则体积微元为

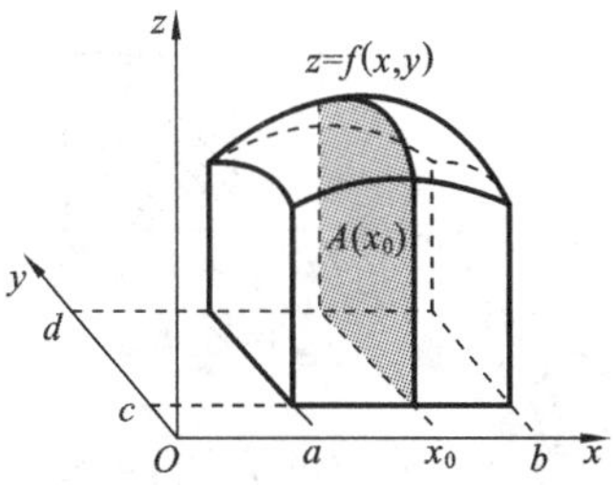


图 5.4.2

$$\mathrm{d}V=\int_c^d f(x,y)\mathrm{d}y\mathrm{d}x,$$

从而

$$V=\iint\limits_D f(x,y)\mathrm{d}\sigma=\int_a^b\left[\int_c^d f(x,y)\mathrm{d}y\right]\mathrm{d}x.$$

等式右边的积分 $\int_c^d f(x,y)\mathrm{d}y$ 是先将 $x$ 看成常数，$f(x,y)$ 作为 $y$ 的函数在区间 $[c,d]$ 上的定积分，积分的结果是不含 $y$ 而含 $x$ 的函数，然后以此作为被积函数再在 $[a,b]$ 上求定积分.

这样就将二重积分的计算化成先对 $y$、后对 $x$ 的两次定积分的计算. 或简单地说，化二次积分为累次积分，上式右边的二次积分通常写成

$$\int_a^b\left[\int_c^d f(x,y)\mathrm{d}y\right]\mathrm{d}x=\int_a^b\mathrm{d}x\int_c^d f(x,y)\mathrm{d}y.$$

同样，这个二重积分也可化成先对 $x$、后对 $y$ 的二次积分，即

$$\int_c^d\left[\int_a^b f(x,y)\mathrm{d}x\right]\mathrm{d}y=\int_c^d\mathrm{d}y\int_a^b f(x,y)\mathrm{d}x.$$

**例 1**　计算 $\iint\limits_D(x^3+3x^2y+y^3)\mathrm{d}x\mathrm{d}y$，其中 $D$ 是矩形区域 $1\leqslant x\leqslant 2,0\leqslant y\leqslant 2$.

**解**　画出积分区域 $D$，如图 5.4.3 所示. 先对 $y$ 积分（该题也可先对 $x$ 积分），得

$$\begin{aligned}\iint\limits_D(x^3+3x^2y+y^3)\mathrm{d}x\mathrm{d}y&=\int_1^2\mathrm{d}x\int_0^2(x^3+3x^2y+y^3)\mathrm{d}y\\&=\int_1^2\left[x^3y+\frac{3}{2}x^2y^2+\frac{1}{4}y^4\right]_0^2\mathrm{d}x\\&=\int_1^2(2x^3+6x^2+4)\mathrm{d}x\\&=\left[\frac{2}{4}x^4+2x^3+4x\right]_1^2=\frac{51}{2}.\end{aligned}$$

**2. 积分区域为 *X*- 型区域的二重积分的计算**

当积分区域 $D=\{(x,y)\mid\varphi_1(x)\leqslant y\leqslant\varphi_2(x),a\leqslant x\leqslant b\}$ 时，如图 5.4.4 所示，$D$ 是由曲线 $y=\varphi_1(x),y=\varphi_2(x)$ 及直线 $x=a,y=b$ 所围成的区域，称为 $X$- **型区域**.

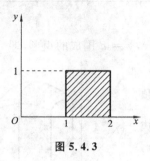

图 5.4.3

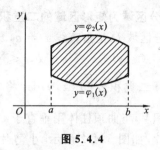

图 5.4.4

类似于前面的方法,可将二重积分 $\iint\limits_{D} f(x,y)\mathrm{d}x\mathrm{d}y$ 可化为 $\int_{a}^{b}\mathrm{d}x\int_{\varphi_{1}(x)}^{\varphi_{2}(x)} f(x,y)\mathrm{d}y$,即

$$\iint\limits_{D} f(x,y)\mathrm{d}x\mathrm{d}y = \int_{a}^{b}\mathrm{d}x\int_{\varphi_{1}(x)}^{\varphi_{2}(x)} f(x,y)\mathrm{d}y.$$

这个积分表示将 $f(x,y)$ 中的 $x$ 看成常数先对 $y$ 积分,积分的上、下限依次是确定 $D$ 的上、下边界的函数 $\varphi_{2}(x),\varphi_{1}(x)$,然后将积分结果(是 $x$ 的函数)作为被积函数对 $x$ 在区间 $[a,b]$ 上求定积分.

**例 2(炸弹毁伤效果)**　　运用高技术兵器对敌目标实施精确打击是现代战争的主要作战样式. 如用战斗机或轰炸机对敌人重点目标实施精确轰炸,其目的是用较小的代价获得较大的战果,俗称"点穴行动". 炸弹对目标的毁伤范围为圆形,其半径称为毁伤半径,炸弹对目标毁伤能力与毁伤半径有关,炸弹落点处的毁伤能力最大,距落点越远,毁伤能力越小,在毁伤半径以外,没有毁伤能力. 炸弹的毁伤效果等于毁伤能力乘以作用面积.

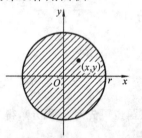

图 5.4.5

设炸弹毁伤半径为 $r = 50$ 米,以炸弹落点为坐标原点,建立平面坐标系,如图 5.4.5 所示.

在毁伤范围 $D$ 内的点 $(x,y)$ 处,毁伤能力可用如下函数表示:

$$u(x,y) = 2(r^2 - x^2 - y^2).$$

请问在毁伤范围内,炸弹对目标的总体毁伤效果是多少?

**解**　毁伤范围示意图如图 5.4.5 所示. 炸弹对目标的总体毁伤效果就是对毁伤范围内每一点的毁伤效果的累加,根据元素法,任取毁伤范围内一小块面积 $\mathrm{d}\sigma$,使其包含点 $(x,y)$,则在 $\mathrm{d}\sigma$ 内,毁伤能力近似等于 $u(x,y)$,从而总体毁伤效果为

$$U = \iint\limits_{D} u(x,y)\mathrm{d}\sigma = \iint\limits_{D} 2(r^2 - x^2 - y^2)\mathrm{d}x\mathrm{d}y$$

$$= 2\int_{-r}^{r}\mathrm{d}x\int_{-\sqrt{r^2-x^2}}^{\sqrt{r^2-x^2}}(r^2 - x^2 - y^2)\mathrm{d}y$$

$$= 2 \cdot 2\pi \cdot \frac{1}{4}r^4 = 50^4\pi.$$

# * 第五节 三重积分

## 一、三重积分的概念

与曲顶柱体的体积类似,密度为连续函数 $f(x,y,z)$ 的空间立体 $\Omega$ 的质量 $M$ 可以通过分割立体、近似、求和、取极限得到,由此有三重积分,即

$$M = \iiint\limits_{\Omega} f(x,y,z)\mathrm{d}v.$$

它表示密度为 $f(x,y,z)$ 的空间立体 $\Omega$ 的质量,这就是三重积分的物理意义. 三重积分也具有与二重积分完全类似的性质,这里不再叙述.

## 二、三重积分的计算

三重积分的计算,与二重积分的计算类似,其基本思路也是化为累次积分.

**定理** 若函数 $f(x,y,z)$ 在长方体 $V = [a,b] \times [c,d] \times [e,h]$ 上的三重积分存在,且对任意 $x \in [a,b]$,二重积分 $\iint\limits_{D} f(x,y,z)\mathrm{d}y\mathrm{d}z$ 存在,其中 $D = [c,d] \times [e,h]$,则

积分 $\int_a^b \mathrm{d}x \iint\limits_{D} f(x,y,z)\mathrm{d}y\mathrm{d}z$ 也存在,且

$$\iiint\limits_{V} f(x,y,z)\mathrm{d}x\mathrm{d}y\mathrm{d}z = \int_a^b \mathrm{d}x \iint\limits_{D} f(x,y,z)\mathrm{d}y\mathrm{d}z.$$

对于一般区域上的三重积分的计算,也可类似计算.

**例 1** 计算三重积分 $\iiint\limits_{V}(xy+z^2)\mathrm{d}x\mathrm{d}y\mathrm{d}z$,其中 $V = [-2,5] \times [-3,3] \times [0,1]$.

**解** 由定理 1 知,

$$\iiint\limits_{V}(xy+z^2)\mathrm{d}x\mathrm{d}y\mathrm{d}z = \int_{-2}^5 \mathrm{d}x \iint\limits_{D}(xy+z^2)\mathrm{d}y\mathrm{d}z,$$

其中 $D = [-3,3] \times [0,1]$. 再由二重积分的计算,得

$$\iiint\limits_{V}(xy+z^2)\mathrm{d}x\mathrm{d}y\mathrm{d}z = \int_{-2}^5 \mathrm{d}x \iint\limits_{D}(xy+z^2)\mathrm{d}y\mathrm{d}z = \int_{-2}^5 \mathrm{d}x \int_{-3}^3 \mathrm{d}y \int_0^1 (xy+z^2)\mathrm{d}z$$

$$= \int_{-2}^5 \mathrm{d}x \int_{-3}^3 \left(xy + \frac{1}{3}\right)\mathrm{d}y = \int_{-2}^5 2\mathrm{d}x = 14.$$

**例 2(导弹战斗部炸药质量)** 导弹战斗部一般为一圆柱体容器,在圆柱体容器中填入炸药,容器底部炸药装填得十分紧密,容器顶部的炸药装填得比较松散,炸药的密度随容器高度逐渐减小.

设圆柱体容器底面圆半径为 $a$,高度为 $h$,以底面圆中心为坐标原点建立空间直角坐标系,如图 5.5.1 所示,炸药密度 $\rho$ 为高度 $z$ 的函数($b,k$ 为常数),即

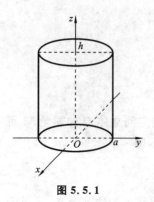

图 5.5.1

$$\rho(z) = b - kz,$$

请问导弹战斗部的炸药质量是多少？

**解**　设圆柱体容器所占空间区域为 $\Omega$，在 $xOy$ 坐标面上的投影为圆域 $D_{xy}$，则炸药质量等于密度 $\rho$ 在 $\Omega$ 上的三重积分，即

$$M = \iiint_{\Omega} \rho(z) \mathrm{d}v = \iint_{D_{xy}} \mathrm{d}x\mathrm{d}y \int_0^h \rho(z)\mathrm{d}z$$

$$= \pi a^2 \int_0^h (b - kz)\mathrm{d}z$$

$$= \pi a^2 \left(bh - \frac{1}{2}kh^2\right).$$

# 习 题 五

## A 题

**1.** 已知函数 $f(u,v) = \arctan \dfrac{u}{v}$，求 $f(x+y, xy)$.

**2.** 求下列函数的定义域.

(1) $z = x - y$;　　(2) $z = \dfrac{1}{\ln(1-x-y)}$;　(3) $z = \sqrt{1-x^2-y^2}$;　(4) $z = \ln(x^2+y^2)$.

**3.** 求下列函数的极限.

(1) $\lim\limits_{\substack{x \to 0 \\ y \to 0}} \sin(xy)$;　(2) $\lim\limits_{\substack{x \to 0 \\ y \to 0}} e^{x^2+y^2}$;　　　(3) $\lim\limits_{\substack{x \to 0 \\ y \to 0}} \dfrac{xy+1}{2x^2+y^2+1}$;　(4) $\lim\limits_{\substack{x \to 1 \\ y \to 1}}(2xy+4y^2)$.

**4.** 设 $f(x,y) = \dfrac{y}{x} + x^2 - y^2$，求 $f_x(2,0)$ 和 $f_y(2,0)$.

**5.** 求下列函数的偏导数.

(1) $z = 2xy + 1$;　(2) $z = x^2y^2 + 2$;　(3) $z = 3x^2y + 2y^3x$;　(4) $z = e^{x^2+y^2}$.

**6.** 求 $z = f(x,y) = x^2 + 3xy + y^2$ 在点 $(1,2)$ 处的偏导数.

**7.** 求下列函数的二阶偏导数.

(1) $z = 4xy$;　　(2) $z = x^2 - y^2$;　　(3) $z = xye^y$;　　(4) $z = e^{xy}$.

**8.** 求下列函数的 $\dfrac{\partial^2 z}{\partial x^2}, \dfrac{\partial^2 z}{\partial y^2}$ 和 $\dfrac{\partial^2 z}{\partial x \partial y}$.

(1) $z = x^2ye^y$;　　　　　　　　　　(2) $z = \arctan \dfrac{y}{x}$.

**9.** 求下列函数的全微分.

(1) $z = x^2 + \dfrac{x}{y}$;　　　　　　　　(2) $z = e^{\frac{y}{x}}$.

**10.** 求函数 $z = e^{xy}$ 在点 $(2,1)$ 处的全微分.

**11.** 求下列函数的全微分.

(1) $z = 4xy^3 + 5x^2y^6$;　(2) $z = e^{x^2y}$;　(3) $f(x,y) = x \cdot \sin y$;　(4) $f(x,y) = xye^x$.

**12.** 求函数 $f(x,y) = 4(x-y) - x^2 - y^2$ 的极值.

**13.** 计算下列二重积分：

(1) $\iint\limits_{D} xy\mathrm{d}x\mathrm{d}y, D = \{(x,y) \mid 0 \leqslant x \leqslant 1, 0 \leqslant y \leqslant 1\}$；

(2) $\iint\limits_{D} \mathrm{e}^{x+y}\mathrm{d}x\mathrm{d}y, D = \{(x,y) \mid 0 \leqslant x \leqslant 1, 0 \leqslant y \leqslant 1\}$.

**14.** 计算下列重积分.

(1) $\iint\limits_{D} y\mathrm{d}x\mathrm{d}y$，其中 $D$ 由 $y = 2, y = x, xy = 1$ 所围成；

(2) $\iint\limits_{D} xy\mathrm{d}x\mathrm{d}y$，其中 $D$ 由 $x = y^2, x = 1 - y^2$ 所围成；

(3) $\iint\limits_{D} (3x + 2y)\mathrm{d}\sigma$，其中 $D$ 是由两坐标轴及直线 $x + y = 2$ 所围成的闭区域.

**15.** 计算下列三重积分.

(1) $\iiint\limits_{V} (2x + y + z)\mathrm{d}x\mathrm{d}y\mathrm{d}z$，其中 $V = [-1,1] \times [-2,2] \times [-3,3]$；

(2) $\iiint\limits_{V} x\cos y\cos z\mathrm{d}x\mathrm{d}y\mathrm{d}z$，其中 $V = [0,1] \times \left[0, \dfrac{\pi}{2}\right] \times \left[0, \dfrac{\pi}{2}\right]$.

B 题

**1.** 求下列函数的定义域.

(1) $z = \sqrt{1 - x^2 - y^2} + \ln(x^2 + y^2)$；　　(2) $z = \sqrt{4 - x^2 - y^2}\ln(x^2 + y^2 - 1)$；

(3) $z = \dfrac{1}{\sqrt{1 - x^2 - y^2}} + \arctan\dfrac{y}{x}$；　　(4) $z = \ln(y - x) + \dfrac{\sqrt{x}}{\sqrt{1 - x^2 - y^2}}$.

**2.** 求下列函数的极限.

(1) $\lim\limits_{\substack{x \to 1 \\ y \to 1}} \dfrac{\mathrm{e}^{xy} - 1}{2x + y}$；　　(2) $\lim\limits_{\substack{x \to 2 \\ y \to 0}} \dfrac{\sin(xy)}{y}$.

**3.** 求下列函数的偏导数.

(1) $z = \arctan(xy)$；　　(2) $z = \sin^2 xy$；

(3) $f(x,y) = x^2 \mathrm{e}^y$；　　(4) $f(x,y) = xy \cdot \sin(xy)$.

**4.** 求下列函数的二阶偏导数.

(1) $z = x^4 + y^4 - 4x^2y^2$；　　(2) $z = y^x$.

**5.** 求下列函数的全微分.

(1) $f(x,y) = \arctan(x^2 + y^2)$；　　(2) $F(x,y) = f(x) + g(y)$.

**6.** 计算下列二重积分.

(1) $\iint\limits_{D} (x^2 + y^2)\mathrm{d}\sigma$，其中 $D$ 为矩形区域：$0 \leqslant x \leqslant 1, 1 \leqslant y \leqslant 2$；

(2) $\iint\limits_{D} (\sin^2 x + \sin^2 y)\mathrm{d}\sigma$，其中 $D$ 为矩形区域：$0 \leqslant x \leqslant \pi, 0 \leqslant y \leqslant \pi$.

**7.** 计算下列二重积分.

(1) $\iint\limits_{D} x\sqrt{y}\mathrm{d}\sigma$，其中 $D$ 是由 $y = \sqrt{x}, y = x^2$ 所围成的闭区域；

(2) $\iint\limits_{D} (x^2 + y^2 - x)\mathrm{d}\sigma$，其中 $D$ 是由直线 $y = 2, y = x, y = 2x$ 所围成的闭区域.

**8.** 求由曲面 $z = x^2 + 2y^2, z = 6 - 2x^2 - y^2$ 所围立体的体积.

## 笛卡尔——近代数学的奠基人

笛卡尔（Descartes,1596—1650）是法国数学家、哲学家、物理学家,近代数学的奠基人之一.笛卡尔 1596 年 3 月 31 日生于法国图伦的一个富有的律师家庭.8 岁入读一所著名的教会学校,主要课程是神学和教会的哲学,也学数学.他勤于思考,努力学习,成绩优异.20 岁时,他在普瓦捷大学获法学学位,之后去巴黎当了律师.出于对数学的兴趣,他独自研究了两年数学.17 世纪初的欧洲处于教会势力的控制下,但科学的发展已经开始显示出一些和宗教教义离经背道的倾向.笛卡尔和其他一些不满法兰西政治状态的青年人一起去荷兰从军体验军旅生活.

说起笛卡尔投身数学,多少有一些偶然性.有一次部队开进荷兰南部的一个城市,笛卡尔在街上散步,看见用当地的佛来米语书写的公开征解的几道数学难题.许多人在此招贴前议论纷纷,他旁边一位中年人用法语替他翻译了这几道数学难题的内容.第二天,聪明的笛卡尔兴冲冲地把解答交给了那位中年人.中年人看了笛卡尔的解答十分惊讶.巧妙的解题方法、准确无误的计算,充分显露了他的数学才华.原来这位中年人就是当时有名的数学家贝克曼教授.笛卡尔以前读过他的著作,但是一直没有机会认识他.从此,笛卡尔在贝克曼的指导下开始了对数学的深入研究.所以有人说,贝克曼"把一个业已离开科学的心灵,带回到正确、完美的成功之路".1621 年笛卡尔离开军营遍游欧洲各国,1625 年回到巴黎从事科学研究工作.为整合知识、深入研究,1628 年笛卡尔变卖家产,定居荷兰潜心著述达 20 年.

几何学曾在古希腊有过较高的发展,欧几里得、阿基米德、阿波罗尼都对圆锥曲线作过深入研究.但古希腊的几何学只是一种静态的几何,它既没有把曲线看成一种动点的轨迹,更没有给出它的一般表示方法.文艺复兴运动以后,哥白尼的日心说得到证实,开普勒发现了行星运动的三大定律,伽利略又证明了炮弹等抛物体的弹道是抛物线,这就使几乎被人们忘记的阿波罗尼曾研究过的圆锥曲线重新引起人们的重视.人们意识到圆锥曲线不仅仅是依附在圆锥上的静态曲线,而且是与自然界的物体运动有密切联系的曲线.要计算行星运行的椭圆轨道、求出炮弹飞行所走过的抛物线,单纯靠几何方法已无能为力.古希腊数学家的几何学已不能给出解决这些问题的有效方法.要想反映这类运动的轨迹及其性质,就必须从观点到方法都要有一个新的变革,建立一种在运动观点上的几何学.

古希腊数学过于重视几何学的研究,却忽视了代数方法.代数方法在东方(中国、印度、阿拉伯)虽有高度发展,但缺少论证几何学的研究.后来,东方高度发展的代数传入欧洲,特别是文艺复兴运动使欧洲数学在古希腊几何和东方代数的基础上有了巨大的发展.

1619年在多瑙河的军营里,笛卡尔用大部分时间思考着他在数学中的新想法:以上帝为中心的经院哲学,既缺乏可靠的知识,又缺乏令人信服的推理方法,只有严密的数学才是认识事物的有力工具.然而他又觉察到,数学并不是完美无缺的,几何证明虽然严谨,但需借助于奇妙的方法,用起来不方便;代数虽然有法则、有公式,便于应用,但法则和公式又束缚人的想象力.能不能用代数中的计算过程来代替几何中的证明呢? 要这样做就必须找到一座能连接(或说融合)几何与代数的桥梁——使几何图形数值化.据史料的记载,这年的11月10日夜晚,是一个战事平静的夜晚,笛卡尔做了一个梦,梦见一只苍蝇飞动时划出一条美妙的曲线,然后一个黑点停留在窗纸上,到窗棂的距离确定了它的位置.梦醒后,笛卡尔异常兴奋,感叹十几年追求的卓越数学居然在梦境中顿悟而生.难怪笛卡尔直到后来还向别人说,他的梦像一把打开宝库的钥匙,这把钥匙就是坐标几何.

1637年,笛卡尔匿名出版了《更好地指导推理和寻求科学真理的方法论》(简称《方法论》)一书,该书有三篇附录,其中题为《几何学》的一篇公布了作者长期深思熟虑的坐标几何的思想,实现了用代数研究几何的宏伟梦想.他用两条互相垂直且交于原点的数轴作为基准,将平面上的点位置确定下来,这就是后人所说的笛卡尔坐标系.笛卡尔坐标系的建立,为人们用代数方法研究几何架设了桥梁.它使几何中的点 $P$ 与一个有序实数对 $(x,y)$ 构成了一一对应关系.坐标系中点的坐标按某种规则连续变化,那么,平面上的曲线就可以用方程来表示.笛卡尔坐标系的建立,把并列的代数方法与几何方法统一起来,从而使传统的数学有了一个新的突破.作为附录的短文,竟成了从常量数学到变量数学的桥梁,也就是数形结合的典型数学模型.《几何学》的历史价值正如恩格斯所赞誉的:"**数学中的转折点是笛卡尔的变数**".

1649年,笛卡尔被瑞典年轻女王克里斯蒂娜聘为私人教师,每天清晨5时驱车赶赴官廷,为女王讲授哲学.素有晚起习惯的笛卡尔,又遇到瑞典几十年少有的严寒,不久便得了肺炎.1650年2月11日,这位年仅54岁、终生未婚的科学家病逝于瑞典斯德哥尔摩.由于教会的阻止,仅有几个友人为其送葬.他的著作在他死后也被列入梵蒂冈教皇颁布的禁书目录之中.但是,他的思想的传播并未因此而受阻,笛卡尔成为17世纪及其后的欧洲哲学界和科学界最有影响的巨匠之一.法国大革命之后,笛卡尔的骨灰和遗物被送进法国历史博物馆.1819年他的骨灰被移入圣日耳曼圣心堂中,墓碑上镌刻着:

笛卡尔,欧洲文艺复兴以来,第一个为争取和捍卫理性权利而奋斗的人.

# 第六章 积 分 变 换

在数学中,为了把较复杂的运算转化为较简单的运算,常常采取一种变换手段. 如数量的乘积或商运算可以通过对数变换化为和或差的运算,从而实现化繁为简的目的. 再如在解析几何中,可以借助于坐标的变换,把复杂的方程化为简单形式的方程,从而能较好地研究几何问题. 本章将要介绍的拉普拉斯变换和傅里叶变换就是通过积分运算,把一个函数化为另一函数的变换.

## 第一节 拉普拉斯变换的概念和性质

### 一、拉普拉斯变换的概念

**定义 1** 设函数 $f(t)$ 在区间 $[0,+\infty)$ 内有定义,如果广义积分

$$F(p) = \int_0^{+\infty} f(t)e^{-pt}dt \tag{6.1.1}$$

对于参数 $p$ 的某一取值范围收敛,则称式(6.1.1)为 $f(t)$ 的**拉普拉斯(Laplace)变换**,简称**拉氏变换**,记为 $\mathscr{L}[f(t)]$,且

$$\mathscr{L}[f(t)] = F(p) = \int_0^{+\infty} f(t)e^{-pt}dt.$$

其中,$F(p)$ 称为 $f(t)$ 的**象函数**,而 $f(t)$ 称为 $F(p)$ 的**象原函数**,也称为 $F(p)$ 的**拉普拉斯逆变换**,记为 $\mathscr{L}^{-1}[F(p)]$,即

$$\mathscr{L}^{-1}[F(p)] = f(t). \tag{6.1.2}$$

关于拉普拉斯变换的定义,作如下说明:

(1) 符号"$\mathscr{L}$"表示拉普拉斯变换,它是一种运算符号,$\mathscr{L}$ 施行于 $f(t)$ 时,便得出函

数 $F(p)$；

（2）定义中只要求 $f(t)$ 在 $t \geqslant 0$ 时有定义，为了讨论的方便，以后总假定 $t < 0$ 时，$f(t) \equiv 0$；

（3）在较广泛的研究中，拉普拉斯变换式中的参数 $p$ 是在复数范围内取值，为了运用的方便，本章只限定 $p$ 为实数；

（4）求 $f(t)$ 的拉普拉斯变换就是通过一种广义积分 $F(p) = \int_0^{+\infty} f(t) \mathrm{e}^{-pt} \mathrm{d}t$ 把 $f(t)$ 转化为 $F(p)$ 的过程．

**例 1**　求函数 $f(t) = 1 (t \geqslant 0)$ 的拉普拉斯变换．

**解**　由式（6.1.1）知，$f(t) = 1$ 的拉普拉斯变换为

$$\mathscr{L}[f(t)] = \int_0^{+\infty} 1 \mathrm{e}^{-pt} \mathrm{d}t = \lim_{T \to +\infty} \int_0^T \mathrm{e}^{-pt} \mathrm{d}t = \lim_{T \to +\infty} \left( \frac{1}{p} - \frac{\mathrm{e}^{-pt}}{p} \right).$$

由该极限知，当 $p > 0$ 时，广义积分收敛于 $\dfrac{1}{p}$，因此常量函数 $f(t) = 1$ 的拉普拉斯变换为

$$\mathscr{L}(1) = \frac{1}{p} \quad (p > 0).$$

**例 2**　求指数函数 $f(t) = \mathrm{e}^{at} (t \geqslant 0, a$ 为常数$)$ 的拉普拉斯变换．

**解**　由式（6.1.1）知，

$$\mathscr{L}(\mathrm{e}^{at}) = \int_0^{+\infty} \mathrm{e}^{at} \mathrm{e}^{-pt} \mathrm{d}t = \int_0^{+\infty} \mathrm{e}^{-(p-a)t} \mathrm{d}t.$$

同上例，这个积分在 $p > a$ 时收敛于 $\dfrac{1}{p-a}$，即

$$\mathscr{L}(\mathrm{e}^{at}) = \frac{1}{p-a} \quad (p > a).$$

**例 3**　求一次函数 $f(t) = at (t \geqslant 0, a$ 为常数$)$ 的拉普拉斯变换．

**解**　由式（6.1.1）有

$$\mathscr{L}(at) = \int_0^{+\infty} at \mathrm{e}^{-pt} \mathrm{d}t = -\frac{a}{p} \int_0^{+\infty} t \mathrm{d}\mathrm{e}^{-pt}$$

$$= -\left[ \frac{at}{p} \mathrm{e}^{-pt} \right]_0^{+\infty} + \frac{a}{p} \int_0^{+\infty} \mathrm{e}^{-pt} \mathrm{d}t$$

$$= -\left[ \frac{a}{p^2} \mathrm{e}^{-pt} \right]_0^{+\infty} = \frac{a}{p^2} \quad (p > 0).$$

**例 4**　求正弦函数 $f(t) = \sin(\omega t) (t \geqslant 0)$ 的拉普拉斯变换．

**解**　$\mathscr{L}[\sin(\omega t)] = \int_0^{+\infty} \sin(\omega t) \mathrm{e}^{-pt} \mathrm{d}t.$

用分部积分法可得 $\sin(\omega t) \mathrm{e}^{-pt}$ 的一个原函数为 $-\dfrac{1}{p^2 + \omega^2} \mathrm{e}^{-pt} (p \sin(\omega t) + \omega \cos(\omega t))$，因此有

$$\mathscr{L}[\sin(\omega t)]=\left[-\frac{1}{p^2+\omega^2}e^{-pt}(p\sin(\omega t)+\omega\cos(\omega t))\right]_0^{+\infty}=\frac{\omega}{p^2+\omega^2}\quad(p>0).$$

用同样的方法可求得　　$\mathscr{L}[\cos(\omega t)]=\dfrac{p}{p^2+\omega^2}\quad(p>0).$

在工程技术中,经常会用到下面两个函数.

**1. 单位阶梯函数**

分段函数 $\mu(t)=\begin{cases}0,&t<0\\1,&t\geqslant0\end{cases}$ 称为**单位阶梯函数**,其拉普拉斯变换为

$$\mathscr{L}[\mu(t)]=\int_0^{+\infty}\mu(t)e^{-pt}\mathrm{d}t=\int_0^{+\infty}1e^{-pt}\mathrm{d}t=\frac{1}{p}\quad(p>0)\tag{6.1.3}$$

**2. $\delta$ 函数(单位脉冲函数)**

在工程上经常遇到这样一些现象,如力学中瞬间作用的冲击力、电学中的雷击闪电、数字电路中的脉冲,等等,反映在数学上,都需要用一个时间极短,但取值极大的函数模型 $\delta$ 函数来刻画.

**定义 2**　设

$$\delta_\tau(t)=\begin{cases}0,&t<0,\\\dfrac{1}{\tau},&0\leqslant t\leqslant\tau,\\0,&t>\tau,\end{cases}$$

并认为当 $\tau\to0$ 时,$\delta_\tau(t)$ 有极限,且称此极限为**狄拉克**(Dirac)**函数**,简称 $\delta$ 函数或**单位脉冲函数**,记为 $\delta(t)$,即

$$\delta(t)=\lim_{\tau\to0}\delta_\tau(t).\tag{6.1.4}$$

**注**　$\delta$ 函数有一个重要性质——筛选性质常常用到. 即若 $f(t)$ 为无穷次可微的函数,则有

$$\int_{-\infty}^{+\infty}f(t)\delta(t)\mathrm{d}t=f(0).\tag{6.1.5}$$

## 二、拉普拉斯变换的性质

根据拉普拉斯变换的定义,可推得拉普拉斯变换有以下性质.

**性质 1(线性性质)**　设 $\alpha,\beta$ 都是常数,且

$$\mathscr{L}[f_1(t)]=F_1(p),\quad\mathscr{L}[f_2(t)]=F_2(p),$$

则有

$$\mathscr{L}[\alpha f_1(t)+\beta f_2(t)]=\alpha\mathscr{L}[f_1(t)]+\beta\mathscr{L}[f_2(t)]=\alpha F_1(p)+\beta F_2(p).\tag{6.1.6}$$

该性质可根据拉普拉斯变换定义和积分性质证得. 该性质可叙述为:函数线性组合的拉普拉斯变换等于其拉普拉斯变换的线性组合.

**例 5**　计算 $f(t)=\dfrac{e^{at}-e^{-at}}{2}$ 的拉普拉斯变换.

**解** 由拉普拉斯变换的线性性质知

$$\mathscr{L}\left(\frac{e^{at}-e^{-at}}{2}\right)=\frac{1}{2}\mathscr{L}(e^{at})-\frac{1}{2}\mathscr{L}(e^{-at}).$$

由例 2 知，　　$\mathscr{L}(e^{at})=\dfrac{1}{p-a}$　$(p>a)$，　$\mathscr{L}(e^{-at})=\dfrac{1}{p+a}$　$(p>-a)$，

故　　　　　　　$\mathscr{L}\left(\dfrac{e^{at}-e^{-at}}{2}\right)=\dfrac{a}{p^2-a^2}$　$(p>|a|)$.

**性质 2(位移性质)** 设 $\mathscr{L}[f(t)]=F(p)$，则有

$$\mathscr{L}[e^{at}f(t)]=F(p-a). \tag{6.1.7}$$

**证明** 由式(6.1.1)知

$$\mathscr{L}[e^{at}f(t)]=\int_0^{+\infty}e^{at}f(t)e^{-pt}\mathrm{d}t=\int_0^{+\infty}f(t)e^{-(p-a)t}\mathrm{d}t=F(p-a)\quad(p>a).$$

这个性质指出，$f(t)$ 乘以 $e^{at}$ 的拉普拉斯变换等于其象函数作位移 $a$.

**例 6** 求 $\mathscr{L}(e^{3t}\cos(2t))$.

**解** 因 $\mathscr{L}(\cos(2t))=\dfrac{p}{p^2+4}$，所以由位移性质知，

$$\mathscr{L}(e^{3t}\cos(2t))=\frac{p-3}{(p-3)^2+4}\quad(p>3).$$

类似地，可得　　　　$\mathscr{L}[e^{3t}\sin(2t)]=\dfrac{2}{(p-3)^2+4}\quad(p>3).$

**性质 3(延滞性质)** 设 $\mathscr{L}[f(t)]=F(p)$，

则　　　　　　　　$\mathscr{L}[f(t-a)]=e^{-ap}F(p)\quad(a>0).$ $\tag{6.1.8}$

**证明** 由式(6.1.1)，有

$$\mathscr{L}[f(t-a)]=\int_0^{+\infty}f(t-a)e^{-pt}\mathrm{d}t=\int_0^a f(t-a)e^{-pt}\mathrm{d}t+\int_a^{+\infty}f(t-a)e^{-pt}\mathrm{d}t.$$

因 $f(t)$ 满足，当 $t<0$ 时，$f(t)\equiv 0$，故 $t<a$ 时，$f(t-a)\equiv 0$. 上式右端第一个积分为零，对于第二个积分，令 $t-a=u$，则

$$\mathscr{L}[f(t-a)]=\int_0^{+\infty}f(u)e^{-p(a+u)}\mathrm{d}u=e^{-ap}\int_0^{+\infty}f(u)e^{-pu}\mathrm{d}u=e^{-ap}F(p).$$

函数 $f(t-\tau)$ 与 $f(t)$ 相比，$f(t)$ 是以 $t=0$ 开始有非零数值，而 $f(t-\tau)$ 是 $t=\tau$ 开始才有非零数值，即延迟了一个时间 $\tau$. 从它们的图形来讲，$f(t-\tau)$ 的图形是由 $f(t)$ 的图形沿 $t$ 轴向右平移距离 $\tau$ 而得，如图 6.1.1所示.

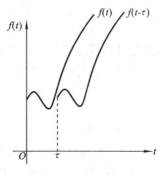

图 6.1.1

**说明** (1) 在这个性质中，$f(t-a)$ 表示函数 $f(t)$ 在时间上滞后 $a$ 个单位，所以这个性质称为延滞性质，也常表示为

$$\mathscr{L}[f(t-a)\mu(t-a)]=e^{-ap}F(p).$$

(2) 在使用该性质时,不能忽视假设条件 $a>0$ 和当 $t<0$ 时,$f(t)=0$,否则会引起混乱,该性质表明,$f(t-a)$ 的拉普拉斯变换等于 $f(t)$ 的拉普拉斯变换乘以因子 $\mathrm{e}^{-ap}$.

**例 7** 求 $\mathscr{L}[\mu(t-a)]$ $(a>0)$.

**解** 因 $\mathscr{L}[\mu(t)]=\dfrac{1}{p}$,故由延滞性质知,$\mathscr{L}[\mu(t-a)]=\mathrm{e}^{-ap}\dfrac{1}{p}$ $(p>0)$.

**例 8** 求 $\mathscr{L}[\mathrm{e}^{a(t-\tau)}\mu(t-\tau)]$ $(\tau>0)$.

**解** 因 $\mathscr{L}[\mathrm{e}^{at}\mu(t)]=\dfrac{1}{p-a}$ $(p>a)$,所以,由延滞性质有

$$\mathscr{L}[\mathrm{e}^{a(t-\tau)}\mu(t-\tau)]=\mathrm{e}^{-\tau p}\frac{1}{p-a} \quad (p>a).$$

**性质 4(微分性质)** 设 $\mathscr{L}[f(t)]=F(p)$,且 $f(t)$ 在 $(0,+\infty)$ 内可微,则 $f'(t)$ 的拉普拉斯变换存在,且

$$\mathscr{L}[f'(t)]=pF(p)-f(0). \tag{6.1.9}$$

**证明**

$$\mathscr{L}[f'(t)]=\int_0^{+\infty}f'(t)\mathrm{e}^{-pt}\mathrm{d}t=[f(t)\mathrm{e}^{-pt}]_0^{+\infty}+p\int_0^{+\infty}f(t)\mathrm{e}^{-pt}\mathrm{d}t.$$

因 $f(t)$ 的增长是指数级的,即存在 $M>0$ 以及 $C\geqslant0$,使得 $|f(t)|\leqslant M\mathrm{e}^{at}$,故

$$|f(t)\mathrm{e}^{-pt}|\leqslant M\mathrm{e}^{-(p-C)t}.$$

于是 $p>C$ 时,有

$$\lim_{t\to+\infty}f(t)\mathrm{e}^{-pt}=0.$$

因此, $$\mathscr{L}[f'(t)]=pF(p)-f(0).$$

微分性质可叙述为:一个函数导函数的拉普拉斯变换等于这个函数的拉普拉斯变换乘以参数 $p$,再减去该函数的初始值.

**推论** 若 $\mathscr{L}[f(t)]=F(p)$,则有

$$\mathscr{L}[f^{(n)}(t)]=p^nF(p)-p^{n-1}f(0)-p^{n-2}f'(0)-\cdots-f^{(n-1)}(0). \tag{6.1.10}$$

特别地,当初值 $f(0)=f'(0)=\cdots=f^{(n-1)}(0)=0$ 时,有

$$\mathscr{L}[f^{(n)}(t)]=p^nF(p) \quad (n=1,2,\cdots). \tag{6.1.11}$$

利用该微分性质,可将函数的微分运算化为代数运算,微分方程化为代数方程,因此它对分析线性系统有着重要的作用.

此外,由拉普拉斯变换的存在定理,还可以得到象函数的微分性质:

$$\frac{\mathrm{d}F(p)}{\mathrm{d}p}=\mathscr{L}[-tf(t)]. \tag{6.1.12}$$

一般地,有 $$F^{(n)}(p)=\mathscr{L}[(-t)^nf(t)]. \tag{6.1.13}$$

**例 9** 利用微分性质求 $\mathscr{L}[\sin(\omega t)]$,$\mathscr{L}[\cos(\omega t)]$.

**解** 设 $f(t)=\sin(\omega t)$,则有

$$f(0)=0, \quad f'(t)=\omega\cos(\omega t), \quad f'(0)=\omega, \quad f''(t)=-\omega^2\sin(\omega t).$$

由微分性质即式(6.1.10),得
$$\mathscr{L}[f''(t)] = p^2\mathscr{L}[f(t)] - pf(0) - f'(0) = p^2\mathscr{L}[f(t)] - \omega.$$
又
$$\mathscr{L}[f''(t)] = \mathscr{L}[-\omega^2\sin(\omega t)] = -\omega^2\mathscr{L}[\sin(\omega t)],$$
综合以上两式,有
$$\mathscr{L}[\sin(\omega t)] = \frac{\omega}{p^2 + \omega^2}.$$

又 $\cos(\omega t) = \left[\dfrac{1}{\omega}\sin(\omega t)\right]'$,故
$$\mathscr{L}[\cos(\omega t)] = \frac{1}{\omega}\mathscr{L}[(\sin(\omega t))'] = \frac{p}{\omega}\mathscr{L}[\sin(\omega t)] = \frac{p}{p^2 + \omega^2}.$$

**性质 5(积分性质)** 设 $\mathscr{L}[f(t)] = F(p)(p \neq 0)$ 且 $f(t)$ 连续,则
$$\mathscr{L}\left[\int_0^t f(t)\mathrm{d}t\right] = \frac{1}{p}F(p). \tag{6.1.14}$$

**证明** 令 $\varphi(t) = \int_0^t f(t)\mathrm{d}t$,则 $\varphi'(t) = f(t)$ 且 $\varphi(0) = 0$,因此,由微分性质知
$$\mathscr{L}[\varphi'(t)] = p\mathscr{L}[\varphi(t)] - \varphi(0) = p\mathscr{L}[\varphi(t)],$$
即 $\mathscr{L}[f(t)] = p\mathscr{L}\left[\int_0^t f(t)\mathrm{d}t\right]$,故
$$\mathscr{L}\left[\int_0^t f(t)\mathrm{d}t\right] = \frac{1}{p}\mathscr{L}[f(t)] = \frac{1}{p}F(p).$$

(该性质的证明也可按分部积分法证明,读者可自证.)

积分性质可叙述为:一个函数积分后的拉普拉斯变换等于这个函数的拉普拉斯变换除以参数 $p$. 重复应用式(6.1.14),可得
$$\mathscr{L}\left[\underbrace{\int_0^t \mathrm{d}t\int_0^t \mathrm{d}t\cdots\int_0^t f(t)\mathrm{d}t}_{n次积分}\right] = \frac{1}{p^n}F(p). \tag{6.1.15}$$

此外,象函数有下述积分性质.

若 $\mathscr{L}[f(t)] = F(p)$,则
$$\mathscr{L}\left[\frac{f(t)}{t}\right] = \int_p^{+\infty} F(p)\mathrm{d}p. \tag{6.1.16}$$

**例 10** 求函数 $f(t) = t^n$($n$ 为正整数)的拉普拉斯变换.

**解一** 利用积分性质求解.

因为 $t = \int_0^t 1\mathrm{d}t, t^2 = \int_0^t 2t\mathrm{d}t, \cdots, t^n = \int_0^t nt^{n-1}\mathrm{d}t$, 所以,有
$$\mathscr{L}(t) = \mathscr{L}\left(\int_0^t 1\mathrm{d}t\right) = \frac{1}{p}\mathscr{L}[1] = \frac{1}{p^2},$$
$$\mathscr{L}(t^2) = \mathscr{L}\left(\int_0^t 2t\mathrm{d}t\right) = \frac{2}{p}\mathscr{L}[t] = \frac{2!}{p^3},$$
$$\mathscr{L}(t^3) = \mathscr{L}\left(\int_0^t 3t^2\mathrm{d}t\right) = \frac{3}{p}\mathscr{L}[t^2] = \frac{3\times 2!}{p^4} = \frac{3!}{p^4}, \cdots,$$

以此类推,可得
$$\mathcal{L}(t^n)=\frac{n!}{p^{n+1}}.$$

**解二**　利用微分性质求解.

因 $f(t)=t^n$,所以
$$f'(t)=nt^{n-1},f''(t)=n(n-1)t^{n-2},\cdots,f^{(n)}(t)=n!,$$
且
$$f(0)=f'(0)=f''(0)=f'''(0)=\cdots=f^{(n-1)}(0)=0.$$
故由微分性质,得
$$\mathcal{L}[f^{(n)}(t)]=p^n\mathcal{L}[f(t)]-p^{n-1}f(0)-\cdots-f^{(n-1)}(0)=p^n\mathcal{L}(t^n),$$
又 $\mathcal{L}[f^{(n)}(t)]=\mathcal{L}(n!)=n!\,\mathcal{L}(1)=\dfrac{n!}{p}$,因此,有
$$\mathcal{L}(t^n)=\frac{n!}{p^{n+1}}.$$

关于拉普拉斯变换的主要性质和常用函数的象函数分别见表 6.1.1 和表6.1.2.

表 6.1.1　拉普拉斯变换的性质

| 序号 | 设 $\mathcal{L}[f(t)]=F(p)$ |
|---|---|
| 1 | $\mathcal{L}[\alpha f_1(t)+\beta f_2(t)]=\alpha\mathcal{L}[f_1(t)]+\beta\mathcal{L}[f_2(t)]$ |
| 2 | $\mathcal{L}[e^{at}f(t)]=F(p-a)$ |
| 3 | $\mathcal{L}[f(t-a)\mu(t-a)]=e^{-ap}F(p)$ |
| 4 | $\mathcal{L}[f'(t)]=pF(p)-f(0)$<br>$\mathcal{L}[f^{(n)}(t)]=p^nF(p)-p^{n-1}f(0)-p^{n-2}f'(0)-\cdots-f^{(n-1)}(0)$<br>$\dfrac{\mathrm{d}F(p)}{\mathrm{d}p}=\mathcal{L}[-tf(t)]$<br>$F^{(n)}(p)=\mathcal{L}[(-t)^nf(t)]$ |
| 5 | $\mathcal{L}\left[\int_0^t f(t)\mathrm{d}t\right]=\dfrac{1}{p}F(p)$<br>$\mathcal{L}\left[\underbrace{\int_0^t\mathrm{d}t\int_0^t\mathrm{d}t\cdots\int_0^t}_{n次积分}f(t)\mathrm{d}t\right]=\dfrac{1}{p^n}F(p)$<br>$\mathcal{L}\left[\dfrac{f(t)}{t}\right]=\int_p^{+\infty}F(p)\mathrm{d}p$ |

表 6.1.2　常用函数的拉普拉斯变换

| 序号 | $f(t)$ | $F(p)$ | 序号 | $f(t)$ | $F(p)$ |
|---|---|---|---|---|---|
| 1 | 1 | $\dfrac{1}{p}$ | 11 | $\sin(\omega t+\varphi)$ | $\dfrac{p\sin\varphi+\omega\cos\varphi}{p^2+\omega^2}$ |
| 2 | $t$ | $\dfrac{1}{p^2}$ | 12 | $\cos(\omega t+\varphi)$ | $\dfrac{p\cos\varphi-\omega\sin\varphi}{p^2+\omega^2}$ |

| 序号 | $f(t)$ | $F(p)$ | 序号 | $f(t)$ | $F(p)$ |
|---|---|---|---|---|---|
| 3 | $t^n$ | $\dfrac{n!}{p^{n+1}}$ | 13 | $t\sin(\omega t)$ | $\dfrac{2\omega p}{(p^2+\omega^2)^2}$ |
| 4 | $\delta(t)$ | 1 | 14 | $t\cos(\omega t)$ | $\dfrac{p^2-\omega^2}{(p^2+\omega^2)^2}$ |
| 5 | $\mu(t)$ | $\dfrac{1}{p}$ | 15 | $\mathrm{e}^{at}\cdot\sin(\omega t)$ | $\dfrac{\omega}{(p-a)^2+\omega^2}$ |
| 6 | $\mathrm{e}^{at}$ | $\dfrac{1}{p-a}$ | 16 | $\mathrm{e}^{at}\cdot\cos(\omega t)$ | $\dfrac{p-a}{(p-a)^2+\omega^2}$ |
| 7 | $t\mathrm{e}^{at}$ | $\dfrac{1}{(p-a)^2}$ | 17 | $\mathrm{sh}(\omega t)$ | $\dfrac{\omega}{p^2-\omega^2}$ |
| 8 | $t^n\cdot\mathrm{e}^{at}$ | $\dfrac{n!}{(p-a)^{n+1}}$ | 18 | $\mathrm{ch}(\omega t)$ | $\dfrac{p}{p^2-\omega^2}$ |
| 9 | $\sin(\omega t)$ | $\dfrac{\omega}{p^2+\omega^2}$ | 19 | $2\sqrt{\dfrac{t}{n}}$ | $\dfrac{1}{p\sqrt{p}}$ |
| 10 | $\cos(\omega t)$ | $\dfrac{p}{p^2+\omega^2}$ | 20 | $\dfrac{1}{\sqrt{\pi t}}$ | $\dfrac{1}{\sqrt{p}}$ |

# 第二节 拉普拉斯逆变换

前面主要介绍由已知函数 $f(t)$ 求其拉普拉斯变换 $\mathscr{L}[f(t)]=F(p)$，与此相反的问题是，已知 $F(p)$ 求 $f(t)$，即求拉普拉斯逆变换. 通常，可借助于拉普拉斯变换表以及拉普拉斯变换的性质来解决.

为了便于求逆变换，在此把拉普拉斯变换的一些性质用逆变换的形式给出.

**性质 1（线性性质）** 设 $\mathscr{L}[f_1(t)]=F_1(p)$，$\mathscr{L}[f_2(t)]=F_2(p)$，则

$$\mathscr{L}^{-1}[\alpha F_1(p)+\beta F_2(p)]=\alpha\mathscr{L}^{-1}[F_1(p)]+\beta\mathscr{L}^{-1}[F_2(p)]$$
$$=\alpha f_1(t)+\beta f_2(t). \tag{6.2.1}$$

**性质 2（位移性质）** 设 $\mathscr{L}[f(t)]=F(p)$，则

$$\mathscr{L}^{-1}[F(p-a)]=\mathrm{e}^{at}\mathscr{L}^{-1}[F(p)]=\mathrm{e}^{at}f(t). \tag{6.2.2}$$

**性质 3（延滞性质）** 设 $\mathscr{L}[f(t)]=F(p)$，则

$$\mathscr{L}^{-1}[\mathrm{e}^{-ap}F(p)]=f(t-a)\mu(t-a). \tag{6.2.3}$$

**例 1** 求下列象函数 $F(p)$ 的拉普拉斯逆变换：

(1) $F(p)=\dfrac{1}{p+3}$;      (2) $F(p)=\dfrac{1}{(p-2)^3}$;

(3) $F(p)=\dfrac{2p-5}{p^2}$;      (4) $F(p)=\dfrac{4p-3}{p^2+4}$.

**解** （1）由常用函数的拉普拉斯变换表 6.1.2 知

$$\mathscr{L}[e^{at}] = \frac{1}{p-a},$$

所以,本题中的象函数 $F(p)$ 应是 $a=-3$ 时的函数 $f(t)=e^{-3t}$,经拉普拉斯变换所得,即

$$f(t) = \mathscr{L}^{-1}\left(\frac{1}{p+3}\right) = e^{-3t}.$$

(2) 设 $f(t) = \mathscr{L}^{-1}\left(\frac{1}{(p-2)^3}\right)$,由性质 2 得 $f(t) = e^{2t}\mathscr{L}^{-1}\left(\frac{1}{p^3}\right)$.

根据表 6.1.2,有 $\mathscr{L}^{-1}\left(\frac{2!}{p^3}\right) = t^2$,因此,$f(t) = \frac{1}{2}t^2 e^{2t}$.

(3) $F(p) = \frac{2p-5}{p^2} = \frac{2}{p} - \frac{5}{p^2}$,由性质 1 知

$$f(t) = \mathscr{L}^{-1}[F(p)] = 2\mathscr{L}^{-1}\left(\frac{1}{p}\right) - 5\mathscr{L}^{-1}\left(\frac{1}{p^2}\right).$$

根据表 6.1.2,有 $\mathscr{L}(1) = \frac{1}{p}$,$\mathscr{L}(t) = \frac{1}{p^2}$,因此 $f(t) = 2-5t$.

(4) $F(p) = \frac{4p-3}{p^2+4} = 4 \cdot \frac{p}{p^2+4} - \frac{3}{2} \cdot \frac{2}{p^2+4}$,由性质 1 知

$$f(t) = 4\mathscr{L}^{-1}\left(\frac{p}{p^2+4}\right) - \frac{3}{2}\mathscr{L}^{-1}\left(\frac{2}{p^2+4}\right).$$

根据表 6.1.2,有

$$\mathscr{L}^{-1}\left(\frac{p}{p^2+4}\right) = \cos(2t), \quad \mathscr{L}^{-1}\left(\frac{2}{p^2+4}\right) = \sin(2t),$$

于是
$$f(t) = 4\cos(2t) - \frac{2}{2}\sin(2t).$$

在求象函数是有理式的拉普拉斯逆变换时,一般可先对有理式按部分分式法分解为较简单的部分分式,然后再利用拉普拉斯变换的性质和常见函数的拉普拉斯变换表求出原象函数.

**例 2** 求下列函数的拉普拉斯逆变换:

(1) $F(p) = \frac{2p+3}{p^2-2p+5}$;

(2) $F(p) = \frac{1}{p(p+b)}$ $(b \neq 0)$;

(3) $F(p) = \frac{2p-5}{p^2-5p+6}$.

**解** (1) $F(p) = \frac{2p+3}{p^2-2p+5} = \frac{2(p-1)+5}{(p-1)^2+4}$

$$= 2 \cdot \frac{p-1}{(p-1)^2+4} + \frac{5}{2} \cdot \frac{2}{(p-1)^2+4},$$

所以 $\qquad f(t)=\mathscr{L}^{-1}[F(p)]=2\mathscr{L}^{-1}\left[\dfrac{p-1}{(p-1)^2+4}\right]+\dfrac{5}{2}\mathscr{L}^{-1}\left[\dfrac{2}{(p-1)^2+4}\right].$

由性质 2,得 $\qquad f(t)=2\mathrm{e}^t\mathscr{L}^{-1}\left(\dfrac{p}{p^2+4}\right)+\dfrac{5}{2}\mathrm{e}^t\mathscr{L}^{-1}\left(\dfrac{2}{p^2+4}\right)$

$$=2\mathrm{e}^t\cos(2t)+\dfrac{5}{2}\mathrm{e}^t\sin(2t)$$

$$=\mathrm{e}^t\left[2\cos(2t)+\dfrac{5}{2}\sin(2t)\right].$$

(2) 因 $\qquad F(p)=\dfrac{1}{p(p+b)}=\dfrac{1}{b}\left(\dfrac{1}{p}-\dfrac{1}{p+b}\right),$

所以 $\qquad f(t)=\mathscr{L}^{-1}[F(p)]=\dfrac{1}{b}-\dfrac{1}{b}\mathscr{L}^{-1}\left(\dfrac{1}{p+b}\right)=\dfrac{1}{b}-\dfrac{1}{b}\mathrm{e}^{-bt}=\dfrac{1}{b}(1-\mathrm{e}^{-bt}).$

(3) 因 $\qquad F(p)=\dfrac{2p-5}{p^2-5p+6}=\dfrac{2p-5}{(p-2)(p-3)}=\dfrac{1}{p-2}+\dfrac{1}{p-3},$

所以 $\qquad f(t)=\mathscr{L}^{-1}[F(p)]=\mathscr{L}^{-1}\left(\dfrac{1}{p-2}\right)+\mathscr{L}^{-1}\left(\dfrac{1}{p-3}\right)=\mathrm{e}^{2t}+\mathrm{e}^{3t}.$

## 第三节 拉普拉斯变换应用举例

在电路分析和自动控制理论中,需要对一个线性系统进行分析和研究,这就要建立描述该系统特性的数学表达式,在很多情况下它的数学表达式是一个线性微分方程或线性微分方程组.本节将介绍用拉普拉斯变换来解线性微分方程和建立线性系统的传递函数.拉普拉斯变换在其他领域(如数学物理方程)也有着广泛的应用.

**例 1** 求微分方程 $y'(t)+2y(t)=0$ 满足初始条件 $y(0)=3$ 的解.

**解** 第一步,对方程两边取拉普拉斯变换,并设 $\mathscr{L}[y(t)]=Y(p)$,得

$$\mathscr{L}[y'(t)+2y(t)]=\mathscr{L}(0),$$

即 $\qquad pY(p)-y(0)+2Y(p)=0.$

将初始条件 $y(0)=3$ 代入上式,得

$$(p+2)Y(p)=3 \quad (\text{这是象函数的代数方程}).$$

第二步,从上述方程求出 $Y(p)$,即

$$Y(p)=\dfrac{3}{p+2}.$$

第三步,求象函数的拉普拉斯逆变换可得微分方程的解 $y(t)$,即

$$y(t)=\mathscr{L}^{-1}[Y(p)]=\mathscr{L}^{-1}\left(\dfrac{3}{p+2}\right)=3\mathscr{L}^{-1}\left(\dfrac{1}{p+2}\right)=3\mathrm{e}^{-2t}.$$

**例 2** 求微分方程 $y''-3y'+2y=2\mathrm{e}^{-t}$ 满足初始条件 $y(0)=2,y'(0)=-1$ 的解.

**解** 方程两边同时取拉普拉斯变换,并设 $\mathscr{L}[y(t)]=Y(p)$,得

$$\mathscr{L}[y''-3y'+2y]=\mathscr{L}[2\mathrm{e}^{-t}],$$

即 $\qquad [p^2Y(p)-py(0)-y'(0)]-3[pY(p)-y(0)]+2Y(p)=2\cdot\dfrac{1}{p+1}.$

将初始条件 $y(0)=2, y'(0)=-1$ 代入上式,得

$$(p^2-3p+2)Y(p)=\frac{2p^2-5p-5}{p+1},$$

于是

$$Y(p)=\frac{2p^2-5p-5}{(p+1)(p-1)(p-2)}=\frac{1/3}{p+1}+\frac{4}{p-1}-\frac{7/3}{p-2}.$$

对象函数取拉普拉斯逆变换,得满足初始条件的微分方程的特解,即

$$y(t)=\mathscr{L}^{-1}[Y(p)]=\frac{1}{3}\mathrm{e}^{-t}+4\mathrm{e}^{t}-\frac{7}{3}\mathrm{e}^{2t}.$$

# 第四节　傅里叶变换

## 一、傅里叶变换的概念

**定义 1**　把

$$F(\omega)=\int_{-\infty}^{+\infty}f(t)\mathrm{e}^{-\mathrm{j}\omega t}\,\mathrm{d}t \tag{6.4.1}$$

叫做 $f(t)$ 的傅里叶变换,简称傅氏变换,可记为

$$F(\omega)=\mathscr{F}[f(t)].$$

$F(\omega)$ 叫做 $f(t)$ 的象函数.

**定义 2**　把

$$f(t)=\frac{1}{2\pi}\int_{-\infty}^{+\infty}F(\omega)\mathrm{e}^{\mathrm{j}\omega t}\,\mathrm{d}\omega \tag{6.4.2}$$

叫做 $F(\omega)$ 的傅里叶逆变换,可记为

$$f(t)=\mathscr{F}^{-1}[F(\omega)].$$

$f(t)$ 叫做 $F(\omega)$ 的象原函数.

**例 1**　求函数 $f(t)=\begin{cases}0, & t<0 \\ \mathrm{e}^{-\beta t}, & t\geqslant 0\end{cases}$ 的傅里叶变换,其中 $\beta>0$. 这个 $f(t)$ 叫做指数衰减函数,是工程技术中常遇到的一个函数.

**解**　根据式(6.4.1),有

$$F(\omega)=\mathscr{F}[f(t)]=\int_{-\infty}^{+\infty}f(t)\mathrm{e}^{-\mathrm{j}\omega t}\,\mathrm{d}t=\int_{0}^{+\infty}\mathrm{e}^{-\beta t}\mathrm{e}^{-\mathrm{j}\omega t}\,\mathrm{d}t=\int_{0}^{+\infty}\mathrm{e}^{-(\beta+\mathrm{j}\omega)t}\,\mathrm{d}t$$

$$=\frac{1}{\beta+\mathrm{j}\omega}=\frac{\beta-\mathrm{j}\omega}{\beta^2+\omega^2}.$$

**例 2**　求单位脉冲函数 $\delta$-函数的傅里叶变换.

**解**　由单位脉冲函数的筛选性质即式(6.1.5) $\int_{-\infty}^{+\infty}\delta(t)f(t)\mathrm{d}t=f(0)$,得

$$F(\omega)=\mathscr{F}[\delta(t)]=\int_{-\infty}^{+\infty}\delta(t)\mathrm{e}^{-\mathrm{j}\omega t}\,\mathrm{d}t=\mathrm{e}^{-\mathrm{j}\omega t}\Big|_{t=0}=1.$$

## 二、傅里叶变换的性质

为了叙述方便起见,假定在这些性质中,凡是需要求傅里叶变换的函数,式(6.4.1)右端的积分都存在. 在证明这些性质时,不再重述这些条件.

**1. 线性性质**

设 $F_1(\omega) = \mathscr{F}[f_1(t)]$, $F_2(\omega) = \mathscr{F}[f_2(t)]$, $\alpha,\beta$ 是常数,则

$$\mathscr{F}[\alpha f_1(t) + \beta f_2(t)] = \alpha F_1(\omega) + \beta F_2(\omega). \tag{6.4.3}$$

它表明了函数线性组合的傅里叶变换等于各函数傅里叶变换的线性组合. 它的证明只需根据定义就可推出.

同样,傅里叶逆变换亦有类似的线性性质,即

$$\mathscr{F}^{-1}[\alpha F_1(\omega) + \beta F_2(\omega)] = \alpha f_1(t) + \beta f_2(t). \tag{6.4.4}$$

**2. 位移性质**

$$\mathscr{F}[f(t \pm t_0)] = \mathrm{e}^{\pm \mathrm{j}\omega t_0} \mathscr{F}[f(t)]. \tag{6.4.5}$$

它表明时间函数 $f(t)$ 沿 $t$ 轴向左或向右位移 $t_0$ 的傅里叶变换等于 $f(t)$ 的傅里叶变换乘以因子 $\mathrm{e}^{\mathrm{j}\omega t_0}$ 或 $\mathrm{e}^{-\mathrm{j}\omega t_0}$.

**证明**　由傅里叶变换的定义,可知

$$\mathscr{F}[f(t \pm t_0)] = \int_{-\infty}^{+\infty} f(t \pm t_0) \mathrm{e}^{-\mathrm{j}\omega t} \mathrm{d}t \xlongequal{\text{令} t \pm t_0 = u} \int_{-\infty}^{+\infty} f(u) \mathrm{e}^{-\mathrm{j}\omega(u \mp t_0)} \mathrm{d}u$$

$$= \mathrm{e}^{\pm \mathrm{j}\omega t_0} \int_{-\infty}^{+\infty} f(u) \mathrm{e}^{-\mathrm{j}\omega u} \mathrm{d}u = \mathrm{e}^{\pm \mathrm{j}\omega t_0} \mathscr{F}[f(t)].$$

同样,傅里叶逆变换也具有类似的位移性质,即

$$\mathscr{F}^{-1}[F(\omega \mp \omega_0)] = f(t) \mathrm{e}^{\pm \mathrm{j}\omega_0 t}. \tag{6.4.6}$$

**3. 微分性质**

如果当 $|t| \to +\infty$ 时, $f(t) \to 0$,则

$$\mathscr{F}[f'(t)] = \mathrm{j}\omega \mathscr{F}[f(t)]. \tag{6.4.7}$$

它表明一个函数的导数的傅里叶变换等于这个函数的傅里叶变换乘以因子 $\mathrm{j}\omega$.

**证明**　由傅里叶变换的定义,并利用分部积分可得

$$\mathscr{F}[f'(t)] = \int_{-\infty}^{+\infty} f'(t) \mathrm{e}^{-\mathrm{j}\omega t} \mathrm{d}t = f(t) \mathrm{e}^{-\mathrm{j}\omega t} \Big|_{-\infty}^{+\infty} + \mathrm{j}\omega \int_{-\infty}^{+\infty} f(t) \mathrm{e}^{-\mathrm{j}\omega t} \mathrm{d}t$$

$$= \mathrm{j}\omega \mathscr{F}[f(t)].$$

**推论**　若　　　$\lim_{|t| \to \infty} f^{(k)}(t) = 0 \ (k = 0,1,2,\cdots,n-1),$

则有　　　　　　$$\mathscr{F}[f^{(n)}(t)] = (\mathrm{j}\omega)^n \mathscr{F}[f(t)]. \tag{6.4.8}$$

同样,我们还能得到象函数的导数公式. 设 $\mathscr{F}[f(t)] = F(\omega)$,则

$$\frac{\mathrm{d}}{\mathrm{d}\omega} F(\omega) = \mathscr{F}[-\mathrm{j}t f(t)]. \tag{6.4.9}$$

一般地,有

$$\frac{\mathrm{d}^n}{\mathrm{d}\omega^n}F(\omega)=(-\mathrm{j})^n\mathscr{F}[t^n f(t)]. \tag{6.4.10}$$

**4. 积分性质**

$$\mathscr{F}\left[\int_{-\infty}^{t}f(t)\mathrm{d}t\right]=\frac{1}{\mathrm{j}\omega}\mathscr{F}[f(t)]. \tag{6.4.11}$$

它表明一个函数积分后的傅里叶变换等于这个函数的傅里叶变换除以因子 $\mathrm{j}\omega$.

**证明** 因为 $$\frac{\mathrm{d}}{\mathrm{d}t}\int_{-\infty}^{t}f(t)\mathrm{d}t=f(t),$$

所以 $$\mathscr{F}\left[\frac{\mathrm{d}}{\mathrm{d}t}\int_{-\infty}^{t}f(t)\mathrm{d}t\right]=\mathscr{F}[f(t)].$$

又根据上述微分性质：

$$\mathscr{F}\left[\frac{\mathrm{d}}{\mathrm{d}t}\int_{-\infty}^{t}f(t)\mathrm{d}t\right]=\mathrm{j}\omega\mathscr{F}\left[\int_{-\infty}^{t}f(t)\mathrm{d}t\right],$$

故 $$\mathscr{F}\left[\int_{-\infty}^{t}f(t)\mathrm{d}t\right]=\frac{1}{\mathrm{j}\omega}\mathscr{F}[f(t)].$$

**例3** 求微分积分方程 $ax'(t)+bx(t)+c\int_{-\infty}^{t}x(t)\mathrm{d}t=h(t)$ 的解,其中$-\infty<t<+\infty,a,b,c$ 均为常数.

**解** 根据傅里叶变换的微分性质和积分性质,且记

$$\mathscr{F}[x(t)]=X(\omega),\quad \mathscr{F}[h(t)]=H(\omega),$$

方程两边取傅里叶变换,可得

$$a\mathrm{j}\omega X(\omega)+bX(\omega)+\frac{c}{\mathrm{j}\omega}X(\omega)=H(\omega),$$

即 $$X(\omega)=\frac{H(\omega)}{b+\mathrm{j}\left(a\omega-\dfrac{c}{\omega}\right)},$$

求上式的傅里叶逆变换,可得

$$x(t)=\frac{1}{2\pi}\int_{-\infty}^{+\infty}X(\omega)\mathrm{e}^{\mathrm{j}\omega t}\mathrm{d}\omega.$$

运用傅里叶变换的线性性质、微分性质以及积分性质,可以把线性常系数微分方程转化为代数方程,通过解代数方程与求傅里叶逆变换,就可以得到此微分方程的解. 另外,傅里叶变换还是求解数学物理方程的方法之一,其计算过程与解常微分方程大体相似.

## 三、卷积

**1. 卷积的概念**

若已知函数 $f_1(t),f_2(t)$,则积分 $\int_{-\infty}^{+\infty}f_1(\tau)f_2(t-\tau)\mathrm{d}\tau$ 称为函数 $f_1(t)$ 与 $f_2(t)$ 的**卷积**,记为 $f_1(t)*f_2(t)$,即

$$\int_{-\infty}^{+\infty} f_1(\tau) f_2(t-\tau) d\tau = f_1(t) * f_2(t). \tag{6.4.12}$$

显然,$f_1(t) * f_2(t) = f_2(t) * f_1(t)$,即卷积满足交换律.

**例 4** 证明 $f_1(t) * [f_2(t) + f_3(t)] = f_1(t) * f_2(t) + f_1(t) * f_3(t)$.

**证明** 根据卷积的定义,得

$$f_1(t) * [f_2(t) + f_3(t)] = \int_{-\infty}^{+\infty} f_1(\tau)[f_2(t-\tau) + f_3(t-\tau)] d\tau$$

$$= \int_{-\infty}^{+\infty} f_1(\tau) f_2(t-\tau) d\tau + \int_{-\infty}^{+\infty} f_1(\tau) f_3(t-\tau) d\tau$$

$$= f_1(t) * f_2(t) + f_1(t) * f_3(t).$$

由本例的结论可知,卷积也满足对加法的分配律.

**例 5** 若 $f_1(t) = \begin{cases} 0, & t<0, \\ 1, & t\geqslant 0; \end{cases}$ $f_2(t) = \begin{cases} 0, & t<0, \\ e^{-t}, & t\geqslant 0. \end{cases}$ 求 $f_1(t)$ 与 $f_2(t)$ 的卷积.

**解** 根据卷积的定义,有

$$f_1(t) * f_2(t) = \int_{-\infty}^{+\infty} f_1(\tau) f_2(t-\tau) d\tau.$$

用图 6.4.1(a)、(b)分别表示 $f_1(\tau)$ 和 $f_2(t-\tau)$ 的图形,而其乘积 $f_1(\tau) f_2(t-\tau)$ $\neq 0$ 的区间由图 6.4.1 中可以看出,当 $\tau \geqslant 0$ 时,其区间为 $[0, t]$.

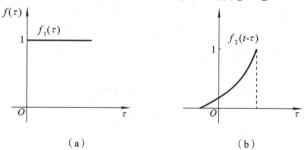

(a)                (b)

**图 6.4.1**

所以 $\quad f_1(t) * f_2(t) = \int_{-\infty}^{+\infty} f_1(\tau) f_2(t-\tau) d\tau = \int_0^t 1 \cdot e^{-(t-\tau)} d\tau = e^{-t} \int_0^t e^{\tau} d\tau$

$$= e^{-t}(e^t - 1) = 1 - e^{-t}.$$

卷积在傅里叶分析的应用中有着十分重要的作用,这是由下面的卷积定理所决定的.

**2. 卷积定理**

假定 $f_1(t), f_2(t)$ 的傅里叶变换存在,则

$$\mathscr{F}[f_1(t) * f_2(t)] = F_1(\omega) \cdot F_2(\omega), \tag{6.4.13}$$

或 $\qquad \mathscr{F}^{-1}[F_1(\omega) \cdot F_2(\omega)] = f_1(t) * f_2(t). \tag{6.4.14}$

它表明两个函数卷积的傅里叶变换等于这两个函数傅里叶变换的乘积.

**证明** 按傅里叶变换的定义,有

$$\mathscr{F}[f_1(t) * f_2(t)] = \int_{-\infty}^{+\infty}[f_1(t) * f_2(t)]e^{-j\omega t}\,dt$$

$$= \int_{-\infty}^{+\infty}\left[\int_{-\infty}^{+\infty}f_1(\tau)f_2(t-\tau)\,d\tau\right]e^{-j\omega t}\,dt$$

$$= \int_{-\infty}^{+\infty}\int_{-\infty}^{+\infty}f_1(\tau)e^{-j\omega\tau}f_2(t-\tau)e^{-j\omega(t-\tau)}\,d\tau dt$$

$$= \int_{-\infty}^{+\infty}f_1(\tau)e^{-j\omega\tau}\left[\int_{-\infty}^{+\infty}f_2(t-\tau)e^{-j\omega(t-\tau)}\,dt\right]d\tau$$

$$= F_1(\omega) \cdot F_2(\omega).$$

同理,可得

$$\mathscr{F}[f_1(t) \cdot f_2(t)] = \frac{1}{2\pi}F_1(\omega) * F_2(\omega), \tag{6.4.15}$$

即两个函数乘积的傅里叶变换等于这两个函数傅里叶变换的卷积除以 $2\pi$.

从上面可以看出,卷积并不总是很容易计算的,但卷积定理提供了计算卷积的简便算法,即化卷积计算为乘积运算. 这就使得卷积在线性系统分析中成为特别有用的方法.

# 习 题 六

## A 题

**1.** 求下列函数的拉普拉斯变换(用定义).

(1) $f(t) = t^2$；　　　　　　　　　　(2) $f(t) = e^{-4t}$.

**2.** 利用拉普拉斯变换的性质,求下列函数的拉普拉斯变换.

(1) $f(t) = t^2 + 6t - 3$；　　(2) $f(t) = 3\sin(2t) - 2\cos t$；　　(3) $f(t) = 1 + te^t$.

**3.** 求下列象函数的拉普拉斯逆变换.

(1) $F(p) = \dfrac{2}{p-3}$；　　　　　　　　(2) $F(p) = \dfrac{1}{3p+5}$；

(3) $F(p) = \dfrac{4p}{p^2+16}$；　　　　　　　(4) $F(p) = \dfrac{p}{p+2}$.

**4.** 用拉普拉斯变换解下列微分方程.

(1) $\dfrac{dy}{dt} + 5y = 10e^{-3t}, y(0) = 0$；

(2) $y'' - 3y' + 2y = 4, y(0) = 0, y'(0) = 1$.

**5.** 求矩形脉冲函数 $f(t) = \begin{cases} A, & 0 \leqslant t \leqslant \tau \\ 0, & \text{其他} \end{cases}$ 的傅里叶变换.

**6.** 若 $f_1(t) = \begin{cases} 0, & t < 0 \\ e^{-t}, & t \geqslant 0 \end{cases}$ 与 $f_2(t) = \begin{cases} \sin t, & 0 \leqslant t \leqslant \dfrac{\pi}{2} \\ 0, & \text{其他}, \end{cases}$ 求 $f_1(t) * f_2(t)$.

## B 题

**1.** 求下列函数的拉普拉斯变换(用定义).

(1) $f(t) = \begin{cases} 3, & 0 \leqslant t < 2, \\ -1, & 2 \leqslant t < 4, \\ 0, & t \geqslant 4; \end{cases}$      (2) $f(t) = te^{-t}$.

**2.** 利用拉普拉斯变换的性质，求下列函数的拉普拉斯变换.

(1) $f(t) = e^{3t}\sin(4t)$;            (2) $f(t) = t^2 e^{-2t}$.

**3.** 求下列象函数的拉普拉斯逆变换.

(1) $F(p) = \dfrac{2p+3}{p^2+9}$;     (2) $F(p) = \dfrac{p}{(p+3)(p+5)}$;     (3) $F(p) = \dfrac{p+9}{p^2+5p+6}$.

**4.** 用拉普拉斯变换解下列微分方程.

(1) $\dfrac{d^2 y}{dt^2} + \omega^2 y = 0, y(0) = 0, y'(0) = \omega$;

(2) $y'' + 4y' + 3y = e^{-t}, y(0) = 0, y'(0) = 1$.

**5.** 若 $F_1(\omega) = \mathscr{F}[f_1(t)], F_2(\omega) = \mathscr{F}[f_2(t)], \alpha, \beta$ 是常数，证明(线性性质)：

$$\mathscr{F}[\alpha f_1(t) + \beta f_2(t)] = \alpha F_1(\omega) + \beta F_2(\omega),$$

$$\mathscr{F}^{-1}[\alpha F_1(\omega) + \beta F_2(\omega)] = \alpha f_1(t) + \beta f_2(t).$$

---

## 阅读材料

# 拉 普 拉 斯

    拉普拉斯（1749—1827），法国数学家和天文学家，他一生在科学上的贡献仅次于牛顿而居第二位。

    拉普拉斯 1749 年 3 月 28 日出生在诺曼底的博蒙，从 7 岁到 16 岁在本尼迪克特教团管理的地方学校当走读生，他父亲希望这能使他将来以宗教为业，他于 1766 年考入卡昂大学艺术系，后转入神学系，准备当教士。大学里的教师发现他具有特殊的数学才能，并给予启发和鼓励。

    为了发挥自己的数学专长，他放弃了在卡昂大学取得硕士学位的机会，于 1768 年迁往巴黎，巴黎科学院负责人达朗贝尔非常赏识他的数学才能，推荐他到巴黎科学院任职，但由于科学院内的保守势力强大，不愿接受这位没有学位的 19 岁青年，达朗贝尔只好推荐他到军事学校任教，并成了该校的数学教授。

    拉普拉斯在 21 岁生日后 5 天，完成第一篇数学论文《曲线的极大和极小研究》，其中除了对极值问题进行综述以外，还对当时已经很著名的拉格朗日得出的有关结论进行了改进。此后 3 年共发表 13 篇论文，课题涉及数学、天文学的最新领域，逐渐受到科学界的重视。1773 年进入巴黎科学院，并直接成为副院士。巴黎科学院秘书长孔多塞在给拉普拉斯的第一个论文集所写的序言中热情地说:"巴黎科学院第一次接受了这样年轻,并在这样短的时期内对多种难题写出重要论文的人"。

拉普拉斯一生共研究了 100 多个课题,共发表论文和报告 276 篇,专著 4000 多页,其主要成就体现在以下几个方面。

在数学领域,创立了有限差分方法,与拉格朗日各自独立地建立了常数变异法,提出了生成函数的思想,创立了拉普拉斯算子,发展了概率论,给出了概率的严格定义。今天我们每一位学人耳熟能详的那些名词,诸如随机变量、数字特征、特征函数、拉普拉斯变换和拉普拉斯中心极限定律等都可以说是拉普拉斯引入或者经他改进的。尤其是拉普拉斯变换,促使了后来海维塞德发现运算微积在电工理论中的应用。不能不说的是,后来的傅里叶变换、梅森变换、Z 变换和小波变换也受到拉普拉斯的影响。

在天体力学方面,拉普拉斯将牛顿的行星运动研究推进到一个崭新的高度而赢得了他的科学声望。拉普拉斯用数学方法证明了行星的轨道大小只有周期性变化,这就是著名的拉普拉斯定理。拉普拉斯的杰作《天体力学》,集各家之大成,书中第一次提出了"天体力学"的学科名称,是经典天体力学的代表著作。

《宇宙系统论》是拉普拉斯另一部名垂千古的杰作。在这本书中,他独立于康德,提出了第一个科学的太阳系起源理论——星云说。康德的星云说是从哲学角度提出的,而拉普拉斯则从数学、力学角度充实了星云说。因此,人们常常把他们两人的星云说称为"康德-拉普拉斯星云说"。拉普拉斯也是最早考虑到可能存在黑洞的人物之一(与约翰·米切尔无关)。黑洞,早在 1796 年,拉普拉斯就预言:"一个密度如地球而直径为 250 个太阳的发光恒星,由于其引力的作用,将不允许任何光线离开它。由于这个原因,宇宙中最大的发光天体却不会被我们看见"。

拉普拉斯对法国的高等教育也有重大贡献,巴黎高等师范学校、巴黎综合工科学校是法国最高学府,他是这两所学校的第一批教授和组织者,他强调学校要系统地教授数学和物理学知识,并要求严格挑选学生。19 世纪前叶最著名的数学家、物理学家如安培、卡诺、泊松等都毕业于这两所学校。拉普拉斯很注意对年轻科学家的帮助和培养,在自己身处高位之后,对于年轻的学者总是乐于慷慨帮助和鼓励关照。他时时帮助提拔像化学家盖·吕萨克、数学物理学家泊松和年轻的柯西等人。当旅行家和自然研究者洪堡到法国考察水成岩的分布情况时,拉普拉斯慷慨地资助了他。像这样的慷慨行为,在科学界实在是太少见了。在他担任法兰西科学院院长期间,设立"竞争奖",培养和造就了象菲涅耳、毕奥等大批著名的物理学家。

拉普拉斯一生的贡献很多,他的研究工作特点是深度和广度并进,强调应用,不仅在自然现象中应用,还在社会现象中尽可能找到应用。他的学术思想和哲学观点明朗,是彻底的唯物论者。但由于他终身主要致力于力学方面的研究,且因为当时物理学中,除力学之外的其他分支还很弱,所以他把一切物理现象甚至化学现象都归结为力的作用,这当然是机械论的观点,影响了他在物理学上作出更大的贡献。

# 第七章　无穷级数

　　无穷级数的求和问题曾困扰数学家长达几个世纪.有时一个无穷个数的和是一个数,如

$$\frac{1}{2}+\frac{1}{4}+\frac{1}{8}+\frac{1}{16}+\cdots=1.$$

可以用图形的方式考察上述等式,如图 7.0.1 所示,随着项数无限增加,各项相加的结果越来越接近常数 1,无穷项的和就为 1.

有时一个无穷个数的和为无穷大,如

$$1+2+3+\cdots+n+\cdots=\infty.$$

有时一个无穷个数的和没有确定的结果,如

$$1-1+1-1+1-1+\cdots.$$

数学史上对该无穷项的和是 0 还是 1 还是别的什么争论了很长时间.

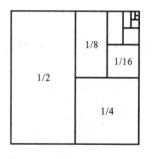

图 7.0.1

　　直到 19 世纪上半叶,法国数学家柯西建立了严密的无穷级数的理论基础,使得无穷级数成熟和完善,成为一个威力强大的数学工具.无穷级数是由科学实践的需要而发展起来的,也是研究函数和进行数值计算的工具,在自然科学、工程技术等方面有着广泛的应用.

## 第一节　常数项级数

我们先来研究简单的级数 —— 常数项级数,它是研究其他级数的基础.

## 一、常数项级数的概念

**定义 1**　设有数列 $u_1, u_2, \cdots, u_n, \cdots$，则和式

$$u_1 + u_2 + u_3 + \cdots + u_n + \cdots$$

称为（常数项）无穷级数，简称级数，记为 $\sum\limits_{n=1}^{\infty} u_n$，即

$$\sum_{n=1}^{\infty} u_n = u_1 + u_2 + u_3 + \cdots + u_n + \cdots, \tag{7.1.1}$$

其中，第 $n$ 项 $u_n$ 称为级数的**一般项**或**通项**.

无穷多个数相加等于多少呢？若按照一项一项相加的办法，一般很难求出或者是求不出来的. 我们可以利用极限思想来分析，先考察级数的前 $n$ 项和.

级数（7.1.1）的前 $n$ 项之和

$$S_n = u_1 + u_2 + u_3 + \cdots + u_n$$

称为级数的前 $n$ 项部分和，简称**部分和**.

不难理解，部分和数列的极限便是这无穷多个数相加的结果，也就是级数的和，即

$$\lim_{n \to \infty} S_n = u_1 + u_2 + u_3 + \cdots + u_n + \cdots.$$

**定义 2**　如果级数 $\sum\limits_{n=1}^{\infty} u_n$ 的部分和数列 $\{S_n\}$ 有极限 $S$，即

$$\lim_{n \to \infty} S_n = S,$$

则称**级数** $\sum\limits_{n=1}^{\infty} u_n$ **收敛**，极限 $S$ 称为该级数的和，记为 $\sum\limits_{n=1}^{\infty} u_n = S$. 如果 $\{S_n\}$ 没有极限，则称**级数** $\sum\limits_{n=1}^{\infty} u_n$ **发散**.

若级数 $\sum\limits_{n=1}^{\infty} u_n$ 收敛于 $S$，则部分和 $S_n \approx S$，它们之间的差

$$r_n = S - S_n = u_{n+1} + u_{n+2} + \cdots$$

称为级数的**余项**. 也就是说，$|r_n|$ 是用 $S_n$ 近似代替 $S$ 时所产生的误差.

**例 1**　判别级数 $\sum\limits_{n=1}^{\infty} \dfrac{1}{n(n+1)}$ 的敛散性；若收敛，求出级数和.

**解**　因为 $u_n = \dfrac{1}{n(n+1)} = \dfrac{1}{n} - \dfrac{1}{n+1}$，于是

$$S_n = \frac{1}{1 \cdot 2} + \frac{1}{2 \cdot 3} + \cdots + \frac{1}{n(n+1)} = \left(1 - \frac{1}{2}\right) + \left(\frac{1}{2} - \frac{1}{3}\right) + \cdots + \left(\frac{1}{n} - \frac{1}{n+1}\right)$$

$$= 1 - \frac{1}{n+1},$$

从而 $\lim\limits_{n \to \infty} S_n = \lim\limits_{n \to \infty}\left(1 - \dfrac{1}{n+1}\right) = 1$. 所以原级数收敛，其和为 1.

**例2**　一个球从 $a$ 米高下落到地平面上,球每次落下距离 $h$ 后碰到地平面再弹起的距离为 $rh$,其中 $r$ 是小于1的正数.求这个球上下运动的总距离(见图7.1.1).若 $a = 6, r = \dfrac{2}{3}$,总距离是多少?

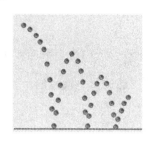 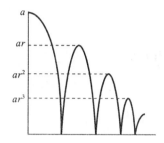

**图7.1.1**

**解**　如图7.1.1所示,总距离由每段距离相加得到,即
$$S = a + 2ar + 2ar^2 + 2ar^3 + \cdots.$$
由 $S_n = a + 2ar + 2ar^2 + \cdots + 2ar^{n-1} = a + \dfrac{2ar(1-r^{n-1})}{1-r} = \dfrac{a(1+r)}{1-r} - \dfrac{2ar^n}{1-r}$,

从而　　　　$S = \lim_{n \to \infty} S_n = \lim_{n \to \infty} \left( \dfrac{a(1+r)}{1-r} - \dfrac{2ar^n}{1-r} \right) = \dfrac{a(1+r)}{1-r}.$

若 $a = 6, r = \dfrac{2}{3}$,则总距离为

$$S = \frac{a(1+r)}{1-r} = \frac{6\left(1 + \dfrac{2}{3}\right)}{1 - \dfrac{2}{3}} = 30(米).$$

**注**　级数 $\sum\limits_{n=0}^{\infty} aq^n$ 是一个几何级数,又称等比级数,即为等比数列的无穷项的和式:当 $|q| < 1$ 时,级数 $\sum\limits_{n=0}^{\infty} aq^n$ 收敛,且和为 $\dfrac{a}{1-q}$;当 $|q| \geqslant 1$ 时,级数发散.例2中的式 $a + 2ar + 2ar^2 + 2ar^3 + \cdots$ 中从第二项开始构成的和式就是一个几何级数.

**例3**　一只蜗牛在长为1米的橡皮筋的一个端点上.蜗牛以每秒1厘米的速度沿橡皮筋匀速向另一个端点爬行,而橡皮筋以每秒1米的速度均匀伸长,如此下去,蜗牛能否到达橡皮筋的另一个端点?

**解**　由于橡皮筋是均匀伸长的,所以蜗牛随着拉伸也向前移.1米等于100厘米,所以,

在第1秒末,爬行了整个橡皮筋的 $\dfrac{1}{100}$;

在第2秒末,爬行了整个橡皮筋的 $\dfrac{1}{200}$;

在第 3 秒末，爬行了整个橡皮筋的 $\dfrac{1}{300}$；

……

在第 $n$ 秒末，蜗牛的爬行长度为

$$\frac{1}{100}\left(1+\frac{1}{2}+\frac{1}{3}+\cdots+\frac{1}{n}\right).$$

显然，当 $n$ 充分大时，$\dfrac{1}{100}\left(1+\dfrac{1}{2}+\dfrac{1}{3}+\cdots+\dfrac{1}{n}+\cdots\right)$ 这个数能大于 1，即爬行长度能大于 1 米. 也就是说，蜗牛是可以爬行到橡皮筋的另一端点的.

**注**　调和级数 $1+\dfrac{1}{2}+\dfrac{1}{3}+\dfrac{1}{4}+\cdots+\dfrac{1}{n}+\cdots=\displaystyle\sum_{n=1}^{\infty}\frac{1}{n}=\infty$ 是发散级数，以后会经常见到. 部分和 $\displaystyle\sum_{n=1}^{N}\frac{1}{n}$ 的值随着 $n$ 的变化而变化，表 7.1.1 给出了 $n$ 取一些值时部分和的结果，可以看到 $n$ 越大，部分和也越来越大，以至于趋于无穷大.

表 7.1.1

| $n$ | 10 | 100 | 1000 | 10000 | $10^5$ | $10^6$ | $10^7$ |
|---|---|---|---|---|---|---|---|
| $\displaystyle\sum_{n=1}^{\infty}\frac{1}{n}$ | 2.9290 | 5.1874 | 7.4855 | 9.7876 | 12.0901 | 14.3927 | 16.6953 |

## 二、收敛级数的性质

根据级数收敛和发散的概念，结合数列极限的性质，可以得到收敛级数的一些基本性质.

**性质 1**　若级数 $\displaystyle\sum_{n=1}^{\infty}u_n,\sum_{n=1}^{\infty}v_n$ 分别收敛于 $U,V$，则

$$\sum_{n=1}^{\infty}(ku_n\pm lv_n)=k\sum_{n=1}^{\infty}u_n+l\sum_{n=1}^{\infty}v_n=kU\pm lV\quad(k\in\mathbf{R},l\in\mathbf{R}).$$

该性质说明，收敛级数的求和与加、减、数乘运算具有交换性.

**性质 2(级数收敛的必要条件)**　若级数 $\displaystyle\sum_{n=1}^{\infty}u_n$ 收敛，则必有 $\lim\limits_{n\to\infty}u_n=0$.

**证**　设 $\displaystyle\sum_{n=1}^{\infty}u_n=S,\sum_{i=1}^{n}u_i=S_n$，则 $u_n=S_n-S_{n-1}$，得

$$\lim_{n\to\infty}u_n=\lim_{n\to\infty}(S_n-S_{n-1})=\lim_{n\to\infty}S_n-\lim_{n\to\infty}S_{n-1}=S-S=0.$$

这个性质的逆命题不成立，即一般项的极限为零，级数不一定收敛. 如调和级数 $\displaystyle\sum_{n=1}^{\infty}\frac{1}{n}=\infty$，它是发散的.

由性质 2 可以得到：若 $\lim\limits_{n\to\infty}u_n\neq0$，则级数 $\displaystyle\sum_{n=1}^{\infty}u_n$ 必定发散. 这给出了判断级数发散

的一种方法.

**例 4** 判定级数 $\sum\limits_{n=1}^{\infty} \dfrac{3n^n}{(1+n)^n}$ 的敛散性.

**解** 因为 $\lim\limits_{n\to\infty} u_n = \lim\limits_{n\to\infty} \dfrac{3}{\left(1+\dfrac{1}{n}\right)^n} = \dfrac{3}{e} \neq 0$,所以级数 $\sum\limits_{n=1}^{\infty} \dfrac{3n^n}{(1+n)^n}$ 发散.

对于级数收敛的判断,下面我们再介绍一个常用的判断级数收敛的方法:对于正

项级数 $\sum\limits_{n=1}^{\infty} u_n (u_n > 0)$,若级数的部分和数列 $\{S_n\}$ 有界,则级数收敛.

事实上,由 $u_n > 0$ 知,级数的部分和数列 $\{S_n\}$ 是单调数列,由单调有界数列必有

极限知,级数 $\sum\limits_{n=1}^{\infty} u_n$ 是收敛的.

**例 5** 讨论 $p$-级数

$$\sum_{n=1}^{\infty} \frac{1}{n^p} = 1 + \frac{1}{2^p} + \frac{1}{3^p} + \frac{1}{4^p} + \cdots + \frac{1}{n^p} + \cdots$$

的敛散性,其中常数 $p > 0$.

**解** (1) 当 $0 < p \leqslant 1$ 时,有 $\dfrac{1}{n^p} \geqslant \dfrac{1}{n}$,这说明部分和之间有

$$\sum_{n=1}^{N} \frac{1}{n^p} \geqslant \sum_{n=1}^{N} \frac{1}{n}.$$

而调和级数 $\sum\limits_{n=1}^{\infty} \dfrac{1}{n}$ 发散,其部分和极限为无穷

大,则 $p$- 级数的部分和极限也为无穷大,此时,$p$- 级
数发散.

(2) 当 $p > 1$ 时,由 $n-1 \leqslant x \leqslant n$,有 $\dfrac{1}{n^p} < \dfrac{1}{x^p}$,所
以

$$\frac{1}{n^p} = \int_{n-1}^{n} \frac{1}{n^p} \mathrm{d}x < \int_{n-1}^{n} \frac{1}{x^p} \mathrm{d}x.$$

该不等式可用定积分的几何意义来解释,如图 7.1.2

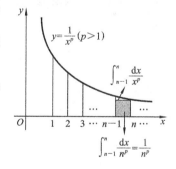

图 7.1.2

所示. 于是级数 $\sum\limits_{n=1}^{\infty} \dfrac{1}{n^p}$ 的部分和

$$S_n = 1 + \frac{1}{2^p} + \frac{1}{3^p} + \frac{1}{4^p} + \cdots + \frac{1}{n^p} < 1 + \int_1^2 \frac{\mathrm{d}x}{x^p} + \cdots + \int_{n-1}^{n} \frac{\mathrm{d}x}{x^p}$$

$$= 1 + \int_1^n \frac{1}{x^p} \mathrm{d}x = 1 + \frac{1}{p-1}\left(1 - \frac{1}{n^{p-1}}\right) < 1 + \frac{1}{p-1},$$

即部分和数列 $\{S_n\}$ 有界,显然数列 $\{S_n\}$ 是单调的,由单调有界数列收敛,得到此时 $p$-
级数收敛.

综上所述,当 $p > 1$ 时,$p$ 级数收敛;当 $0 < p \leqslant 1$ 时,$p$ 级数发散.

# 第二节 幂 级 数

幂级数是一类比较简单的函数项级数,具有良好的性质,为我们表示函数、研究函数性态以及进行近似计算提供了方便.本节将在介绍函数项级数概念的基础上,重点讨论幂级数的概念、运算性质、将函数展开成幂级数及其应用.

## 一、函数项级数的一般概念

设区间 $I$ 上的函数列 $\{u_n(x)\}$,称表达式

$$u_1(x) + u_2(x) + u_3(x) + \cdots + u_n(x) + \cdots = \sum_{n=1}^{\infty} u_n(x)$$

为定义在区间 $I$ 上的**函数项级数**.

如果在区间 $I$ 上取某个确定的值 $x_0$,函数项级数 $\sum_{n=1}^{\infty} u_n(x)$ 就变成了一个数项级数 $\sum_{n=1}^{\infty} u_n(x_0)$.若 $\sum_{n=1}^{\infty} u_n(x_0)$ 收敛,则称函数项级数 $\sum_{n=1}^{\infty} u_n(x)$ 在点 $x_0$ 处**收敛**,称点 $x_0$ 为函数项级数 $\sum_{n=1}^{\infty} u_n(x)$ 的**收敛点**;若数项级数 $\sum_{n=1}^{\infty} u_n(x_0)$ 发散,则称函数项级数 $\sum_{n=1}^{\infty} u_n(x)$ 在点 $x_0$ 处**发散**.函数项级数 $\sum_{n=1}^{\infty} u_n(x)$ 的收敛点的全体构成的集合称为它的**收敛域**.

设函数项级数 $\sum_{n=1}^{\infty} u_n(x)$ 的收敛域为 $D$,则对于任意 $x_0 \in D$,级数 $\sum_{n=1}^{\infty} u_n(x_0)$ 对应一个确定的和 $S(x_0)$,因此收敛域 $D$ 上定义了函数 $S(x)$,称其为函数项级数 $\sum_{n=1}^{\infty} u_n(x)$ 的和函数,记为

$$S(x) = \sum_{n=1}^{\infty} u_n(x).$$

**例 1** 求函数项级数 $\sum_{n=0}^{\infty} x^n$ 的和函数及收敛域.

**解** 级数 $\qquad \sum_{n=0}^{\infty} x^n = 1 + x + x^2 + \cdots + x^n + \cdots,$

记 $\qquad S_n = 1 + x + x^2 + \cdots + x^{n-1}.$

当 $x \neq 1$ 时,$S_n = \dfrac{1 - x^n}{1 - x}.$

当 $|x| < 1$ 时,$\lim\limits_{n \to \infty} S_n = \lim\limits_{n \to \infty} \dfrac{1 - x^n}{1 - x} = \dfrac{1}{1 - x}$,即当 $|x| < 1$ 时,级数 $\sum_{n=0}^{\infty} x^n$ 收敛,

和函数为 $S(x) = \dfrac{1}{1-x}$.

而当 $|x| > 1$ 时,$\lim\limits_{n \to \infty} S_n$ 不存在,级数 $\sum\limits_{n=0}^{\infty} x^n$ 发散.

当 $x = 1$ 时,级数为 $\sum\limits_{n=0}^{\infty} 1$ 发散. 当 $x = -1$ 时,级数为 $\sum\limits_{n=0}^{\infty} (-1)^n$ 发散.

综合上述分析,级数 $\sum\limits_{n=0}^{\infty} x^n$ 的收敛域为 $(-1,1)$,和函数为 $S(x) = \dfrac{1}{1-x}$,表示为

$$\sum_{n=0}^{\infty} x^n = \frac{1}{1-x} \quad (-1 < x < 1).$$

## 二、幂级数及其收敛性

函数项级数中简单而常见的一类级数就是各项都是幂函数的函数项级数.

**定义 1** 形如

$$\sum_{n=0}^{\infty} a_n x^n = a_0 + a_1 x + a_2 x^2 + \cdots + a_n x^n + \cdots \tag{7.2.1}$$

的函数项级数称为 $x$ 的幂级数,其中常数 $a_0, a_1, a_2, \cdots, a_n, \cdots$ 称为幂级数的系数.

如

$$1 + x + x^2 + x^3 + \cdots + x^n + \cdots,$$

$$1 + x + \frac{1}{2!}x^2 + \frac{1}{3!}x^3 + \cdots + \frac{1}{n!}x^n + \cdots$$

都是幂级数.

幂级数的一般形式是

$$a_0 + a_1(x - x_0) + a_2(x - x_0)^2 + \cdots + a_n(x - x_0)^n + \cdots. \tag{7.2.2}$$

只要令 $t = x - x_0$,就可以把一般形式化成式 (7.2.1) 的形式,所以取式 (7.2.1) 来讨论,并不影响一般性.

对于幂级数的收敛性,有如下定理.

**定理 1** 如果幂级数 $\sum\limits_{n=0}^{\infty} a_n x^n$ 不是仅在点 $x = 0$ 处收敛,也不是在整个数轴上都收敛,则必存在一个确定的正数 $R$,使得

(1) 当 $|x| < R$ 时,幂级数收敛;

(2) 当 $|x| > R$ 时,幂级数发散;

(3) 当 $x = R$ 与 $x = -R$ 时,幂级数可能收敛,也可能发散.

上述定理中,正数 $R$ 称为幂级数的收敛半径,$(-R, R)$ 称为幂级数的收敛区间.

该定理说明,幂级数 $\sum\limits_{n=0}^{\infty} a_n x^n$ 的收敛域总是一个区间,而且是以 $x = 0$ 为中心的区间,在该区间外又都是发散的.

例如,几何级数 $\sum\limits_{n=0}^{\infty} x^n$ 收敛半径为 $R = 1$,所以级数 $\sum\limits_{n=0}^{\infty} x^n$ 的收敛区间为 $(-1, 1)$.

特别地,若幂级数只在 $x=0$ 处收敛,则规定其收敛半径 $R=0$;若幂级数对一切 $x$ 都收敛,则规定其收敛半径 $R=+\infty$,这时,级数的收敛区间为 $(-\infty,+\infty)$.

关于幂级数收敛半径的求法,有下面的定理.

**定理 2**　设幂级数 $\sum\limits_{n=0}^{\infty}a_n x^n$ 的所有系数 $a_n\neq 0$,且 $\lim\limits_{n\to\infty}\left|\dfrac{a_{n+1}}{a_n}\right|=\rho$,则

(1) 当 $\rho\neq 0$ 时,$R=\dfrac{1}{\rho}$;　(2) 当 $\rho=0$ 时,$R=+\infty$;　(3) 当 $\rho=+\infty$ 时,$R=0$.

根据定理 2,我们得到一种求解收敛半径的方法.

**例 2**　求幂级数 $\sum\limits_{n=0}^{\infty}\dfrac{x^n}{n!}$ 的收敛半径与收敛区间.

**解**　因为

$$\rho=\lim_{n\to\infty}\left|\frac{a_{n+1}}{a_n}\right|=\lim_{n\to\infty}\frac{\dfrac{1}{(n+1)!}}{\dfrac{1}{n!}}=\lim_{n\to\infty}\frac{1}{n+1}=0,$$

所以级数的收敛半径为 $R=+\infty$,收敛区间为 $(-\infty,+\infty)$.

**例 3**　求幂级数 $\sum\limits_{n=1}^{\infty}(-1)^n\dfrac{x^n}{n}$ 的收敛区间.

**解**　因为

$$\rho=\lim_{n\to\infty}\left|\frac{a_{n+1}}{a_n}\right|=\lim_{n\to\infty}\frac{\dfrac{1}{n+1}}{\dfrac{1}{n}}=\lim_{n\to\infty}\frac{n}{n+1}=1,$$

所以收敛半径 $R=1$,收敛区间为 $(-1,1)$.

## 三、幂级数的运算性质

关于幂级数的运算,具有以下性质.

**性质 1**　幂级数 $\sum\limits_{n=0}^{\infty}a_n x^n$ 在其收敛区间 $(-R,R)$ 内连续、可导.

**性质 2(逐项积分运算)**　幂级数 $\sum\limits_{n=0}^{\infty}a_n x^n$ 在其收敛区间 $(-R,R)$ 内,对任意 $x\in(-R,R)$,有

$$\int_0^x\left(\sum_{n=0}^{\infty}a_n x^n\right)\mathrm{d}x=\sum_{n=0}^{\infty}\int_0^x a_n x^n\mathrm{d}x.$$

**性质 3(逐项微分运算)**　幂级数 $\sum\limits_{n=0}^{\infty}a_n x^n$ 在其收敛区间 $(-R,R)$ 内,对任意 $x\in(-R,R)$,有

$$\left(\sum_{n=0}^{\infty}a_n x^n\right)'=\sum_{n=0}^{\infty}(a_n x^n)'.$$

这说明对幂级数求导数运算,可以先对每项求导,再求级数运算;对幂级数求积分运算,也可以先对每项求积分,再求级数运算.也就是说,级数运算与积分运算、导数运算具有交换性.

一般地,幂级数的求和问题可以通过幂级数逐项积分、逐项求导,把该幂级数的求和转化为已知级数的和函数问题.例如,几何级数的和函数

$$1 + x + x^2 + x^3 + \cdots + x^n + \cdots = \frac{1}{1-x} \quad (-1 < x < 1)$$

是幂级数求和中的一个基本结果.我们讨论的许多级数求和问题,都可以转化为几何级数的求和问题来解决.

**例 4**　求 $1 + \dfrac{x}{1} + \dfrac{x^2}{2} + \dfrac{x^3}{3} + \cdots + \dfrac{x^n}{n} + \cdots$ 在 $(-1,1)$ 内的和函数.

**解**　设 $S(x) = 1 + \dfrac{x}{1} + \dfrac{x^2}{2} + \dfrac{x^3}{3} + \cdots + \dfrac{x^n}{n} + \cdots, x \in (-1,1)$,

则　　　　　　$S'(x) = 1 + x + x^2 + \cdots + x^{n-1} + \cdots = \displaystyle\sum_{n=0}^{\infty} x^n = \frac{1}{1-x}.$

因此　　　　　　　　$\displaystyle\int_0^x S'(x)\,\mathrm{d}x = \int_0^x \frac{\mathrm{d}x}{1-x},$

所以有　　　　$S(x) - S(0) = -\ln(1-x)\,|_0^x = -\ln(1-x).$

又因为　　　　　　　　　　　$S(0) = 1,$

所以　　　　　　$S(x) = 1 - \ln(1-x), \quad x \in (-1,1).$

**例 5**　求级数 $\displaystyle\sum_{n=1}^{\infty} nx^{n-1}$ 的和.

**解**　考虑级数 $\displaystyle\sum_{n=1}^{\infty} nx^{n-1}$,$\displaystyle\lim_{n\to\infty} \frac{n+1}{n} = 1$,故收敛半径 $R = 1$,它的收敛区间为 $(-1,1)$.设其和函数为 $S(x)$,则

$$S(x) = \sum_{n=1}^{\infty} nx^{n-1} = \Big(\sum_{n=1}^{\infty} x^n\Big)' = \Big(\frac{x}{1-x}\Big)' = \frac{1}{(1-x)^2}.$$

## 四、将函数展开为幂级数

前面讨论了幂级数的收敛区间及其求幂级数的和函数.在实际问题中,经常会遇到与之相反的问题,即已知和函数 $f(x)$,求对应的幂级数.这就是下面讨论的将函数 $f(x)$ 展开为幂级数的问题.

### 1. 泰勒级数

用多项式表示的函数,只需对自变量进行有限次加、减、乘三种运算,便能求出它的函数值,多项式函数具有简单、易计算、易操作等特点,因此我们经常用多项式来近似或精确地表示函数.

由微分知识知道,当 $x - x_0$ 很小时,有如下近似等式:

$$f(x) \approx f(x_0) + f'(x_0)(x - x_0) = P_1(x),$$

它的特点是

$$P_1(x_0) = f(x_0), \quad P_1'(x_0) = f'(x_0).$$

即用一次多项式 $P_1(x)$ 近似表示函数 $f(x)$，在点 $x = x_0$ 处具有函数值相等、一阶导数值相等的特征.

如
$$e^x \approx e^0 + (e^x)' \mid_{x=0} (x - 0) = 1 + x,$$

$$\ln(1 + x) \approx \ln(1 + 0) + (\ln(1 + x))' \mid_{x=0} (x - 0) = x,$$

其函数图形分别如图 7.2.1(a)、(b) 所示，这些都是用一次多项式来近似表达函数的例子. 可以看到，在点 $x = 0$ 附近，用 $1 + x$ 代替 $e^x$、用 $x$ 代替 $\ln(1 + x)$ 都有较好的近似效果. 但是这种近似的精确度还不是很高，如果要求用多项式 $P(x)$ 近似表示函数 $f(x)$，这不仅要求它们在点 $x = x_0$ 处具有函数值相等、一阶导数值相等，而且其二阶导数值也要相等，可以想到，其近似精确会更高些. 如

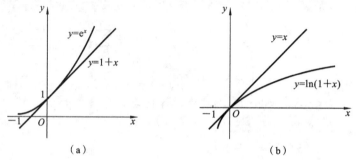

图 7.2.1

$$e^x \approx e^0 + (e^x)' \mid_{x=0} (x - 0) + \frac{1}{2}(e^x)'' \mid_{x=0} (x - 0)^2 = 1 + x + \frac{1}{2}x^2,$$

$$\ln(1 + x) \approx \ln(1 + 0) + (\ln(1 + x))' \mid_{x=0} (x - 0) + (\ln(1 + x))'' \mid_{x=0} (x - 0)^2$$

$$= x - \frac{1}{2}x^2,$$

多项式 $P_2(x) = 1 + x + \frac{1}{2}x^2$ 与函数 $f(x) = e^x$ 之间具有

$$P_2(0) = f(0), \quad P_2'(0) = f'(0), \quad P_2''(0) = f''(0)$$

的特点. 如图 7.2.2 所示，在点 $x = 0$ 附近，用 $P_2(x) = 1 + x + \frac{1}{2}x^2$ 代替 $y = e^x$ 比用 $P_1(x) = 1 + x$ 代替 $e^x$，近似效果会更好；同样，用 $P_2(x) = x - \frac{1}{2}x^2$ 的图形代替函数 $y = \ln(1 + x)$ 的图形，近似效果更好.

上述情况的一般形式为，当 $x - x_0$ 很小时，考虑如下近似等式：

$$f(x) \approx f(x_0) + f'(x_0)(x - x_0) + \frac{f''(x_0)}{2!}(x - x_0)^2 = P_2(x),$$

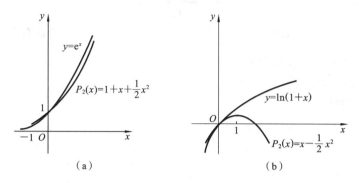

图 7.2.2

它的特点是
$$P_2(x_0) = f(x_0), \quad P'_2(x_0) = f'(x_0), \quad P''_2(x_0) = f''(x_0).$$

一般来说,此时 $P_2(x)$ 比 $P_1(x)$ 更近似于 $f(x)$. 类似地,我们可以找到更近似于 $f(x)$ 的多项式 $P_n(x)$,有

$$f(x) \approx f(x_0) + f'(x_0)(x - x_0) + \frac{f''(x_0)}{2!}(x - x_0)^2 + \cdots + \frac{f^{(n)}(x_0)}{n!}(x - x_0)^n$$
$$= P_n(x),$$

此时
$$P_n(x_0) = f(x_0), P'_n(x_0) = f'(x_0), P''_2(x_0) = f''(x_0), \cdots, P_n^{(n)}(x_0) = f^{(n)}(x_0).$$

**定义 2**  如果 $f(x)$ 在点 $x_0$ 具有任意阶导数,则幂级数

$$f(x_0) + f'(x_0)(x - x_0) + \frac{f''(x_0)}{2!}(x - x_0)^2 + \cdots + \frac{f^{(n)}(x_0)}{n!}(x - x_0)^n + \cdots$$

$$(7.2.3)$$

称为函数 $f(x)$ 在点 $x_0$ 处的泰勒级数.

**注**  泰勒级数在 $x_0$ 的去心邻域内不一定收敛. 当 $x_0 = 0$ 时,幂级数 $\sum\limits_{n=0}^{\infty} \frac{f^{(n)}(0)}{n!} x^n$ 称为 $f(x)$ 的麦克劳林级数.

关于泰勒级数的收敛问题,我们给出下面的定理.

**定理 3**  设 $f(x)$ 在点 $x_0$ 的某邻域内具有任意阶导数,且在邻域内恒有 $|f^{(n)}(x)| \leqslant M$($M$ 为固定正数,$n = 0,1,2,\cdots$),则 $f(x)$ 在该邻域内能展开成 $x - x_0$ 的幂级数,即
$$f(x) = a_0 + a_1(x - x_0) + a_2(x - x_0)^2 + \cdots + a_n(x - x_0)^n + \cdots,$$
其系数为
$$a_n = \frac{1}{n!} f^{(n)}(x_0) \quad (n = 0,1,2,\cdots)$$
且其展开式是唯一的.

定理说明,函数 $f(x)$ 满足一定条件下,泰勒级数 $\sum\limits_{n=0}^{\infty} \frac{f^{(n)}(x_0)}{n!}(x - x_0)^n$ 一定收敛

于自身,称 $a_n = \dfrac{1}{n!} f^{(n)}(x_0)(n=0,1,2,\cdots)$ 为 $f(x)$ 在点 $x_0$ 处的**泰勒系数**.

下面我们来研究将函数展开成幂级数的方法.

**2. 函数展开成幂级数的方法**

1) 直接展开法

直接展开法的一般步骤如下:

(1) 计算 $f^{(n)}(x)$,并求 $f^{(n)}(x_0)$ 的值;

(2) 写出幂级数 $\displaystyle\sum_{n=0}^{\infty} \dfrac{f^{(n)}(x_0)}{n!}(x-x_0)^n$;

(3) 求出幂级数的收敛区间;

(4) 写出函数的幂级数展开式及其收敛区间,即

$$f(x) = \sum_{n=0}^{\infty} \frac{f^{(n)}(x_0)}{n!}(x-x_0)^n, \quad |x-x_0| < R.$$

常见函数都能满足展开成泰勒级数的充分条件,其证明在此省略.

**例 6** 将函数 $f(x) = \mathrm{e}^x$ 展开成 $x$ 的幂级数.

**解** 由 $f^{(n)}(x) = \mathrm{e}^x(n=0,1,2,\cdots)$,得

$$f^{(n)}(0) = 1 \quad (n=0,1,2,\cdots),$$

于是麦克劳林级数为

$$1 + x + \frac{1}{2!}x^2 + \cdots + \frac{1}{n!}x^n + \cdots.$$

计算 $\rho = \lim\limits_{n\to\infty} \left|\dfrac{a_{n+1}}{a_n}\right| = \lim\limits_{n\to\infty} \dfrac{\frac{1}{(n+1)!}}{\frac{1}{n!}} = \lim\limits_{n\to\infty} \dfrac{1}{n+1} = 0$,由定理 2,得收敛半径 $R =$

$+\infty$,收敛区间为 $(-\infty, +\infty)$.

由定理 3,得其展开式为

$$\mathrm{e}^x = 1 + x + \frac{1}{2!}x^2 + \cdots + \frac{1}{n!}x^n + \cdots, \quad x \in (-\infty, +\infty).$$

**例 7** 将函数 $f(x) = \sin x$ 展开成 $x$ 的幂级数.

**解** 因为 $f^{(n)}(x) = \sin\left(x + n \cdot \dfrac{\pi}{2}\right) (n=0,1,2,\cdots)$,所以 $f^{(n)}(0)$ 顺序循环地

取 $0,1,0,-1,0,\cdots(n=0,1,2,\cdots)$. 于是得级数

$$x - \frac{x^3}{3!} + \frac{x^5}{5!} - \cdots + (-1)^{n-1}\frac{x^{2n-1}}{(2n-1)!} + \cdots,$$

它的收敛半径为 $R = +\infty$,收敛区间 $(-\infty, +\infty)$.

由定理 3,得其展开式为

$$\sin x = x - \frac{x^3}{3!} + \frac{x^5}{5!} - \cdots + (-1)^{n-1}\frac{x^{2n-1}}{(2n-1)!} + \cdots, \quad x \in (-\infty, +\infty).$$

2) 间接展开法

若用直接展开法求函数的幂级数展开式比较麻烦,就可用间接展开法.其理论基础是函数的幂级数展开式的唯一性:如果 $f(x)$ 能够展开为幂级数,其展开式必唯一.间接展开法,就是由已知函数的幂级数展开式出发,利用幂级数的性质,结合各种运算法则、变量替换等方法,将所给的函数展开为幂级数.

**例 8** 将函数 $f(x) = \dfrac{1}{1+x^2}$ 展开成 $x$ 的幂级数.

**解** 因为 $\dfrac{1}{1-x} = 1 + x + x^2 + \cdots + x^n + \cdots$ $(-1 < x < 1)$,

把 $x$ 换成 $-x^2$,由 $-1 < -x^2 < 1$ 得 $-1 < x < 1$. 于是有

$$\frac{1}{1+x^2} = 1 - x^2 + x^4 - \cdots + (-1)^n x^{2n} + \cdots \quad (-1 < x < 1).$$

**例 9** 将 $f(x) = \dfrac{1}{3-x}$ 展开成 $x-1$ 的幂级数.

**解** 考虑对函数进行变形,因为

$$\frac{1}{3-x} = \frac{1}{2-(x-1)} = \frac{1}{2} \cdot \frac{1}{1 - \dfrac{x-1}{2}},$$

而

$$\frac{1}{1-x} = 1 + x + x^2 + \cdots + x^n + \cdots \quad (-1 < x < 1),$$

所以

$$\frac{1}{3-x} = \frac{1}{2}\left[ 1 + \frac{x-1}{2} + \left(\frac{x-1}{2}\right)^2 + \cdots + \left(\frac{x-1}{2}\right)^n + \cdots \right].$$

由于 $\left| \dfrac{x-1}{2} \right| < 1$,故得收敛区间为 $-1 < x < 3$.

## 五、应用

将函数展开成幂级数,为了给研究函数提供方便,下面就在近似计算方面列举两个例子.

**例 10** 求 e 的近似值,要求误差不超过 0.0001.

**解** 根据 $e^x$ 的麦克劳林展开式:

$$e^x = 1 + x + \frac{x^2}{2!} + \frac{x^3}{3!} + \cdots \quad (-\infty < x < +\infty),$$

取

$$e^x = 1 + x + \frac{x^2}{2!} + \frac{x^3}{3!} + \cdots + \frac{x^{n-1}}{(n-1)!},$$

于是令 $x = 1$,得

$$e = 1 + 1 + \frac{1}{2!} + \frac{1}{3!} + \cdots + \frac{1}{(n-1)!},$$

误差为 $|r_n| = \dfrac{1}{n!} + \dfrac{1}{(n+1)!} + \dfrac{1}{(n+2)!} + \cdots$,放大可得 $r_n < \dfrac{n+1}{n \cdot n!}$,由于要求误差

不超过 $0.0001$，凭观察和试算，当取 $n = 8$ 时即可满足误差要求.

故取 $n = 8$，计算近似值 $e \approx 1 + 1 + \dfrac{1}{2!} + \dfrac{1}{3!} + \cdots + \dfrac{1}{7!} \approx 2.71825$.

**例 11**　计算积分 $\displaystyle\int_0^1 \dfrac{\sin x}{x} \mathrm{d}x$ 的近似值，准确到第四位小数.

**解**　由于 $\displaystyle\lim_{x \to 0} \dfrac{\sin x}{x} = 1$，若定义被积函数在 $x = 0$ 处的值为 $1$，则它在积分区间

$[0,1]$ 上连续. 由例 7 可得，$\dfrac{\sin x}{x}$ 的麦克劳林级数是

$$\frac{\sin x}{x} = 1 - \frac{x^2}{3!} + \frac{x^4}{5!} - \frac{x^6}{7!} + \cdots, \quad x \in (-\infty, +\infty),$$

故

$$\int_0^1 \frac{\sin x}{x} \mathrm{d}x = 1 - \frac{1}{3 \cdot 3!} + \frac{1}{5 \cdot 5!} - \frac{1}{7 \cdot 7!} + \cdots.$$

由于第四项 $\dfrac{1}{7 \cdot 7!} < \dfrac{1}{10000}$，所以余项

$$|r_n| = \left| -\frac{1}{7 \cdot 7!} + \frac{1}{9 \cdot 9!} - \frac{1}{11 \cdot 11!} + \cdots \right| < \frac{1}{7 \cdot 7!} < \frac{1}{10000}.$$

故取前三项来计算积分的近似值，可准确到第四位小数. 于是

$$\int_0^1 \frac{\sin x}{x} \mathrm{d}x \approx 1 - \frac{1}{3 \cdot 3!} + \frac{1}{5 \cdot 5!} \approx 0.9461.$$

另外，泰勒级数在频谱搬移电路、非线性器件相乘作用中，对于某些运算和转化起着关键的作用.

# 第三节　傅里叶级数

在物理和工程技术中经常遇到周期现象，最简单的周期现象是简谐振动，通常可用正弦型函数 $y = A\sin(\omega t + \varphi)$ 来表示. 但有时会遇到较复杂的非正弦周期函数或者是信号，如电子技术中反映电压与时间的变化关系常用具有一定周期的矩形波和锯齿波. 为了描述和研究这些现象，通常是将这些周期函数近似地表示成许多正、余弦型函数的和，即把一个比较复杂的周期运动看成是许多不同频率的简谐振动的叠加，傅里叶级数正是由于研究这类问题而产生的. 傅里叶级数是信号、雷达等工程技术专业中的一种重要分析工具.

傅里叶级数最早是由数学大师傅里叶在 18 世纪提出. 他运用波谱分析法（即傅里叶级数法）研究了很多问题，如热的传播、电波信号、潮汐的运动、季节风的改变、星球的运转等，傅里叶级数的产生源自于对自然的深入研究.

## 一、傅里叶级数的概念

正、余弦函数是最简单的周期函数，它可以描述现实世界中的简谐振动现象. 如

$$y = \frac{4}{\pi}\sin x, \quad y = \frac{4}{\pi}\left(\sin x + \frac{1}{3}\sin 3x\right)$$

的波形依次如图 7.3.1 所示,图 7.3.2 又显示了

$$y = \frac{4}{\pi}\left(\sin x + \frac{1}{3}\sin 3x + \frac{1}{5}\sin 5x\right), \quad y = \frac{4}{\pi}\left(\sin x + \frac{1}{3}\sin 3x + \frac{1}{5}\sin 5x + \frac{1}{7}\sin 7x\right),$$

$$y = \frac{4}{\pi}\left(\sin x + \frac{1}{3}\sin 3x + \frac{1}{5}\sin 5x + \frac{1}{7}\sin 7x + \frac{1}{9}\sin 9x\right)$$

的波形. 可以看到,随着不同频率的正弦波的逐渐叠加,其波形越来越近似于矩形波,这就为用无穷多个正弦函数之和表示一个非正弦周期函数或信号提供了可能,也为信号系统的形成、传输、运用提供了极大的方便.

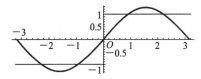 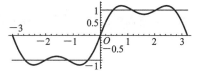

图 7.3.1

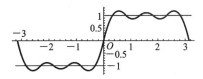 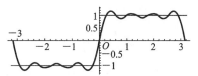

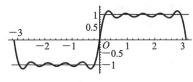

图 7.3.2

反映在数学上,就是要研究和讨论如何用三角函数的级数来表示一般函数.

**1. 傅里叶级数**

设函数 $f(x)$ 以 $2\pi$ 为周期,且在 $[-\pi, \pi]$ 上能表示为

$$f(x) = \frac{a_0}{2} + \sum_{n=1}^{\infty}(a_n\cos nx + b_n\sin nx), \tag{7.3.1}$$

其系数 $a_0, a_1, b_1, \cdots$ 与 $f(x)$ 之间存在怎样的关系?

在区间 $[-\pi, \pi]$ 上,对式(7.3.1)两边逐项积分,得

$$\int_{-\pi}^{\pi}f(x)\mathrm{d}x = \int_{-\pi}^{\pi}\frac{a_0}{2}\mathrm{d}x + \sum_{n=1}^{\infty}\left(a_n\int_{-\pi}^{\pi}\cos nx\,\mathrm{d}x + b_n\int_{-\pi}^{\pi}\sin nx\,\mathrm{d}x\right).$$

利用正余弦函数的周期、对称性,上式右端除了第一项外,其余各项为零,所以有

$$\int_{-\pi}^{\pi}f(x)\mathrm{d}x = a_0\pi,$$

即

$$a_0 = \frac{1}{\pi}\int_{-\pi}^{\pi}f(x)\mathrm{d}x.$$

把式(7.3.1)的两端都乘以 $\cos kx$ ($k$ 为正整数),并在区间 $[-\pi,\pi]$ 上逐项积分,得

$$\int_{-\pi}^{\pi} f(x)\cos kx\,\mathrm{d}x$$

$$= \frac{a_0}{2}\int_{-\pi}^{\pi}\cos kx\,\mathrm{d}x + \sum_{n=1}^{\infty}\left(\int_{-\pi}^{\pi} a_n\cos nx\cos kx\,\mathrm{d}x + \int_{-\pi}^{\pi} b_n\sin nx\cos kx\,\mathrm{d}x\right).$$

上式右端只有 $n=k$ 的项不为零,其余的项均等于零,所以有

$$\int_{-\pi}^{\pi} f(x)\cos nx\,\mathrm{d}x = a_n\int_{-\pi}^{\pi}\cos^2 nx\,\mathrm{d}x = \pi a_n,$$

即

$$a_n = \frac{1}{\pi}\int_{-\pi}^{\pi} f(x)\cos nx\,\mathrm{d}x \quad (n=1,2,\cdots).$$

类似地,把式(7.3.1)的两端都乘以 $\sin kx$ ($k$ 为正整数),并在区间 $[-\pi,\pi]$ 上逐项积分,得

$$b_n = \frac{1}{\pi}\int_{-\pi}^{\pi} f(x)\sin nx\,\mathrm{d}x \quad (n=1,2,\cdots).$$

上述结果即为

$$\begin{cases} a_n = \dfrac{1}{\pi}\displaystyle\int_{-\pi}^{\pi} f(x)\cos nx\,\mathrm{d}x \quad (n=0,1,2,\cdots), \\ b_n = \dfrac{1}{\pi}\displaystyle\int_{-\pi}^{\pi} f(x)\sin nx\,\mathrm{d}x \quad (n=1,2,3,\cdots). \end{cases}$$

称 $a_n$, $b_n$ 为 $f(x)$ 的傅里叶系数,由 $f(x)$ 的傅里叶系数所确定的三角级数

$$\frac{a_0}{2} + \sum_{n=1}^{\infty}(a_n\cos nx + b_n\sin nx)$$

称为 $f(x)$ 的傅里叶级数.

**2. 狄利克雷收敛定理**

对于定义在 $[-\pi,\pi]$ 上的周期函数 $f(x)$,求出傅里叶系数,不难得到它的傅里叶级数,问题是这个傅里叶级数是否一定收敛于 $f(x)$?这个问题傅里叶本人大胆断言:"任意"函数的傅里叶级数都收敛于 $f(x)$. 事实上,他的断言并不完全正确,直到1829 年才由狄利克雷(Dirichlet)最终完善.

**定理(狄利克雷收敛定理)** 设 $f(x)$ 是以 $2\pi$ 为周期的函数,如果它在一个周期内连续或只有有限个左、右极限均存在的间断点,并且至多只有有限个极值点,则 $f(x)$ 的傅里叶级数收敛.

(1) 当 $x$ 是 $f(x)$ 的连续点时,级数收敛于 $f(x)$;

(2) 当 $x$ 是 $f(x)$ 的间断点时,级数收敛于 $\dfrac{1}{2}[f(x-0)+f(x+0)]$.

定理表明:只要 $f(x)$ 满足狄利克雷定理的条件,$f(x)$ 就可以展开成傅里叶级数.而常见的函数、工程中涉及的函数绝大多数都满足狄利克雷定理的条件,可见函数 $f(x)$ 能展开成三角级数的条件要比能展开成幂级数的条件要弱得多,这使得傅里

叶级数得到广泛的应用.

**例1** 设函数 $f(x)$ 的周期为 $2\pi$,它在一个周期$[-\pi,\pi)$内的表达式为

$$f(x) = \begin{cases} -1, & -\pi \leqslant x < 0, \\ 1, & 0 \leqslant x < \pi. \end{cases}$$

将 $f(x)$ 展开成傅里叶级数.

**解** 由题意知,所给函数 $f(x)$ 在点 $x = k\pi$ $(k=0,\pm1,\pm2,\cdots)$ 处不连续,在其他点处连续,从而由收敛定理知 $f(x)$ 的傅里叶级数收敛,并且

当 $x = k\pi$ 时,级数收敛于

$$\frac{1}{2}[f(x-0) + f(x+0)] = \frac{1}{2}(-1+1)$$
$$= 0;$$

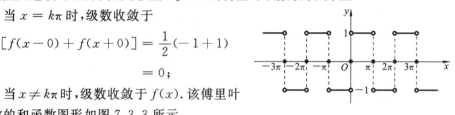

当 $x \neq k\pi$ 时,级数收敛于 $f(x)$.该傅里叶级数的和函数图形如图 7.3.3 所示.

**图 7.3.3**

下面计算 $f(x)$ 的傅里叶系数:

$$a_n = \frac{1}{\pi}\int_{-\pi}^{\pi} f(x)\cos nx\,\mathrm{d}x = \frac{1}{\pi}\int_{-\pi}^{0}(-1)\cos nx\,\mathrm{d}x + \frac{1}{\pi}\int_{0}^{\pi} 1 \cdot \cos nx\,\mathrm{d}x$$
$$= 0 \quad (n=0,1,2,\cdots);$$

$$b_n = \frac{1}{\pi}\int_{-\pi}^{\pi} f(x)\sin nx\,\mathrm{d}x = \frac{1}{\pi}\int_{-\pi}^{0}(-1)\sin nx\,\mathrm{d}x + \frac{1}{\pi}\int_{0}^{\pi} 1 \cdot \sin nx\,\mathrm{d}x$$

$$= \frac{1}{\pi}\left[\frac{\cos nx}{n}\right]_{-\pi}^{0} + \frac{1}{\pi}\left[-\frac{\cos nx}{n}\right]_{0}^{\pi} = \frac{2}{n\pi}(1-\cos n\pi)$$

$$= \begin{cases} \dfrac{4}{n\pi}, & n=1,3,5,\cdots, \\ 0, & n=2,4,6,\cdots. \end{cases}$$

于是 $f(x)$ 的傅里叶级数展开式为

$$f(x) = \frac{4}{\pi}\left[\sin x + \frac{1}{3}\sin 3x + \cdots + \frac{1}{2k-1}\sin(2k-1)x + \cdots\right]$$
$$(-\infty < x < +\infty; x \neq 0, \pm\pi, \pm 2\pi, \cdots).$$

**例2** 设 $f(x)$ 是周期为 $2\pi$ 的函数,它在一个周期$[-\pi,\pi)$内的表达式为

$$f(x) = \begin{cases} x, & -\pi \leqslant x < 0, \\ 0, & 0 \leqslant x < \pi, \end{cases}$$

将 $f(x)$ 展开成傅里叶级数.

**解** 由题意知,函数在点 $x = (2k+1)\pi$ $(k=0,\pm1,\pm2,\cdots)$ 处不连续,因此,$f(x)$ 的傅里叶级数在 $x = (2k+1)\pi$ 处收敛于

$$\frac{1}{2}[f(x-0) + f(x+0)] = \frac{1}{2}(0-\pi) = -\frac{\pi}{2}.$$

在连续点 $x(x \neq (2k+1)\pi)$ 处级数收敛于 $f(x)$.该傅里叶级数的和函数图形如图 7.3.4 所示.

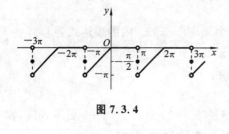

图 7.3.4

下面计算 $f(x)$ 的傅里叶系数：

$$a_0 = \frac{1}{\pi}\int_{-\pi}^{\pi} f(x)\mathrm{d}x = \frac{1}{\pi}\int_{-\pi}^{0} x\mathrm{d}x = -\frac{\pi}{2};$$

$$a_n = \frac{1}{\pi}\int_{-\pi}^{\pi} f(x)\cos nx\,\mathrm{d}x = \frac{1}{\pi}\int_{-\pi}^{0} x\cos nx\,\mathrm{d}x$$

$$= \frac{1}{\pi}\left[\frac{x\sin nx}{n} + \frac{\cos nx}{n^2}\right]_{-\pi}^{0}$$

$$= \frac{1}{n^2\pi}(1 - \cos n\pi)$$

$$= \begin{cases} \dfrac{2}{n^2\pi}, & n = 1,3,5,\cdots, \\[2mm] 0, & n = 2,4,6,\cdots; \end{cases}$$

$$b_n = \frac{1}{\pi}\int_{-\pi}^{\pi} f(x)\sin nx\,\mathrm{d}x = \frac{1}{\pi}\int_{-\pi}^{0} x\sin nx\,\mathrm{d}x = \frac{1}{\pi}\left[-\frac{x\cos nx}{n} + \frac{\sin nx}{n^2}\right]_{-\pi}^{0}$$

$$= -\frac{\cos n\pi}{n} = \frac{(-1)^{n+1}}{n} \quad (n = 1,2,\cdots).$$

所以，$f(x)$ 的傅里叶级数展开式为

$$f(x) = -\frac{\pi}{4} + \left(\frac{2}{\pi}\cos x + \sin x\right) - \frac{1}{2}\sin 2x + \left(\frac{2}{3^2\pi}\cos 3x + \frac{1}{3}\sin 3x\right)$$

$$- \frac{1}{4}\sin 4x + \left(\frac{2}{5^2\pi}\cos 5x + \frac{1}{5}\sin 5x\right) - \cdots$$

$$(-\infty < x < +\infty; x \neq 0, \pm\pi, \pm 2\pi, \cdots).$$

## 二、傅里叶级数的应用

傅里叶级数在数学、物理及工程中有着广泛的应用. 在许多实际问题中，还需要进一步搞清楚每一种频率成分的正弦波的振幅大小，这在物理和工程技术上称为**频谱分析**. 频谱分析是傅里叶级数在电子技术中的重要应用之一.

已知宽为 $\tau$、高为 $E$、周期为 $T$ 的矩形波，如图 7.3.5 所示. 在一个周期 $\left[-\dfrac{T}{2}, \dfrac{T}{2}\right)$ 内的函数表达式为

$$u(t) = \begin{cases} 0, & -\dfrac{T}{2} \leqslant t < -\dfrac{\tau}{2}, \\[2mm] E, & -\dfrac{\tau}{2} \leqslant t < \dfrac{\tau}{2}, \\[2mm] 0, & \dfrac{\tau}{2} \leqslant t < \dfrac{T}{2}. \end{cases}$$

则矩形波的傅里叶级数展开式为

$$U(t) = \frac{E\tau}{T} + \frac{2E}{\pi}\sum_{n=-\infty}^{\infty} \frac{1}{n}\sin\frac{n\pi\tau}{T}\cos\frac{n\pi t}{T}$$

$$\left(n \neq 0 ; -\infty < t < +\infty ; t \neq \pm \frac{\tau}{2}, \pm \frac{\tau}{2} \pm T, \cdots\right),$$

其中 $0 < \tau < T$，周期为 $T$，傅里叶系数为

$$a_0 = \frac{E\tau}{T}, \quad a_n = \frac{2E}{n\pi}\sin\frac{n\pi\tau}{T}, \quad b_n = 0.$$

此时振幅 $|C_n| = \frac{1}{2}\sqrt{a_n^2 + b_n^2} = \frac{E}{n\pi}\sin\frac{n\pi\tau}{T}$，角频率 $\omega = \frac{2\pi}{T}$。由 $C_n$ 可方便地作出它的频谱图，如图 7.3.6 所示。

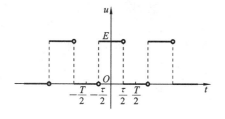

图 7.3.5

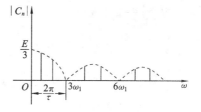

图 7.3.6

这里设脉冲宽度 $\tau = \frac{T}{3}$。由图 7.3.6 可知，频率 $3\omega_1, 6\omega_1, \cdots$ 对应的 $|C_n| = 0$。这些点称为谱线的零点。其中，

$$3\omega_1 = 3 \cdot \frac{2\pi}{T} = \frac{2\pi}{T/3} = \frac{2\pi}{\tau}$$

称为**第一个零值点**。在第一个零值点之后，振幅相对减少，可以忽略不计。因此，矩形脉冲的频带宽度为 $\Delta\omega = \frac{2\pi}{\tau}$。

从图 7.3.6 还可以看出，矩形脉冲的频谱是离散的，即它的谱线是一条一条分开的，其间的距离是 $\omega_1 = \frac{2\pi}{T}$。而且，当脉冲宽度 $\tau$ 不变时，增大周期，谱线之间的距离就缩小。换言之，周期越大，谱线越密。一般地，傅里叶级数在电子技术中常用复数形式表示。

在雷达电路中，常见信号是矩形波、锯齿波等波形，为了分析信号的频率特性，必须将矩形波、锯齿波等波形展开成傅里叶级数，即将信号分解成各种频率不同的正弦波，便于分析电路对所有正弦波发生的影响，由此可以了解电路对信号的影响，这对于讨论如何满意的传递信号有重要的意义。

# 习 题 七

## A 题

**1.** 设常数 $a \neq 0$，几何级数 $\sum\limits_{n=1}^{\infty} aq^n$ 收敛，则 $q$ 应满足（　　）。

(A) $q < 1$　　　　(B) $-1 < q < 1$　　　　(C) $q \leqslant 1$　　　　(D) $q > 1$

**2.** 若极限 $\lim\limits_{n \to \infty} u_n \neq 0$，则级数 $\sum\limits_{n=1}^{\infty} u_n$（　　）.

(A) 收敛　　　　　(B) 发散　　　　　(C) 条件收敛　　　　(D) 绝对收敛

**3.** 如果级数 $\sum\limits_{n=1}^{\infty} u_n$ 发散，则下列结论正确的是(　　).

(A) $\lim\limits_{n \to \infty} u_n \neq 0$　　(B) $\lim\limits_{n \to \infty} u_n = 0$　　(C) $\lim\limits_{n \to \infty} u_n = \infty$　　(D) $\sum\limits_{n=1}^{\infty} |u_n|$ 发散

**4.** 级数 $\sum\limits_{n=0}^{\infty} \dfrac{2}{4^n}$ 的和是(　　).

(A) $\dfrac{8}{3}$　　　　(B) $2$　　　　(C) $\dfrac{2}{3}$　　　　(D) $1$

**5.** 幂级数 $\sum\limits_{n=0}^{\infty} \dfrac{x^n}{n!}$ 的收敛区间是 _____.

**6.** 判别下列级数的收敛性.

(1) $\sum\limits_{n=1}^{\infty} \dfrac{1}{n^{\frac{3}{2}}}$;　　　　　　　　　　　(2) $\sum\limits_{n=1}^{\infty} \dfrac{1}{n!}$.

**7.** 判别数项级数 $\sum\limits_{n=1}^{\infty} \dfrac{1}{3^n}$ 的敛散性.

**8.** 判别下列级数的敛散性.

(1) $\sum\limits_{n=1}^{\infty} \dfrac{1}{3n}$;　　　　　　　　　　　(2) $\sum\limits_{n=1}^{\infty} (\sqrt{n+1} - \sqrt{n})$.

**9.** 求幂级数的 $\sum\limits_{n=1}^{\infty} n! x^n$ 收敛半径和收敛区间.

**10.** 求下列级数的收敛半径与收敛区间.

(1) $\sum\limits_{n=1}^{\infty} \dfrac{x^n}{(2n)!}$;　　　　　　　　　　(2) $\sum\limits_{n=1}^{\infty} \dfrac{n-1}{2^n} x^{n-1}$.

**11.** 将下列函数展开为 $x$ 的幂级数.

(1) $f(x) = \dfrac{e^x - e^{-x}}{2}$;　　　　　　　　(2) $f(x) = \dfrac{1}{1+x}$.

**12.** 将下列函数展开为幂级数.

(1) $f(x) = \dfrac{1}{2+x}$，在 $x = 0$ 处;　　　　(2) 将 $f(x) = \dfrac{1}{x}$ 展开成 $x - 3$ 的幂级数.

**13.** 求下列幂级数在收敛区间内的和函数.

(1) $\sum\limits_{n=0}^{\infty} \dfrac{x^n}{n+1}$;　　　　　　　　　　(2) $\sum\limits_{n=0}^{\infty} \dfrac{x^n}{n!}$.

**14.** 将周期为 $2\pi$ 的函数 $f(x)$ 展开成傅里叶级数，其中 $f(x)$ 在 $-\pi \leqslant x < \pi$ 上的表达式为 $f(x) = x^2$.

### B 题

**1.** 若常数项级数 $\sum\limits_{n=1}^{\infty} a_n$ 收敛，$S_n$ 是此级数的部分和，则必有(　　).

(A) $\sum\limits_{n=1}^{\infty} a_n$　　　(B) $\lim\limits_{n\to\infty} S_n = 0$　　　(C) $S_n$ 有极限　　　(D) $S_n$ 是单调的

**2.** 判别下列级数的敛散性.

(1) $\sum\limits_{n=1}^{\infty} \dfrac{1}{2^n} + \dfrac{1}{3^n}$;　　　　　　　　(2) $\sum\limits_{n=1}^{\infty} \ln \dfrac{n+1}{n}$.

**3.** 判别数项级数 $\sum\limits_{n=1}^{\infty} \dfrac{1}{\sqrt{n^2+1}}$ 的敛散性.

**4.** 判别下列级数的敛散性.

(1) $\sum\limits_{n=1}^{\infty} \dfrac{3n^n}{(1+n)^n}$;　　　　　　　(2) $\sum\limits_{n=1}^{\infty} \dfrac{1}{(4n+3)^2}$.

**5.** 求级数 $\sum\limits_{n=1}^{\infty} \dfrac{1}{2^n} x^{2n}$ 的收敛半径与收敛区间.

**6.** 求幂级数 $\sum\limits_{n=1}^{\infty} \dfrac{(2x+1)^{2n}}{n}$ 的收敛区间.

**7.** 将函数 $f(x) = \sin x$ 展开为 $x$ 的幂级数.

**8.** 求幂级数的 $\sum\limits_{n=1}^{\infty} \dfrac{x^n}{(2n)!}$ 收敛半径和收敛区间.

**9.** 求幂级数 $\sum\limits_{n=1}^{\infty} \dfrac{n(n+1)}{2^n}$ 在收敛区间内的和函数.

**10.** 将函数 $f(x) = \begin{cases} -x, & -\pi \leqslant x < 0 \\ x, & 0 \leqslant x \leqslant \pi \end{cases}$ 展开成傅里叶级数.

---

**阅读材料**

# 傅 里 叶

　　傅里叶(Fourier)是法国数学家,1768 年 3 月 21 日生于法国奥塞尔,1830 年 5 月 16 日卒于巴黎.

　　傅里叶出身平民,父亲是一位裁缝.9 岁时双亲亡故,之后由教会送入镇上的军校就读,表现出对数学的特殊爱好.他还有志于参加炮兵或工程兵,但因家庭地位低下而遭拒绝.后来希望到巴黎在更优越的环境下追求他感兴趣的研究,可是法国大革命中断了他的计划,于 1789 年回到家乡奥塞尔的母校执教.

　　在大革命时期,傅里叶以热心地方事务而知名,并因替当时恐怖行为的受害者申辩而被捕入狱.出狱后,他曾就读于巴黎师范学校,虽为期甚短,但其数学才华给人留下了深刻的印象.1795 年,当巴黎综合工科学校成立时,他被任命为助教,这一年他还讽刺地被当做罗伯斯庇尔的支持者而被捕,经同事营救获释.

　　1798 年,蒙日选派他跟随拿破仑远征埃及.在开罗,他担任埃及研究院的秘书,并从事许多外交活动.但同时他仍不断地进行个人的业余研究,即数学物理方面的研究.1801 年回到法国后,傅里叶希望继续执教于巴黎综合工科学校,但因拿破仑赏识他的行政才能,任命他为伊泽尔地区首府格勒诺布尔的高级官员.由于政绩卓著,1808 年拿破仑又授予他男爵称号.此后几经宦海浮沉,1815 年,傅里叶终于在拿破仑百日王朝的尾期辞去爵位和官职,毅然返回巴黎以图全力投入学术研究.但是,失业、贫困以及政治名声的落潮,这时的傅里叶处于一生中最艰难的时期.由于得到昔日同事和学生的关怀,为他谋得统计局主管之职,工作不繁重,所入足以为生,使他得以继续从事研究.

　　1816 年,傅里叶被提名为法国科学院的成员.初时因怒其与拿破仑的关系而为路易十八所拒.后来,事情澄清,于 1817 年就职科学院,其声誉又随之迅速上升.他的任职得到了当时年事已高的拉普拉斯的支持,却不断受到泊松的反对.1827 年,他又被选为科学院的终身秘书,这是极有权力的职位.1827 年,他被选为法兰西学院院士,还被英国皇家学会选为外国会员.

　　傅里叶一生为人正直,他曾对许多年轻的数学家和科学家给予无私的支持和真挚的鼓励,从而得到他们的忠诚爱戴,并成为他们的至交好友.有一件令人遗憾的事,就是傅里叶收到伽罗瓦的关于群论的论文时,他因病情严重而未阅,以至论文手稿遗失.

　　傅里叶去世后,在他的家乡人们为他树立了一座青铜像.20 世纪以后,还以他的名字命名了一所学校,以示人们对他的尊敬和纪念.

　　纵观傅里叶一生的学术成就,他最突出的贡献就是他对热传问题的研究和新的普遍性数学方法的创造,这就为数学物理的前进开辟了康庄大道,极大地推动了应用数学的发展,从而也有力推动了物理学的发展.

　　傅里叶大胆地断言:"任意"函数都可以展成三角级数,并且列举大量函数和图形来说明函数的三角级数的普遍性.虽然他没有给出明确的条件和严格的证明,但是毕竟由此开创出"傅里叶分析"这一重要的数学分支,拓广了传统的函数概念.傅里叶的工作对数学的发展产生的影响是他本人及其同时代人都难以预料的,而且这种影响至今还在发展之中.

# 第八章 矩 阵

1848 年西尔维斯特首先提出矩阵这个词，他同凯莱一起发展了行列式理论，创立了代数型理论. 之后矩阵受到越来越多的人的关注，1930 年我国著名的数学家华罗庚在《科学》上发表了相关文章. 矩阵理论是数学的一个重要分支，它有着悠久的发展历史和极其丰富的内容. 它既是经典数学的基础，又是最具有使用价值的数学理论. 作为数学的一种基本工具，它在数学科学及其他科学技术领域，如数值分析、微分方程、运筹学、量子力学、统计力学、现代控制理论、系统工程等，甚至在经济管理、社会科学等领域都有着广泛的应用.

## 第一节 矩阵的概念

### 一、引例

**引例 1** 某地有三个军用物资供应处 $A_1$, $A_2$, $A_3$, 现有两个军用物资需求处 $B_1$, $B_2$, 在物资调运中，往往需要考虑如何调运物资才使得总运费最低，表 8.1.1 是它们供需的调运方案.

表 8.1.1

| 需求处 \\ 供应处 | $A_1$ | $A_2$ | $A_3$ |
|---|---|---|---|
| $B_1$ | 59 | 79 | 80 |
| $B_2$ | 68 | 87 | 90 |

表中数字表示由供应处 $A_j(j=1,2,3)$ 运到需求处 $B_i(i=1,2)$ 的数量(单位:吨).这个表也可以纯粹地用如下数表表示:

$$\begin{bmatrix} 59 & 79 & 80 \\ 68 & 87 & 90 \end{bmatrix}.$$

它表示了这种物资的调运方案,数表第 $i$ 行各元素之和为需求处 $B_i$ 的总需求量,数表第 $j$ 列各元素之和为供应处 $A_j$ 的总供应量.

**引例 2**　线性方程组

$$\begin{cases} a_{11}x_1 + a_{12}x_2 + \cdots + a_{1n}x_n = b_1 \\ a_{21}x_1 + a_{22}x_2 + \cdots + a_{2n}x_n = b_2 \\ \qquad\qquad\qquad\qquad\qquad \vdots \\ a_{m1}x_1 + a_{m2}x_2 + \cdots + a_{mn}x_n = b_m \end{cases}$$

的系数 $a_{ij}(i=1,2,\cdots,m;j=1,2,\cdots,n),b_i(i=1,2,\cdots,m)$ 按原位置构成一数表:

$$\begin{bmatrix} a_{11} & a_{12} & \cdots & a_{1n} & b_1 \\ a_{21} & a_{22} & \cdots & a_{2n} & b_2 \\ \vdots & \vdots & & \vdots & \vdots \\ a_{m1} & a_{m2} & \cdots & a_{mn} & b_m \end{bmatrix}.$$

给定一个线性方程组就唯一地确定了这样的一个数表;反过来,该数表也决定着方程组的解.因而有必要研究这个数表.

在自然科学、工程技术以及经济等领域中常常用到这种矩形数表.

## 二、矩阵的概念

**定义**　由 $m \times n$ 个数 $a_{ij}(i=1,2,\cdots,m;j=1,2,\cdots,n)$ 排成的 $m$ 行 $n$ 列的数表

$$\begin{matrix} a_{11} & a_{12} & \cdots & a_{1n} \\ a_{21} & a_{22} & \cdots & a_{2n} \\ \vdots & \vdots & & \vdots \\ a_{m1} & a_{m2} & \cdots & a_{mn} \end{matrix}$$

称为 $m$ **行** $n$ **列矩阵**,简称 $m \times n$ **矩阵**.为表示它是一个整体,总是加一个括号,并用大写黑体字母表示它,记作

$$\boldsymbol{A} = \begin{bmatrix} a_{11} & a_{12} & \cdots & a_{1n} \\ a_{21} & a_{22} & \cdots & a_{2n} \\ \vdots & \vdots & & \vdots \\ a_{m1} & a_{m2} & \cdots & a_{mn} \end{bmatrix}.$$

矩阵中的 $m \times n$ 个数称为矩阵 $\boldsymbol{A}$ 的**元素**,简称为**元**,数 $a_{ij}$ 称为矩阵 $\boldsymbol{A}$ 的第 $i$ 行第 $j$ 列元素.一个 $m \times n$ 矩阵 $\boldsymbol{A}$ 可简记作

$$A=A_{m\times n}=[a_{ij}]_{m\times n} \quad 或 \quad A=[a_{ij}].$$

如果矩阵 $A$ 的行数与列数相同且等于 $n$，则称 $A$ 为 $n$ **阶方阵**.

如果两个矩阵具有相同的行数与相同的列数，则称这两个矩阵为**同型矩阵**.

例如，$\begin{bmatrix} 1 & 0 & 3 & 5 \\ -5 & 6 & 4 & 3 \end{bmatrix}$是一个 $2\times 4$ 矩阵；$[1,2,3]$是一个 $1\times 3$ 矩阵.

## 三、几种特殊矩阵

(1) 只有一行的矩阵 $A=[a_1,a_2,\cdots,a_n]$，称为**行矩阵**或**行向量**.

(2) 只有一列的矩阵 $B=\begin{bmatrix} b_1 \\ b_2 \\ \vdots \\ b_n \end{bmatrix}$，称为**列矩阵**或**列向量**.

(3) $n$ 阶方阵 $\begin{bmatrix} \lambda_1 & 0 & \cdots & 0 \\ 0 & \lambda_2 & \cdots & 0 \\ \vdots & \vdots & & \vdots \\ 0 & 0 & \cdots & \lambda_n \end{bmatrix}$，称为 $n$ 阶**对角矩阵**. 它除对角线元素外，其余元素全为 0.

(4) 元素全为 0 的矩阵称为**零矩阵**，$m\times n$ 零矩阵记为 $O_{m\times n}$ 或 $O$.

(5) $n$ 阶方阵 $\begin{bmatrix} 1 & 0 & \cdots & 0 \\ 0 & 1 & \cdots & 0 \\ \vdots & \vdots & & \vdots \\ 0 & 0 & \cdots & 1 \end{bmatrix}$称为 $n$ 阶**单位矩阵**，它除了对角线元素为 1 外，其余元素全为 0. $n$ 阶单位矩阵也可记为 $E$ 或 $E_n$.

## 四、矩阵概念的应用

矩阵概念的应用十分广泛，这里我们介绍矩阵的概念在交通、物品价格中的简单应用.

**例 1(通路矩阵)** 甲省两个城市 $a_1,a_2$ 与乙省三个城市 $b_1,b_2,b_3$ 的交通连接情况如图 8.1.1 所示. 每条直线上的数字表示连接 $a_i(i=1,2)$ 与 $b_j(j=1,2,3)$ 两城市之间的不同通路总数. 由该图提供的通路信息，可用矩阵形式表示，称之为**通路矩阵**.

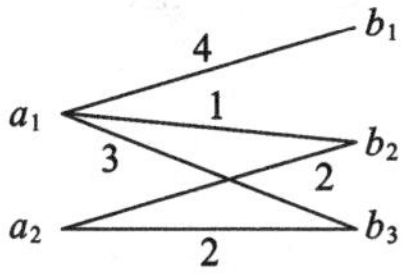


$$\begin{array}{c} \begin{array}{cc} a_1 & a_2 \end{array} \\ \begin{bmatrix} 4 & 0 \\ 1 & 2 \\ 3 & 2 \end{bmatrix} \begin{array}{c} b_1 \\ b_2 \\ b_3 \end{array} \end{array}$$

**图 8.1.1**

如第 1 行第 1 列元素 4 表示 $a_1$ 到 $b_1$ 有 4 条通路,而 $a_2$ 到 $b_1$ 没有通路.

**例2** 某企业生产 3 种产品 $A$、$B$、$C$,各种产品的季度产值(单位:万元)如表 8.1.2 所示.

表 8.1.2

| 季度 产值 产品 | $A$ | $B$ | $C$ |
|---|---|---|---|
| 1 | 90 | 95 | 88 |
| 2 | 75 | 78 | 84 |
| 3 | 80 | 85 | 76 |
| 4 | 82 | 86 | 79 |

数表 $\begin{bmatrix} 90 & 95 & 88 \\ 75 & 78 & 84 \\ 80 & 85 & 76 \\ 82 & 86 & 79 \end{bmatrix}$ 具体描述了这家企业各种产品的季度产值,同时也揭示了产

值随季度变化的规律、季增长率和年产量等情况.

# 第二节　矩阵的运算

为了利用矩阵工具研究和解决问题,需要对它赋予一些具有理论和实际意义的运算.

## 一、矩阵相等

**定义1** 如果矩阵 $A,B$ 为同型矩阵,且对应元素均相等,则称矩阵 $A$ 与矩阵 $B$ 相等,记为 $A=B$.

即若 $A=[a_{ij}]_{m\times n}$,$B=[b_{ij}]_{m\times n}$,且 $a_{ij}=b_{ij}$($i=1,2,\cdots,m;j=1,2,\cdots,n$),则 $A=B$.

**例1** 设 $A=\begin{bmatrix} 1 & 2-x & 3 \\ 2 & 6 & 5z \end{bmatrix}$,$B=\begin{bmatrix} 1 & x & 3 \\ y & 6 & z-8 \end{bmatrix}$,已知 $A=B$,求 $x,y,z$.

**解** 因 $A=B$,则 $A$ 与 $B$ 对应元素相等,有 $2-x=x$,$2=y$,$5z=z-8$,故 $x=1$,$y=2$,$z=-2$.

## 二、矩阵的加减法

**引例1** 某地有两个军用物资需求处 $A$、$B$,一季度和二季度分别需要物资 $A_1$,

$A_2$, $A_3$ 的数量分别用矩阵 $\boldsymbol{A}$ 和 $\boldsymbol{B}$ 表示为

$$\boldsymbol{A}=\begin{array}{ccc}A_1 & A_2 & A_3\end{array}\atop\begin{bmatrix}120 & 240 & 360\\100 & 200 & 300\end{bmatrix}\begin{array}{c}\text{一季度}\\\text{二季度}\end{array},\quad \boldsymbol{B}=\begin{array}{ccc}A_1 & A_2 & A_3\end{array}\atop\begin{bmatrix}110 & 220 & 330\\105 & 210 & 315\end{bmatrix}\begin{array}{c}\text{一季度}\\\text{二季度}\end{array}$$

其中,军需处 $A$ 在第一季度需要物资 $A_2$ 为矩阵 $\boldsymbol{A}$ 第 1 行第 2 列的元素 240,其他的表示类似.

这两个军用物资需求处前两季度的需求量的汇总表可以用矩阵 $\boldsymbol{C}$ 表示为

$$\boldsymbol{C}=\boldsymbol{A}+\boldsymbol{B}=\begin{bmatrix}120 & 240 & 360\\100 & 200 & 300\end{bmatrix}+\begin{bmatrix}110 & 220 & 330\\105 & 210 & 315\end{bmatrix}$$

$$=\begin{bmatrix}120+110 & 240+220 & 360+330\\100+105 & 200+210 & 300+315\end{bmatrix}$$

$$=\begin{bmatrix}230 & 460 & 690\\205 & 410 & 615\end{bmatrix}.$$

也就是说,矩阵 $\boldsymbol{A}$ 和 $\boldsymbol{B}$ 的对应元素相加,就得到矩阵 $\boldsymbol{C}$,这种运算称为**矩阵加法**.

**定义 2**　设有两个 $m\times n$ 矩阵 $\boldsymbol{A}=[a_{ij}]$ 和 $\boldsymbol{B}=[b_{ij}]$,矩阵 $\boldsymbol{A}$ 与 $\boldsymbol{B}$ 的和记作 $\boldsymbol{A}+\boldsymbol{B}$,规定为

$$\boldsymbol{A}+\boldsymbol{B}=[a_{ij}+b_{ij}]=\begin{bmatrix}a_{11}+b_{11} & a_{12}+b_{12} & \cdots & a_{1n}+b_{1n}\\a_{21}+b_{21} & a_{22}+b_{22} & \cdots & a_{2n}+b_{2n}\\\vdots & \vdots & & \vdots\\a_{m1}+b_{m1} & a_{m2}+b_{m2} & \cdots & a_{mn}+b_{mn}\end{bmatrix}.$$

**注**　只有两个矩阵是同型矩阵时,才能进行矩阵的加法运算.两个同型矩阵的和,即为两个矩阵对应位置元素相加得到的矩阵.

**例 2**　已知 $\boldsymbol{A}=\begin{bmatrix}2 & 3\\4 & 6\end{bmatrix}$,$\boldsymbol{B}=\begin{bmatrix}7 & 8\\9 & 1\end{bmatrix}$,求 $\boldsymbol{A}+\boldsymbol{B}$.

**解**　$\boldsymbol{A}+\boldsymbol{B}=\begin{bmatrix}2 & 3\\4 & 6\end{bmatrix}+\begin{bmatrix}7 & 8\\9 & 1\end{bmatrix}=\begin{bmatrix}2+7 & 3+8\\4+9 & 6+1\end{bmatrix}=\begin{bmatrix}9 & 11\\13 & 7\end{bmatrix}.$

设矩阵 $\boldsymbol{A}=[a_{ij}]$,记

$$-\boldsymbol{A}=[-a_{ij}]=\begin{bmatrix}-a_{11} & -a_{12} & \cdots & -a_{1n}\\-a_{21} & -a_{22} & \cdots & -a_{2n}\\\vdots & \vdots & & \vdots\\-a_{m1} & -a_{m2} & \cdots & -a_{mn}\end{bmatrix},$$

称 $-\boldsymbol{A}$ 为矩阵 $\boldsymbol{A}$ 的**负矩阵**.

规定矩阵的减法为 $\boldsymbol{A}-\boldsymbol{B}=\boldsymbol{A}+(-\boldsymbol{B})$.

### 三、数与矩阵的乘法

**引例 2**　在引例 1 中,若两个军用物资需求处一季度和二季度需要物资 $A_1$,$A_2$,$A_3$ 的数量完全相同,即

$$A=B=\begin{bmatrix} 120 & 240 & 360 \\ 100 & 200 & 300 \end{bmatrix} \begin{matrix} 一季度 \\ 二季度 \end{matrix},$$

（顶部标注 $A_1$　$A_2$　$A_3$）

则这两个需求处前两季度的需求量的汇总表为

$$\begin{bmatrix} 120\times2 & 240\times2 & 360\times2 \\ 100\times2 & 200\times2 & 300\times2 \end{bmatrix}=\begin{bmatrix} 240 & 480 & 720 \\ 200 & 400 & 600 \end{bmatrix}.$$

这就是说,把矩阵 $A$ 中的所有元素都乘以 2,得到另一个矩阵,这就是我们所要求的矩阵.

**定义 3**　数 $k$ 与矩阵 $A=[a_{ij}]_{m\times n}$ 的每一个元素相乘得到的矩阵,称为 $k$ 与矩阵 $A$ 的数乘,记作 $kA$ 或 $Ak$,即

$$kA=Ak=[ka_{ij}]=\begin{bmatrix} ka_{11} & ka_{12} & \cdots & ka_{1n} \\ ka_{21} & ka_{22} & \cdots & ka_{2n} \\ \vdots & \vdots & & \vdots \\ ka_{m1} & ka_{m2} & \cdots & ka_{mn} \end{bmatrix}.$$

数与矩阵的乘积运算称为**数乘运算**.

矩阵的加减法和矩阵的数乘两种运算统称为矩阵的线性运算.矩阵的加减法与数乘和代数的加减法、乘法运算规律完全一致.

**例 3**　已知 $A=\begin{bmatrix} 2 & 1 & 1 \\ 1 & 2 & 1 \end{bmatrix}$,$B=\begin{bmatrix} 1 & 0 & 1 \\ 2 & 1 & 0 \end{bmatrix}$,求 $2A+3B$.

**解**
$$2A+3B=2\begin{bmatrix} 2 & 1 & 1 \\ 1 & 2 & 1 \end{bmatrix}+3\begin{bmatrix} 1 & 0 & 1 \\ 2 & 1 & 0 \end{bmatrix}$$

$$=\begin{bmatrix} 4 & 2 & 2 \\ 2 & 4 & 2 \end{bmatrix}+\begin{bmatrix} 3 & 0 & 3 \\ 6 & 3 & 0 \end{bmatrix}$$

$$=\begin{bmatrix} 7 & 2 & 5 \\ 8 & 7 & 2 \end{bmatrix}.$$

### 四、矩阵的乘法

**引例 3**　引例 1 中矩阵 $A$ 表示其中一个军用物资需求处一季度和二季度需要物资 $A_1$,$A_2$,$A_3$ 的数量,设用矩阵 $D$ 表示三种物资的单价和单位运输成本,即

$$A=\begin{bmatrix} 120 & 240 & 360 \\ 100 & 200 & 300 \end{bmatrix} \begin{matrix} 一季度 \\ 二季度 \end{matrix},\qquad D=\begin{bmatrix} 20 & 40 \\ 10 & 20 \\ 30 & 10 \end{bmatrix}\begin{matrix} A_1 \\ A_2 \\ A_3 \end{matrix},$$

（$A$ 顶部标注 $A_1$　$A_2$　$A_3$;$D$ 顶部标注 单价 运输成本）

则一季度的军用物资采购的总价为

$$120 \times 20 + 240 \times 10 + 360 \times 30 = 15600,$$

它是矩阵 $A$ 中第 1 行的元素与矩阵 $D$ 中第 1 列的元素对应相乘再相加的结果；一季度的军用物资采购的总运输成本为

$$120 \times 40 + 240 \times 20 + 360 \times 10 = 13200,$$

它是矩阵 $A$ 中第 1 行的元素与矩阵 $D$ 中第 2 列的元素对应相乘再相加的结果．

类似地，还可得到二季度的军用物资采购的费用．若把这些数据也写成表格或矩阵的形式，即用 $C$ 表示两个季度需求处 $A$ 的费用额，有

$$C = \begin{bmatrix} 120 \times 20 + 240 \times 10 + 360 \times 30 & 120 \times 40 + 240 \times 20 + 360 \times 10 \\ 100 \times 20 + 200 \times 10 + 300 \times 30 & 100 \times 40 + 200 \times 20 + 300 \times 10 \end{bmatrix}$$

$$= \begin{bmatrix} 15600 & 13200 \\ 13000 & 11000 \end{bmatrix},$$

其中矩阵 $C$ 中的元素 $c_{11}$ 表示矩阵 $A$ 中的第 1 行与矩阵 $D$ 中的第 1 列所有对应元素的乘积之和；$c_{12}$ 表示矩阵 $A$ 中的第 1 行与矩阵 $D$ 中的第 2 列所有对应元素的乘积之和，其他类似．矩阵 $C$ 中的元素是由矩阵 $A$ 与 $D$ 中元素相乘而得，这种关系称为矩阵的乘法．

**定义 4** 设

$$A = [a_{ij}]_{m \times s} = \begin{bmatrix} a_{11} & a_{12} & \cdots & a_{1s} \\ a_{21} & a_{22} & \cdots & a_{2s} \\ \vdots & \vdots & & \vdots \\ a_{m1} & a_{m2} & \cdots & a_{ms} \end{bmatrix},$$

$$B = [b_{ij}]_{s \times n} = \begin{bmatrix} b_{11} & b_{12} & \cdots & b_{1n} \\ b_{21} & b_{22} & \cdots & b_{2n} \\ \vdots & \vdots & & \vdots \\ b_{s1} & b_{s2} & \cdots & b_{sn} \end{bmatrix},$$

矩阵 $A$ 与矩阵 $B$ 的乘积记作 $AB$，规定为

$$AB = [c_{ij}]_{m \times n} = \begin{bmatrix} c_{11} & c_{12} & \cdots & c_{1n} \\ c_{21} & c_{22} & \cdots & c_{2n} \\ \vdots & \vdots & & \vdots \\ c_{m1} & c_{m2} & \cdots & c_{mn} \end{bmatrix},$$

其中 $c_{ij} = a_{i1}b_{1j} + a_{i2}b_{2j} + \cdots + a_{is}b_{sj} = \sum\limits_{k=1}^{s} a_{ik}b_{kj} \, (i = 1, 2, \cdots, m; j = 1, 2, \cdots, n)$. 记号 $AB$ 常读作 $A$ 左乘 $B$ 或 $B$ 右乘 $A$．

**注** 只有当左边矩阵的列数等于右边矩阵的行数时，两个矩阵才能进行乘法运算．

若 $C = AB$，则矩阵 $C$ 的元素 $c_{ij}$ 即为矩阵 $A$ 的第 $i$ 行元素与矩阵 $B$ 的第 $j$ 列对应

元素乘积的和,即

$$c_{ij}=[a_{i1},a_{i2},\cdots,a_{is}]\begin{bmatrix}b_{1j}\\b_{2j}\\\vdots\\b_{sj}\end{bmatrix}=a_{i1}b_{1j}+a_{i2}b_{2j}+\cdots+a_{is}b_{sj}.$$

**例 4** 若 $A=\begin{bmatrix}2&3\\1&-2\\3&1\end{bmatrix}$, $B=\begin{bmatrix}1&-2&-3\\2&-1&0\end{bmatrix}$, 求 $AB$.

**解** $AB=\begin{bmatrix}2&3\\1&-2\\3&1\end{bmatrix}\begin{bmatrix}1&-2&-3\\2&-1&0\end{bmatrix}$

$$=\begin{bmatrix}2\times1+3\times2&2\times(-2)+3\times(-1)&2\times(-3)+3\times0\\1\times1+(-2)\times2&(-2)\times1+(-1)\times(-2)&(-3)\times1+0\times(-2)\\3\times1+1\times2&(-2)\times3+1\times(-1)&3\times(-3)+1\times0\end{bmatrix}$$

$$=\begin{bmatrix}8&-7&-6\\-3&0&-3\\5&-7&-9\end{bmatrix}.$$

**例 5** 设 $A=\begin{bmatrix}1&1\\-1&-1\end{bmatrix}$, $B=\begin{bmatrix}1&-1\\-1&1\end{bmatrix}$, 试计算 $AB$ 和 $BA$.

**解** 由矩阵乘法公式得

$$AB=\begin{bmatrix}1&1\\-1&-1\end{bmatrix}\begin{bmatrix}1&-1\\-1&1\end{bmatrix}$$

$$=\begin{bmatrix}1\times1+1\times(-1)&1\times(-1)+1\times1\\(-1)\times1+(-1)\times(-1)&(-1)\times(-1)+(-1)\times1\end{bmatrix}=\begin{bmatrix}0&0\\0&0\end{bmatrix},$$

$$BA=\begin{bmatrix}1&-1\\-1&1\end{bmatrix}\begin{bmatrix}1&1\\-1&-1\end{bmatrix}=\begin{bmatrix}1\times1+(-1)\times(-1)&1\times1+(-1)\times(-1)\\(-1)\times1+1\times(-1)&(-1)\times1+(-1)\times1\end{bmatrix}$$

$$=\begin{bmatrix}2&2\\-2&-2\end{bmatrix}.$$

例 5 表明:即使 $AB$ 和 $BA$ 均有意义,也未必有 $AB=BA$,即矩阵乘法没有交换律;即使 $A\neq O,B\neq O$,也可能有 $AB=O$.这也说明,从 $AB=O$ 不能推出 $A=O$ 或 $B=O$.

此外,矩阵乘法一般也不满足消去律,即不能从 $AC=BC$ 必然推出 $A=B$.例如,设

$$A=\begin{bmatrix}1&2\\0&3\end{bmatrix},\quad B=\begin{bmatrix}1&0\\0&4\end{bmatrix},\quad C=\begin{bmatrix}1&1\\0&0\end{bmatrix},$$

则 $AC=\begin{bmatrix}1&2\\0&3\end{bmatrix}\begin{bmatrix}1&1\\0&0\end{bmatrix}=\begin{bmatrix}1&1\\0&0\end{bmatrix}=\begin{bmatrix}1&0\\0&4\end{bmatrix}\begin{bmatrix}1&1\\0&0\end{bmatrix}=BC$,但 $A\neq B$.

矩阵的乘法运算除了不满足交换律和消去律,其他的运算规律与代数式的乘法

规律类似.

## 五、矩阵运算的应用

### 1. 线性方程组的矩阵表示

对于线性方程组

$$
\begin{cases}
a_{11}x_1 + a_{12}x_2 + \cdots + a_{1n}x_n = b_1, \\
a_{21}x_1 + a_{22}x_2 + \cdots + a_{2n}x_n = b_2, \\
\qquad\qquad\qquad\qquad\qquad \vdots \\
a_{m1}x_1 + a_{m2}x_2 + \cdots + a_{mn}x_n = b_m,
\end{cases}
\tag{8.2.1}
$$

若记
$$
\boldsymbol{A} = \begin{bmatrix} a_{11} & a_{12} & \cdots & a_{1n} \\ a_{21} & a_{22} & \cdots & a_{2n} \\ \vdots & \vdots & & \vdots \\ a_{m1} & a_{m2} & \cdots & a_{mn} \end{bmatrix}, \quad
\boldsymbol{x} = \begin{bmatrix} x_1 \\ x_2 \\ \vdots \\ x_n \end{bmatrix}, \quad
\boldsymbol{b} = \begin{bmatrix} b_1 \\ b_2 \\ \vdots \\ b_m \end{bmatrix},
$$

则利用矩阵的乘法,线性方程组(8.2.1)可以表示为矩阵形式:

$$
\boldsymbol{Ax} = \boldsymbol{b},
\tag{8.2.2}
$$

其中 $\boldsymbol{A}$ 称为方程组(8.2.1)的系数矩阵,方程组(8.2.2)称为线性方程组的矩阵表示.

可见,用矩阵表示线性方程组不仅简洁、方便,而且能用矩阵的知识帮助分析、求解线性方程组.

### 2. 线性变换

变量 $x_1, x_2, \cdots, x_n$ 与变量 $y_1, y_2, \cdots, y_m$ 之间的关系式:

$$
\begin{cases}
y_1 = a_{11}x_1 + a_{12}x_2 + \cdots + a_{1n}x_n \\
y_2 = a_{21}x_1 + a_{22}x_2 + \cdots + a_{2n}x_n \\
\qquad \vdots \\
y_m = a_{m1}x_1 + a_{m2}x_2 + \cdots + a_{mn}x_n
\end{cases}
\tag{8.2.3}
$$

称为从变量 $x_1, x_2, \cdots, x_n$ 到变量 $y_1, y_2, \cdots, y_m$ 的**线性变换**,其中 $a_{ij}(i = 1, 2, \cdots, m; j = 1, 2, \cdots, n)$ 为常数. 线性变换(8.2.3)的系数 $a_{ij}$ 构成的矩阵 $\boldsymbol{A} = [a_{ij}]_{m \times n}$ 称为线性变换(8.2.3)的**系数矩阵**.

设
$$
\boldsymbol{A} = \begin{bmatrix} a_{11} & a_{12} & \cdots & a_{1n} \\ a_{21} & a_{22} & \cdots & a_{2n} \\ \vdots & \vdots & & \vdots \\ a_{m1} & a_{m2} & \cdots & a_{mn} \end{bmatrix}, \boldsymbol{x} = \begin{bmatrix} x_1 \\ x_2 \\ \vdots \\ x_n \end{bmatrix}, \boldsymbol{y} = \begin{bmatrix} y_1 \\ y_2 \\ \vdots \\ y_m \end{bmatrix},
$$

则变换关系式(8.2.3)可表示为列矩阵形式:

$$
\boldsymbol{y} = \boldsymbol{Ax}.
\tag{8.2.4}
$$

可见,线性变换与其系数矩阵之间存在一一对应关系.因而可利用矩阵来研究线性变换,也可利用线性变换来研究矩阵.例如,有线性变换 $\boldsymbol{y} = \boldsymbol{Ax}$,其中

$$A = \begin{bmatrix} 1 & 2 \\ 0 & 1 \end{bmatrix}, x = \begin{bmatrix} 1 \\ 1 \end{bmatrix},$$

则

$$y = Ax = \begin{bmatrix} 1 & 2 \\ 0 & 1 \end{bmatrix} \begin{bmatrix} 1 \\ 1 \end{bmatrix} = \begin{bmatrix} 3 \\ 1 \end{bmatrix}.$$

其几何意义是:线性变换 $y = Ax$ 将平面 $x_1 O x_2$ 上的向量 $x = \begin{bmatrix} 1 \\ 1 \end{bmatrix}$ 变换为该平面上的另一向量 $y = \begin{bmatrix} 3 \\ 1 \end{bmatrix}$. 线性变换在计算机领域中也有许多重要作用.

### 3. 人口迁移模型

人口迁移模型考虑的是人口的迁移或人群的流动问题. 这里我们考虑一个简单的模型,即某城市及其周边农村在若干年内的人口变化的情况.

假设某城市 2012 年城市人口为 500 万(记为 $r_0$),农村人口为 780 万(记为 $s_0$),初始人口向量记为 $x_0 = \begin{bmatrix} r_0 \\ s_0 \end{bmatrix}$. 每年有 5% 的城市人口迁移到农村(95% 仍然留在城市),有 12% 的农村人口迁移到城市(88% 仍然留在农村),忽略其他因素对人口的影响,则 2013 年人口向量为

$$x_1 = \begin{bmatrix} r_1 \\ s_1 \end{bmatrix} = r_0 \begin{bmatrix} 0.95 \\ 0.05 \end{bmatrix} + s_0 \begin{bmatrix} 0.12 \\ 0.88 \end{bmatrix}$$

$$= \begin{bmatrix} 0.95 & 0.12 \\ 0.05 & 0.88 \end{bmatrix} \begin{bmatrix} r_0 \\ s_0 \end{bmatrix} = \begin{bmatrix} 568.6 \\ 711.4 \end{bmatrix}.$$

记 $M = \begin{bmatrix} 0.95 & 0.12 \\ 0.05 & 0.88 \end{bmatrix}$,称 $M$ 为人口迁移矩阵. 如果人口迁移百分比不变,则可以得到 2014 年、2015 年、$n$ 年后的人口分布:

$$x_2 = Mx_1, \quad x_3 = Mx_2, \quad \cdots, \quad x_{n+1} = Mx_n = M^{n+1} x_0.$$

该等式描述了城市与农村人口在若干年内的分布变化. 这个模型还可以广泛应用于生态学、经济学等许多领域.

## 第三节　矩阵的逆与初等变换

### 一、逆矩阵的概念

我们知道,当实数 $a \neq 0$ 时,总存在唯一的乘法逆元 $a^{-1}$,使

$$aa^{-1} = a^{-1} a = 1.$$

矩阵的乘法是否也像实数那样有逆运算呢? 我们类似地引入方阵的逆.

**定义 1**　设 $A$ 是一个 $n$ 阶方阵,若存在一个方阵 $B$,使得

$$AB = BA = E,$$

则称 $A$ 是**可逆矩阵**,并称 $B$ 为 $A$ 的**逆矩阵**.

由定义知,可逆矩阵一定是方阵,并且它的逆矩阵也为同阶方阵;此外,如果 $B$ 是 $A$ 的逆矩阵,那么 $B$ 也是可逆的,并且 $A$ 是 $B$ 的逆矩阵.

**定理**　若矩阵 $A$ 是可逆的,则 $A$ 的逆矩阵是唯一的.

事实上,设 $B,C$ 都是 $A$ 的逆矩阵,则有

$$AB=BA=E,\quad AC=CA=E,$$

故 $B=BE=B(AC)=(BA)C=EC=C.$ 所以 $A$ 的逆矩阵唯一,记为 $A^{-1}$.

如设

$$A=\begin{bmatrix}1 & -1\\1 & 1\end{bmatrix},\quad B=\begin{bmatrix}1/2 & 1/2\\-1/2 & 1/2\end{bmatrix},$$

因为 $AB=BA=E$,所以 $B$ 是 $A$ 的逆矩阵.

**例 1**　设 $A=\begin{bmatrix}2 & 1\\-1 & 0\end{bmatrix}$,求 $A$ 的逆矩阵.

**解**　利用待定系数法求解.设 $B=\begin{bmatrix}a & c\\b & d\end{bmatrix}$ 是 $A$ 的逆矩阵,则

$$AB=\begin{bmatrix}a & c\\b & d\end{bmatrix}\begin{bmatrix}2 & 1\\-1 & 0\end{bmatrix}=\begin{bmatrix}2a-c & a\\2b-d & b\end{bmatrix}=\begin{bmatrix}1 & 0\\0 & 1\end{bmatrix},$$

即 $\begin{cases}2a-c=1,\\a=0,\\2b-d=0,\\b=1,\end{cases}$　所以 $\begin{cases}a=0,\\b=1,\\c=-1,\\d=2,\end{cases}$　从而 $A^{-1}=\begin{bmatrix}0 & -1\\1 & 2\end{bmatrix}.$

对矩阵逆的求解仅用待定系数法是远远不够的,如果遇到阶数比较高的矩阵,用待定系数法求解矩阵的逆会面临着计算复杂等问题,于是我们引入初等变换.

## 二、初 等 变 换

### 1. 用初等变换法求解线性方程组

先看一个解线性方程组的例子.

**例 2**　解方程组

$$\begin{cases}2x_1 & +3x_3=1,\\x_1- & x_2+2x_3=1,\\x_1-3x_2+4x_3=2.\end{cases}\qquad ①$$

**解**　将方程组中的第二个方程分别乘以 $-2$ 和 $-1$,然后分别加到第一、第三个方程上去,方程组就变为

$$\begin{cases}2x_2- & x_3=-1,\\x_1- & x_2+2x_3=1,\\-2x_2+2x_3=1.\end{cases}$$

再将以上方程组中的第一个方程加到第三个方程得

$$\begin{cases} 2x_2 - x_3 = -1, \\ x_1 - x_2 + 2x_3 = 1, \\ x_3 = 0. \end{cases}$$

将上面方程组中的第三个方程分别乘以 $1, -2$，然后分别加到第一、二个方程上得

$$\begin{cases} 2x_2 = -1, \\ x_1 - x_2 = 1, \\ x_3 = 0. \end{cases}$$

用 $\frac{1}{2}$ 乘以上述方程组中的第一个方程，并且将它加到第二个方程得

$$\begin{cases} x_2 = -\frac{1}{2}, \\ x_1 = \frac{1}{2}, \\ x_3 = 0. \end{cases}$$

互换以上方程组的第一、第二个方程得

$$\begin{cases} x_1 = \frac{1}{2}, \\ x_2 = -\frac{1}{2}, \\ x_3 = 0. \end{cases}$$

将方程组①中的系数矩阵与常数项可以合成如下的一个新矩阵：

$$\begin{bmatrix} 2 & 0 & 3 & \vdots & 1 \\ 1 & -1 & 2 & \vdots & 1 \\ 1 & -3 & 4 & \vdots & 2 \end{bmatrix}.$$

这个矩阵称为方程组①的**增广矩阵**.

分析一下方程组的解法，不难看出，它实际上是反复地对方程组进行以下三种变换：

(1) 用一非零的数乘某一方程；

(2) 把一个方程的倍数加到另一个方程上；

(3) 互换两个方程的位置.

以上三种变换称为线性方程组的**初等变换**. 不难证明，通过初等变换得到的新的方程组与原方程组有同样的解.

在很多情况下我们常常要对矩阵进行初等的行变换，例如矩阵的逆的求解问题，这里给出矩阵的初等变换的定义.

**定义 2**　矩阵的下列三种变换称为矩阵的初等行变换：

（1）交换矩阵的两行（交换 $i,j$ 两行，记作 $r_i \leftrightarrow r_j$）；

（2）以一个非零的数 $k$ 去乘矩阵的某一行（第 $i$ 行乘以数 $k$，记作 $kr_i$ 或 $r_i \times k$）；

（3）把矩阵的某一行的 $k$ 倍加到另一行（第 $j$ 行乘以数 $k$ 加到第 $i$ 行，记为 $r_i + kr_j$）.

把定义中的"行"换成"列"，即得到矩阵的**初等列变换**的定义（相应记号中把 $r$ 换成 $c$）. 初等行变换与初等列变换统称为**初等变换**.

一般地，一个矩阵经过初等变换后，就变成了另一个矩阵. 例如，将矩阵

$$\begin{bmatrix} 1 & 0 & -2 \\ 2 & 1 & 0 \\ -1 & 2 & 10 \end{bmatrix}$$

的第 1 行乘以 $-2$ 加到第 2 行，就得到矩阵

$$\begin{bmatrix} 1 & 0 & -2 \\ 0 & 1 & 4 \\ -1 & 2 & 10 \end{bmatrix}.$$

当矩阵 $A$ 经过初等行变换变成矩阵 $B$ 时，我们写作

$$A \rightarrow B.$$

例 2 的三种变换实质上就是对增广矩阵进行初等行变换，最后得到结果. 因此，求解过程也可以用矩阵的初等变换表示如下：

$$\begin{bmatrix} 2 & 0 & 3 & \vdots & 1 \\ 1 & -1 & 2 & \vdots & 1 \\ 1 & -3 & 4 & \vdots & 2 \end{bmatrix} \xrightarrow{r_1+r_2\times(-2)} \begin{bmatrix} 0 & 2 & -1 & \vdots & -1 \\ 1 & -1 & 2 & \vdots & 1 \\ 1 & -3 & 4 & \vdots & 2 \end{bmatrix} \xrightarrow{r_3+r_2\times(-1)} \begin{bmatrix} 0 & 2 & -1 & \vdots & -1 \\ 1 & -1 & 2 & \vdots & 1 \\ 0 & -2 & 2 & \vdots & 1 \end{bmatrix}$$

$$\xrightarrow{r_3+r_1} \begin{bmatrix} 0 & 2 & -1 & \vdots & -1 \\ 1 & -1 & 2 & \vdots & 1 \\ 0 & 0 & 1 & \vdots & 0 \end{bmatrix} \xrightarrow{r_2+r_3\times(-2)} \begin{bmatrix} 0 & 2 & -1 & \vdots & -1 \\ 1 & -1 & 0 & \vdots & 1 \\ 0 & 0 & 1 & \vdots & 0 \end{bmatrix}$$

$$\xrightarrow{r_1+r_3} \begin{bmatrix} 0 & 2 & 0 & \vdots & -1 \\ 1 & -1 & 0 & \vdots & 1 \\ 0 & 0 & 1 & \vdots & 0 \end{bmatrix} \xrightarrow{r_1\times\frac{1}{2}} \begin{bmatrix} 0 & 1 & 0 & \vdots & -\frac{1}{2} \\ 1 & -1 & 0 & \vdots & 1 \\ 0 & 0 & 1 & \vdots & 0 \end{bmatrix}$$

$$\xrightarrow{r_2+r_1} \begin{bmatrix} 0 & 1 & 0 & \vdots & -\frac{1}{2} \\ 1 & 0 & 0 & \vdots & \frac{1}{2} \\ 0 & 0 & 1 & \vdots & 0 \end{bmatrix} \xrightarrow{r_1\leftrightarrow r_2} \begin{bmatrix} 1 & 0 & 0 & \vdots & \frac{1}{2} \\ 0 & 1 & 0 & \vdots & -\frac{1}{2} \\ 0 & 0 & 1 & \vdots & 0 \end{bmatrix}.$$

所以，原方程组的解为 $x_1 = \frac{1}{2}$，$x_2 = -\frac{1}{2}$，$x_3 = 0$.

一般多采用这种利用增广矩阵的初等行变换来表述利用消元法求解线性方程组

的过程.

**例 3**　求解线性方程组

$$\begin{cases} 2x_1 + x_2 + x_3 = 7, \\ 3x_1 - 2x_2 + 3x_3 = 8, \\ x_1 + x_2 + x_3 = 6. \end{cases} \qquad ①$$

**解**　对方程组的增广矩阵进行初等变换,得

$$\begin{bmatrix} 2 & 1 & 1 & \vdots & 7 \\ 3 & -2 & 3 & \vdots & 8 \\ 1 & 1 & 1 & \vdots & 6 \end{bmatrix} \xrightarrow{r_1 \leftrightarrow r_3} \begin{bmatrix} 1 & 1 & 1 & \vdots & 6 \\ 3 & -2 & 3 & \vdots & 8 \\ 2 & 1 & 1 & \vdots & 7 \end{bmatrix} \xrightarrow{r_2 + r_1 \times (-3)} \begin{bmatrix} 1 & 1 & 1 & \vdots & 6 \\ 0 & -5 & 0 & \vdots & -10 \\ 2 & 1 & 1 & \vdots & 7 \end{bmatrix}$$

$$\xrightarrow{r_3 + r_1 \times (-2)} \begin{bmatrix} 1 & 1 & 1 & \vdots & 6 \\ 0 & -5 & 0 & \vdots & -10 \\ 0 & -1 & -1 & \vdots & -5 \end{bmatrix} \xrightarrow{r_2 \times \left(-\frac{1}{5}\right)} \begin{bmatrix} 1 & 1 & 1 & \vdots & 6 \\ 0 & 1 & 0 & \vdots & 2 \\ 0 & -1 & -1 & \vdots & -5 \end{bmatrix}$$

$$\xrightarrow{r_1 + r_3} \begin{bmatrix} 1 & 0 & 0 & \vdots & 1 \\ 0 & 1 & 0 & \vdots & 2 \\ 0 & -1 & -1 & \vdots & -5 \end{bmatrix} \xrightarrow[r_3 \times (-1)]{r_3 + r_2} \begin{bmatrix} 1 & 0 & 0 & \vdots & 1 \\ 0 & 1 & 0 & \vdots & 2 \\ 0 & 0 & 1 & \vdots & 3 \end{bmatrix},$$

所以原方程组化简为

$$\begin{cases} x_1 = 1, \\ x_2 = 2, \\ x_3 = 3. \end{cases} \qquad ②$$

此即为原方程组的解.

　　线性方程组是线性代数的重要组成部分,在各个领域都需要求解线性方程组. 如寻找海底石油储藏时,勘探船的计算机每天要解几千个线性方程组,方程组的数据从气喷枪的爆炸引起水下冲击波获得;航班调度、电路设计等管理决策和软件技术都依赖于线性代数与线性方程组的方法. 用初等变换求解线性方程组是最基本的方法之一. 这里只讨论了线性方程组有唯一解的情形,对于其他情形也可用初等变换来求解.

**2. 用初等变换求逆矩阵**

　　在前面我们给出了 $n$ 阶方阵的逆矩阵定义和用待定系数法求解逆矩阵的方法,但计算量很大. 下面介绍一种较为简便的方法——初等变换法.

　　为方便,我们以三阶方阵的情况为例. 设 $A$ 的逆为 $X$,则有

$$AX = E,$$

其中

$$X = \begin{bmatrix} x_{11} & x_{12} & x_{13} \\ x_{21} & x_{22} & x_{23} \\ x_{31} & x_{32} & x_{33} \end{bmatrix}, \quad E = \begin{bmatrix} 1 & 0 & 0 \\ 0 & 1 & 0 \\ 0 & 0 & 1 \end{bmatrix}.$$

这是一个矩阵方程，$X$ 为未知矩阵，$E$ 为单位矩阵.

将 $X$ 的列写为 $[X_1, X_2, X_3]$，$E$ 的列写为 $[e_1, e_2, e_3]$，则矩阵方程为

$$A[X_1, X_2, X_3] = [e_1, e_2, e_3],$$

于是 $AX_1 = e_1, AX_2 = e_2, AX_3 = e_3$.

这样，求逆矩阵 $X$ 相当于解三个方程组，解这三个方程组就是化增广矩阵

$$\begin{bmatrix} a_{11} & a_{12} & a_{13} & \vdots & 1 \\ a_{21} & a_{22} & a_{23} & \vdots & 0 \\ a_{31} & a_{32} & a_{33} & \vdots & 0 \end{bmatrix}, \begin{bmatrix} a_{11} & a_{12} & a_{13} & \vdots & 0 \\ a_{21} & a_{22} & a_{23} & \vdots & 1 \\ a_{31} & a_{32} & a_{33} & \vdots & 0 \end{bmatrix}, \begin{bmatrix} a_{11} & a_{12} & a_{13} & \vdots & 0 \\ a_{21} & a_{22} & a_{23} & \vdots & 0 \\ a_{31} & a_{32} & a_{33} & \vdots & 1 \end{bmatrix}$$

为

$$\begin{bmatrix} 1 & 0 & 0 & \vdots & x_{11} \\ 0 & 1 & 0 & \vdots & x_{21} \\ 0 & 0 & 1 & \vdots & x_{31} \end{bmatrix}, \begin{bmatrix} 1 & 0 & 0 & \vdots & x_{12} \\ 0 & 1 & 0 & \vdots & x_{22} \\ 0 & 0 & 1 & \vdots & x_{32} \end{bmatrix}, \begin{bmatrix} 1 & 0 & 0 & \vdots & x_{13} \\ 0 & 1 & 0 & \vdots & x_{23} \\ 0 & 0 & 1 & \vdots & x_{33} \end{bmatrix}.$$

由此得到 $[X_1, X_2, X_3]$，进而可写出 $X$，即 $A^{-1}$.

由于这三个方程组的系数矩阵一样，所用的初等行变换也一样. 因而可把三个方程组的增广矩阵写在一起，即

$$\begin{bmatrix} a_{11} & a_{12} & a_{13} & \vdots & 1 & 0 & 0 \\ a_{21} & a_{22} & a_{23} & \vdots & 0 & 1 & 0 \\ a_{31} & a_{32} & a_{33} & \vdots & 0 & 0 & 1 \end{bmatrix},$$

这样，当用初等行变换把矩阵 $A$ 化为单位矩阵时，右边的三列构成的矩阵就是 $A^{-1}$.

当用初等行变换不能将矩阵 $A$ 变为单位矩阵时，$A$ 不可逆.

**例 4**　用初等行变换求 $A = \begin{bmatrix} 1 & 0 & 0 \\ 2 & 1 & 0 \\ 3 & 2 & 1 \end{bmatrix}$ 的逆.

**解**　$\begin{bmatrix} 1 & 0 & 0 & \vdots & 1 & 0 & 0 \\ 2 & 1 & 0 & \vdots & 0 & 1 & 0 \\ 3 & 2 & 1 & \vdots & 0 & 0 & 1 \end{bmatrix} \xrightarrow{r_2 + r_1 \times (-2)} \begin{bmatrix} 1 & 0 & 0 & \vdots & 1 & 0 & 0 \\ 0 & 1 & 0 & \vdots & -2 & 1 & 0 \\ 3 & 2 & 1 & \vdots & 0 & 0 & 1 \end{bmatrix}$

$\xrightarrow{r_3 + r_1 \times (-3)} \begin{bmatrix} 1 & 0 & 0 & \vdots & 1 & 0 & 0 \\ 0 & 1 & 0 & \vdots & -2 & 1 & 0 \\ 0 & 2 & 1 & \vdots & -3 & 0 & 1 \end{bmatrix}$

$\xrightarrow{r_3 + r_2 \times (-2)} \begin{bmatrix} 1 & 0 & 0 & \vdots & 1 & 0 & 0 \\ 0 & 1 & 0 & \vdots & -2 & 1 & 0 \\ 0 & 0 & 1 & \vdots & 1 & -2 & 1 \end{bmatrix},$

所以 $A^{-1} = \begin{bmatrix} 1 & 0 & 0 \\ -2 & 1 & 0 \\ 1 & -2 & 1 \end{bmatrix}.$

验证：$\begin{bmatrix} 1 & 0 & 0 \\ -2 & 1 & 0 \\ 1 & -2 & 1 \end{bmatrix} \begin{bmatrix} 1 & 0 & 0 \\ 2 & 1 & 0 \\ 3 & 2 & 1 \end{bmatrix} = \begin{bmatrix} 1 & 0 & 0 \\ 0 & 1 & 0 \\ 0 & 0 & 1 \end{bmatrix}$，说明所求矩阵确实是 $A$ 的逆.

**3. 逆矩阵的简单应用**

前面我们定义了逆矩阵的概念，它的应用很广泛，下面我们介绍利用逆矩阵求解线性方程组.

**例 5**　利用逆矩阵解线性方程组 $\begin{cases} x_1 - x_2 - x_3 = 2, \\ 2x_1 - x_2 - 3x_3 = 1, \\ 3x_1 + 2x_2 - 5x_3 = 0. \end{cases}$

**解**　设 $A = \begin{bmatrix} 1 & -1 & -1 \\ 2 & -1 & -3 \\ 3 & 2 & -5 \end{bmatrix}$，$x = \begin{bmatrix} x_1 \\ x_2 \\ x_3 \end{bmatrix}$，$b = \begin{bmatrix} 2 \\ 1 \\ 0 \end{bmatrix}$，则原方程组可写为 $Ax = b$. 用初

等行变换求出 $A$ 的逆矩阵，即

$$\begin{bmatrix} 1 & -1 & -1 & \vdots & 1 & 0 & 0 \\ 2 & -1 & -3 & \vdots & 0 & 1 & 0 \\ 3 & 2 & -5 & \vdots & 0 & 0 & 1 \end{bmatrix} \xrightarrow{r_2 + r_1 \times (-2)} \begin{bmatrix} 1 & -1 & -1 & \vdots & 1 & 0 & 0 \\ 0 & 1 & -1 & \vdots & -2 & 1 & 0 \\ 3 & 2 & -5 & \vdots & 0 & 0 & 1 \end{bmatrix}$$

$$\xrightarrow{r_3 + r_1 \times (-3)} \begin{bmatrix} 1 & -1 & -1 & \vdots & 1 & 0 & 0 \\ 0 & 1 & -1 & \vdots & -2 & 1 & 0 \\ 0 & 5 & -2 & \vdots & -3 & 0 & 1 \end{bmatrix} \xrightarrow{r_1 + r_2} \begin{bmatrix} 1 & 0 & -2 & \vdots & -1 & 1 & 0 \\ 0 & 1 & -1 & \vdots & -2 & 1 & 0 \\ 0 & 5 & -2 & \vdots & -3 & 0 & 1 \end{bmatrix}$$

$$\xrightarrow{r_3 + r_2 \times (-5)} \begin{bmatrix} 1 & 0 & -2 & \vdots & -1 & 1 & 0 \\ 0 & 1 & -1 & \vdots & -2 & 1 & 0 \\ 0 & 0 & 3 & \vdots & 7 & -5 & 1 \end{bmatrix} \longrightarrow \begin{bmatrix} 1 & 0 & 0 & \vdots & \frac{11}{3} & -\frac{7}{3} & \frac{2}{3} \\ 0 & 1 & 0 & \vdots & \frac{1}{3} & -\frac{2}{3} & \frac{1}{3} \\ 0 & 0 & 1 & \vdots & \frac{7}{3} & -\frac{5}{3} & \frac{1}{3} \end{bmatrix},$$

所以 $A^{-1} = \begin{bmatrix} \frac{11}{3} & -\frac{7}{3} & \frac{2}{3} \\ \frac{1}{3} & -\frac{2}{3} & \frac{1}{3} \\ \frac{7}{3} & -\frac{5}{3} & \frac{1}{3} \end{bmatrix}$，则线性方程组的解为

$$x = \begin{bmatrix} x_1 \\ x_2 \\ x_3 \end{bmatrix} = A^{-1}b = \begin{bmatrix} \frac{11}{3} & -\frac{7}{3} & \frac{2}{3} \\ \frac{1}{3} & -\frac{2}{3} & \frac{1}{3} \\ \frac{7}{3} & -\frac{5}{3} & \frac{1}{3} \end{bmatrix} \begin{bmatrix} 2 \\ 1 \\ 0 \end{bmatrix} = \begin{bmatrix} 5 \\ 0 \\ 3 \end{bmatrix}.$$

当我们发现系数矩阵可逆时，先用初等变换求它的逆矩阵，再求出方程组的解也非常方便.

# 习 题 八

## A 题

**1.** 已知 $\begin{bmatrix} x & 2 \\ 1 & y \end{bmatrix} = \begin{bmatrix} 2 & z \\ 1 & 5 \end{bmatrix}$，求 $x, y, z$ 的值.

**2.** 计算下列矩阵.

(1) $\begin{bmatrix} 1 & 2 \\ 0 & 1 \end{bmatrix} - \begin{bmatrix} 2 & -2 \\ 0 & 3 \end{bmatrix}$;

(2) $\begin{bmatrix} 1 & 6 & 4 \\ -4 & 2 & 8 \end{bmatrix} + \begin{bmatrix} -2 & 0 & 1 \\ 2 & -3 & 4 \end{bmatrix}$.

**3.** 已知 $\boldsymbol{A} = \begin{bmatrix} 2 & 2 \\ 0 & 1 \end{bmatrix}$, $\boldsymbol{B} = \begin{bmatrix} 1 & 1 \\ 1 & 2 \end{bmatrix}$, 求 $\boldsymbol{A} + \boldsymbol{B}, \boldsymbol{A} - \boldsymbol{B}, 2\boldsymbol{A} + 3\boldsymbol{B}$.

**4.** 设

(1) $\boldsymbol{A} = \begin{bmatrix} 1 & 3 \\ 2 & -1 \end{bmatrix}$, $\boldsymbol{B} = \begin{bmatrix} 3 & 0 \\ 1 & 2 \end{bmatrix}$;

(2) $\boldsymbol{A} = \begin{bmatrix} 3 & 1 & 1 \\ 2 & 1 & 2 \\ 1 & 2 & 3 \end{bmatrix}$, $\boldsymbol{B} = \begin{bmatrix} 1 & 1 & -1 \\ 2 & -1 & 0 \\ 1 & 0 & 1 \end{bmatrix}$.

计算 $2\boldsymbol{A} - 3\boldsymbol{B}, \boldsymbol{AB} - \boldsymbol{BA}, \boldsymbol{A}^2 - \boldsymbol{B}^2$.

**5.** 计算下列矩阵.

(1) $\begin{bmatrix} 4 & 3 & 1 \\ 1 & -2 & 3 \\ 5 & 7 & 0 \end{bmatrix} \begin{bmatrix} 7 \\ 2 \\ 1 \end{bmatrix}$;

(2) $\begin{bmatrix} 1 & 0 & 2 \\ -1 & 0 & 1 \end{bmatrix} \begin{bmatrix} 2 & 1 \\ 1 & 3 \\ 0 & 1 \end{bmatrix}$;

(3) $\begin{bmatrix} 1 & -2 \\ 2 & 1 \end{bmatrix} \begin{bmatrix} 3 & 8 \\ 5 & -2 \end{bmatrix}$;

(4) $[1, 2, 3] \begin{bmatrix} 3 \\ 2 \\ 1 \end{bmatrix}$.

**6.** 用消元法求解下列线性方程组.

(1) $\begin{cases} x_1 + 2x_2 - x_3 = 1, \\ 2x_1 + 3x_2 - x_3 = 5, \\ x_1 + 2x_2 + 2x_3 = 4; \end{cases}$

(2) $\begin{cases} x_1 + 2x_2 - x_3 = 2, \\ 2x_1 - x_2 + 2x_3 = 10, \\ x_1 + 3x_2 = 2. \end{cases}$

**7.** 求 $\begin{bmatrix} 1 & 2 \\ 2 & 5 \end{bmatrix}$ 的逆矩阵.

## B 题

**1.** 设 $\boldsymbol{A} = \begin{bmatrix} 1 & 2 & 1 & 2 \\ 2 & 1 & 2 & 1 \\ 1 & 2 & 3 & 4 \end{bmatrix}$, $\boldsymbol{B} = \begin{bmatrix} 4 & 3 & 2 & 1 \\ -2 & 1 & -2 & 1 \\ 0 & -1 & 0 & -1 \end{bmatrix}$, 求 $3\boldsymbol{A} - \boldsymbol{B}, 2\boldsymbol{A} + 3\boldsymbol{B}$.

**2.** 已知 $\boldsymbol{A} = \begin{bmatrix} 1 & 1 \\ 2 & 0 \end{bmatrix}$, $\boldsymbol{B} = \begin{bmatrix} 2 & 0 \\ 1 & 1 \end{bmatrix}$, $2\boldsymbol{A} + \boldsymbol{X} = \boldsymbol{B}$, 求矩阵 $\boldsymbol{X}$.

**3.** 计算下列矩阵.

(1) $\begin{bmatrix} 1 & 2 & 3 \\ -2 & 1 & 2 \end{bmatrix} \begin{bmatrix} 1 & 2 & 0 \\ 0 & 1 & 1 \\ 3 & 0 & -1 \end{bmatrix}$;

(2) $[x_1, x_2, x_3] \begin{bmatrix} a_{11} & a_{12} & a_{13} \\ a_{12} & a_{22} & a_{23} \\ a_{13} & a_{23} & a_{33} \end{bmatrix} \begin{bmatrix} x_1 \\ x_2 \\ x_3 \end{bmatrix}$.

**4.** 已知两个线性变换：

$$\begin{cases} x_1 = 2y_1 + y_3, \\ x_2 = -2y_1 + 3y_2 + 2y_3, \\ x_3 = 4y_1 + y_2 + 5y_3; \end{cases} \qquad \begin{cases} y_1 = -3z_1 + z_2, \\ y_2 = 2z_1 + z_3, \\ y_3 = -z_2 + 3z_3. \end{cases}$$

求从 $x_1, x_2, x_3$ 到 $z_1, z_2, z_3$ 的线性变换.

**5.** 求 $\begin{bmatrix} 1 & 3 & 2 \\ 0 & 1 & -3 \\ 0 & 0 & 1 \end{bmatrix}$ 的逆矩阵.

---

## 阅读材料

### 西尔维斯特

英国数学家，1814 年 9 月生于伦敦，1897 年 3 月卒于同地. 由于他是犹太人，所以在他取得剑桥大学数学荣誉会考一等第二名的优异成绩时，仍被禁止在剑桥大学任教. 从 1841 年起他接受过一些较低的教授职位，也担任过书记官和律师，经过一些年的努力，他终于成为美国霍普金斯 (Hopkins) 大学的教授，并于 1884 年 70 岁时重返英格兰成为牛津大学的教授.

西尔维斯特开创了美国的纯数学研究，并创办了《美国数学杂志》. 在长达 50 多年的时间内，他是行列式和矩阵理论始终不渝的作者之一，1848 年他首先提出矩阵这个词，他同凯莱一起发展了行列式理论，创立了代数型理论，共同奠定了关于代数不变量理论的基础. 他在数论方面也做了出色的工作，特别是在丢番图分析方面. 他一生发表了几百篇论文，著有《椭圆函数专论》一书.

### 华 罗 庚

中国现代数学家，1910 年 11 月生于江苏省金坛县，1985 年 6 月在日本东京逝世.

少年时家贫，初中毕业不久辍学，刻苦自修数学. 1930 年在《科学》上发表了关于代数方程式解法的文章，受到熊庆来的重视，被邀到清华大学工作. 在杨武之的指引下，开始了数论的研究. 由管理员、助教再提升为讲师. 1934 年成为中华教育文化基金会研究员，1936 年作为访问学者去英国剑桥大学工作，1938 年回国受聘为西南联合大学教授，1946 年应邀到苏联、美国访问与研究，并在普林斯顿大学执教，1948 年开始任伊利诺

伊大学教授.1950 年回国,先后担任清华大学教授、中国科学技术大学数学系主任、副校长、中国科学院数学研究所所长、中国科学技术学院副院长等职,还担任过多届中国数学会理事长.

华罗庚是国际上享有盛名的数学家,他被选为美国科学院国外院士,第三世界科学院院士,联邦德国巴伐利亚科学院院士,又被授予法国南锡大学、香港中文大学与美国伊利诺伊大学荣誉博士.

华罗庚在解析数论、矩阵几何学、典型群、自守函数论、多复变函数论等广泛数学领域中做出了卓越贡献.

在代数方面,他证明了历史长久遗留的一维射影几何的基本定理,还给出了"体的正规子体一定包含在它的中心之中"这个结果的一个简单而直接的证明,这个结果被称为嘉当-布饶尔-华定理.用初等数学方法直接解决历史难题,需对问题本质有透彻的理解和深刻的洞察,这是华罗庚工作的特点之一.

# 第九章　概　率

　　人类的社会实践使人们逐步认识到,自然现象和科学实验的结果并非都是确定的.经常会碰到在相同条件下可能得到多种不同结果的情形.然而,在进行了大量观察或多次重复试验后,人们逐步发现,这些在一次观察或试验中无法确定其结果的现象,具有近乎必然的客观规律.而且,发现应用数学的方法可以研究各种结果出现的可能性大小,从而发展了研究偶然现象规律性的学科——概率论.它之所以逐步形成一门严谨的学科,主要是产生于社会客观实际的需要.

　　在现代的军事战争中,需要考虑敌方被射中的概率、毁伤的概率等.这类问题的解决需要用到概率论的知识.概率论是从数量化的角度,来研究现实世界中的一类不确定现象的应用数学学科.20世纪以来,它广泛应用于自然科学、国民经济及工程技术等各个领域,其基本理论和方法是军用装备的研制、目标毁伤率等国防领域研究的基础.

## 第一节　随机事件的概率

### 一、随机事件及其概率

　　在自然界和人类社会生产实践中普遍存在着两类现象:一类是在一定条件下必然出现的现象,称为**确定性现象**;另一类则是在一定条件下无法确定其结果的现象,称为**随机现象**.

　　例如:向上抛出一石子必然下落,在没有外力作用下做等速直线运动的物体必然继续做等速直线运动,可导函数一定是连续函数等都是确定性现象.

　　在相同条件下抛掷的同一枚硬币,我们无法事先预知将出现正面还是反面,也无法预知某日某种股票的价格,等等,这些现象都是随机现象.

为了研究随机现象本身所包含的规律,一般都要进行大量的观察或试验,把对随机现象的一次观察或试验称为**随机试验**,记为 E.随机试验可以在相同条件下重复进行.例如,抛一颗骰子,观察出现的点数就是一个随机试验.随机试验所有可能的结果的全体称为**样本空间**,记为 S;每一种可能的结果称为一个**样本点**.

在实际中,当进行随机试验时,人们常常关心满足某种条件的那些样本点所组成的集合.例如,若规定某种灯泡的寿命小于 500(小时)的为次品,则检测中,正品灯泡要满足 $t \geqslant 500$,这样的样本点组成一个集合,即 $A=\{t|t \geqslant 500\}$,则 A 就是该随机试验的一个**随机事件**.随机事件事实上是样本空间的子集,常用字母 A,B,C 等表示.例如,在抛掷一颗骰子的试验中,用 A 表示"点数为奇数"的事件,则 A 是一个随机事件."点数小于 7"是一定会发生的事件,称为**必然事件**;"点数为 8"是不可能发生的事件,称为**不可能事件**.必然事件和不可能事件是两个特殊的随机事件.

在一次实验中,某随机事件是否发生带有偶然性,不能事先确定,但是,在大量重复试验的情况下,它的发生也呈现出一定的规律性,通过对这规律的揭示,就可知道该事件发生的可能性大小.

**定义 1** 一般地,在大量重复试验中,若事件 A 发生的频率 $\frac{n_A}{n}$(在相同的条件下,进行 n 次试验,把事件 A 发生的次数记为 $n_A$)总是在某一常数 p 附近摆动,则把这个数 p 称为事件 A 发生的**概率**,记 $P(A)=p$.

**例 1** 历史上有人做过"抛硬币"试验,观察试验"出现正面(H)"发生的规律,试验数据记录表 9.1.1 所示.

表 9.1.1

| 试验人 | "抛硬币"试验次数 n | 出现正面(H) | 频率 f(H) |
|---|---|---|---|
| 德·摩根 | 2048 | 1061 | 0.5181 |
| 蒲丰 | 4040 | 2048 | 0.5096 |
| K·皮尔逊 | 12000 | 6019 | 0.5016 |
| K·皮尔逊 | 24000 | 12012 | 0.5005 |

从表 9.1.1 中发现,当抛掷次数 n 较小时,频率在 0 与 1 之间的随机波动较大.当 n 较大时,频率的随机波动较小.当 n 逐渐增大时,频率总是在 0.5 附近摆动,而且逐渐稳定在 0.5.常数 0.5 就揭示了"出现正面"这一事件发生的可能性大小,故其概率为 0.5.

根据上述定义,求一个事件概率的基本方法,是通过大量的重复试验,用这个事件发生的频率近似作为它的概率.

因为任何事件发生的次数不会是负数,也不可能大于试验次数,所以,对任何事件 A,其概率满足

$$0 \leqslant P(A) \leqslant 1.$$

显然,必然事件的概率是1,不可能事件的概率是0.

## 二、等可能性事件的概率

抛掷一枚质地均匀的硬币,可能出现"正面向上",也可能出现"反面向上",分析这两个事件发生的概率.

因为抛掷的是一枚质地均匀的硬币,所以可以认为"正面向上"和"反面向上"这两个事件发生的可能性是相同的,这样的事件称为**等可能性事件**.也就是说,"正面向上"和"反面向上"的概率都是 $\frac{1}{2}$.

一般地,如果一次试验中共有 $n$ 种等可能出现的结果,其中事件 $A$ 有 $k$ 种可能结果,那么事件 $A$ 的概率为

$$P(A) = \frac{k}{n}.$$

**例 2**　抛掷一枚硬币三次,求(1)恰好出现一次正面的概率;(2)至少出现一次正面的概率.

**解**　(1)用 $A$ 表示事件"恰好出现一次正面",用 $H$ 代表出现正面,用 $T$ 代表出现反面,则样本空间 $S$ 为

$$S = \{HHH, HHT, HTH, THH, HTT, THT, TTH, TTT\},$$

其所包含的基本事件数为8.事件 $A$ 的集合为

$$A = \{HTT, THT, TTH\},$$

它所包含的结果数为3.故恰好出现一次正面的概率为 $P(A) = \frac{3}{8}$.

(2)用 $B$ 表示事件"至少出现一次正面",易知事件 $B$ 的集合为

$$B = \{HHH, HHT, HTH, THH, HTT, THT, TTH\},$$

它所包含的结果数为7.故至少出现一次正面的概率为 $P(B) = \frac{7}{8}$.

**例 3**　一袋中有形状大小相同的球 8 个,其中黑色球 5 个,白色球 3 个.

(1)第一次从袋中取出一个球,不放回,第二次再从袋中取出一个球;

(2)第一次从袋中取出一个球,放回袋中后,第二次再从袋中取出一个球(这种方法叫做**放回抽样**).试求两种情况下取出的两球全是黑色球的概率.

**解**　用 $A$ 表示事件"取出两球是黑色球".

(1)从袋中的 8 个球中第一次取出一个球,不放回,剩下 7 个球,第二次再从 7 个球中取出一个球,其取法有 $C_8^1 C_7^1 = 56$ 种,即样本空间 $S$ 所含的基本事件数为 56; "取出两黑球"的取法有 $C_5^1 C_4^1 = 20$ 种,即事件 $A$ 的结果数为 20,故 $P(A) = \frac{5}{14}$.

(2)从 8 个球中第一次取出一个球,放回,袋中还是 8 个球,第二次再从中取一

个球,其取法有 $C_8^1 C_8^1 = 64$ 种,其样本空间 $S$ 所含的基本事件数为 64;"取出两黑球"的取法有 $C_5^1 C_5^1 = 25$ 种,即事件 $A$ 的结果数为 25,故 $P(A) = \dfrac{25}{64}$.

## 三、条件概率

### 1. 条件概率的概念

条件概率是概率论中的一个重要而实用的概念之一.

**定义 2**　在一个事件 $A$ 发生的条件下,另一个事件 $B$ 发生的概率,称为**条件概率**,记为 $P(B|A)$.

**例 4**　甲、乙两人独立地向同一目标射击一次,其命中率分别为 0.6 和 0.7,求目标被命中的概率.若已知目标被命中,求它是甲射中的概率.

**解**　用 $A$ 表示"甲命中目标",用 $B$ 表示"乙命中目标",则
$$P(A) = 0.6, \quad P(B) = 0.7,$$
于是
$$P(A \cup B) = P(A) + P(B) - P(A)P(B) = 0.88,$$
故
$$P(A|A \cup B) = \frac{P(A)}{P(A \cup B)} = \frac{0.6}{0.88}.$$

**例 5**　某仓库中有产品 200 件,它是由甲、乙两厂共同生产的,其中甲厂的产品中有正品 100 件,次品 20 件,乙厂的产品有正品 65 件,次品 15 件.现从这批产品中任取一件,用 $A$ 表示事件"取得的是乙厂产品",$B$ 表示事件"取得的是正品".求 $P(A)$,$P(B)$,$P(B|A)$.

**解**　产品的情况如表 9.1.2 所示.

表 9.1.2

| | 正品 | 次品 | 总产品 |
|---|---|---|---|
| 甲厂 | 100 | 20 | 120 |
| 乙厂 | 65 | 15 | 80 |
| | 165 | 35 | 200 |

易知 $P(A) = \dfrac{80}{200}$,$P(B) = \dfrac{165}{200}$,$P(AB) = \dfrac{65}{200}$,求 $P(B|A)$ 时,应注意当 $A$ 发生时,样本点总数为 80,这时 $B$ 再发生,则 $P(B|A) = \dfrac{65}{80}$.

显然,$P(B) \neq P(B|A)$,即事件 $B$ 发生的概率与在事件 $A$ 发生的条件下 $B$ 才发生的概率不一致.经观察,可以得到
$$P(B|A) = \frac{65}{80} = \frac{65/200}{80/200} = \frac{P(AB)}{P(A)}.$$

因此,在事件 $A$ 发生的条件下事件 $B$ 才发生的**条件概率**可按如下公式计算:
$$P(B|A) = \frac{P(AB)}{P(A)}.$$

**例 6**　设某种动物活到 20 岁以上的概率为 0.7,活到 25 岁以上的概率为 0.4,试求现龄为 20 岁的这种动物能活到 25 岁以上的概率.

**解**　用 $A$ 表示事件"动物活到 20 岁以上",$B$ 表示事件"动物活到 25 岁以上",则 $P(A)=0.7$,又 $B \subset A$,有 $AB=B$,得 $P(AB)=P(B)=0.4$,故

$$P(B|A)=\frac{P(AB)}{P(A)}=\frac{0.4}{0.7}=\frac{4}{7}.$$

条件概率反映了两事件之间的关系,能利用事件已发生的信息,来求未知事件发生的概率,常起到化难为易的作用.

**2. 乘法公式**

由于条件概率的定义,立即可得下述定理.

**定理（乘法公式）**　$P(AB)=P(A)P(B|A)$　$(P(A)>0)$.　　　　　(9.1.1)

注意到 $AB=BA$,由 $A,B$ 的对称性可得

$$P(AB)=P(B)P(A|B)　(P(B)>0). \tag{9.1.2}$$

式(9.1.1)和式(9.1.2)都称为**乘法公式**.利用它们可计算两个事件同时发生的概率.

**例 7**　五个阄,其中有两个写着"有"字,三个不写字,五人依次抓取,问各人抓到"有"字阄的概率是否相同?

**解**　设 $A_i(i=1,2,\cdots,5)$ 表示"第 $i$ 人抓到有字阄"的事件,则有

$$P(A_1)=\frac{2}{5},\quad P(A_2|A_1)=\frac{1}{4},\quad P(\overline{A_1})=\frac{3}{5},\quad P(A_2|\overline{A_1})=\frac{2}{4},$$

$$P(A_2)=P(A_1)P(A_2|A_1)+P(\overline{A_1})P(A_2|\overline{A_1})=\frac{2}{5}\times\frac{1}{4}+\frac{3}{5}\times\frac{2}{4}=\frac{2}{5},$$

依次求解下去,可得 $P(A_3)=P(A_4)=P(A_5)=\frac{2}{5}$.因此抓阄与顺序无关.

## 四、事件的独立性

记"甲机枪射击手击落战斗机"为事件 $A$,"乙机枪射击手击落直升飞机"为事件 $B$.不难看出,事件 $A$ 是否发生对事件 $B$ 发生的概率没有任何影响,这样的两个事件叫做相互独立事件.

一般地,若事件 $A,B$ 是相互独立事件,则 $A,B$ 同时发生的概率,等于每个事件发生的概率的积,即

$$P(AB)=P(A)P(B).$$

**性质**　设 $A,B$ 两事件,若 $A,B$ 相互独立,且 $P(B)>0$,则 $P(A|B)=P(A)$.反之亦然.

"独立性"是概率统计中的重要概念之一,在实际问题中,两个事件间的相互独立性,很多时候是根据问题所处的实际背景来判定的,即一个事件的发生并不影响另一个事件发生的概率.如 $A,B$ 分别表示甲、乙两人患了感冒,若甲、乙两人的活动范围

相距甚远,就可认为事件 $A$ 与 $B$ 独立;若甲、乙两人同住一室,那就不能认为 $A,B$ 相互独立了.

**例 8**　设每一名机枪射击手击落飞机的概率都是 0.2,若 10 名机枪射击手同时向一架飞机射击,问击落飞机的概率是多少?

**解**　设 $A_i$ 表示"第 $i$ 名射击手击落飞机",$B$ 表示"击落飞机",则

$$B=A_1 \bigcup A_2 \bigcup \cdots \bigcup A_{10},$$

$$P(B)=P(A_1 \bigcup A_2 \bigcup \cdots \bigcup A_{10})=1-P(\overline{A_1 \bigcup A_2 \bigcup \cdots \bigcup A_{10}})$$

$$=1-P(\overline{A_1})P(\overline{A_2})\cdots P(\overline{A_{10}})=1-(1-0.2)^{10}=0.893.$$

**例 9**　某型无人机用于摧毁阵地雷达,已知一架无人机摧毁雷达的命中率是 0.6,问要把击毁雷达的命中率提高到 90% 以上,问最少需要几架无人机?

**解**　设 $A_i$ 表示"第 $i$ 架无人机摧毁雷达",$B$ 表示"摧毁雷达",若最少需要 $n$ 架无人机,则

$$B=A_1 \bigcup A_2 \bigcup \cdots \bigcup A_n,$$

$$P(B)=P(A_1 \bigcup A_2 \bigcup \cdots \bigcup A_n)=1-P(\overline{A_1 \bigcup A_2 \bigcup \cdots \bigcup A_n})$$

$$=1-P(\overline{A_1})P(\overline{A_2})\cdots P(\overline{A_n})=1-(1-0.6)^n \geqslant 0.9.$$

解得 $n \geqslant \left[\dfrac{1}{1-\lg 4}\right]=3$,故最少需要 3 架无人机,才能把摧毁雷达的命中率提高到 90% 以上.

随着无人机架数的增加,可以分别求出对应的击毁雷达的命中率,如表 9.1.3 所示.

表 9.1.3

| $n$ | 2 | 3 | 4 | 5 | 6 | 7 | 8 | 9 |
|---|---|---|---|---|---|---|---|---|
| $1-(0.4)^n$ | 0.8400 | 0.9360 | 0.9744 | 0.9898 | 0.9959 | 0.9984 | 0.9993 | 0.9997 |

从表格还能发现,当无人机增加到 4 架后,再增加无人机架数,摧毁命中率变化并不明显.因此,为了避免资源浪费,派遣适合的无人机架数即可.

## 第二节　随机变量及其分布

随机变量的引进是概率论发展史上的重大事件,它使概率论的研究从随机事件转变为随机变量,使随机试验的结果数量化,这有利于我们用分析的方法来研究随机现象的规律.

### 一、离散型随机变量

#### 1. 离散型随机变量的概念

**定义 1**　如果随机试验的结果可以用一个变量来表示,那么这样的变量称为随

机变量.常用大写字母 $X,Y,Z$ 或希腊字母 $\xi,\eta$ 等来表示.

例如,抛硬币出现正面是一个随机变量,可记为"$X$＝正面","$Y$＝反面"表示抛硬币出现反面.$P\{X=$正面$\}$表示出现正面发生的概率,$P\{X=$反面$\}$表示出现反面发生的概率.

**定义 2**　如果随机变量 $X$ 的可能取值为有限多个或可列多个,则称 $X$ 为**离散型随机变量**.如对一目标射击,命中目标所需炮弹的数目也是一随机变量,其可能的取值为$\{1,2,3,\cdots,k\}$就是离散型随机变量.

**例 1**　将一枚均匀硬币抛掷 3 次.用 $H$ 表示出现正面,用 $T$ 表示出现反面.若 $X$ 表示 3 次投掷中出现正面的次数,那么,随机变量 $X$ 可由表 9.2.1 确定.

表 9.2.1

| 样本点 | $HHH$ | $HHT$ | $HTH$ | $THH$ | $HTT$ | $THT$ | $TTH$ | $TTT$ |
|---|---|---|---|---|---|---|---|---|
| $X$ 的值 | 3 | 2 | 2 | 2 | 1 | 1 | 1 | 0 |

$\{X=2\}$对应样本点的集合 $A=\{HHT,HTH,THH\}$,所以

$$P\{X=2\}=P\{HHT,HTH,THH\}=\frac{3}{8}.$$

类似地,$P\{X\leqslant 1\}=P\{HTT,THT,TTH,TTT\}=\frac{4}{8}.$

**2. 常用离散分布**

如何全面掌握离散型随机变量的统计特性,是本节的一个重要研究内容.显然,仅仅知道其可能的取值是不够的,还需知道它会以多大的概率取这些数值.

**定义 3**　设为离散型随机变量 $X$ 的所有可能的取值为 $x_k$,而 $p_k$ 表示 $X$ 取值为 $x_k$ 的概率,称

$$p_k=P\{X=x_k\}\quad(k=1,2,3,\cdots)$$

为 $X$ 的**概率分布**或**分布律**.

常用表格形式(见表 9.2.2)来表示 $X$ 的概率分布.

表 9.2.2

| $X$ | $x_1$ | $x_2$ | $\cdots$ | $x_n$ | $\cdots$ |
|---|---|---|---|---|---|
| $p_k$ | $p_1$ | $p_2$ | $\cdots$ | $p_n$ | $\cdots$ |

由概率的定义知,$p_k$ 必然满足

(1) $p_k\geqslant 0\ (k=1,2,3,\cdots)$；(2) $\sum\limits_{k=1}^{\infty}p_k=1.$

**1) 0-1 分布**

**定义 4**　如果随机变量 $X$ 只可能取 0 与 1 两个值,其概率分布律为

$$P\{X=k\}=p^k(1-p)^{1-k}\quad(k=0,1;0<p<1),$$

则称 $X$ 服从 0-1 分布.

0-1 分布的分布律也可写成表 9.2.3 的形式.

表 9.2.3

| $X$ | 0 | 1 |
| --- | --- | --- |
| $p_k$ | $1-p$ | $p$ |

对于一个随机试验 $E$,它只有两种可能的结果 $A$ 和 $\overline{A}$,即 $A$ 要么发生,要么不发生,则这种试验 $E$ 总可以用 0-1 分布来描述. 这种试验在实际中很普遍. 例如,对于目标射击命中与否,抽检产品合格与否,观察系统运行正常与否等随机试验,描述它们的随机变量都是服从 0-1 分布的.

**例 2**　200 件产品中,有 196 件是正品,4 件是次品,今从中随机地抽取一件,若规定 $X=\begin{cases}1,\text{取到正品,}\\0,\text{取正次品,}\end{cases}$ 则

$$P\{X=1\}=\frac{196}{200}=0.98,\quad P\{X=0\}=\frac{4}{200}=0.02,$$

于是,$X$ 服从参数为 0.98 的两点分布.

2)二项分布

**定义 5**　在 $n$ 次独立重复试验中,若以 $X$ 表示事件 $A$ 发生的次数,则 $X$ 是一个离散型随机变量,其可能的取值为 $0,1,2,\cdots,n$. 事件 $A$ 在指定的 $k(0\leqslant k\leqslant n)$ 次试验中发生,在其他 $n-k$ 次试验中不发生,则 $n$ 次试验中,$A$ 发生 $k$ 次的概率为

$$P\{X=k\}=C_n^k p^k (1-p)^{n-k}\quad (k=0,1,2,\cdots,n).\tag{9.2.1}$$

此时称随机变量 $X$ 服从**二项分布**,记为 $X\sim b(n,p)$,其中参数为 $n,p$.

可以看到,$A$ 发生 $k$ 次的概率为:指定方式有 $C_n^k$ 种,而每一种的概率为

$$\underbrace{p\cdot p\cdot\cdots\cdot p}_{k\uparrow}\cdot\underbrace{(1-p)\cdot(1-p)\cdot\cdots\cdot(1-p)}_{n-k\uparrow}=p^k(1-p)^{n-k},$$

令 $q=1-p$,则 $P\{X=k\}=C_n^k p^k q^{n-k}$.

注意到 $C_n^k p^k q^{n-k}$ 刚好是二项式 $(p+q)^n$ 的展开式中出现 $p^k$ 的那一项.

**例 3(药效试验)**　设某种家禽感染某种疾病的概率为 20%. 新发现了一种血清疫苗,可能对预防这种疾病有效,为此,对 25 只健康鸡注射了这种血清疫苗.若注射后发现只有一只鸡受感染,试问这种血清是否有作用?

**解**　注射疫苗后,每只家禽要么受感染,要么不受感染.用 $A$ 表示"家禽受感染",则 $\overline{A}$ 表示"家禽不受感染".用 $X$ 表示 25 只家禽被注射疫苗后受感染鸡的数目.若疫苗完全无效,则 $P(A)=0.2$,于是 $X\sim b(25,0.2)$.这样 25 只家禽至多有一只受感染的概率为

$$P\{X\leqslant1\}=P\{X=0\}+P\{X=1\}=(0.8)^{25}+25\times(0.2)^1\times(0.8)^{24}=0.0274.$$

这个概率很小.若血清无效,则 25 只鸡中至多有一只受感染的事件是小概率事

件,它在一次试验中几乎不可能发生,然而现在居然发生了,因此我们有理由认为该血清疫苗是有效的.

## 二、分布函数

**定义 6** 设 $X$ 是一个随机变量,称 $F(x)=P\{X\leqslant x\}$ 为 $X$ 的**分布函数**.

**例 4** 一个靶子是半径为 2 米的圆盘,设击中靶上任一同心圆盘上的点的概率与该圆盘的面积成正比,并设射击都能中靶,以 $X$ 表示弹着点与圆心的距离.试求随机变量 $X$ 分布函数.

**解** 显然,$X$ 可能的取值 $x$ 在区间 $[0,2]$ 上. 对任意的实数 $x$,若 $x<0$,由于 $\{X\leqslant x\}$ 是不可能事件,故 $F(x)=P\{X\leqslant x\}=0$.

若 $0\leqslant x\leqslant 2$,由题意知,$P\{0\leqslant X\leqslant x\}=k\pi x^2,k$ 是某个常数.为了确定 $k$ 的值,取 $x=2$,有 $P\{0\leqslant X\leqslant 2\}=2^2 k\pi$,又已知 $P\{0\leqslant X\leqslant 2\}=1$,故得 $k=\dfrac{1}{4\pi}$,此时

$$F(x)=P\{X\leqslant x\}=P\{X<0\}+P\{0\leqslant X\leqslant x\}=\frac{x^2}{4}.$$

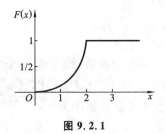

**图 9.2.1**

若 $x\geqslant 2$,由题意知 $\{X\leqslant x\}$ 为一必然事件,于是
$$F(x)=P\{X\leqslant x\}=1.$$
综上所述,即得随机变量 $X$ 的分布函数为

$$F(x)=\begin{cases} 0, & x<0, \\ \dfrac{x^2}{4}, & 0\leqslant x<2, \\ 1, & x\geqslant 2. \end{cases}$$

它的图形是一条连续曲线,如图 9.2.1 所示.

## 三、连续型随机变量及其概率密度

**定义 7** 设随机变量 $X$ 的分布函数为 $F(x)$,若存在非负函数 $f(x)$,使对任意实数 $x$,有

$$F(x)=\int_{-\infty}^{x} f(t)\mathrm{d}t,$$

则称 $X$ 为**连续型随机变量**,$f(x)$ 为 $X$ 的**概率密度函数**(简称为**概率密度**).

由定义可知,连续型随机变量的概率密度 $f(x)$ 应满足以下基本性质:

(1) 非负性 $f(x)\geqslant 0$;

(2) 完备性 $\displaystyle\int_{-\infty}^{+\infty} f(x)\mathrm{d}x = 1$.

反过来,满足这两条性质的函数 $f(x)$ 必是某个连续型随机变量的概率密度函数.另外,概率密度还具有如下性质:

对任意的实数 $x_1\leqslant x_2$,有

$$P\{x_1 < X \leqslant x_2\} = F(x_2) - F(x_1) = \int_{x_1}^{x_2} f(t)\,\mathrm{d}t.$$

在几何上,此概率等于区间$(x_1,x_2]$上曲线 $y=f(x)$ 之下的曲边梯形的面积,如图 9.2.2 所示.

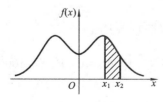

**图 9.2.2**

## 四、常用概率密度

**1. 均匀分布**

**定义 8** 设连续型随机变量 $X$ 具有概率密度为

$$f(x) = \begin{cases} \dfrac{1}{b-a}, & a < x < b, \\ 0, & \text{其他}, \end{cases}$$

则称 $X$ 在区间 $(a,b)$ 内服从**均匀分布**.记为 $X \sim U(a,b)$.

**例 5** 某公共汽车站从早上 6 时起每隔 15 分钟发一班车.若一乘客到达此车站的时间是 8:00 至 9:00 之间服从均匀分布的随机变量,求该乘客的候车时间不超过 5 分钟的概率.

**解** 设 $X$ 表示该乘客于上午 8 时过后到达车站的时刻(单位:分钟),则 $X \sim U(0,60)$. $X$ 的概率密度为

$$f(x) = \begin{cases} \dfrac{1}{60}, & 0 < x < 60, \\ 0, & \text{其他}. \end{cases}$$

现要使其候车时间不超过 5 分钟,则 $X$ 必落在下列区间之一:

$$[10,15], \ [25,30], \ [40,45], \ [55,60].$$

因此所求概率为

$$p = P\{10 \leqslant X \leqslant 15\} + P\{25 \leqslant X \leqslant 30\} + P\{40 \leqslant X \leqslant 45\} + P\{55 \leqslant X \leqslant 60\}$$
$$= \int_{10}^{15} \frac{1}{60}\mathrm{d}x + \int_{25}^{30} \frac{1}{60}\mathrm{d}x + \int_{40}^{45} \frac{1}{60}\mathrm{d}x + \int_{55}^{60} \frac{1}{60}\mathrm{d}x = \frac{1}{3}.$$

**2. 指数分布**

**定义 9** 设连续型随机变量 $X$ 具有概率密度

$$f(x) = \begin{cases} \dfrac{1}{\theta}\mathrm{e}^{-\frac{x}{\theta}}, & x > 0, \\ 0, & x \leqslant 0, \end{cases}$$

其中 $\theta>0$ 为常数,则称 $X$ 服从参数为 $\theta$ 的**指数分布**,记为 $X\sim E(\theta)$.

**例 6** 某元件的寿命 $X$ 服从指数分布,已知其参数 $\lambda=\dfrac{1}{1000}$,求三个这样的元件使用 1000 小时,至少有一个损坏的概率.

**解** 由题设知,$X$ 的分布函数为 $F(x)=\begin{cases}1-\mathrm{e}^{-\frac{x}{1000}}, & x\geqslant 0, \\ 0, & x\geqslant 0,\end{cases}$ 由此得

$$P\{X>1000\}=1-P\{X\leqslant 1000\}$$
$$=1-F(1000)=\mathrm{e}^{-1}.$$

各元件的寿命是否超过 1000 小时是独立的,用 $Y$ 表示三个元件中使用 1000 小时的损坏的原件数,则 $Y\sim b(3,1-\mathrm{e}^{-1})$. 故所求概率为

$$P\{Y\geqslant 1\}=1-P\{Y=0\}$$
$$=1-C_3^0(1-\mathrm{e}^{-1})(\mathrm{e}^{-1})^3=1-\mathrm{e}^{-3}.$$

### 3. 正态分布

**定义 10** 设随机变量 $X$ 的概率密度函数为

$$f(x)=\frac{1}{\sqrt{2\pi}\sigma}\mathrm{e}^{-\frac{(x-\mu)^2}{2\sigma^2}} \quad (-\infty<x<+\infty),$$

其中 $\mu,\sigma(\sigma>0)$ 为常数,则称 $X$ 服从参数为 $\mu,\sigma^2$ 的**正态分布**,记为 $X\sim N(\mu,\sigma^2)$.

相应地,分布函数为

$$F(x)=\frac{1}{\sqrt{2\pi}\sigma}\int_{-\infty}^{x}\mathrm{e}^{-\frac{(t-\mu)^2}{2\sigma^2}}\mathrm{d}t \quad (-\infty<x<+\infty).$$

一般来说,一个随机变量如果受到许多随机因素的影响,而其中每一个因素都不起主导作用(作用微小),则它服从正态分布. 这是正态分布在实践中得以广泛应用的主要原因. 例如,产品质量指标、元件的尺寸、测量误差、射击目标的水平或垂直偏差、信号噪音等,都服从或近似服从正态分布.

正态分布的图形特征:

(1) 密度函数曲线关于直线 $x=\mu$ 对称;

(2) 曲线在 $x=\mu$ 时达到最大值 $f(x)=\dfrac{1}{\sqrt{2\pi}\sigma}$;

(3) 曲线在 $x=\mu\pm\sigma$ 处有拐点且以 $x$ 轴为渐近线;

(4) $\mu$ 确定曲线的位置,$\sigma$ 确定了曲线中峰的陡峭程度,如图 9.2.3 所示.

特别地,当 $\mu=0,\sigma=1$ 时,称随机变量 $X$ 服从**标准正态分布**,记为 $X\sim N(0,1)$.
此时,$X$ 的概率密度函数和分布函数分别用 $\varphi(x)$ 和 $\Phi(x)$ 来表示,即有

$$\varphi(x)=\frac{1}{\sqrt{2\pi}}\mathrm{e}^{-\frac{x^2}{2}} \quad (-\infty<x<+\infty),$$

$$\Phi(x)=\frac{1}{\sqrt{2\pi}}\int_{-\infty}^{x}\mathrm{e}^{-\frac{t^2}{2}}\mathrm{d}t \quad (-\infty<x<+\infty),$$

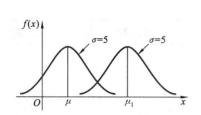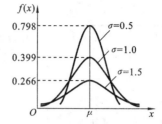

图 9.2.3

其图形分别如图 9.2.4(a)、(b)所示.

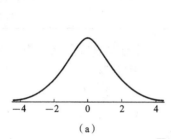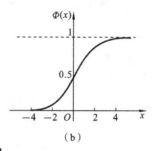

（a）　　　　（b）

图 9.2.4

**定理**　设 $X \sim N(\mu, \sigma^2)$，则 $Y = \dfrac{X - \mu}{\sigma} \sim N(0, 1)$.

尽管正态变量的取值范围是$(-\infty, +\infty)$，但它的值落在$(\mu - 3\sigma, \mu + 3\sigma)$内几乎是肯定的事. 这正是正态分布在应用中的"$3\sigma$原则"的来源，如图 9.2.5 所示.

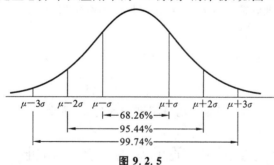

图 9.2.5

**例 7**　表 9.2.4 是 12 届(1962—2006 年)世界杯赛况统计表.

表 9.2.4

| 比赛年份 | 比赛地点 | 比赛场数 | 进球总数 | 平均每场进球数 |
| --- | --- | --- | --- | --- |
| 2006 | 德国 | 64 | 174 | 2.30 |
| 2002 | 韩国/日本 | 64 | 161 | 2.52 |
| 1998 | 法国 | 64 | 171 | 2.67 |
| 1994 | 美国 | 52 | 141 | 2.71 |
| 1990 | 意大利 | 52 | 115 | 2.21 |

| 比赛年份 | 比赛地点 | 比赛场数 | 进球总数 | 平均每场进球数 |
|---|---|---|---|---|
| 1986 | 墨西哥 | 52 | 132 | 2.53 |
| 1982 | 西班牙 | 52 | 146 | 2.80 |
| 1978 | 阿根廷 | 38 | 102 | 2.68 |
| 1974 | 联邦德国 | 38 | 97 | 2.55 |
| 1970 | 墨西哥 | 32 | 95 | 2.96 |
| 1966 | 英格兰 | 32 | 89 | 2.78 |
| 1962 | 智利 | 32 | 89 | 2.78 |

由表 9.2.4 可知,世界杯各个国家的平均每场进球数服从正态分布 $N(2.62,$ $0.21^2)$.2010 年,据国际足联公布的数据,今年南非世界杯共赛 64 场,进球总数 145 个,平均每场进球数为 2.27 个,这让南非人民普天同庆.然而对这一结果,很多人提出了质疑.试用概率的知识对这一问题来探讨.(表 9.2.5 为部分正态分布的对应值)

**表 9.2.5　正态分布 $\Phi(x)$**

| $x$ | 0.05 | 0.06 | 0.07 | 0.08 |
|---|---|---|---|---|
| 1.5 | 0.9394 | 0.9406 | 0.9418 | 0.9429 |
| 1.6 | 0.9505 | 0.9515 | 0.9525 | 0.9535 |

**解**　假设平均进球数为随机变量 $X$,则 $X \sim N(2.62,0.21^2)$,所以,平均进球数小于等于 2.27 的概率为

$$P\{X \leqslant 2.27\} = P\left\{\frac{X-2.62}{0.21} \leqslant \frac{2.27-2.62}{0.21}\right\}$$
$$= \Phi(-1.67) = 1 - \Phi(1.67) = 0.0475.$$

由 $P\{X \leqslant 2.27\} = 0.0475$ 可知,平均每场进球数为 2.27 个无须太多质疑.

# 第三节　随机变量的数字特征

在实际问题中,有时不要求全面考察随机变量的变化情况,而是更关注随机变量的某些数字特征.

例如,要了解某班同学在一次数学测验中的总体水平,很重要的是看平均分;而要了解某班同学的成绩是否"两极分化",就考察这个班数学成绩的方差.

## 一、数学期望

### 1. 离散型随机变量的数学期望

先看一个例子.

**例 1** 某射手在一次射击比赛中共发射了 10 发子弹,其中 1 发中 7 环,2 发中 8 环,3 发中 9 环,4 发中 10 环.试求该射手在此次射击比赛中每发子弹击中的平均环数.

**解** 平均环数=(7×1+8×2+9×3+10×4)/10=9.

可见,这里的平均环数不仅要考虑它所取的可能值,还应同时考虑到各个值对应的概率.这里的平均,是以取这些值的次数与射击总次数的比值的平均.这个平均值可以用来衡量该射手的射击水平.

**定义 1** 设离散型随机变量 $X$ 的概率分布律为 $P\{X=x_i\}=p_i(i=1,2,\cdots)$,则称

$$E(X)=x_1 p_1+x_2 p_2+\cdots+x_k p_k+\cdots \tag{9.3.1}$$

为随机变量 $X$ 的**数学期望**,简称**期望**.它反映了离散型随机变量取值的平均水平.

**例 2** 现需从两射击选手中选取一名参加国际射击比赛,已知两选手的射击环数概率分布律分别如表 9.3.1、表 9.3.2 所示,其中 $X$ 为甲选手射中的环数,$Y$ 为乙选手射中的环数.

<table>
<tr><td colspan="4">表 9.3.1</td></tr>
<tr><td>$X$</td><td>8</td><td>9</td><td>10</td></tr>
<tr><td>$P$</td><td>0.4</td><td>0.4</td><td>0.2</td></tr>
</table>

<table>
<tr><td colspan="4">表 9.3.2</td></tr>
<tr><td>$Y$</td><td>8</td><td>9</td><td>10</td></tr>
<tr><td>$P$</td><td>0.3</td><td>0.4</td><td>0.3</td></tr>
</table>

问应该挑选谁参加比赛。求随机变量 $X$ 的数学期望 $E(X)$.

**解** 由式(9.3.1)得甲、乙两选手的射击环数的数学期望分别为

$$E(X)=8×0.4+9×0.4+10×0.2=8.8,$$
$$E(Y)=8×0.3+9×0.4+10×0.3=9.$$

故应该挑选乙参加比赛.

**2. 连续型随机变量的数学期望**

类似地,我们可以给出连续型随机变量数学期望的定义.

**定义 2** 设 $X$ 为连续型随机变量,$f(x)$ 为其概率密度函数,则称积分 $E(X)=\int_{-\infty}^{+\infty} xf(x)\mathrm{d}x$ 为连续型随机变量 $X$ 的数学期望.

**例 3** 设随机变量 $X\sim U(a,b)$,求其数学期望 $E(X)$.

**解** $X$ 的概率密度为

$$f(x)=\begin{cases} \dfrac{1}{b-a}, & a<x<b, \\ 0, & \text{其他.} \end{cases}$$

$X$ 的数学期望为

$$E(X)=\int_{-\infty}^{+\infty} xf(x)\mathrm{d}x=\int_a^b \frac{x}{b-a}\mathrm{d}x=\frac{a+b}{2}.$$

即数学期望位于区间 $(a,b)$ 的中点处.

## 二、方差

### 1. 方差的定义

在许多实际问题中,仅仅知道数学期望是不够的. 例如,要从甲、乙两名射击手中挑出一名,参加射击比赛. 根据以往成绩,甲、乙射击手的分布律分别如表 9.3.3、表 9.3.4 所示. 问应该挑选谁参赛呢?

<table>
<tr><td colspan="4">表 9.3.3</td></tr>
<tr><td>$X$</td><td>8</td><td>9</td><td>10</td></tr>
<tr><td>$P$</td><td>0.2</td><td>0.6</td><td>0.2</td></tr>
</table>

<table>
<tr><td colspan="4">表 9.3.4</td></tr>
<tr><td>$Y$</td><td>8</td><td>9</td><td>10</td></tr>
<tr><td>$P$</td><td>0.4</td><td>0.2</td><td>0.4</td></tr>
</table>

易知,甲、乙两位射击手每次射击命中的平均环数都为 $E(X)=E(Y)=9$. 可见,从平均命中环数来看,甲、乙两射击手的射击水平相当. 如何衡量这两位射手的射击水平的稳定程度呢?

从表中数据可以看出,甲射击手的击中环数比较集中,大部分在 9 环,稳定性较好;而乙射击手的射击环数却相对分散,稳定性较差. 但这仅仅是从数据表上直观感觉到的,这种感觉是否准确呢? 用什么来刻画这种稳定性呢?

为此,我们引入如下定义.

**定义 3**　如果离散型随机变量 $X$ 所有可能的值 $x_1,x_2,\cdots,x_n,\cdots$,对应的概率为 $p_1,p_2,\cdots,p_n,\cdots$,则称

$$D(X)=[x_1-E(X)]^2 p_1+[x_2-E(X)]^2 p_2+\cdots+[x_n-E(X)]^2 p_n+\cdots$$

为 $X$ 的**方差**.

**定义 4**　如果连续型随机变量 $X$ 的概率密度为 $f(x)$,则称

$$D(X)=\int_{-\infty}^{+\infty}[x-E(X)]^2 f(x)\mathrm{d}x$$

为 $X$ 的方差.

$D(X)$ 是刻画 $X$ 取值分散程度的一个量,它反映了随机变量取值的稳定性和波动性.

### 2. 方差的计算

随机变量 $X$ 的方差 $D(X)$ 刻画了 $X$ 取值的稳定性. $D(X)$ 越大, $X$ 的取值越分散; $D(X)$ 越小, $X$ 的取值越集中.

现在我们来计算甲、乙两位射击手射击成绩的方差:

$$D(X)=(8-9)^2\times0.2+(9-9)^2\times0.6+(10-9)^2\times0.2=0.4,$$
$$D(Y)=(8-9)^2\times0.4+(9-9)^2\times0.2+(10-9)^2\times0.4=0.8.$$

因此,甲射击手射击成绩稳定性较好,而乙射击手射击成绩稳定性较差,应派甲射击手参赛.

**例 4**　设离散型随机变量 $X$ 服从 0-1 分布,其分布律为

$$P\{X=0\}=1-p,\quad P\{X=1\}=p.$$

求 $D(X)$.

**解**
$$E(X)=0\cdot(1-p)+1\cdot p=p,$$
$$E(X^2)=0^2\cdot(1-p)+1^2\cdot p=p,$$

所以
$$D(X)=E(X^2)-[E(X)]^2=p-p^2=p(1-p).$$

**例 5** 设连续型随机变量 $X\sim U(a,b)$，求 $D(X)$.

**解** $X$ 的概率密度为

$$f(x)=\begin{cases}\dfrac{1}{b-a},&a<x<b,\\[2mm]0,&\text{其他.}\end{cases}$$

由例 3 可知 $X$ 的数学期望 $E(X)=\dfrac{a+b}{2}$，则方差为

$$D(X)=\int_a^b x^2\frac{1}{b-a}\mathrm{d}x-\left(\frac{a+b}{2}\right)^2=\frac{(b-a)^2}{12}.$$

## *第四节　应 用 举 例

**例 1** 若每次射击中靶的概率为 0.7，现射击 10 枪，求（1）命中 3 枪的概率；（2）至少命中 3 枪的概率；（3）最可能命中几枪.

**解** （1）设随机变量 $X$ 表示射击 10 枪中靶的次数，由于各枪是否中靶相互独立，故是一个 10 次独立重复试验，$X$ 服从二项分布，其参数为 $n=10,p=0.7$，则
$$P\{X=3\}=C_{10}^3(0.7)^3(0.3)^7\approx0.009.$$

（2）$P\{X\geqslant3\}=1-P\{X<3\}$
$$=1-[C_{10}^0(0.7)^0(0.3)^{10}+C_{10}^1(0.7)^1(0.3)^9+C_{10}^2(0.7)^2(0.3)^8]$$
$$\approx0.998.$$

（3）因 $X\sim b(10,0.7)$，由二项分布的图形特点知，当 $P\{X=k_0\}$ 达到最大时，
$$k_0=[(n+1)p]=[(10+1)\times0.7]=[7.7]=7,$$
故最可能命中 7 枪.

**例 2（火炮射击问题：电子防御仿真模拟中蒙特卡洛法相似情景的问题）** 在我方某前沿防守区域，敌方以两门火炮为一个作战单位对我方进行干扰和破坏. 为躲避打击，敌方对其阵地进行了伪装并经常变换射击地点.

在我方还击过程中，经过长期观察发现，我方指挥所对敌方目标的定位有 $\dfrac{1}{2}$ 是准确的，而我方火炮在定位正确时，有 $\dfrac{1}{3}$ 的射击次数能毁伤敌方一门火炮，有 $\dfrac{1}{6}$ 的射击次数能毁伤敌方两门火炮，还有 $\dfrac{1}{2}$ 的射击次数是无效的. 试用概率方法确定每次射击

能毁伤敌方火炮的概率和毁伤敌方火炮的平均值.

**解**　设如下随机事件:

$A_0=\{$一次射击毁伤敌方火炮$\}$;　　　　$A_1=\{$一次射击毁伤敌方一门火炮$\}$;

$A_2=\{$一次射击毁伤敌方两门火炮$\}$;　$B=\{$指挥所目标指示正确$\}$.

根据题意可知,有如下概率和条件概率:

$$P(B)=\frac{1}{2},\quad P(A_1\mid B)=\frac{1}{3},\quad P(A_2\mid B)=\frac{1}{6}.$$

事件 $A_0,A_1,A_2$ 之间有关系 $A_0=A_1\bigcup A_2$.

由条件概率公式,得

$$P(A_1)=P(A_1\mid B)P(B)=\frac{1}{3}\times\frac{1}{2}=\frac{1}{6},$$

$$P(A_2)=P(A_2\mid B)P(B)=\frac{1}{6}\times\frac{1}{2}=\frac{1}{12},$$

所以,每次射击能毁伤敌方火炮的概率为

$$P(A_0)=P(A_1)+P(A_2)=\frac{1}{6}+\frac{1}{12}=\frac{1}{4}.$$

再设每次射击毁伤敌方火炮的门数为随机变量 $x$,则有关系:

$$P\{x=1\}=P(A_1)=\frac{1}{6},\quad P\{x=2\}=P(A_2)=\frac{1}{12},$$

$$P\{x=0\}=P(\overline{A}_0)=1-P(A_0)=\frac{3}{4},$$

从而要求每次射击能毁伤敌方火炮的平均值,即求随机变量 $x$ 的数学期望. 于是

$$E(x)=1\cdot P\{x=1\}+2\cdot P\{x=2\}+0\cdot P\{x=0\}$$

$$=1\times\frac{1}{6}+2\times\frac{1}{12}=\frac{1}{3}.$$

也可用计算机模拟来验证.

在一定的假设条件下,运用数学实验模拟系统的运行,称为**数学模拟**. 现代的数学模拟都是在计算机上进行的,称为**计算机模拟**. 计算机模拟可以反复进行,改变系统的结构和系数都比较容易.

计算机模拟的常用方法是蒙特卡洛(Monte Carlo)法. 这是一种应用随机数来进行计算机模拟的方法,此方法对研究的系统进行随机观察抽样,通过对样本值的观察统计,求得所研究系统的各种参数.

对于**火炮射击问题**,需要模拟出以下两个随机事件.

(1) 指挥所对目标的指示正确与否.

模拟试验有两种结果,每一种结果出现的概率都是 $\frac{1}{2}$.

(2) 当指示正确时,我方火炮的三种射击结果.

模拟试验有三种结果:毁伤敌方一门火炮的概率为$\frac{1}{3}$,毁伤敌方两门火炮的概率为$\frac{1}{6}$,没能毁伤敌方火炮的概率为$\frac{1}{2}$.

可以利用服从$(0,1)$均匀分布的随机数来表达上述随机结果.利用数学软件(如Matlab)产生服从$U(0,1)$的随机数$R_1,R_2$,可得如下结论:

若$0<R_1\leqslant 1/2$,则表示指挥所对目标的指示正确;

若$1/2<R_1<1$,则表示指挥所对目标的指示不正确;

若$0<R_2\leqslant 1/2$,则表示没能毁伤敌火炮;

若$1/2<R_2\leqslant 5/6$,则表示毁伤敌一门火炮;

若$5/6<R_2<1$,则表示毁伤敌两门火炮.

符号假设:

$i$——模拟的次数;　　　　　　　　$k_1$——没击中敌人火炮的射击总数;

$k_2$——击中敌人一门火炮的射击总数;　$k_3$——击中敌人两门火炮的射击总数;

$P$——有效射击的比率;　　　　　　$E$——平均每次毁伤敌人的火炮数;

$n$——模拟的总次数.

模拟流程:

模拟流程图如图 9.4.1 所示.

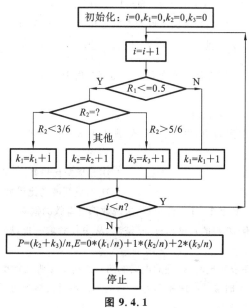

图 9.4.1

模拟结果:

编写 Matlab 程序,模拟运行 100 万次,模拟结果为:有效射击的比率 0.2502,平均每次毁伤敌人的火炮数 0.3338,非常接近理论计算的结果,并且模拟次数越多,结果越精确.

# 习　题　九

## A 题

**1.** 对于掷一粒骰子的试验,概率论中将"出现偶数"称为(　　).

(A) 样本空间　　　　(B) 必然事件　　　　(C) 不可能事件　　　　(D) 随机事件

**2.** 现有 6 本中文书和 4 本外文书,任意在书架上摆放,则 4 本外文书放在一起的概率是(　　).

(A) $\dfrac{4!\ 6!}{10!}$　　　　(B) $\dfrac{7}{10}$　　　　(C) $\dfrac{4!\ 7!}{10!}$　　　　(D) $\dfrac{4}{10}$

**3.** 盒中有 10 个木质球、6 个玻璃球,玻璃球中有 2 个为红色,4 个为蓝色,木质球中有 3 个为红色,7 个为蓝色,现从盒中任取一球,用 $A$ 表示"取到蓝色球",用 $B$ 表示"取到玻璃球",则 $P(B|A)=$(　　).

(A) $\dfrac{6}{10}$　　　　(B) $\dfrac{6}{16}$　　　　(C) $\dfrac{4}{7}$　　　　(D) $\dfrac{4}{11}$

**4.** 设离散型随机变量 $X$ 分布律为 $P\{X=k\}=5A\left(\dfrac{1}{2}\right)^k\ (k=1,2,\cdots)$,则 $A=$_____.

**5.** 设 $X$ 表示 10 次重复射击命中目标的次数,每次命中目标的概率为 0.4,则 $X^2$ 的数学期望 $E(X^2)=$_____.

**6.** 设随机变量 $\xi$ 满足 $P(\xi=1)=p,P(\xi=0)=1-p$,则 $E(\xi)=$_____,$D(\xi)=$_____.

**7.** 随意地投掷一粒骰子两次,则两次出现的点数之和为 8 的概率为(　　).

(A) $\dfrac{3}{36}$　　　　(B) $\dfrac{4}{36}$　　　　(C) $\dfrac{5}{36}$　　　　(D) $\dfrac{2}{36}$

**8.** 甲、乙两人射击的命中率都是 0.6,他们对着目标各射击一次,恰有一人击中目标的概率为(　　).

(A) 0.36　　　　(B) 0.48　　　　(C) 0.84　　　　(D) 1

**9.** 甲、乙两同学在几次测验中,甲、乙平均分数皆为 88 分,甲的方差为 0.51,乙的方差为 0.62,则可知(　　).

(A) 甲成绩比乙好　　　　　　　　　(B) 乙成绩比甲好

(C) 甲成绩波动比乙大　　　　　　　(D) 乙成绩波动比甲大

**10.** 从 $1,2,3,4,5$ 五个数字中,任取两个数,求两数都是奇数的概率.

**11.** 在 40 根纤维中,有 10 根的长度超过 30 毫米,从中任意取一根,取到长度超过 30 毫米的纤维的概率是多少?

**12.** 某家庭电话在家中有来电时,打进的电话响第一声时被接听的概率为 0.1,响第二声时被接听的概率为 0.3,响第三声时被接听的概率为 0.4,响第四声时被接听的概率为 0.1,那么电话在响前四声内被接听的概率是多少?

**13.** 房间里有 10 个人,分别佩戴从 1 号到 10 号的纪念章,从中任选 3 人记录其纪念章的号码.(1)求最小号码为 5 的概率;(2)求最大号码为 5 的概率.

**14.** 10 件产品中有 7 件正品、3 件次品.

(1) 不放回地每次从中任取一件,共取 3 次,求取到 3 件次品的概率;

(2) 有放回地每次从中任取一件,共取 3 次,求取到 3 件次品的概率.

15. 房间里有 8 个人,各佩戴一枚纪念章,号码从 1 号到 8 号.现从中任选 4 人,用 $X$ 表示其佩戴纪念章的最大号码,求 $X$ 的分布律和数学期望.

16. 设随机变量 $X$ 的分布律为

| $X$ | $-2$ | $0$ | $2$ |
|---|---|---|---|
| $p_k$ | 0.4 | 0.3 | 0.3 |

求 $E(X),E(X^2),E(3X^2+5)$.

## B 题

1. 设随机变量 $X$ 的概率密度为 $f(x)=\begin{cases} 2x, & 0 \leqslant x \leqslant 1, \\ 0, & \text{其他}, \end{cases}$ 则 $P\left\{0 \leqslant X \leqslant \dfrac{1}{2}\right\}=($  $)$.

(A) $\dfrac{1}{4}$          (B) $\dfrac{1}{3}$          (C) $\dfrac{1}{2}$          (D) $\dfrac{3}{4}$

2. 将一枚骰子抛掷两次,以 $X$ 和 $Y$ 表示先后掷出的点数,记 $A=\{X+Y=10\}$,$B=\{X>Y\}$,求 $P(B|A)$ 和 $P(A|B)$.

3. 在某系的学生中任选一人,设 $A=\{他是男学生\}$,$B=\{他是一年级学生\}$,$C=\{他是田径运动员\}$,试说明事件 $AB\bar{C}$ 的意义.

4. 设某课程考卷上有 20 道选择题,每题答案是四选一.某学生只会做 10 道题,其余不会,于是就猜.试求他至少猜对 2 道题的概率为多少?

5. 在 8 个晶体管中有 2 个次品.在其中任取三次,每次任取一个,取后不放回,求下列事件的概率:

(1) 三个都是正品;    (2) 两个是正品,一个是次品;    (3) 第三次取出的是次品.

6. 三人独立破译一份密码,已知各人能够译出的概率为 $0.2,0.5,0.4$.问三人中至少有一人能够将其译出的概率是多少?

7. 甲、乙、丙三人独立对飞机进行射击,设击中飞机的概率均为 $\dfrac{2}{3}$.飞机被一人击中而被击落的概率为 $\dfrac{1}{6}$,被两人击中而被击落的概率为 $\dfrac{1}{2}$,若被三人同时击中,飞机必定被击落.求飞机被击落的概率.

8. 设连续型随机变量 $X$ 的概率密度为 $f(x)=\begin{cases} Ax^2, & 0<x<1, \\ 0, & \text{其他}, \end{cases}$ 则常数 $A=$ _____.

9. 设随机变量 $X$ 的概率密度为 $f(x)=\begin{cases} e^{-x}, & x>0, \\ 0, & x \leqslant 0. \end{cases}$ 求 (1) $Y=2X$;(2) $Y=e^{-2X}$ 的数学期望.

10. 设 $(X,Y)$ 的分布律为

| $Y$ \ $X$ | 1 | 2 | 3 |
|---|---|---|---|
| $-1$ | 0.2 | 0.1 | 0 |
| $0$ | 0.1 | 0 | 0.3 |
| $1$ | 0.1 | 0.1 | 0.1 |

求 $E(X),E(Y)$.

**11.** 设随机变量 $X$ 的概率密度为 $f(x)=\begin{cases} \dfrac{1}{x}, & 1\leqslant x<e, \\ 0, & \text{其他.} \end{cases}$

(1) 求 $P\{1<X<2\}$；　　(2) 求 $X$ 的分布函数.

**12.** 从学校乘汽车到火车站的途中有 3 个交通岗,假设在各个交通岗遇到红灯的事件是相互独立的,并且概率都是 2/5. 设 $X$ 为途中遇到红灯的次数,求 $X$ 的分布列、分布函数、数学期望和方差.

## 阅读材料

# 伯 努 利

　　伯努利毕业于巴塞尔大学,1671 年获得艺术硕士学位.这里的艺术是指"自由艺术",它包括算术、几何、天文学、数理音乐的基础,以及文法、修辞和雄辩术等七大门类.遵照他父亲的愿望,他又于 1676 年取得神学硕士学位.同时他对数学有着浓厚的兴趣,但是他在数学上的兴趣遭到了父亲的反对,他违背了父亲的意愿,自学了数学,他的数学几乎是无师自通的.

　　1676 年,他到日内瓦做家庭教师.从 1677 年起,他开始在那里写内容丰富的《沉思录》.

　　1678 年伯努利进行了他第一次学习旅行,他到过法国、荷兰、英国和德国,与数学家们建立了广泛的通信联系.然后他又在法国度过了两年的时光,这期间他开始研究数学问题.起初他还不知道牛顿和莱布尼兹的工作,他首先熟悉了笛卡儿及其追随者的方法论科学观,并学习了笛卡儿的《几何学》、沃利斯的《无穷的算术》以及巴罗的《几何学讲义》.他后来逐渐地熟悉了莱布尼兹的工作.1681—1682 年间,他做了第二次学习旅行,接触了许多数学家和科学家,如许德、玻意耳、胡克及惠更斯.通过访问和阅读文献,丰富了他的知识,拓宽了个人的兴趣.这次旅行,他在科学上的直接收获就是发表了还不够完备的有关彗星的理论(1682 年)以及受到人们高度评价的重力理论(1683 年).回到巴塞尔后,从 1683 年起,伯努利做了一些关于液体和固体力学的实验讲课,为《博学杂志》和《教师学报》写了一些有关科技问题的文章,并且继续研究数学著作.1687 年,伯努利在《教师学报》上发表了他的《用两相互垂直的直线将三角形的面积四等分的方法》的文章,这一成果被推广运用后,又被作为斯霍滕编辑的《几何学》的附录发表.

　　1684 年之后,伯努利转向诡辩逻辑的研究.伯努利一生最具创造性的著作就是

1713 年出版的《猜度术》,是组合数学及概率论史的一件大事,他在这部著作中给出的伯努利数有很多应用. 提出了概率论中的"伯努利定理",这是大数定律的最早形式. 由于伯努利兄弟在科学问题上的过于激烈的争论,致使双方的家庭也被卷入,以至于伯努利死后,他的《猜度术》手稿被他的遗孀和儿子在外藏匿多年,直到 1713 年才得以出版,几乎使这部经典著作的价值受到损害. 由于"大数定律"的极端重要性,1913 年 12 月彼得堡科学院曾举行庆祝大会,纪念"大数定律"诞生 200 周年.

由于受到沃利斯以及巴罗的涉及数学、光学、天文学的那些资料的影响,他又转向了微分几何学. 同时,他的弟弟约翰·伯努利一直跟他学习数学. 1687 年伯努利成为巴塞尔大学的数学教授,直到 1705 年去世. 在这段时间,他一直与莱布尼兹保持着联系,对微积分的创建有着重要贡献. 伯努利对微积分学的特殊贡献在于,他指明了应当怎样把这一技术运用到应用数学的广阔领域中去,"积分"一词也是 1690 年由他首先使用的.

1699 年,伯努利被选为巴黎科学院的国外院士,1701 年被柏林科学协会(即后来的柏林科学院)接受为会员.

许多数学成果与伯努利的名字相联系,如悬链线问题(1690 年)、曲率半径公式(1694 年)、"伯努利双纽线"(1694 年)、"伯努利微分方程"(1695 年)、"等周问题"(1700 年)等.

最为人们津津乐道的轶事之一,是伯努利醉心于研究对数螺线,这项研究从 1691 年就开始了. 他发现,对数螺线经过各种变换后仍然是对数螺线,如它的渐屈线和渐伸线是对数螺线,自极点至切线的垂足的轨迹,以极点为发光点经对数螺线反射后得到的反射线,以及与所有这些反射线相切的曲线(回光线)都是对数螺线. 他惊叹这种曲线的神奇,竟在遗嘱里要求后人将对数螺线刻在自己的墓碑上,并附以颂词**"纵然变化,依然故我"**,用以象征死后永生不朽.

伯努利是十七八世纪欧洲大陆在数学方面做过特殊贡献的伯努利家族的重要成员之一. 伯努利家族 3 代人中产生了 8 位科学家,出类拔萃的至少有 3 位;伯努利就是其中之一,除了他,还有约翰第一·伯努利和丹尼尔第一·伯努利,他们的成就也很大.

# 附 录  数 学 实 验

本附录主要介绍了前面章节中相应的数学实验.

## 附录一  初等数学实验

### 一、实验目的

(1) 熟悉 Matlab 软件的基本操作.
(2) 熟悉常用函数的表示和运算.
(3) 熟悉方程的表示和求解.
(4) 熟悉不等式的表示和求解.
(5) 熟悉复数的表示和运算.
(6) 熟悉平面图形的表示和绘图.

### 二、实验指导

**1. 基本命令**

Matlab 中的数学运算符号如附表 1.1 所示.

附表 1.1

| 运算 | 加 | 减 | 乘 | 除 | 乘幂 |
|------|-----|-----|-----|-----|------|
| 符号 | + | − | * | / | ∧ |

Matlab 中的常用数学函数如附表 1.2 所示.

附表 1.2

| 函数 | 正弦 | 余弦 | 正切 | 余切 | 绝对值 | 指数 | 开平方 |
|------|------|------|------|------|--------|------|--------|
| 符号 | sin | cos | tan | cot | abs | exp | sqrt |
| 函数 | 反正弦 | 反余弦 | 反正切 | 反余切 | 自然对数 | 以 10 为底的对数 | |
| 符号 | asin | acos | atan | acot | log | log10 | |

Matlab 中的命令语法及其功能如附表 1.3 所示.

附表 1.3

| 命 令 语 法 | 功 能 |
|---|---|
| g＝solve(eq,var) | 以指定的变量 var 为未知数求解方程 eq |
| maple | 调用 maple 工具箱进行符号数学运算 |
| ezplot(fun,[a,b]) | 画 $y=f(x)$ 在 $[a,b]$ 上的图形 |
| ezplot(fun2,[a,b,c,d]) | 画 $f(x,y)=0$ 在 $x\in[a,b]$,$y\in[c,d]$ 上的图形 |
| axis equal | 保持坐标轴比例一致 |
| polar(theta,rho) | 用极角 theta 和极径 rho 画出极坐标图形 |

**2. 例题**

**例 1** 当 $x=2$,$y=-3$ 时,求代数式 $x^2-3xy+y^2$ 的值.

**解** 在 Matlab 的命令窗口(Command Window)提示符号"≫"后键入下述内容(注意符号"≫"不要键入,％为注释符号,"％"及其后面的内容也不需键入),然后按回车键.

≫x＝2; y=-3;

≫x^2-3＊x＊y＋y^2    ％^2 表示平方运算,＊表示数与数的乘法运算

ans＝31    ％ans 表示运算结果

**例 2** 求下列各式的值.

$2^8$, $\left(\dfrac{1}{3}\right)^{-3}$, $4^{\frac{2}{3}}$, $0.01^{-1.5}$, $e^3$, $\ln4$, $\log_{10}25$, $\log_2 10$.

**解** 分别输入如下内容:

≫ 2^8

ans＝256

≫ (1/3)^(-3)

ans＝27.0000

≫ 4^(2/3)

ans＝2.5198

≫ 0.01^(-1.5)

ans＝1000

≫ exp(3)

ans＝20.0855

≫ log(4)　　　　　　　　　　　%ln 是自然对数,在 Matlab 中表示为 log

ans＝1.3863

≫ log10(25)

ans＝1.3979

≫ log2(10)

ans＝3.3219

**例 3**　求下列各三角函数的值.

$\sin 1.5$，$\cos 60°$，$\tan \dfrac{\pi}{3}$，$\cot\left(-\dfrac{\pi}{4}\right)$.

**解**　分别输入如下内容:

≫ sin(1.5)　　　　　　　　%角度用弧度表示时,用 sin 命令计算

ans＝0.9975

≫ cosd(60)　　　　　　　　%角度用度表示时,要将命令 cos 改为 cosd 再计算

ans＝0.5000

≫ tan(pi/3)　　　　　　　　%pi 表示 π

ans＝1.7321　　　　　　　　%1.7321＝$\sqrt{3}$

≫ cot(-pi/4)

ans＝-1.0000

**例 4**　解下列一元方程.

(1) $x^2＋2x－48＝0$；　　(2) $(y＋3)(1－3y)＝6＋2y^2$.

**解**　(1) ≫ solve('x^2＋2 * x-48＝0',x)　　%指明未知数为 x

　　　　ans＝6

　　　　　　-8

(2) ≫ solve('(y＋3) * (1-3 * y)＝6＋2 * y^2')

　　　　　　　　　　　　　%对于一元方程,也可以不指明未知数

　　　　ans＝-1

　　　　　　-3/5

**例 5**　解下列一元一次不等式.

(1) $3(1－2x)＞6x$；　　(2) $\dfrac{3x}{2}＋1＜8－\dfrac{x}{4}$.

**解**　(1) ≫ maple('solve(3 * (1-2 * x)＞6 * x)')

　　　　　　　　　　　%调用 maple 程序包求解不等式

ans＝RealRange(-Inf,Open(1/4))

%结果为实数域上的开区间 $\left(-\infty,\dfrac{1}{4}\right)$

(2) ≫ maple($'$solve(1.5 * x+1≤=8-0.25 * x)$'$)

ans＝RealRange(-Inf,4.)

%结果为实数域上的半开半闭区间 $(-\infty,4]$

**例6** 解下列绝对值不等式.

(1) $|2x+5|<6$；  (2) $|4x-1|\geqslant9$.

**解** (1) ≫ maple($'$solve(abs(2 * x+5)<6)$'$)

ans＝RealRange(Open(-11/2),Open(1/2))

%结果为实数域上的开区间 $\left(-\dfrac{11}{2},\dfrac{1}{2}\right)$

(2) ≫ maple($'$solve(abs(4 * x-1)>=9)$'$)

ans＝RealRange(5/2,Inf)，RealRange(-Inf,-2)

%结果为开区间 $\left(\dfrac{5}{2},+\infty\right),(-\infty,-2)$

**例7** 计算下列复数.

$(1-2i)(3+4i)(-2+i)$, $\dfrac{1-i}{1+i}$, $\left|-\dfrac{\sqrt{3}}{2}-\dfrac{1}{2}i\right|$, $(3+2i)^3$.

**解** 分别输入如下内容：

≫ (1-2 * i) * (3+4 * i) * (-2+i)

ans＝-20.0000 ＋15.0000i

≫ (1-i)/(1+i)

ans＝0 - 1.0000i          %结果为 $-i$

≫ abs(-sqrt(3)/2-i/2)          %对复数作 abs 运算就是对复数求模

ans＝1.0000

≫ (3+2 * i)^3

ans＝-9.0000 ＋46.0000i

**例8** 绘制直线 $y=2x-3(1\leqslant x\leqslant2)$ 的图形.

**解** ≫ ezplot($'$2 * x-3$'$,[1,2])

≫ axis equal

其图形如附图 1.1 所示.

**例9** 绘制圆 $x^2+y^2-4y-12=0$ 的图形.

**解** ≫ ezplot($'$x^2+y^2-4 * y-12=0$'$,[-5,5,-3,7])

　　≫ axis equal

其图形如附图 1.2 所示.

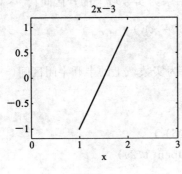

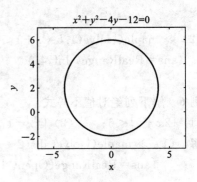

附图 1.1　　　　　　　　　　　　　　　　附图 1.2

**例 10**　绘制椭圆 $(x-1)^2+\dfrac{y^2}{2}=1$ 的图形.

**解**　≫ ezplot($'$(x-1)^2+y^2/2=1$'$,[-1,3,-2,2])

　　　≫ axis equal

其图形如附图 1.3 所示.

**例 11**　绘制抛物线 $y^2=6x$ 的图形.

**解**　≫ ezplot($'$y^2=6*x$'$,[-1,6,-6,6])

　　　≫ axis equal

其图形如附图 1.4 所示.

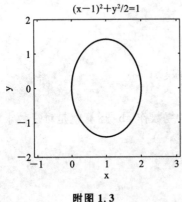

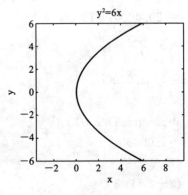

附图 1.3　　　　　　　　　　　　　　　　附图 1.4

**例 12**　绘制双曲线 $\dfrac{x^2}{9}-\dfrac{y^2}{4}=1$ 的图形.

**解**　≫ ezplot($'$x^2/9-y^2/4=1$'$,[-8,8,-6,6])

　　　≫ axis equal

其图形如附图 1.5 所示.

**例 13**　在极坐标下绘制心形线 $\rho=2(1-\cos\theta)$ 的图形.

**解**　≫ theta＝0:0.01:2 * pi;

　　≫ polar(theta,2 * (1-cos(theta)))

其图形如附图 1.6 所示.

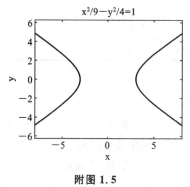

附图 **1.5**

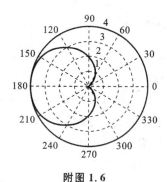

附图 **1.6**

# 附录二　函数与极限实验

## 一、实验目的

(1) 熟悉 Matlab 软件的基本操作.

(2) 熟悉函数与极限的有关操作命令及使用方法.

(3) 体会利用 Matlab 软件对函数进行分析研究.

(4) 体会利用 Matlab 软件解决函数与极限的实际问题.

## 二、实验指导

### 1. 基本命令

Matlab 中的命令语法及其功能如附录 2.1 所示.

附表 **2.1**

| 命 令 语 法 | 功　　　能 |
| --- | --- |
| plot(X1,Y1,...) | 作数据$(X_1,Y_1)$的连线图,可作多个数据连线图 |
| plot(X1,Y1,LineSpec,...) | 同上,并指定连线图的连线类型 |
| ezplot(fun,[a,b]) | 画 $y＝f(x)$ 在$[a,b]$上的图形 |
| ezplot(fun2,[a,b,c,d]) | 画 $f(x,y)＝0$ 在 $x∈[a,b]$,$y∈[c,d]$上的图形 |
| ezplot('x(t)','y(t)',[t1,t2]) | 画 $x＝x(t),y＝y(t)$当 $t_1＜t＜t_2$ 的图形 |
| limit(f) | 默认求 $x→0$ 时 $f(x)$的极限 |

续表

| 命　令　语　法 | 功　　　能 |
|---|---|
| limit(f,x,a) or limit(f,a) | 求 $x \to a$ 时 $f(x)$ 的极限 |
| limit(f,x,a,$'$left$'$) | 求 $x \to a^-$ 时 $f(x)$ 的左侧极限 |
| limit(f,x,a,$'$right$'$) | 求 $x \to a^+$ 时 $f(x)$ 的右侧极限 |

**2. 例题**

**例 1**　作函数 $y = x\sin x$，$x \in [-4\pi, 4\pi]$ 的图形.

**解**　在 Matlab 的命令窗口（Command Window）提示符号"≫"后键入（注意符号"≫"不要键入，%为注释符号，"%"及其后面的内容也不需键入）如下内容：

≫x＝linspace(-4 * pi,4 * pi,100)；　　%生成 100 个从 $-4\pi$ 到 $4\pi$ 的等间隔点

≫plot(x,x. * sin(x))　　　　%画 $y=x\sin x$ 图形，". *"表示向量间的乘法运算

用下列命令同样可得到函数 $y = x\sin x$，$x \in [-4\pi, 4\pi]$ 的图形.

≫ ezplot($'$x * sin(x)$'$,[-4 * pi,4 * pi])　　%作 $y=x\sin x$ 的图形

函数 $y = x\sin x$，$x \in [-4\pi, 4\pi]$ 的图形如附图 2.1 所示.

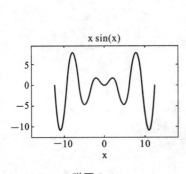

附图 2.1

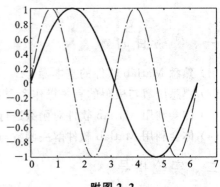

附图 2.2

**例 2**　在同一坐标系下作 $y_1 = \sin x$，$y_2 = \sin 2x$，$x \in [0, 2\pi]$ 的图形.

**解**　在 Matlab 的命令窗口提示符号"≫"后键入如下内容：

≫x＝linspace(0,2 * pi,50)；　　　%生成 100 个从 0 到 $2\pi$ 的等间隔点

≫plot(x,sin(x),x,sin(2 * x),$'$-.$'$)

　　　　　　　%画两个函数的图形，$y=\sin 2x$ 选项"-."表示用点划线方式绘图

用下列命令同样可得到函数 $y_1 = \sin x$，$y_2 = \sin 2x$，$x \in [0, 2\pi]$ 的图形.

≫ezplot($'$sin(x)$'$,[0,2 * pi])　　%y＝$\sin x$ 的图形

≫hold on　　　　　　　　%在当前图形窗口继续画图

≫ezplot($'$sin(2 * x)$'$,[0,2 * pi])　%y＝$\sin 2x$ 的图形

≫hold off　　　　　　　　%画图时，当前图形窗口所有内容清除，重新开始画图

其图形如附图 2.2 所示.

**例 3** 作参数方程 $x=\cos^3 t, y=\sin^3 t (0 \leqslant t \leqslant 2\pi)$ （星形线）的图形.

**解** 键入如下内容：

≫t＝linspace(0,2 * pi,50);

≫x＝cos(t).^3;

≫y＝sin(t).^3;

≫plot(x,y)

或者键入

≫ezplot('cos(t)^3','sin(t)^3',[0,2 * pi])

得到其图形如附图 2.3 所示.

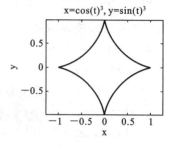

附图 2.3

**例 4** 求极限 $\lim\limits_{n \to \infty} \dfrac{n}{n+1}$.

**解** 计算过程如下：

≫ syms n              ％生成符号变量 n

≫ limit(n/(n＋1),n,inf)    ％对变量 n 求趋于无穷大的极限

ans＝1                ％ans 表示求解结果

所以，其极限 $\lim\limits_{n \to \infty} \dfrac{n}{n+1}=1$.

**例 5** 求单侧极限 $\lim\limits_{x \to 0^+} \dfrac{|x|}{x}, \lim\limits_{x \to 0^-} \dfrac{|x|}{x}$.

**解** 计算过程如下：

≫ clear;

≫ syms x

≫ limit(abs(x)/x,x,0,'right')

              ％对自变量 x 求趋于 0 的极限,right 表示右侧极限

ans＝1

≫ limit(abs(x)/x,x,0,'left')

              ％对自变量 x 求趋于 0 的极限,left 表示左侧极限

ans＝-1

故极限 $\lim\limits_{x \to 0^+} \dfrac{|x|}{x}=1, \lim\limits_{x \to 0^-} \dfrac{|x|}{x}=-1$.

**例 6** 求极限 $\lim\limits_{x \to \infty} \left(1+\dfrac{1}{x}\right)^x$.

**解** 计算过程如下：

≫ syms x

≫ limit((1＋1/x)^x,x,inf)

ans＝exp(1)

故极限 $\lim\limits_{x \to \infty} \left(1+\dfrac{1}{x}\right)^x=\mathrm{e}$.

**例 7**　作出数列 $a_n = \left(1 + \dfrac{1}{n}\right)^n$ 的数据表，并通过图形方式表现结果.

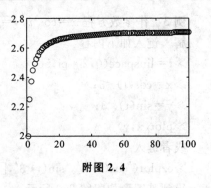

附图 2.4

**解**　计算过程如下：

```
>> n=1:100;
                    %令 n 依次取 1,2,…,100
>> an=(1+1./n).^n;  %求 an 的 100 个值
>> plot(n,an,'o')
                    %以小圆圈绘制坐标点(n,an)
```

数列 $a_n = \left(1 + \dfrac{1}{n}\right)^n$ 与 $n$ 的关系图如附图 2.4 所示，由图可以看出，当 $n \to \infty$ 时，$a_n$ 有上界，将该上界定义为 e.

# 附录三　一元函数微分学实验

## 一、实验目的

(1) 进一步理解导数、微分及其几何应用.

(2) 学会 Matlab 的求导命令与求导法.

## 二、实验指导

### 1. 基本命令

Matlab 中的命令语法及其功能如附表 3.1 所示.

附表 3.1

| 命 令 语 法 | 功　　　　能 |
| --- | --- |
| diff(f,x) | 对函数 $f$ 求关于变量 $x$ 的导数 |
| diff(f,x,n) | 对函数 $f$ 求关于变量 $x$ 的 $n$ 阶导数 |
| simplify(f) | 对函数表达式 $f$ 简化 |
| syms x | 定义变量 $x$ |
| clear;clear x | clear:清除所有变量；clear x:清除变量 $x$ |
| solve(f(x,y)=0,y) | 将 $y$ 看成关于变量 $x$ 的函数，求解方程 $f(x,y)=0$ |
| Diff(y,t)/diff(x,t) | 求参数方程 $\begin{cases} x = x(t) \\ y = y(t) \end{cases}$ 所确定函数 $y=y(x)$ 的一阶导数 |
| [A,B]=fminbnd(f,a,b) | 求区间 $[a,b]$ 上函数 $f(x)$ 的极小值，其中 $A$ 为最小值，$B$ 为最小值点 |
| subs(f,old,new) | 将符号表达式 $f$ 中的原有 old 变量用新的 new 变量代替 |

## 2. 例题

**例 1**　求下列函数的导数.

(1) $y=\dfrac{1}{\sqrt{a^2-x^2}}$;　　(2) $y=e^{\sin^3 x}$;　　(3) $y=\sin^2\dfrac{x}{2}\cot\dfrac{x}{2}$;　　(4) $y=\ln^3(x^2)$.

**解**　(1) ≫ syms x; f=′1/sqrt(a^2 - x^2)′; diff (f, x)

　　　　ans＝1/(a^2-x^2)^(3/2) * x

(2) ≫ syms x; f=′ exp( sin(x) ^3 ) ′;diff (f, x )

　　ans＝3 * sin(x)^2 * cos(x) * exp(sin(x)^3)

(3) ≫ syms x; f=′ ( sin(x/2) )^2 * cot( x/2) ′;

≫ diff (f, x)

ans＝sin(1/2 * x) * cot(1/2 * x) * cos(1/2 * x)＋sin(1/2 * x)^2 * (-1/2-1/2 * cot(1/2 * x)^2)

(4) ≫ syms x; f=′( log(x^2))^3 ′;

≫ diff (f,x )

ans＝6 * log(x^2)^2/x

**例 2**　求下列函数的二阶导数:

(1) $y=5x^4-3x+1$;　　(2) $y=\dfrac{1}{x^2-1}$;　　(3) $y=x\cos x$;　　(4) $\begin{cases} x=t^2, \\ y=4t. \end{cases}$

**解**　(1) ≫ syms x; f=′ 5 * x^4-3 * x+1′;diff (f, x, 2)

　　　　ans＝60 * x^2

(2) ≫ syms x; f=′1/(x^2-1)′; diff (f, x, 2)

ans＝8/(x^2-1)^3 * x^2-2/(x^2-1)^2

(3) ≫ syms x; f=′ x * cos(x)′; diff (f, x, 2)

ans＝-2 * sin(x)-x * cos(x)

(4) ≫ syms t; x=′ t^2′; y=′ 4 * t ′;

≫ f1=diff ( y, t ); f2=diff (x, t);

≫ f=f1/f2; diff ( f, t )/f2

ans＝-1/t^3

**例 3**　求下列方程所确定的函数 $y=y(x)$ 的导数 $\dfrac{\mathrm{d}y}{\mathrm{d}x}$.

(1) $x^2+y^2=R^2$;　　(2) $x\cos y=\sin(x+y)$.

**解**　(1) ≫ clear all;

≫ syms x y;

≫ f＝solve( ′x^2+y^2-R^2=0′, y);

≫ diff(f, x)

ans＝

$$[ -1/(-x^2+R^2)^{(1/2)} * x ]$$
$$[ 1/(-x^2+R^2)^{(1/2)} * x ]$$

(2) ≫ clear all;

≫ syms x y;

≫ f＝solve('x * cos(y)-sin(x+y)＝0', y);

≫ simplify( diff(f, x))

ans＝(cos(x)＋x * sin(x)-1)/(x^2-2 * x * sin(x)＋1)

**例4(最小值问题)**　　工厂 A 到铁路的垂直距离为 3 千米,垂足 B 到火车站 C 有直线铁路,长度为 5 千米,汽车运费 20 元/(吨 · 千米),铁路运费 15 元/(吨 · 千米),为使运费最省,计划在 B 点和 C 点之间的铁路上取一点 M,在 M 点建一转运站,问M 应建在何处?

**解**　(1)问题分析.

此问题实际上是一个计算极小值的问题,由题已知条件,可设 M 到 B 的距离为 $x$,则总费用 $L$ 只与 $x$ 有关,即可写出 $L(x)$ 及其定义域为

$$L(x)=20 \sqrt{x^2+9}+15(5-x), \quad x\in[0,5].$$

用 plot 命令先绘图观测,然后用命令 fmin 直接求 $L(x)$ 的最小值.

(2) 实验步骤.

第一步:绘图.

≫clear x;

≫x＝linspace(0,5,20);

≫L＝20 * sqrt(9＋x.^2)＋15 * (5-x);

≫plot(x ,L)

从附图 3.1 中可看出最小值点的唯一性.

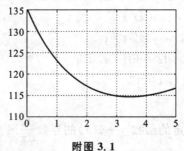

附图 3.1

第二步:求最小值.

fmin 命令采用的是数值方法,它不仅将最小值点与最小值同时给出,而且在函数不可导时仍可求解,在实际操作时很实用.

≫ [A,B]＝fminbnd ('20 * sqrt(9＋x.^2)＋15 * (5-x)',0,5)

A＝3.4017

B=114.6863

# 附录四　一元函数积分学实验

## 一、实验目的

(1) 加深理解不定积分、定积分、广义积分、微分方程的内容.
(2) 掌握求积分的 Matlab 命令.
(3) 掌握求解微分方程的 Matlab 命令.

## 二、实验指导

### 1. 基本命令

Matlab 中的命令语法及其功能如附表 4.1 所示.

附表 4.1

| 命 令 语 法 | 功　　　能 |
|---|---|
| int(f,x) | 计算不定积分,得到 $f(x)$ 的一个原函数, $f$ 为函数表达式, $x$ 为自变量 |
| int(f,x,a,b) | 计算 $f(x)$ 在区间 $[a,b]$ 上的定积分,如果 $f(x)$ 在 $[a,b]$ 上有瑕点,则计算瑕积分 |
| int(f,x,a,inf) | 计算 $f(x)$ 在区间 $[a,+\infty)$ 上的广义积分 |
| int(f,x, -inf, b) | 计算 $f(x)$ 在区间 $(-\infty,b]$ 上的广义积分 |
| s=dsolve('方程','自变量') | 求常微分方程的通解, $s$ 为解析解 |
| s= dsolve('方程', '初始条件1','初始条件2','自变量') | 求常微分方程满足若干初始条件的特解, $s$ 为解析解的表达式 |

### 2. 例题

**例 1**　求下列函数的一个原函数.

(1) $\sec x(\sec x - \tan x)$;　　(2) $\dfrac{1}{1+\cos 2x}$;　　(3) $\dfrac{\ln(x+1)}{\sqrt{x+1}}$;

(4) $x^2 \arctan x$;　　(5) $\dfrac{2x+3}{x^2+3x-10}$;　　(6) $\dfrac{\cos x \sin x}{(1+\cos x)^2}$.

**解**　(1) ≫ clear all;
　　　　≫ syms x;
　　　　≫ f=' sec(x) * ( sec(x)-tan(x)) ';
　　　　≫ int(f, x)
　　　　ans=sin(x)/cos(x)-1/cos(x)

(2) ≫ clear all

　　≫ syms x;

　　≫ f＝′1/( 1＋cos(2 ∗ x) )′;

　　≫ int(f, ′x′)

　　ans＝1/2 ∗ tan(x)

(3) ≫ clear all

　　≫ syms x;

　　≫ f＝′ log(x＋1)/sqrt(x＋1) ′;

　　≫ int(f, x )

　　ans＝2 ∗ log(x＋1) ∗ (x＋1)^(1/2)-4 ∗ (x＋1)^(1/2)

(4) ≫ clear all

　　≫ syms x;

　　≫ f＝′ x^2 ∗ atan(x) ′;

　　≫ int(f, x )

　　ans＝1/3 ∗ x^3 ∗ atan(x)-1/6 ∗ x^2＋1/6 ∗ log(x^2＋1) .

(5) ≫ clear all

　　≫ syms x;

　　≫ f＝′ (2 ∗ x＋3)/(x^2＋3 ∗ x-10) ′;

　　≫ int(f, x )

　　ans＝log(x^2＋3 ∗ x-10)

(6) ≫ clear all;

　　≫ syms x;

　　≫ f＝′ cos(x) ∗ sin(x)/(1＋cos(x) )^2 ′;

　　≫ int(f, x)

　　ans＝-1/(1＋cos(x))-log(1＋cos(x))

**例 2**　计算下列定积分.

(1) $\int_0^1 \sqrt{1-x^2}\,\mathrm{d}x$;　　　　　　　(2) $\int_4^9 \sqrt{x}(1+\sqrt{x})\,\mathrm{d}x$;

(3) $\int_1^2 \frac{1}{x+x^3}\,\mathrm{d}x$;　　　　　　(4) $\int_0^2 |(1-x)(x-4)|\,\mathrm{d}x$.

**解**　(1) ≫ clear all

　　　　≫ syms x;

　　　　≫ f＝′sqrt(1-x^2)′;

　　　　≫ int(f, x ,0,1)

　　　　ans＝1/4 ∗ pi

(2) ≫ clear all

》 syms x;

》 f='sqrt(x) * (1+sqrt(1+sqrt(x)))';

》 int(f,x,4,9)

ans=271/6

(3) 》 clear all

》 syms x;

》 f='1/(x+x^3)';

》 int(f, x ,1,2)

ans=3/2 * log(2)-1/2 * log(5)

(4) 》 clear all

》 syms x;

》 f='abs((1-x) * (x-4))';

》 int(f, x ,0,2)

ans=3

**例 3**　判断广义积分 $\int_0^1 x\ln x\mathrm{d}x$ 与 $\int_0^2 \dfrac{1}{(1-x)^2}\mathrm{d}x$ 的敛散性,收敛时计算结果.

**解**　》 f=' x * log(x) ';

》 int(f, x, 0, 1);

ans=-1/4　　　　　%给出确定结果表明该广义积分收敛

》 f=' 1/(1-x)^2 ';

》 int(f, x, 0, 2)

ans=inf　　　　　%给出 inf 结果表明该广义积分发散

**例 4**　求解一阶微分方程 $\dfrac{\mathrm{d}u}{\mathrm{d}t}=1+u^2$ 的通解.

**解**　》 u=dsolve( 'Du=1+u^2 ', ' t ' )　　　%D 表示求一阶导数,t 为自变量

u=tan(t+C1)

**例 5**　求解一阶微分方程 $y'=-y+t+1, y(0)=2$ 的特解.

**解**　》 y=dsolve( 'Dy=-y+t+1 ', ' y(0)=2 ', ' t ' )

y=t+2 * exp(-t)

**例 6**　求解二阶微分方程 $y''-3y'+2y=3\sin x$ 的通解.

**解**　方程可写为 $y''=3y'-2y+3\sin x$,则有

》 y=dsolve( 'D2y=3 * Dy-2 * y+3 * sin(x) ', ' x ' )

　　　　　　　　　　　　%D2 表示求二阶导数,x 为自变量

y=9/10 * cos(x)+3/10 * sin(x)+exp(2 * x) * C1+exp(x) * C2

# 附录五　多元函数微积分实验

## 一、实验目的

(1) 学会利用 Matlab 软件求多元函数的偏导数.

(2) 学会利用 Matlab 软件求多元函数的极值.

(3) 学会利用 Matlab 程序符号计算重积分.

(4) 学会利用多元函数微积分的知识解决实际问题.

## 二、实验指导

### 1. 基本命令

Matlab 中的命令语法及其功能如附表 5.1 所示.

附表 5.1

| 命 令 语 法 | 功　　能 |
|---|---|
| sym($'x'$) | 生成符号变量 $x$ |
| syms x y z | 生成符号变量 $x,y,z$ |
| diff(f, $'x'$) | 求表达式 $f$ 对自变量 $x$ 的导数 |
| diff(f, $'x'$,n) | 求表达式 $f$ 对自变量 $x$ 的 $n$ 阶导数 |
| diff(diff(f, $'x'$,m), $'y'$,n) | 求表达式 $f$ 对自变量 $x,y$ 的混合偏导数 $\dfrac{\partial^{m+n}f}{\partial x^m \partial y^n}$ |
| syms | 创建多个符号对象 |
| int(s,v,a,b) | 对符号表达式 $s$ 中的符号变量 $v$ 计算 $s$ 的从 $a$ 到 $b$ 的定积分 |
| plot(X,Y) | 对数据对 $(X,Y)$ 作图 |

### 2. 例题

**例 1**　设方程 $x\sin y+y e^x=0$ 确定了函数 $y=y(x)$，求 $\dfrac{\mathrm{d}y}{\mathrm{d}x},\dfrac{\mathrm{d}y}{\mathrm{d}x}\Big|_{x=0}$.

**解**　≫ syms x y　　　　　　　　%生成符号变量 x,y

≫ f＝x * sin(y)＋y * exp(x)　　　　%生成符号表达式 f

输出结果：

　　　　f＝x * sin(y)＋y * exp(x)

≫fx＝diff(f,$'x'$)　　　　　　%求 f 对 x 的偏导数

输出结果：

　　　　fx＝sin(y)＋y * exp(x)

　　　≫fy＝diff(f,'y')　　　　　　　%求 f 对 y 的偏导数

输出结果：

　　　　fy＝x＊cos(y)＋exp(x)

　　　≫dx＝-fx/fy　　　　　　　　%求 y 对 x 的导数 dy/dx

输出结果：

　　　　df＝(-sin(y)－y＊exp(x))/(x＊cos(y)＋exp(x))

　　　≫df0＝inline('-(sin(y)＋y＊exp(x))/(x＊cos(y)＋exp(x))')

　　　　　　　　　　　　　　　　　%生成在线函数 df0(x,y)

输出结果：

df0＝Inline function

　　　　df0(x,y)＝-(sin(y)＋y＊exp(x))/(x＊cos(y)＋exp(x))

　　　≫df0(0,0)　　　　　　　%计算 $\dfrac{dy}{dx}\Big|_{x=0}$

输出结果：

　　　0

因此，　　　　　　$\dfrac{dy}{dx}=-\dfrac{\sin y+ye^{x}}{x\cos y+e^{x}},\quad \dfrac{dy}{dx}\Big|_{x=0}=0.$

**例 2**　设 $z=\sin\sqrt{x^{2}+y^{2}}$，求 $\dfrac{\partial z}{\partial x},\dfrac{\partial z}{\partial y},\dfrac{\partial^{2}z}{\partial x\partial y}.$

**解**　≫ syms x y

　　　≫ f＝sin(sqrt(x^2＋y^2))

　　　≫ fx＝diff(f,'x')　　　　　%求 f 对 x 的偏导数

输出结果：

　　　　fx＝cos((x^2＋y^2)^(1/2))/(x^2＋y^2)^(1/2)＊x

　　　≫ fy＝diff(f,'y')　　　　　%求 f 对 y 的偏导数

输出结果：

　　　　fy＝cos((x^2＋y^2)^(1/2))/(x^2＋y^2)^(1/2)＊y

　　　≫ fxy＝diff(diff(f,'x'),'y')　%求 f 对 x,y 的二阶混合偏导数

输出结果：

　　　fxy＝

　　　　　-sin((x^2＋y^2)^(1/2))/(x^2＋y^2)＊y＊x

　　　　　-cos((x^2＋y^2)^(1/2))/(x^2＋y^2)^(3/2)＊x＊y

即　　　　$\dfrac{\partial z}{\partial x}=\dfrac{x\cos\sqrt{x^{2}+y^{2}}}{\sqrt{x^{2}+y^{2}}},\quad \dfrac{\partial z}{\partial y}=\dfrac{y\cos\sqrt{x^{2}+y^{2}}}{\sqrt{x^{2}+y^{2}}}$

　　　　$\dfrac{\partial^{2}z}{\partial x\partial y}=-\dfrac{xy\sin\sqrt{x^{2}+y^{2}}}{x^{2}+y^{2}}-\dfrac{xy\cos\sqrt{x^{2}+y^{2}}}{(x^{2}+y^{2})^{3/2}}$

**例 3**　求函数 $f(x,y)=x^{3}+y^{3}+3x^{2}+3y^{2}-9x$ 的极值.

**解**　≫syms x y　　　　　　　　　　%生成符号变量 x,y

　　≫f=x^3+y^3+3*x^2+3*y^2-9*x　　　%生成符号表达式 f

输出结果：

　　f=x^3+y^3+3*x^2+3*y^2-9*x

　　≫fx=diff(f,'x')　　　　　　%求 f 对 x 的偏导数

输出结果：

　　fx=3*x^2+6*x-9

　　≫fy=diff(f,'y')　　　　　　%求 f 对 y 的偏导数

输出结果：

　　fy=-3*y^2+6*y

　　≫[x0,y0]=solve(fx,fy)　　　%求偏导数同时为 0 的点,即驻点

输出结果：

　　x0=

　　　1　-3　1　-3

　　y0=

　　　0　0　2　2

　　≫fxx=diff(diff(f,'x'),'x')　%求 f 对 x 的二阶偏导数

输出结果：

　　fxx=6*x+6

　　≫fxy=diff(diff(f,'x'),'y')　%求 f 对 x,y 的二阶混合偏导数

输出结果：

　　fxy=0

　　≫fyy=diff(diff(f,'y'),'y')　%求 f 对 y 的二阶偏导数

输出结果：

　　fyy=-6*y+6

　　≫delta=inline('(6*x+6).*(-6*y+6)')

　　　　　　　　　　　　　　%定义函数 $f_{xx} \cdot f_{yy} - f_{xy}^2$,计算 $AC-B^2$

输出结果：

　　delta=

　　　　inline function：

　　　　delta(x,y)=(6*x+6).*(-6*y+6)

　　≫delta(x0,y0)　　　　　　%计算各驻点处的 $AC-B^2$ 的值

输出结果：

　　　72 -72 -72 72

上述结果说明函数在点(1,0)和(-3,2)处取得极值,在点(-3,0)和(1,2)处不是极值.

在点$(1,0)$处,由于$A>0$,所以函数在该点有极小值$f(1,0)=-5$;

在点$(-3,2)$处,由于$A<0$,所以函数在该点有极大值$f(-3,2)=31$.

**例 4** 计算二重积分$\iint\limits_{D}x^2y\mathrm{d}x\mathrm{d}y$,其中$D:0\leqslant x\leqslant 1,3x\leqslant y\leqslant x^2+2$.

**解** 输入以下程序:

```
≫syms x y
≫f=x^2 * y;
≫y1=3 * x;                    %对 y 积分的下限
≫y2=x^2+2;                    %对 y 积分的上限
≫f1=int(f, y, y1, y2);        %将二重积分化为二次积分,先对 y 求积分
≫I=int(f1, x, 0, 1)           %再对 x 求积分
```

输出结果为

I=5/21

即
$$\iint\limits_{D}x^2y\mathrm{d}x\mathrm{d}y=\frac{5}{21}.$$

**例 5** 计算二重积分$\iint\limits_{D}(x^2+y^3)\mathrm{d}x\mathrm{d}y$,其中$D$是由曲线$x=y^2,y=x-2$所围成的平面区域.

**解** (1) 画出积分区域的图形,输入以下程序:

```
y=linspace(-1.5,3);
x1=y.^2;x2=y+2;
plot(x1,y,x2,y,'linewidth',1)
axis([-0.5,5,-1.5,3])
title('由 x=y^2 和 y=x-2 所围成的积分区域')
```

运行后所显示的积分区域如附图 5.1 所示.

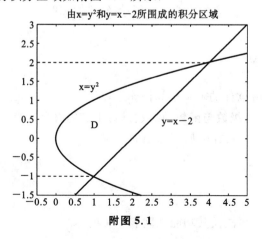

附图 5.1

（2）计算积分值,输入以下程序:

```
syms x y
f=x^2 * y^3;
x1=y^2;x2=y+2;
f1=int(f,x,x1,x2);
I=int(f1,y,-1,2)
```

输出结果为

I=2061/70

即
$$\iint\limits_{D}(x^2+y^3)\mathrm{d}x\mathrm{d}y=\frac{2061}{70}.$$

**例6**　计算三重积分$\iiint\limits_{\Omega}xyz\mathrm{d}x\mathrm{d}y\mathrm{d}z$,其中$\Omega$为平面$2x+3y+z=2$与三个坐标面所围成的空间区域.

**解**　输入以下程序:

```
syms x y z
f=x * y * z;
z1=0;z2=(2-2 * x-3 * y);
y1=0;y2=(2-2 * x)/3;
f1=int(f,z,z1,z2);
f2=int(f1,y,y1,y2);
I=int(f2,x,0,1)
```

输出结果为

I=1/405

即
$$\iiint\limits_{D}xyz\mathrm{d}x\mathrm{d}y\mathrm{d}z=\frac{1}{405}.$$

# 附录六　无穷级数实验

## 一、实验目的

（1）熟悉 Matlab 软件的求和运算操作.
（2）学会对常数项级数与函数项级数进行求和的符号运算.
（3）了解 Taylor 级数在近似计算中的应用.

## 二、实验指导

### 1. 基本命令

Matlab 中的命令语法及其功能如附表 6.1 所示.

附表 6.1

| 命 令 语 法 | 功　　　能 |
|---|---|
| sum(X) | 对向量 $X$ 包含的所有元素求和 |
| cumsum(X) | 对向量 $X$ 求和,cumsum(X)是一个向量,各分量表示 $X$ 的前有限个元素的累积和 |
| symsum(S,v,a,b) | 符号运算,表示对表达式 $S$ 关于变量 $v$ 从 $a$ 到 $b$ 求和 |
| gamma(X) | 表示 $\Gamma$ 函数,特别对于非负整数,有 gamma(n+1)＝n! |

**2. 例题**

**例 1**　比较两个无穷级数 $\sum\limits_{n=1}^{\infty}\dfrac{1}{n}$,$\sum\limits_{n=1}^{\infty}\dfrac{1}{n^2}$ 部分和数列的变化趋势,由此探讨两个级数的敛散性.

**解**　在 Matlab 的命令提示符号"≫"后键入:

≫ n＝1:100;　　　　　　　　　%n 依次取 $1,2,\cdots,100$

≫ s1＝cumsum(1./n);

　　　　　　　　%依次计算级数 $\sum\limits_{n=1}^{\infty}\dfrac{1}{n}$ 前 n 项的部分和,$n=1,2,\cdots,100$

≫ s2＝cumsum(1./(n.^2));

　　　　　　　　%依次计算级数 $\sum\limits_{n=1}^{\infty}\dfrac{1}{n^2}$ 前 n 项的部分和,$n=1,2,\cdots,100$

≫ figure(1)　　　　　　　　%打开第一个图形窗口

≫ plot(n,s1,'.k')　　　　　%在第一个窗口绘图

≫ figure(2)　　　　　　　　%打开第二个图形窗口

≫ plot(n,s2,'.k')　　　　　%在第二个窗口绘图

程序运行后显示两个图形,附图 6.1 是级数 $\sum\limits_{n=1}^{\infty}\dfrac{1}{n}$ 的部分和数列,附图 6.2 是

级数 $\sum\limits_{n=1}^{\infty}\dfrac{1}{n^2}$ 的部分和数列,由图可见,级数 $\sum\limits_{n=1}^{\infty}\dfrac{1}{n}$ 的部分和数列递增,没有极限,

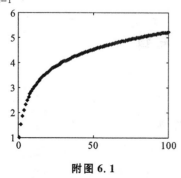

附图 6.1

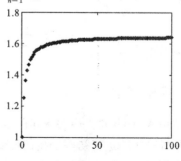

附图 6.2

级数 $\sum\limits_{n=1}^{\infty} \dfrac{1}{n^2}$ 的部分和数列递增,有极限.

**例 2**　求下列常数项级数与函数项级数的和:

$$\sum_{n=1}^{\infty} \frac{1}{n^2}, \quad \sum_{n=1}^{\infty} (-1)^n \frac{1}{n!\,2^n}, \quad \sum_{n=1}^{\infty} (-1)^n \frac{1}{n!\,x^n}.$$

**解**　在 Matlab 的命令提示符号"≫"后键入:

≫ syms k x

≫ s1＝symsum(1/k^2,1,inf)

s1＝1/6 * pi^2

≫ s2＝symsum((-1)^k/(gamma(k＋1) * 2^k),1,inf)

　　　　　　　　　　　　　　　%k! 用 gamma(k＋1)计算

s2＝(1-exp(1/2))/exp(1/2)

≫ s3＝symsum((-1)^k/(gamma(k＋1) * x^k),k,1,inf)

　　　　　　　　　　　%函数项级数求和要指明标号变量 k

s3＝(1-exp(1/x))/exp(1/x)

**例 3**　由 $\arctan x = \sum\limits_{n=0}^{\infty} (-1)^n \dfrac{x^n}{2n+1}$ $(|x| \leqslant 1)$ 得 $\pi = 4\sum\limits_{n=0}^{\infty} (-1)^n \dfrac{1}{2n+1}$,下面程序给出了 $\pi$ 的近似值及其与 $\pi$ 的偏差.

**解**　本题的思路是根据公式 $\pi = 4\sum\limits_{n=0}^{\infty} (-1)^n \dfrac{1}{2n+1}$,取一个较大的 $n$,通过计算级数获得 $\pi$ 的近似值,再与 $\pi$ 的准确值比较.在 Matlab 的命令提示符号"≫"后输入:

≫ n＝0:10000;

≫ s＝4 * sum((-1).^n./(2 * n＋1))

　　　　　　　%计算级数 $\sum\limits_{n=0}^{\infty} (-1)^n \dfrac{1}{2n+1}$ 前 10000 项的部分和

s＝3.1417

≫ d＝abs(s-pi)　　　　%求偏差的绝对值

d＝9.9990e-005

# 附录七　矩阵实验

## 一、实验目的

(1) 掌握 Matlab 软件中关于矩阵运算的各种命令.

(2) 掌握对矩阵进行初等变换的命令.

(3) 掌握求解线性方程组的方法.

## 二、实验指导

### 1. 基本命令

Matlab 中的命令语法及其功能如附表 7.1 所示.

附表 7.1

| 命 令 语 法 | 功 能 |
|---|---|
| A=[a11 ···a1n; ···; an1 ···ann] | 构造数值矩阵 $A$ |
| sym('[ ]') | 构造符号矩阵 $A$ |
| A+B | 矩阵 $A$ 加矩阵 $B$ 之和 |
| A−B | 矩阵 $A$ 减矩阵 $B$ 的之差 |
| k∗A | 常数 $k$ 乘以矩阵 $A$ |
| A′ | 求矩阵 $A$ 的转置 |
| A∗B | 矩阵 $A$ 与矩阵 $B$ 相乘 |
| A\B | 矩阵 $A$ 左除矩阵 $B$ |
| A.\B 或 B./A | 矩阵 $A,B$ 对应元素相除 |
| B/A | 矩阵 $B$ 右除矩阵 $A$ |
| rank(A) | 求矩阵 $A$ 的秩 |
| inv(A) | 求矩阵 $A$ 的逆矩阵 |
| det(A) | 求矩阵 $A$ 的行列式 |
| A^3 | 矩阵 $A$ 的 3 次幂 |
| A.^3 | 矩阵 $A$ 每个元素的 3 次幂所得的矩阵 |
| 3.^A | 以 3 为底取矩阵 $A$ 每个元素次幂所得矩阵 |
| zeros(m, n) | $m \times n$ 阶全 0 矩阵 |
| ones(m, n) | $m \times n$ 阶全 1 矩阵 |
| eye(n) | $n$ 阶单位矩阵(方阵) |
| A(m,n) | 提取第 $m$ 行第 $n$ 列元素 |
| A(:,n) | 提取第 $n$ 列元素 |
| A(m,:) | 提取第 $m$ 行元素 |
| A(m1:m2,n1:n2) | 提取第 $m_1$ 行到第 $m_2$ 行和第 $n_1$ 列到第 $n_2$ 列的所有元素 |
| A([i,j],:)=A([j,i],:) | 把第 $i$ 行与第 $j$ 行互换 |
| A(i,:)=k∗A(i,:) | 第 $i$ 行乘以常数 $k$ |
| A(j,:)=A(j,:)+k∗A(i,:) | 第 $i$ 行乘以常数 $k$,加到第 $j$ 行上,替换第 $j$ 行 |

### 2. 例题

**例 1** 已知矩阵 $A = \begin{bmatrix} 1 & 2 & 3 \\ 4 & 5 & 6 \\ 7 & 8 & 9 \end{bmatrix}, B = \begin{bmatrix} 1 & 1 & 1 \\ 2 & 2 & 2 \\ 3 & 3 & 3 \end{bmatrix}$.

(1) 输出矩阵 **A** 与 **B**；

(2) 求 **A**＋**B**，**A**－**B**；

(3) 求 5**A**，**AB**；

(4) 求 **A**，**AB** 的行列式

**解** (1) ≫A＝[1 2 3;4 5 6;7 8 9]    ％按回车键得输出结果

A＝

    1    2    3

    4    5    6

    7    8    9

  ≫B＝[1,1,1;2,2,2;3,3,3]

B＝

    1    1    1

    2    2    2

    3    3    3

注：① 用中括号[ ]把所有矩阵元素括起来；

  ② 同一行的不同数据元素之间用空格或逗号隔开；

  ③ 用分号指定一行结束.

(2) ≫C＝A＋B                          ％输出矩阵 A＋B

C＝

    2     3     4

    6     7     8

  10   11   12

  ≫C＝A-B                          ％输出矩阵 A－B

C＝

    0    1    2

    2    3    4

    4    5    6

(3) ≫C＝5＊A                          ％输出矩阵 5＊A

C＝

    5   10   15

  20   25   30

  35   40   45

  ≫C＝A＊B                          ％输出矩阵 AB

C＝

  14   14   14

  32   32   32

  50   50   50

(4) ≫ D=det(A)                    ％输出矩阵 A 的行列式

D=0

　　≫ D=det(A∗B)              ％输出矩阵 AB 的行列式

D=0

**例 2**　求矩阵 $A=\begin{bmatrix} a & b \\ c & d \end{bmatrix}$ 的行列式及逆矩阵.

**解**　直接在命令区输入 A＝[a,b;c,d],系统是不能识别的,需使用函数 sym 创建矩阵

　≫ A＝sym('[a,b;c,d]')              ％创建字母矩阵

A＝

　　[ a, b]

　　[ c, d]

　≫ D＝det(A)                    ％输出矩阵 A 的行列式

D＝

　　a∗d-b∗c

≫M＝inv(A)                      ％输出矩阵 A 的逆矩阵

M＝

　　[ d/(a∗d-b∗c), -b/(a∗d-b∗c)]

　　[ -c/(a∗d-b∗c), a/(a∗d-b∗c)]

**例 3**　已知矩阵 $C=\begin{bmatrix} 1 & 4 & 7 \\ 2 & 5 & 8 \\ 3 & 6 & 9 \end{bmatrix}$,求解并观察下列结果:

(1) 求矩阵 $C$ 的平方;

(2) 求矩阵 $C$ 中每个元素的平方后所得的矩阵;

(3) 求以 2 为底取矩阵 $C$ 中每个元素为幂次对应所得的矩阵.

**解**　(1) ≫ C＝[1 4 7;2 5 8;3 6 9];

　　　≫ M＝C^2          ％C^2 命令计算 C 的平方,即 C∗C

M＝

　　30    66    102

　　36    81    126

　　42    96    150

(2) ≫ M＝C.^2          ％C.^2 命令计算 C 中每个元素平方后所得的矩阵

M＝

　　1    16    49

　　4    25    64

　　9    36    81

(3) ≫ M＝2.^C  ％2.^C 命令计算以 2 为底取矩阵 C 中每个元素为幂次对应所得的矩阵

M=

| | | |
|---|---|---|
| 2 | 16 | 128 |
| 4 | 32 | 256 |
| 8 | 64 | 512 |

**例 4** 已知矩阵 $D=\begin{bmatrix} 3 & 1 & 1 \\ 2 & 1 & 2 \\ 1 & 2 & 3 \end{bmatrix}$,求:

(1) 矩阵 $D$ 的秩;(2) 矩阵 $D$ 的逆矩阵;(3) 矩阵 $D$ 的转置矩阵.

**解** (1) $\gg$ D=[3 1 1;2 1 2;1 2 3];

$\qquad \gg$ R=rank(D) %输出矩阵 D 的秩

R=3 %秩等于阶数,矩阵存在逆矩阵

(2) $\gg$ M=inv(D) %输出数值矩阵 D 的逆矩阵

M=

| | | |
|---|---|---|
| 0.2500 | 0.2500 | −0.2500 |
| 1.0000 | −2.0000 | 1.0000 |
| −0.7500 | 1.2500 | −0.2500 |

(3) $\gg$ M=D′ %输出数值矩阵 D 的逆矩阵

M=

| | | |
|---|---|---|
| 3 | 2 | 1 |
| 1 | 1 | 2 |
| 1 | 2 | 3 |

**例 5** 设矩阵 $A$ 和 $B$ 满足关系式 $AB=A+2B$,已知 $A=\begin{bmatrix} 4 & 2 & 3 \\ 1 & 1 & 0 \\ -1 & 1 & 2 \end{bmatrix}$,求矩阵 $B$.

**解** 由 $AB=A+2B$ 得 $(A-2E)B=A$,则 $B=(A-2E)^{-1}A$.

$\gg$ A=[4 2 3;1 1 0;-1 2 3];

$\gg$ B=inv(A-2 * eye(3)) * A

$\qquad$ %A 为三阶方阵,因此 E 也为三阶单位矩阵,eye(3)生成三阶单位矩阵

B=

| | | |
|---|---|---|
| 3.0000 | −8.0000 | −6.0000 |
| 2.0000 | −9.0000 | −6.0000 |
| −2.0000 | 12.0000 | 9.0000 |

**例 6** 已知 $A=\begin{bmatrix} a_1 & a_2 & a_3 & a_4 \\ b_1 & b_2 & b_3 & b_4 \\ c_1 & c_2 & c_3 & c_4 \end{bmatrix}$,对矩阵施行以下初等变换:

(1) 将矩阵第 1 行与第 2 行互换;

(2) 将矩阵第 1 列与第 2 列互换;

(3) 将矩阵第 1 行乘以 5;

(4) 将第 2 行乘以 2 后加到第 1 行.

**解** (1) ≫ A＝sym('[a1,a2,a3,a4;b1,b2,b3,b4;c1,c2,c3,c4]')

%输出符号矩阵 A

A＝

  [ a1, a2, a3, a4]

  [ b1, b2, b3, b4]

  [ c1, c2, c3, c4]

   ≫ A([1,2],:)     %取 A 的前 2 行

ans＝

  [ a1, a2, a3, a4]

  [ b1, b2, b3, b4]

   ≫ A([2,1],:)＝A([1,2],:) %交换矩阵 A 的第 1 行与第 2 行

A＝

  [ b1, b2, b3, b4]

  [ a1, a2, a3, a4]

  [ c1, c2, c3, c4]

(2) ≫ A＝sym('[a1,a2,a3,a4;b1,b2,b3,b4;c1,c2,c3,c4]')

%重新输出符号矩阵 A

  ≫ A(:,[1,2])＝A(:,[2,1])    %交换矩阵 A 第 1 列与第 2 列

A＝

  [ a2, a1, a3, a4]

  [ b2, b1, b3, b4]

  [ c2, c1, c3, c4]

(3) ≫ A＝sym('[a1,a2,a3,a4;b1,b2,b3,b4;c1,c2,c3,c4]')

  ≫ A(1,:)＝5＊A(1,:)     %将矩阵第 1 行乘以 5

A＝

  [ 5＊a1, 5＊a2, 5＊a3, 5＊a4]

  [  b1,  b2,  b3,  b4 ]

  [  c1,  c2,  c3,  c4 ]

(4) ≫ A＝sym('[a1,a2,a3,a4;b1,b2,b3,b4;c1,c2,c3,c4]')

  ≫ A(1,:)＝A(1,:)＋2＊A(2,:)   %将第 2 行乘以 2 后加到第 1 行

A＝

  [ a1＋2＊b1, a2＋2＊b2, a3＋2＊b3, a4＋2＊b4]

$$\begin{bmatrix} & b1, & b2, & b3, & b4 \end{bmatrix}$$
$$\begin{bmatrix} & c1, & c2, & c3, & c4 \end{bmatrix}$$

**例 7**　判断下列线性方程组的解是否唯一,若唯一,求出其解.

$$\begin{cases} 2x_1 + x_2 - 5x_3 + x_4 = 8, \\ x_1 - 3x_2 \qquad - 6x_4 = 9, \\ \qquad 2x_2 - x_3 + 2x_4 = -5, \\ x_1 + 4x_2 - 7x_3 + 6x_4 = 0. \end{cases}$$

**解**　令系数矩阵 $A = \begin{bmatrix} 2 & 1 & -5 & 1 \\ 1 & -3 & 0 & -6 \\ 0 & 2 & -1 & 2 \\ 1 & 4 & -7 & 6 \end{bmatrix}, X = \begin{bmatrix} x_1 \\ x_2 \\ x_3 \\ x_4 \end{bmatrix}, b = \begin{bmatrix} 8 \\ 9 \\ -5 \\ 0 \end{bmatrix}$,线性方程组可

表示为 $AX = b$. 若 $|A| \neq 0$,则方程组有唯一解 $X = A^{-1}b$.

```
>> A=[2 1 -5 1;1 -3 0 -6;0 2 -1 2;1 4 -7 6];
>> b=[8 9 -5 0]';        %以列向量形式输入 b
>> det(A)                %求 A 的行列式,考察是否为 0
ans=27                   %行列式不为 0,方程组有唯一解
>> x=inv(A)*b            %求 X=A⁻¹b
x=
     3.0000
    -4.0000
    -1.0000
     1.0000
```

# 附录八　概 率 实 验

## 一、实验目的

(1) 熟悉与离散型随机变量有关的 Matlab 命令.
(2) 熟悉与连续型随机变量有关的 Matlab 命令.
(3) 学习用 Matlab 求随机变量的期望和方差.
(4) 掌握利用 Matlab 软件处理简单的概率问题.

## 二、实验指导

### 1. 基本命令
常用离散型概率分布的 Matlab 字符如附表 8.1 所示.

附表 8.1

| 分布 | 二项分布 | 泊松分布 | 几何分布 |
|---|---|---|---|
| 字符 | bino | poiss | geo |

常用连续型概率分布的 Matlab 字符如附表 8.2 所示.

附表 8.2

| 分布 | 均匀分布 | 指数分布 | 正态分布 | $\chi^2$ 分布 | $t$ 分布 | $F$ 分布 |
|---|---|---|---|---|---|---|
| 字符 | unif | exp | norm | chi2 | t | f（小写） |

概率分布相关的 Matlab 运算命令如附表 8.3 所示.

附表 8.3

| 功能 | 概率密度 | 分布函数 | 逆概率密度 | 逆分布函数 | 生成分布的随机数 | 均值与方差 |
|---|---|---|---|---|---|---|
| 字符 | pdf | cdf | inv | icdf | rnd | stat |

当需要某一分布的某类运算功能时,将概率分布字符与运算字符连接起来,就得到所要的命令.

**2. 例题**

**例 1**　一个质量检验员每天检验 500 个零件,假设 1% 的零件有缺陷. 求:

(1) 一天内没有发现有缺陷零件的概率;

(2) 最有可能出现的有缺陷零件的数量.

**解**　依题意,设每天发现有缺陷零件的个数为随机变量 $X$,则 $X$ 服从 $N=500, P=0.01$ 的二项分布.

(1) 求 $p=P\{X=0\}$.

方法一:

≫ p＝binopdf(0,500,0.01)　　　　　%参数 500 和 0.01 的二项分布概率密度值

p=0.0066

方法二:

≫p＝pdf('bino',0,500,0.01)

p=0.0066

即一天内没有发现有缺陷零件的概率是 0.0066.

(2) 寻找 $k$ 使得 $p_k=P\{X=k\}(k=0,1,\cdots,500)$ 最大.

方法一:

≫ y＝binopdf([0:500], 500, 0.01);

≫[x,i]＝max(y)　　　　%max 命令得到两个值,x 为分布概率的最大值,i 为该最大值的位置标号,标号从 1 开始,注意到随机变量取值从 0 开始,因此 i-1 为此时随机变量的取值

x=0.1764

i=6　　　　　　　　　　%结果表明,随机变量取值为 5 的概率为最大值 0.1764

方法二:

≫ y=pdf('bino',[0:500],500,0.01);

≫ [x,i]=max(y)

x=0.1764

i=6

因为数组下标 $i=1$ 时表示发现 0 个缺陷零件的概率,所以最有可能出现的有缺陷零件的数量是 $i-1=5$ 个.

**例2**　求参数为 $N=10,P=0.2$ 的二项分布的分布率 $p_k=P\{X=k\}$ 的最大值及此时的 $k$ 值,并作出图形进行分析.

**解**

≫ y=pdf('bino',[0:10], 10, 0.2);

≫ [x,i]=max(y)

x=0.3020

i=3

因为数组下标 $i=1$ 时代表 $X=0$ 的概率,所以分布率的最大值为 0.3020,此时 $k=i-1=2$.

≫u=0:10;

≫v=binopdf(0:10, 10, 0.2);

≫plot(u, v, '--*k')

概率分布图如附图 8.1 所示,可见概率在 $k=2$ 处取最大值.

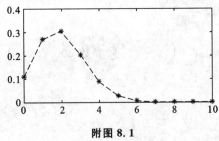

附图 8.1

**例3**　由某商店过去的销售记录知,某种商品每月的销售数可以用 $\lambda=25$ 的泊松分布来描述,为了有 95% 以上的把握不使商品脱销,问商店在每月月底应购进该种商品多少件?

**解**　依题意,设每月销售的商品个数为随机变量 $X$,则 $X$ 服从 $\lambda=25$ 的二项分布.

因而有

≫ poissinv(0.95,25)　　　%计算泊松分布概率为 0.95 时的随机变量取值

ans＝33

结果表明:商店只要在月底购进该种商品 33 件(假定上月没有存货),就可以有 95％的概率保证该种商品在下个月不会脱销.

**例 4**　产生 12(3 行 4 列)个均值为 2 的泊松分布随机数.

**解**　方法一:

≫ y＝random('poiss',2,3,4)　　　　%一般的产生随机数命令,使用时需要指明分布,这里是泊松分布 'poiss',2 为泊松分布均值,3 为随机数矩阵的行数,4 为随机数矩阵的列数.

y＝

| 3 | 1 | 4 | 2 |
|---|---|---|---|
| 0 | 2 | 2 | 2 |
| 5 | 1 | 2 | 1 |

方法二:

≫ y＝poissrnd(2,3,4)　　　　%专门产生泊松分布的随机数的命令

y＝

| 2 | 2 | 2 | 1 |
|---|---|---|---|
| 2 | 3 | 0 | 2 |
| 1 | 5 | 3 | 4 |

注意两种方法产生的结果不同,但是两种方法均正确.结果不同是因为产生的是随机数,结果因此不同.

**例 5**　求参数 $\lambda=3$ 的泊松分布随机变量 $X$ 落在区间 $(-\infty, 0.4)$ 内的概率.

**解**　方法一:

≫ cdf('poiss', 0.4, 3)

ans＝0.0498

方法二:

≫poisscdf(0.4, 3)

ans＝0.0498

**例 6**　作出 $\lambda=2$ 的泊松分布的图形.

**解**　键入如下命令:

≫x＝0:20;

≫y＝poisspdf(0:20,2);

≫plot(x,y)

得到 $\lambda=2$ 的泊松分布如附图 8.2 所示.

**例 7**　求参数 $N=100, P=0.5$ 的二项分布随机变量 $X$ 落在区间 $(-\infty, 30)$ 内的概率.

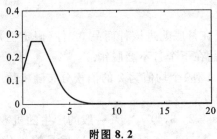

附图 8.2

**解**　方法一：

≫cdf('bino',40,100,0.5)

ans＝0.0284

方法二：

≫binocdf(40,100,0.5)

ans＝0.0284

方法三：

≫p＝pdf('bino',[0:40],100,.5);

≫sum(p)

ans＝0.0284

**例 8**　设袋中有 3 个红球、5 个白球,每次从袋中摸出一球,观察其颜色后放回袋中,直到摸出的球为红球为止,问在 10 次内摸出红球的概率有多大?

**解**　依题意,设摸到红球为止的次数为随机变量 $X$,则 $X$ 服从参数 $P＝3/8$ 的几何分布,也就是求 $p＝P\{X{\leqslant}10\}$.因而有

方法一：

≫cdf('geo',10,3/8)

ans＝0.9943

方法二：

≫geocdf(10,3/8)

ans＝0.9943

方法三：

≫p＝pdf('geo',[1:10],3/8);

≫sum(p)

ans＝0.9943

**例 9**　产生 12(2 行 3 列)个均值为 2、标准差为 0.3 的正态分布随机数.

**解**　≫R＝normrnd(10,0.5,[2,3])

R＝

　　9.7058　　　9.9318　　　10.5334

　　11.0916　　10.0570　　10.0296

**例 10** 绘制标准正态分布密度函数在区间[−3,3]上的图形.

**解** ≫ x=-3:0.2:3;

≫ y=normpdf(x,0,1);

≫ plot(x,y)

所得到的标准正态分布密度函数图如附图 8.3 所示.

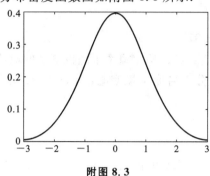

附图 8.3

**例 11** 计算自由度为 8 的 $\chi^2$ 分布在点 2.18 处的密度函数值.

**解** 方法一:

≫ pdf('chi2', 2.18, 8)

ans=0.0363

方法二:

≫ chi2pdf(2.18, 8)

ans=0.0363

**例 12** 计算自由度为 16 的 $\chi^2$ 分布的随机变量落在区间[0,10]上的概率.

**解** ≫ cdf('chi2', 10, 16)

ans=0.1334

**例 13** 设 $X \sim N(3,2^2)$.

(1) 求 $P\{X \leqslant 5\}, P\{-4 < X \leqslant 10\}, P\{|X| > 2\}$;

(2) 确定 $c$,使得 $P\{X > c\} = P\{X \leqslant c\}$.

**解** (1) 记 $p_1 = P\{X \leqslant 5\}, p_2 = P\{-4 < X \leqslant 10\} = P\{X \leqslant 10\} - P\{X \leqslant -4\}$,

$p_3 = P\{|X| > 2\} = P\{X > 2\} + P\{X < -2\} = 1 - P\{X \leqslant 2\} + P\{X \leqslant -2\}$.

因而有

≫p1=normcdf(5,3,2)

%求正态分布的概率,语法 p=normcdf(随机变量取值,分布期望,分布标准差)

p1=0.8413

≫p2=normcdf(10,3,2)-normcdf(-4,3,2)

p2=0.9995

≫p3=1-normcdf(2,3,2)+normcdf(-2,3,2)

p3＝0.6977

(2) 由 $P\{X>c\}=P\{X<c\}$ 得，$P\{X>c\}=P\{X<c\}=0.5$，所以

≫X=norminv(0.5，3，2)

X=3

**例 14**　在标准正态分布表中，已知 $\Phi(x)=0.975$，求 $x$.

**解**　方法一：

≫ x=icdf('norm'，0.975，0，1)

　　　%icdf 命令求指定分布的给定概率下随机变量的取值，

　　　%语法 p=icdf('分布名称'，概率值，分布期望，分布标准差)

x=1.9600

方法二：

≫x=norminv(0.975，0，1)

　　　%norminv 命令求正态分布的给定概率下随机变量的取值

　　　%语法 p=norminv(概率值，分布期望，分布标准差)

x=1.9600

**例 15**　计算均匀分布 $U[-2,5]$ 的期望和方差.

**解**　输入相应的 Matlab 代码.

≫ [m,v]=unifstat(-2,5)

%计算常用分布的期望和方差，直接输入相应命令，括号内输入该分布的参数，定义两个变量输出结果

结果显示期望 m=1.5000，方差 v=4.0833.

**例 16**　计算二项分布 $B(20,0.1)$ 的期望和方差.

**解**　输入相应的 Matlab 代码：

≫ [m,v]=binostat(20,0.1)

结果显示期望 m=2，方差 v=1.800.

**例 17**　设随机变量 $X$ 的分布列为

$$p_k=P\{X=k\}=\frac{1}{2^k}\quad(k=1,2,3,\cdots).$$

计算 $X$ 的期望与方差.

**解**　回顾离散型随机变量期望、方差计算公式：

$$E(X)=\sum_{k=1}^{\infty}x_kp_k,\quad E(X^2)=\sum_{k=1}^{\infty}x_k^2p_k,\quad D(X)=E(X^2)-[E(X)]^2.$$

输入相应的 Matlab 代码：

≫ syms k；　　　　　　　　　　　%定义一个变量，名字为 k

≫ pk=1/2^k；

≫ EX=symsum(k * pk,k,1,inf)　　%计算期望

%symsum 符号求和

语法 r＝symsum(s,v,a,b),s—符号表达式,v—变量(可省略),a,b—变量的取值范围

≫ E2X＝symsum(k^2 * pk,k,1,inf);

≫ DX＝E2X-(EX)^2　　　　　　　%计算方差

结果显示期望 EX＝2,方差 DX＝2.

**例 18**　设随机变量 $X$ 的概率密度函数为:

$$f(x)=\begin{cases} \dfrac{2}{\pi}\cos^2 x, & |x|\leqslant \dfrac{\pi}{2}, \\ 0, & |x|> \dfrac{\pi}{2}. \end{cases}$$

计算 $X$ 的期望与方差.

**解**　回顾连续型随机变量期望、方差计算公式:

$$E(X) = \int_{-\infty}^{+\infty} xf(x)\mathrm{d}x, \quad E(X^2) = \int_{-\infty}^{+\infty} x^2 f(x)\mathrm{d}x, \quad D(X) = E(X^2) - [E(X)]^2.$$

输入相应的 Matlab 代码:

≫ syms x

≫ fx＝2/pi * (cos(x))^2;

≫ EX＝int(x * fx,x,-pi/2,pi/2)　　%计算期望

　　　　　　　　　　　　　　　　%int 求积分 Integration

语法 r＝int(f,v,a,b),f—符号表达式,v—变量(可省略),a,b—积分区间(不写则求 f 的原函数)

≫ E2X＝int(x^2 * fx,x,-pi/2,pi/2);

≫ DX＝E2X-(EX)^2;　　　　　　　%计算方差

≫ vpa(DX,8)　　　　　　　　　　%显示 DX 的 8 位有效数字

结果显示期望 EX＝0,方差 DX＝0.32246707.

# 习题答案

## 习题一

### A 题

**1.** (1) $\dfrac{2}{5}(x-1)$；　(2) $|a^3|$；　(3) $-m-5$；　(4) $\dfrac{1}{n}-2$．　**2.** (1) $8x+10y$；　(2) 1140．

**3.** (1) $x_1=5,x_2=-5$；　(2) $y_1=6,y_2=-8$；　(3) $x_1=3,x_2=-8$；

　　(4) $y_1=-1,y_2=-\dfrac{3}{5}$．

**4.** (1) $\dfrac{3}{4}>\dfrac{5}{7}$；　(2) $-\dfrac{4}{5}>-\dfrac{5}{6}$．　**5.** $x=2$（千米）．

**6.** (1) $-\dfrac{11}{2}<x<\dfrac{1}{2}$；　(2) $x\geqslant\dfrac{5}{2}$ 或 $x\leqslant-2$．　**7.** $1,\dfrac{1}{8},\dfrac{1}{10000},27,\dfrac{9}{4},10000$．

**8.** (1) $\log_2 6$；　(2) $\ln 0.2$；　(3) $\log_{1.012}1.6$；　(4) $\log_{0.3}5$．　**9.** (1) 2；　(2) 1．

**10.** $600\pi$（mm）．　**11.** (1) $150°$；　(2) $126°$；　(3) $270°$；　(4) $\dfrac{540°}{\pi}$；　(5) $12°$．

**12.** (1) $-1$；　(2) $\dfrac{10}{3}$．

**13.** (1) 关于 $xOy$ 平面的对称点为 $(2,-3,1)$，关于 $yOz$ 平面的对称点为 $(-2,-3,-1)$，关于 $zOx$ 平面的对称点为 $(2,3,-1)$；

　　(2) 关于 $x$ 轴的对称点为 $(2,3,1)$，关于 $y$ 轴的对称点为 $(-2,-3,1)$，关于 $z$ 轴的对称点为 $(-2,3,-1)$；

　　(3) 关于原点的对称点为 $(-2,3,1)$．

**14.** 直角坐标为 $(2,0)$．

**15.** 在坐标为 $(100\sqrt{3}(\sqrt{3}+1),100\sqrt{3}(\sqrt{3}+1))$ 处拦截，方向为沿正东偏北 40 度方向．

**16.** $(x-2)^2+(y+3)^2=25,M_1$ 在圆上，$M_2$ 不在圆上．　**17.** 能完成任务．

**18.** 可以实行围打．　**19.** $(-1,5)(5,-3)(-6,19)$．　**20.** 夹角为 $\dfrac{\pi}{2}$．

**21.** (1) $2(\cos 30°+\mathrm{i}\sin 30°)$；　(2) $\sqrt{2}\left(\cos\dfrac{7\pi}{4}+\mathrm{i}\sin\dfrac{7\pi}{4}\right)$；　(3) $\cos\pi+\mathrm{i}\sin\pi$；

　　(4) $2\left(\cos\dfrac{\pi}{2}+\sin\dfrac{\pi}{2}\mathrm{i}\right)$．

**22.** (1) $2^5(1+\mathrm{i}\sqrt{3})$；　(2) 1；　(3) $-\dfrac{1}{2}+\dfrac{\sqrt{3}}{2}\mathrm{i}$；　(4) $3^5\mathrm{i}$．

**23.** (1) $\{4,6,8,10,12,14,16\}$；　(2) $\{2,3\}$；　(3) $\{-2,-1,0,1,2\}$；

　　(4) $\{x\,|\,x=3n,\text{且 } n\in\mathbf{N}_+\}$．

**24.** (1) $A\cap B=\{0,2,4\},A\cup B=\{0,1,2,3,4,6\}$；　(2) $A\cap B=\left\{(x,y)\,|\,x=\dfrac{11}{13},y=-\dfrac{3}{13}\right\}$．

### B 题

**1.** 17．　**2.** (1) $(x^2+y^2)(x+y)(x-y)$；　(2) $3a(x+y)^2$；　(3) $x(1-y)(1+y+y^2)$．

3. (1) $-98$；(2) 40. **4.** (1) $k>-\dfrac{9}{8}$；(2) $k=-\dfrac{9}{8}$；(3) $k<-\dfrac{9}{8}$.

5. $\Delta=-4(m^2+2)^2<0$ 恒成立，故无实根.

6. (1) $x\geqslant3$ 或 $x\leqslant2$；(2) 全体实数；(3) $x=2$. **7.** 4. **8.** (1) 略；(2) 8.

9. (1) $-2\leqslant x\leqslant8$；(2) $x>\dfrac{5}{3}$ 或 $x<-7$；(3) $x\geqslant\dfrac{1}{3}$ 或 $x\leqslant-\dfrac{3}{5}$；(4) $-1<x<3$.

10. 略. **11.** (1) $\cos(\alpha-\beta)=-\dfrac{33}{65}$；(2) $\tan(\alpha+\beta)=\dfrac{16}{63}$.

12. $k_1=\sqrt3,k_2=-\dfrac{\sqrt3}{3}$. **13.** $y=\sqrt3x+3$. **14.** $x+y=10$.

15. (1) $k>2$ 或 $k<-2$；(2) $k=2,k=-2$；(3) $-2<k<2$.

16. 速度 $v=40$ km/h,$\theta=60°$. **17.** 略.

18. $\overrightarrow{AB}=(5,-8),\overrightarrow{BA}=(-5,8),|\overrightarrow{AB}|=\sqrt{89}$. **19.** $(2,2)$.

# 习题二

## A 题

1. (1) 不一定；(2) 一定；(3) 不一定；(4) 不一定.

2. (1) $x\in(-2,2],f(x)\in(-2,2]$；(2) $x\in[-1,2),f(x)<3+\ln3$；(3) $x\geqslant4$ 或 $x<0$, $f(x)\geqslant0$；(4) $-2<x<3,f(x)\in\mathbf{R}$；(5) $x\neq1$ 且 $x\neq2,f(x)\geqslant0$ 或 $f(x)\leqslant-4\sqrt2-6$.

3. (1) $f(0)=2,f(1)=0$；(2) $f(0)=1,f\left(\dfrac{1}{2}\right)=2,f(-1)=0,f(1)=2$.

4. 定义域相同,对应法则相同.该函数不是初等函数.

5. $V=\dfrac{(2\pi-\alpha)^2}{24\pi^2}\sqrt{4\pi\alpha-\alpha^2}R^4,0\leqslant\alpha\leqslant2\pi$. **6.** $y=-6x^2+150x,40\leqslant x\leqslant100$.

7. $R=\begin{cases}250x, & 0<x\leqslant600,\\230x+12000, & 600<x\leqslant800.\end{cases}$ **8.** $V=12-0.7t,t\geqslant0$.

9. $T=\dfrac{50\sqrt3}{3}x^2+1000x,0\leqslant x\leqslant10$. **10.** 略. **11.** $\lim\limits_{x\to0}f(x)=0,\lim\limits_{x\to1}f(x)$不存在.

12. $\lim\limits_{x\to0^+}f(x)=1,\lim\limits_{x\to0^-}f(x)=-1,\lim\limits_{x\to1}f(x)$不存在.

13. (1) $\lim\limits_{x\to80}C(x)=29200$；(2) $\lim\limits_{x\to100^-}C(x)=+\infty$；(3) 能.

14. $C(t)=\begin{cases}0.22t, & 0\leqslant t\leqslant2,\\0.15t+0.14, & t>2;\end{cases}$ 连续.

15. 令 $F(x)=x^5-x^2-1$,则 $F(x)$ 在区间$[1,2]$上连续.$F(1)=-1,F(2)=27,F(1)F(2)<0$, 由闭区间上连续函数的性质知,在区间$(1,2)$内存在点 $x_0$,使 $F(x_0)=0$.

16. 略.

## B 题

1. (1) $x\neq1,y>0$；(2) $x\geqslant-\log_42,0\leqslant y\leqslant\sqrt2$；(3) $-1\leqslant x\leqslant3,-\dfrac{\pi}{2}\leqslant x\leqslant\dfrac{\pi}{2}$；(4) $2k\pi<x<(2k+1)\pi,k\in\mathbf{Z},y\leqslant0$.

2. (1) $f[f(x)]=\dfrac{x-1}{x},f\{f[f(x)]\}=x$；(2) $\varphi(t^2)=t^6+1,[\varphi(t)]^2=t^6+2t^3+1$；

(3) $f(x-1)=\begin{cases}x-1, & x\geqslant1, \\ 1, & x<1,\end{cases}$ $f(x)+f(x-1)=\begin{cases}2x-1, & x\geqslant1, \\ x+1, & 0<x<1, \\ 2, & x<0.\end{cases}$

**3.** (1) 由 $y=\sqrt{u}$ 和 $u=3x-1$ 合成;　(2) 由 $y=\sin u$ 和 $u=2(1+2x)$ 合成;

(3) 由 $y=u^5$ 和 $u=1+\ln x$ 合成;　(4) 由 $y=\arctan u$ 和 $u=e^x$ 合成;

(5) 由 $y=\sqrt{u}$ 和 $u=\ln v$ 和 $v=\sqrt{x}$ 合成;　(6) 由 $y=u^2$ 和 $u=\ln v$ 和 $v=\arccos w$ 和 $w=x^3$ 合成.

**4.** (1) $-1<x<1$;　(2) 奇;　(3) $-1<x<0$.　**5.** $Y=-200P^2+12\times103P$.

**6.** $u(t)=\begin{cases}\dfrac{2E}{\tau}t, & 0<t<\dfrac{\tau}{2}, \\ 2E-\dfrac{2E}{\tau}t, & \dfrac{\tau}{2}<t<\tau.\end{cases}$　**7.** $y=\begin{cases}0.2x-4, & 20<x\leqslant50, \\ 0.3x-9, & x>50.\end{cases}$

**8.** (1) $\dfrac{1}{2}$;　(2) 0;　(3) 0;　(4) $\dfrac{2^{20}\cdot3^{30}}{5^{50}}$;　(5) 0;　(6) 0;　(7) 1.

**9.** 略.　**10.** $k=-3$.　**11.** $a=-1,b=1$.

# 习题三

## A 题

**1.** (1) $y'=6x,y'|_{x=-3}=-18$;　(2) $f'(x)=3\cos3x,f'(0)=3$.　**2.** $y-\dfrac{\sqrt{3}}{2}=\dfrac{1}{2}\left(x-\dfrac{\pi}{3}\right)$.

**3.** (1) $y'=6x^5+15x^2-3$;　(2) $s'=4t+\dfrac{5}{2}t^{\frac{3}{2}}$;　(3) $y'=\dfrac{2t^2-2t-5}{(2t-1)^2}$;

(4) $y'=2x\sin x+(1+x^2)\cos x$;　(5) $y'=\dfrac{1}{x}-\dfrac{3}{x\ln4}$;　(6) $y'=\dfrac{2}{(x+1)^2}$.

**4.** (1) $y'|_{x=0}=3,y'|_{x=\frac{\pi}{2}}=\dfrac{5\pi^4}{16}$;　(2) $f'(0)=\dfrac{3}{25},f'(2)=\dfrac{17}{25}$.

**5.** (1) $y'=30(3x+1)^9$;　(2) $y'=-5\sin\left(5t+\dfrac{\pi}{4}\right)$;　(3) $y'=-\dfrac{2}{3}x(1+x^2)^{-\frac{4}{3}}$;

(4) $y'=\dfrac{1}{2}\sec^2\left(\dfrac{x}{2}+1\right)$;　(5) $y'=\sin2x$;　(6) $y'=2x\cos x^2$;　(7) $y'=-6xe^{-3x^2}$;

(8) $y'=\dfrac{e^x}{1+e^{2x}}$;　(9) $y'=\dfrac{2\arcsin x}{\sqrt{1-x^2}}$;　(10) $y'=\dfrac{2x}{1+x^2}$.

**6.** (1) $y''=90x^8+60x^3+6\sqrt{2}x$;　(2) $y''=12(x+3)^2$;　(3) $y''=e^x+2$;　(4) $y''=e^x-\dfrac{1}{x^2}$.

**7.** $\Delta y=-0.0499,dy=-0.05$.

**8.** (1) $x+C$;　(2) $\dfrac{3x^2}{2}+C$;　(3) $\sin t+C$;　(4) $-\dfrac{\cos\omega x}{\omega}+C$;　(5) $\ln(1+x)+C$;

(6) $\dfrac{e^{-2x}}{-2}+C$.

**9.** (1) $dy=\left(4x+2\dfrac{\ln x}{x}\right)dx$;　(2) $dy=(\sin2x+2x\cos2x)dx$;　(3) $dy=(2xe^{2x}+2x^2e^{2x})dx$;

(4) $dy=(-e^{-x}\cos(3-x)+e^{-x}\sin(3-x))dx$.

**10.** (1) 5;　(2) 2;　(3) 1;　(4) 0;　(5) 0;　(6) $\dfrac{1}{2}$.

**11.** (1) 在 $(-1,0)$ 和 $(1,+\infty)$ 内单调增加,在 $(-\infty,-1)$ 和 $(0,1)$ 内单独减少;

(2) 在 $\left(-\infty,\dfrac{3}{4}\right)$ 内单调增加,在 $\left(\dfrac{3}{4},1\right)$ 内单调减少;

(3) 在 $(0,2)$ 内单调减少,在 $(2,+\infty)$ 内单调增加;

(4) 在 $(-\infty,+\infty)$ 内单调增加.

**12.** (1) 极小值 $y(0)=0$;    (2) 极大值 $y(-1)=17$,极小值 $y(3)=-47$.

**13.** (1) 最大值 $6$,最小值 $0$;    (2) 最大值 $y\left(\dfrac{3}{4}\right)=\dfrac{5}{4}$,最小值 $y(-5)=-5+\sqrt{6}$.

**B 题**

**1.** (1) $y'=10(x+2)(x^2+4x-7)^4$;    (2) $y'=\dfrac{2x^2-x+1}{\sqrt{x^2+1}}$;    (3) $y'=\dfrac{x+2}{(x^2+1)^{\frac{3}{2}}}$;

(4) $y'=-6x\cos^2(x^2+1)\sin(x^2+1)$;    (5) $y'=\dfrac{1}{\sqrt{x^2+a^2}}$;    (6) $y'=-\dfrac{1}{\sqrt{x-x^2}}$;

(7) $y'=-\left(\dfrac{1}{2}\cos 3x+3\sin 3x\right)e^{-\frac{x}{2}}$;    (8) $y'=-\dfrac{2}{x(1+\ln x)^2}$.

**2.** (1) $y'=\dfrac{1+3x^2}{(x+x^3)\ln a}$;    (2) $y'=\dfrac{2}{x}$;    (3) $y'=-\dfrac{2x\tan x^2}{\ln 2}$;    (4) $y'=\dfrac{5x^4+9x^2+2x}{(x^2+3)(x^3+1)}$;

(5) $y'=\dfrac{2\arcsin\dfrac{x}{2}}{\sqrt{4-x^2}}$;    (6) $y'=\csc x$;    (7) $y'=\dfrac{2e^{\arctan\frac{x}{2}}}{4+x^2}$;    (8) $y'=n\cos(n+1)x\sin^{n-1}x$;

(9) $y'=\arcsin\dfrac{x}{2}$;    (10) $y'=-\dfrac{1}{\sqrt{2}(x+1)\sqrt{x-x^2}}$;    (11) $y'=10x^9+10^x\ln 10$;

(12) $y'=\dfrac{e^{\sqrt{x}}}{2\sqrt{x}}$;    (13) $y'=\dfrac{2\sqrt{x}+1}{4\sqrt{x+x\sqrt{x}}}$;    (14) $y'=(-x^2+4x-5)e^{-x}$.

**3.** (1) $dy=\left(-\dfrac{1}{x^2}+\dfrac{1}{\sqrt{x}}\right)dx$;    (2) $dy=\dfrac{x}{x^2-1}dx$;    (3) $dy=2(e^{2x}-e^{-2x})dx$;

(4) $dy=2\cos 2x\,e^{\sin 2x}dx$.

**4.** (1) $\infty$;    (2) $\dfrac{1}{2}$;    (3) $-1$;    (4) $\dfrac{1}{2}$;    (5) $e^{-\frac{2}{\pi}}$;    (6) $1$;    (7) $\dfrac{1}{2}$;    (8) $\infty$.

**5.** (1) 在 $(-\infty,0)$ 内单调增加,在 $(0,+\infty)$ 内单调减少;    (2) 在 $(-\infty,+\infty)$ 内单调增加;

(3) 在 $\left(0,\dfrac{1}{2}\right)$ 内单调减少,在 $\left(\dfrac{1}{2},+\infty\right)$ 内单调增加;

(4) 在 $\left(\dfrac{\pi}{3},\dfrac{5\pi}{3}\right)$ 内单调增加,在 $\left(0,\dfrac{\pi}{3}\right)$ 和 $\left(\dfrac{5\pi}{3},2\pi\right)$ 内单调减少.

**7.** (1) 极大值 $y(3)=\dfrac{27}{e^3}$;    (2) 极大值 $y(-1)=-2$,极小值 $y(1)=2$;    (3) 没有极值;

(4) 极小值 $y(e^{-2})=-2e^{-1}$.

**8.** (1) 最大值 $y(2)=\sqrt[3]{4}+2$,最小值 $y(0)=2$;    (2) 最大值 $y(0)=\dfrac{\pi}{4}$,最小 值 $y(1)=0$;

(3) 最大值 $y(0)=27$,最小值 $y\left(\dfrac{3}{2}\right)=0$;

(4) 最大值 $y\left(\dfrac{3}{4}\right)=\dfrac{5}{4}$,最小值 $y(-5)=-5+\sqrt{6}$.

**9.** $|AD|=x=15$ 千米.　　**10.** $\kappa=2,\rho=\dfrac{1}{2}$.

## 习题四

### A 题

**1.** (B).　　**2.** $\dfrac{10^x}{\ln 10}+C$.　　**3.** $\ln(4+x)+C$.　　**4.** $\dfrac{1}{2}\ln(4+x^2)+C$.　　**5.** $xe^x-e^x+C$.

**6.** $59\dfrac{1}{12}$.　　**7.** 1.　　**8.** $2(\sqrt{2}-1)+e^2-e$.　　**9.** $1-\dfrac{\pi}{4}$.　　**10.** 0.　　**11.** $-4e^{-1}$.

**12.** $a=3$.　　**13.** (A).　　**14.** $y=C(x)e^{-\int p(x)dx}$（其中 $C(x)=e^{k(x)+C_1}$）;　　**15.** $\dfrac{32}{3}$.

**16.** $b-a$.　　**17.** $\dfrac{3}{10}\pi$.　　**18.** $2-e$.　　**19.** $y^2=\dfrac{Cx^2}{1+x^2}-1$.　　**20.** $(x-y)^2=-2x+C$.

**21.** $y=e^{Cx}$.　　**22.** $y=\ln\left(\dfrac{1}{2}e^{2x}+\dfrac{1}{2}\right)$.　　**23.** $y=\dfrac{a\sin x-\cos x}{a^2+1}b$.

### B 题

**1.** (D).　　**2.** $\dfrac{4}{3}x^{\frac{3}{2}}-\dfrac{1}{2}x^2-x+C$.　　**3.** $\dfrac{(2/5)^x}{\ln 2-\ln 5}-\dfrac{(3/5)^x}{\ln 3-\ln 5}+C$.　　**4.** $-\cos\dfrac{1}{x}+C$.

**5.** $x\ln x-x+C$.　　**6.** $12\dfrac{1}{2}$.　　**7.** $e-e^{\frac{1}{2}}$.　　**8.** $\dfrac{1}{4}$.　　**9.** $3\pi a^2$.

**10.** $y=\ln(e^C+e^x+1)-\ln(e^x+1)$.　　**11.** $x^2-x^2e^{\frac{1}{x}-1}$.　　**12.** $y=(x+C)e^{-x}$.

**13.** $y=\sin x+C\cos x$.　　**14.** $\dfrac{\sin x+C}{x}-\cos x+C$.

## 习题五

### A 题

**1.** $\arctan\dfrac{x+y}{xy}$.

**2.** (1) $D=\{(x,y)\mid x\in\mathbf{R},y\in\mathbf{R}\}$;　　(2) $D=\{(x,y)\mid x+y<1,\text{且 }x+y\neq0\}$;

　　(3) $D=\{(x,y)\mid x^2+y^2\leqslant1\}$;　　(4) $D=\{(x,y)\mid x^2+y^2>0\}$.

**3.** (1) 0;　　(2) 1;　　(3) 1;　　(4) 6.　　**4.** $f_x(2,0)=4;f_y(2,0)=\dfrac{1}{2}$.

**5.** (1) $z_x=2y,z_y=2x$;　　(2) $z_x=2xy^2,z_y=2x^2y$;

　　(3) $z_x=6xy+2y^3,z_y=3x^2+6y^2x$;　　(4) $z_x=2xe^{x^2+y^2},z_y=2ye^{x^2+y^2}$.

**6.** $z_x(1,2)=8,z_y(1,2)=7$.

**7.** (1) $z_{xx}=0,z_{xy}=4,z_{yx}=4,z_{yy}=0$;　　(2) $z_{xx}=2,z_{xy}=0,z_{yx}=0,z_{yy}=-2$;

　　(3) $z_{xx}=0,z_{xy}=e^y+ye^y,z_{yx}=e^y+ye^y,z_{yy}=x(2e^y+ye^y)$;

　　(4) $z_{xx}=y^2e^{xy},z_{xy}=e^{xy}+xye^{xy},z_{yx}=e^{xy}+xye^{xy},z_{yy}=x^2e^{xy}$.

**8.** (1) $\dfrac{\partial^2 z}{\partial x^2}=2ye^y,\ \dfrac{\partial^2 z}{\partial y^2}=x^2(ye^y+e^y),\ \dfrac{\partial^2 z}{\partial x\partial y}=2x(ye^y+e^y)$;

　　(2) $\dfrac{\partial^2 z}{\partial x^2}=\dfrac{2xy}{(x^2+y^2)^2},\ \dfrac{\partial^2 z}{\partial y^2}=\dfrac{-2xy}{(x^2+y^2)^2},\ \dfrac{\partial^2 z}{\partial x\partial y}=\dfrac{y^2-x^2}{(x^2+y^2)^2}$.

**9.** (1) $dz=\left(2x+\dfrac{1}{y}\right)dx+\left(-\dfrac{x}{y^2}\right)dy$; (2) $dz=-\dfrac{y}{x^2}e^{\frac{y}{x}}dx+\dfrac{1}{x}e^{\frac{y}{x}}dy$.

**10.** $dz|_{(2,1)}=e^2dx+2e^2dy$.

**11.** (1) $dz=(4y^3+10xy^6)dx+(12xy^2+30x^2y^5)dy$; (2) $dz=2xye^{x^2y}dx+x^2e^{x^2y}dy$;

(3) $df(x,y)=\sin ydx+x\cos ydy$; (4) $df(x,y)=y(e^x+xe^x)dx+xe^xdy$.

**12.** 极大值 $f(2,-2)=8$. **13.** (1) $\dfrac{1}{4}$; (2) $(e-1)^2$.

**14.** (1) $\dfrac{4}{3}$; (2) $0$; (3) $\dfrac{32}{3}$. **15.** (1) $0$; (2) $1$.

### B 题

**1.** (1) $D=\{(x,y)\,|\,0<x^2+y^2\leqslant1\}$; (2) $D=\{(x,y)\,|\,1<x^2+y^2\leqslant4\}$;

(3) $D=\{(x,y)\,|\,x^2+y^2<1,\text{且 }x\neq0\}$; (4) $D=\{(x,y)\,|\,x^2+y^2<1,\text{且 }y>x\}$.

**2.** (1) $\dfrac{e-1}{3}$; (2) $2$.

**3.** (1) $z_x=\dfrac{y}{1+x^2y^2},z_y=\dfrac{x}{1+x^2y^2}$; (2) $z_x=2y\sin xy,z_y=2x\sin xy$;

(3) $\dfrac{\partial f}{\partial x}=2xe^y,\dfrac{\partial f}{\partial y}=x^2e^y$; (4) $\dfrac{\partial f}{\partial x}=y\sin xy+xy^2\cos xy,\dfrac{\partial f}{\partial y}=x\sin xy+yx^2\cos xy$.

**4.** (1) $\dfrac{\partial^2z}{\partial x^2}=12x^2-8y^2,\dfrac{\partial^2z}{\partial y^2}=12y^2-8x^2=x^2(ye^y+e^y),\dfrac{\partial^2z}{\partial x\partial y}=-16xy$;

(2) $\dfrac{\partial^2z}{\partial x^2}=(\ln y)^2y^x,\dfrac{\partial^2z}{\partial y^2}=x(x-1)y^{x-2},\dfrac{\partial^2z}{\partial x\partial y}=y^{x-1}+xy^{x-1}\ln y$.

**5.** (1) $df(x,y)=\dfrac{2x}{1+(x^2+y^2)^2}dx+\dfrac{2y}{1+(x^2+y^2)^2}dy$; (2) $df(x,y)=f'(x)dx+g'(y)dy$.

**6.** (1) $\dfrac{8}{3}$; (2) $\dfrac{\pi^2}{2}$. **7.** (1) $\dfrac{6}{55}$; (2) $\dfrac{13}{6}$. **8.** $4\pi(3-\sqrt{2})$.

# 习题六

答案略.

# 习题七

### A 题

**1.** (B). **2.** (B). **3.** (B). **4.** (A). **5.** $(-\infty,+\infty)$.

**6.** (1) 因为 $\dfrac{3}{2}>1$,由 $p$-级数的收敛性可知 $\displaystyle\sum_{n=1}^{\infty}\dfrac{1}{n^{\frac{3}{2}}}$ 收敛; (2) $\displaystyle\sum_{n=1}^{\infty}\dfrac{1}{n!}$ 收敛.

**7.** 收敛. **8.** (1) 发散; (2) 发散.

**9.** 由 $R=\displaystyle\lim_{n\to\infty}\left|\dfrac{a_n}{a_{n+1}}\right|=\lim_{n\to\infty}\left|\dfrac{n!}{(n+1)!}\right|=\lim_{n\to\infty}\dfrac{1}{n+1}=0$,得级数的收敛区间为 $\{x\,|\,x=0\}$.

**10.** (1) $R=\displaystyle\lim_{n\to\infty}\left|\dfrac{a_n}{a_{n+1}}\right|=\lim_{n\to\infty}\dfrac{\dfrac{1}{(2n)!}}{\dfrac{1}{[2(n+1)]!}}=\lim_{n\to\infty}\left|\dfrac{(2n+1)(2n+2)}{1}\right|=+\infty$,则级数的收敛区

间为 $(-\infty,+\infty)$.

(2) $\rho=\displaystyle\lim_{n\to\infty}\left|\dfrac{a_{n+1}}{a_n}\right|=\lim_{n\to\infty}\dfrac{\dfrac{n}{2^{n+1}}}{\dfrac{n-1}{2^n}}=\dfrac{1}{2}$,故 $R=2$.当 $x=\pm2$ 时,级数一般项的极限不为 $0$,故

收敛区间为$(-2,2)$.

**11.** (1) $\dfrac{1}{2}\displaystyle\sum_{n=0}^{\infty}\dfrac{x^{2n}}{(2n)!}$; (2) $\displaystyle\sum_{n=0}^{\infty}(-1)^n x^n$.

**12.** (1) $\dfrac{1}{2+x}=\dfrac{1}{2\left(1+\dfrac{1}{x}\right)}=\dfrac{1}{2}\displaystyle\sum_{n=0}^{\infty}\left(-\dfrac{1}{x}\right)^n$;

　　(2) $\dfrac{1}{3}\cdot\dfrac{1}{1+\left(\dfrac{x-3}{3}\right)}=\displaystyle\sum_{n=0}^{\infty}(-1)^n\dfrac{1}{3}\cdot\left(\dfrac{x-3}{3}\right)^n=\displaystyle\sum_{n=0}^{\infty}(-1)^n\left(\dfrac{1}{3}\right)^{n+1}(x-3)^n$.

**13.** (1) $S(x)=\begin{cases}-\dfrac{1}{x}\ln(1-x), & x\in[-1,0)\cup(0,1),\\ 1, & x=0;\end{cases}$ (2) $\displaystyle\sum_{n=0}^{\infty}\dfrac{x^n}{n!}=\mathrm{e}^x$.

**14.** $f(x)=\dfrac{\pi^2}{3}+4\displaystyle\sum_{n=1}^{\infty}(-1)^n\dfrac{\cos nx}{n^2}=\dfrac{4}{n^2\pi}(\cos n\pi-1)\ (-\infty<x<+\infty)$.

## B 题

**1.** (C).　　**2.** (1) 收敛；(2) 收敛.　　**3.** 发散.

**4.** (1) 发散；(2) 收敛.　　**5.** $(-2,2)$.　　**6.** $(-1,0)$.

**7.** $\sin x=x-\dfrac{x^3}{3!}+\dfrac{x^5}{5!}-\cdots+(-1)^{n-1}\dfrac{x^{2n-1}}{(2n-1)!}+\cdots,x\in(-\infty,+\infty)$.

**8.** $R=\infty,(-\infty,+\infty)$.

**9.** $S(x)=\displaystyle\sum_{n=1}^{\infty}n(n+1)x^n=x\left(\displaystyle\sum_{n=1}^{\infty}x^{n+1}\right)''=x\left(\dfrac{x^2}{1-x}\right)''=\dfrac{2x}{(1-x)^3}$,所以

$$\sum_{n=1}^{\infty}\dfrac{n(n+1)}{2^n}=S\left(\dfrac{1}{2}\right)=\dfrac{2\cdot\dfrac{1}{2}}{\left(1-\dfrac{1}{2}\right)^3}=8.$$

**10.** $f(x)=\dfrac{\pi}{2}-\dfrac{4}{\pi}\left(\cos x+\dfrac{1}{3^2}\cos 3x+\dfrac{1}{5^2}\cos 5x+\cdots\right)\ (-\pi\leqslant x\leqslant\pi)$.

# 习题八

## A 题

**1.** $x=2,y=5,z=2$.　　**2.** (1) $\begin{bmatrix}-1 & 4\\ 0 & -2\end{bmatrix}$; (2) $\begin{bmatrix}-1 & 6 & 5\\ -2 & -1 & 12\end{bmatrix}$.

**3.** $A+B=\begin{bmatrix}3 & 3\\ 1 & 3\end{bmatrix}$, $A-B=\begin{bmatrix}1 & 1\\ -1 & -1\end{bmatrix}$, $2A+3B=\begin{bmatrix}7 & 7\\ 3 & 8\end{bmatrix}$.

**4.** (1) $2A-3B=\begin{bmatrix}-7 & 6\\ 1 & -8\end{bmatrix}$, $AB-BA=\begin{bmatrix}3 & -3\\ 0 & -3\end{bmatrix}$, $A^2-B^2=\begin{bmatrix}-5 & 6\\ -5 & 6\end{bmatrix}$;

　　(2) $2A-3B=\begin{bmatrix}3 & -1 & 5\\ -2 & 5 & 4\\ -1 & 4 & 3\end{bmatrix}$, $AB-BA=\begin{bmatrix}2 & 2 & -2\\ 2 & 0 & 0\\ 4 & -4 & -2\end{bmatrix}$, $A^2-B^2=\begin{bmatrix}8 & 4 & 12\\ 8 & 4 & 12\\ 4 & 12 & 16\end{bmatrix}$.

**5.** (1) $\begin{bmatrix}35\\ 6\\ 49\end{bmatrix}$; (2) $\begin{bmatrix}2 & 3\\ -2 & 0\end{bmatrix}$; (3) $\begin{bmatrix}-7 & 12\\ 11 & 14\end{bmatrix}$; (4) 10.

**6.** (1) $x_1=6, x_2=-2, x_3=1$; (2) $x_1=4, x_2=-\dfrac{2}{3}, x_3=\dfrac{2}{3}$.

**7.** $\begin{bmatrix} 5 & -2 \\ -2 & 1 \end{bmatrix}$.

### B 题

**1.** $3A-B=\begin{bmatrix} -1 & 3 & 1 & 5 \\ 8 & 2 & 8 & 2 \\ 3 & 7 & 9 & 13 \end{bmatrix}$, $2A+3B=\begin{bmatrix} -10 & -5 & -4 & 1 \\ 10 & -1 & 10 & -1 \\ 2 & 7 & 6 & 11 \end{bmatrix}$.

**2.** $X=\begin{bmatrix} 0 & -2 \\ -3 & 1 \end{bmatrix}$.

**3.** (1) $\begin{bmatrix} 10 & 4 & -1 \\ 4 & -3 & -1 \end{bmatrix}$; (2) $a_{11}x_1^2+a_{22}x_2^2+a_{33}x_3^2+2a_{12}x_1x_2+2a_{13}x_1x_3+2a_{23}x_2x_3$.

**4.** $\begin{bmatrix} -6 & 1 & 3 \\ 12 & -4 & 9 \\ -10 & -1 & 16 \end{bmatrix}$. **5.** $\begin{bmatrix} 1 & -3 & -11 \\ 0 & 1 & 3 \\ 0 & 0 & 1 \end{bmatrix}$.

# 习题九

### A 题

**1.** (D). **2.** (C). **3.** (D). **4.** $\dfrac{1}{5}$. **5.** 18.4.

**6.** $p, p(1-p)$. **7.** (C). **8.** (B). **9.** (D).

**10.** $\dfrac{3}{10}$. **11.** $\dfrac{1}{4}$. **12.** 0.6598. **13.** $\dfrac{1}{12}, \dfrac{1}{20}$. **14.** (1) $\dfrac{1}{120}$; (2) $\dfrac{27}{1000}$.

**15.** $X$ 的取值为 $4,5,6,7,8$;对应的概率分别为 $\dfrac{1}{70}, \dfrac{4}{70}, \dfrac{10}{70}, \dfrac{20}{70}, \dfrac{35}{70}; E(X)=7.2$.

**16.** (1) $E(X)=-2\times0.2+0\times0.3+2\times0.5=0.6$;

(2) $X^2$ 的取值为 $0,4$,对应的概率为 $0.3,0.7. E(X^2)=0\times0.3+4\times0.7=2.8$;

(3) $3X^2+5$ 的取值为 $5,17$,对应的概率为 $0.3,0.7, E(3X^2+5)=5\times0.3+17\times0.7=$ 13.4.

### B 题

**1.** (B). **2.** $P(B|A)=\dfrac{1}{3}; P(A|B)=\dfrac{1}{15}$.

**3.** 他是一年级男学生,但不是田径运动员.

**4.** $P\{$至少答对 2 题$\}=1-P\{$答对 1 题$\}-P\{$都未答对$\}$

$$=1-C_{10}^1\left(\dfrac{1}{4}\right)^1\left(\dfrac{3}{4}\right)^9-C_{10}^0\left(\dfrac{3}{4}\right)^{10}=0.756.$$

**5.** (1) $P\{$三个都是正品$\}=\dfrac{6\times5\times4}{8\times7\times6}=\dfrac{5}{14}$;

(2) $P\{$两个是正品,一个是次品$\}=\dfrac{6\times5\times2\times3}{8\times7\times6}=\dfrac{15}{28}$;

(3) $P\{$第三次取出的是次品$\}=\dfrac{6\times5\times2}{8\times7\times6}+\dfrac{6\times2\times1}{8\times7\times6}+\dfrac{6\times2\times1}{8\times7\times6}=\dfrac{1}{4}$.

**6.** $P(ABC)=1-P\overline{(A\cup B\cup C)}=1-\dfrac{4}{5}\times\dfrac{2}{3}\times\dfrac{3}{4}=0.6.$

**7.** $P\{飞机被一人击中\}=C_3^1\left(\dfrac{2}{3}\right)^1\left(\dfrac{1}{3}\right)^2=\dfrac{2}{9};$

$P\{飞机被两人击中\}=C_3^2\left(\dfrac{2}{3}\right)^2\left(\dfrac{1}{3}\right)^1=\dfrac{4}{9};$

$P\{飞机被三人击中\}=C_3^3\left(\dfrac{2}{3}\right)^3\left(\dfrac{1}{3}\right)^0=\dfrac{8}{27};$

$P\{飞机击中\}=\dfrac{2}{9}\times\dfrac{1}{6}+\dfrac{4}{9}\times\dfrac{1}{2}+\dfrac{8}{27}\times1=\dfrac{5}{9}.$

**8.** 3.　　**9.** $E(Y)=E(2X)=2E(X)=2\times1=2,\ E(e^{-2X})=\displaystyle\int_0^{+\infty}e^{-2x}\cdot e^{-x}dx=\dfrac{1}{3}.$

**10.** $X$ 的取值为 $1,2,3$,对应的概率分别为 $0.3,0.3,0.4$,所以 $E(X)=2.1;$

　　$Y$ 的取值为 $-1,0,1$,对应的概率分别为 $0.3,0.4,0.3$,所以 $E(Y)=0.$

**11.** (1) $P\{1<X<2\}=\displaystyle\int_1^2\dfrac{1}{x}dx=(\ln x)\ |_1^2=\ln2;$

　　(2) 当 $x<1,F(x)=P\{X\leqslant x\}=\displaystyle\int_{-\infty}^x f(x)dx=0;$

　　当 $1\leqslant x<e,F(x)=P\{X\leqslant x\}=\displaystyle\int_{-\infty}^x f(x)dx=\int_1^x\dfrac{1}{x}dx=\ln x;$

　　当 $e\leqslant x,F(x)=P\{X\leqslant x\}=\displaystyle\int_1^e\dfrac{1}{x}dx+\int_e^x 0dx=1.$

**12.** $X$ 的概率分布为

| $X$ | 0 | 1 | 2 | 3 |
|---|---|---|---|---|
| $P$ | $\dfrac{27}{125}$ | $\dfrac{54}{125}$ | $\dfrac{36}{125}$ | $\dfrac{8}{125}$ |

　　$X$ 的分布函数为

$$F(x)=\begin{cases}0, & x<0,\\[4pt]\dfrac{27}{125}, & 0\leqslant x<1,\\[4pt]\dfrac{81}{125}, & 1\leqslant x<2,\\[4pt]\dfrac{117}{125}, & 2\leqslant x<3,\\[4pt]1, & x\geqslant 3;\end{cases}$$

$$E(X)=3\times\dfrac{2}{5}=\dfrac{6}{5},\quad D(X)=3\times\dfrac{2}{5}\times\dfrac{3}{5}=\dfrac{18}{25}.$$